Konstruktive Getriebelehre

Leo Hagedorn • Wolfgang Thonfeld
Adrian Rankers

Konstruktive Getriebelehre

6., bearb. Aufl.

Prof. L. Hagedorn †

Dr.-Ing. Adrian Rankers
Artas Engineering Software
Het Puyven 162
5672 RJ Nuenen
Niederlande
rankers@artas.nl

Prof. Wolfgang Thonfeld
University of Applied Sciences Jena
Fachbereich SciTec
Carl Zeiss Promenade 2
07745 Jena
Deutschland
thonfeld@fh-jena.de

ISBN 978-3-642-01613-4   e-ISBN 978-3-642-01614-1
DOI 10.1007/978-3-642-01614-1
Springer Heidelberg Dordrecht London New York

Die Deutsche Nationalbibliothek verzeichnet diese Publikation in der Deutschen Nationalbibliografie; detaillierte bibliografische Daten sind im Internet über http://dnb.d-nb.de abrufbar.

© Springer-Verlag Berlin Heidelberg 2009
Dieses Werk ist urheberrechtlich geschützt. Die dadurch begründeten Rechte, insbesondere die der Übersetzung, des Nachdrucks, des Vortrags, der Entnahme von Abbildungen und Tabellen, der Funksendung, der Mikroverfilmung oder der Vervielfältigung auf anderen Wegen und der Speicherung in Datenverarbeitungsanlagen, bleiben, auch bei nur auszugsweiser Verwertung, vorbehalten. Eine Vervielfältigung dieses Werkes oder von Teilen dieses Werkes ist auch im Einzelfall nur in den Grenzen der gesetzlichen Bestimmungen des Urheberrechtsgesetzes der Bundesrepublik Deutschland vom 9. September 1965 in der jeweils geltenden Fassung zulässig. Sie ist grundsätzlich vergütungspflichtig. Zuwiderhandlungen unterliegen den Strafbestimmungen des Urheberrechtsgesetzes.
Die Wiedergabe von Gebrauchsnamen, Handelsnamen, Warenbezeichnungen usw. in diesem Werk berechtigt auch ohne besondere Kennzeichnung nicht zu der Annahme, dass solche Namen im Sinne der Warenzeichen- und Markenschutz-Gesetzgebung als frei zu betrachten wären und daher von jedermann benutzt werden dürften.

Einbandentwurf: WMXDesign GmbH, Heidelberg

Gedruckt auf säurefreiem Papier

Springer ist Teil der Fachverlagsgruppe Springer Science+Business Media (www.springer.com)

Vorwort zur 6. Auflage

Statik, Dynamik und Festigkeitslehre sind Grundlagen jeder Konstruktion. Die auf diesen Gebiet erworbenen Kenntnisse werden beim Studium der Konstruktionselemente weiter vertieft. Ein wesentliches Teilgebiet der Konstruktionselemente sind neben allgemeinen Gestaltungsfragen die gleichförmig übersetzenden Getriebe und ihre Bauteile, wie Zahnräder, Lager, Achsen und Wellen.

Über dieses Wissen hinaus benötigt der Konstrukteur vor allem die Kenntnis der wichtigsten, ungleichförmig übersetzenden Getriebe und ihrer Bewegungseigenschaften. Zu diesen Getrieben zählen unter anderen alle diejenigen, die periodisch arbeiten, wie z. B. Gelenkgetriebe, Kurvengetriebe, Schrittgetriebe und viele andere. Die Untersuchung solcher ungleichförmig übersetzender Getriebe und die Entwicklung von Konstruktionsgrundlagen auf diesem Gebiet ist der wesentliche Inhalt der Getriebelehre.

In den zurückliegenden Jahren sind die Anwendungsgebiete der ungleichförmig übersetzenden Getriebe enorm gewachsen. Es genügt der Hinweis auf die zunehmende Automatisierung, die beispielsweise zur Entwicklung von Manipulatoren und zur Robotertechnik führte. Diesen Manipulatoren kommt in fast allen Bereichen der Wirtschaft eine große Bedeutung zu. Man denke an getriebetechnische Baugruppen in Geräten zur Herstellung von Schaltkreisen der Mikroelektronik, in Verpackungs- und Verarbeitungsmaschinen, in der Textiltechnik, in der Umwelttechnik, der Feinwerktechnik, des Kraftfahrzeugbaues und nicht zuletzt in der Medizintechnik.

In den letzten Jahren hat die Behandlung getriebetechnischer Probleme durch die Anwendung der modernen Rechentechnik entscheidende Impulse erfahren. Erwähnt seien hier die Optimierung von Gelenkgetrieben, sowie die Berechnung und Fertigung von Kurvenscheiben und Kurvenkörpern.

Ziel der Bachelor- und Masterausbildung ist in jedem Falle die Vermittlung gut fundierter Grundlagenkenntnisse. Auf solchen Grundlagen aufbauend soll der Student in der Lage sein, in spezielle, technische Gebiete im Selbststudium je nach Erfordernissen seines Einsatzes in der Praxis, weiter einzudringen. In diesem Sinne kommt der Auswahl des Stoffes für ein kurz gefasstes Lehrbuch der Getriebelehre besondere Bedeutung zu. Hinsichtlich des Stoffes ist das Ziel des vorliegenden Buches eng gesteckt, hinsichtlich der Nutzanwendung jedoch weit. Die Wechselwirkungen zwischen der Getriebelehre und der Konstruktion werden besonders herausgestellt.

Mit der vorliegenden erweiterten 6. Auflage des Buches sollte der Grundgedanke des Buches, beibehalten werden, jedoch der Entwicklung der Rechentechnik auf dem Gebiet der Getriebelehre Rechnung getragen werden. Mit einem erweiterten Kapitel Schnelleinstieg in das Programmes SAM, einer von der EASA (European Academic Software Award) ausgezeichneten Software, die an über 60 Universitäten und Fachhochschulen im Einsatz ist, dürfte der Einstieg problemlos gelingen.

Im Jahr 2006 verstarb unser verehrter Initiator und Mitautor dieses Buches Leo Hagedorn. In den Jahren unserer Zusammenarbeit ist er uns zu einen väterlichen Freund geworden. Leider konnte er das Erscheinen dieser Neuauflage nicht mehr erleben.

Die Zusammenarbeit mit Ihm war vorbildlich, fruchtbar und immer förderlich. Dafür danken wir ihm sehr.

Den Mitarbeitern des Springer-Verlages gilt unser Dank für die gute Zusammenarbeit bei der Drucklegung dieser Neuauflage.

Zu diesem Buch gibt es eine Internetseite:
www.konstruktivegetriebelehre.de
Diese Internetseite enthält erweiterte Informationen zum Buch. Hier werden u.a. Lösungen zu den gestellten Aufgaben, wie auch Arbeitsblätter für Dozenten zu finden sein.
Über diese Internetseite kann der Leser kostenlos eine Jahreslizenz SAM-Light (Kinematik) für das Selbststudium oder zur privaten Nutzung anfordern.

Jena, Nuenen (Niederlande)
Juli 2009
W. Thonfeld, A.M. Rankers

Inhaltsverzeichnis

1	**Einführung**	1
1.1	Getriebetechnik...	1
1.2	Mechanische Getriebe..	1
1.3	Kräfte in Getrieben...	2
1.3.1	Kräfte aus der Leistungsübertragung..................................	2
1.3.2	Massenkräfte...	2
1.4	Getriebe mit gleichförmiger und Getriebe mit periodisch ungleichförmiger Übersetzung..	4
1.5	Getriebelehre...	7
2	**Getriebeaufbau**	**9**
2.1	Elementenpaare...	10
2.2	Kinematische Ketten...	14
2.3	Zwanglauf...	15
2.4	Getriebe der Viergelenkkette..	16
2.5	Gelenkgetriebe mit Geradführungen...................................	18
2.6	Konstruktive Ausführungen und kinematisches System....	21
3	**Gelenkgetriebe**	**22**
3.1	Getriebegelenke als bewegte Punkte..................................	22
3.1.1	Bewegung eines Punktes..	22
3.1.1.1	Bewegungszustand und Bewegungsverlauf.......................	22
3.1.1.2	Zeichnerisches Differenzieren..	31
3.1.2	Einfluss der Gliederlängen auf den Bewegungsverlauf im Getriebe..	37
3.1.2.1	Satz von Grashof..	37
3.1.2.2	Totlagen bei Gelenkgetrieben...	39
3.1.2.3	Exzentrität..	39
3.1.2.4	Schubstangenverhältnis..	42
3.2	Getriebeglieder als bewegte Ebenen...................................	44
3.2.1	Bewegung einer Ebene...	44
3.2.1.1	Lagenänderung einer Ebene...	44
3.2.1.2	Geschwindigkeitszustand einer Ebene...............................	47
3.2.1.3	Bewegungsüberlagerung...	50
3.2.1.4	Beschleunigungszustand einer Ebene.................................	53
3.2.1.5	Geschwindigkeitspol und Beschleunigungspol..................	59
3.2.1.6	Coriolisbeschleunigung	63

3.2.2	Polbahnen	66
3.2.2.1	Begriff und Verlauf der Polbahnen	66
3.2.2.2	Richtung und Krümmung der Polbahnen	70
3.2.2.3	Sonderformen der Polbahnen	73
3.2.2.4	Kardanlagen von Gelenkgetrieben	76
3.2.3	Übersetzungsverhältnis	77
3.2.3.1	Begriff und Ermittlung	77
3.2.3.2	Vergleich des Übersetzungsverhältnisses bei Getrieben mit gleichförmiger und mit ungleichförmiger Übersetzung	80
3.2.3.3	Sonderfälle des ungleichförmigen Übersetzungsverhältnisses	80
3.2.3.4	Winkelgeschwindigkeit und Winkelbeschleunigung	87
3.2.4	Koppelkurven	90
3.2.4.1	Kurvenformen als Folge von Relativbewegungen	90
3.2.4.2	Natürliche Relativlagen der Viergelenkgetriebe	92
3.2.4.3	Polbahnen und Koppelkurvenformen	96
3.2.4.4	Bewegungszustand der Koppelebene und die Krümmung der Koppelkurven	98
3.2.4.5	Krümmungsberechnung nach Euler-Savary	103
3.2.4.6	Ermittlung des Beschleunigungspoles mit Hilfe der Bresse'schen Kreise	109
3.2.4.7	Koppelkurvenkrümmung bei parallelen Polstrahlen	111
4	**Arbeiten mit bezogenen Größen**	**113**
4.1	Bezogene Maße	113
4.2	Bezogene Bewegungsgrößen	114
4.3	Bezogene Bewegungsgesetze	116
5	**Kurvengetriebe**	**118**
5.1	Ermittlung der Bewegungsverhältnisse bei gegebenen Kurvenverlauf	118
5.2	Hubkurven für vorgeschriebene Bewegungsverhältnisse	123
5.2.1	Trigonometrische Gesetze	125
5.2.2	Potenzgesetze	132
5.3	Hubgliedform und Kurvenflanke	135
5.4	Einfluss der Hubgliedführung auf den Bewegungsverlauf	137
5.5	Konstruktion von Hubkurven für zusätzliche Bedingungen	139
5.6	Zwanglauf in Kurvengetrieben	142
5.6.1	Kraftschluss	142
5.6.2	Formschluss	142
5.6.3	Kraft-Form-Schluss	143
5.7	Arbeitshilfen Kurvengetriebe	143
5.7.1	Theoretische Grundlagen	143
5.7.2	Praktische Anwendungen	144
5.7.3	Belastbarkeit der Kurvenflanken	144

6	**Güte der Bewegungsübertragung**	**145**
6.1	Kraftfluss im Getriebe	145
6.2	Einfluss der Reibungskräfte	147
6.3	Wirkungsgrad	149
6.4	Größtwerte des Ablenkungswinkels	149
6.4.1	Größtwerte des Ablenkwinkels bei Gelenkgetrieben	149
6.4.2	Größtwerte des Ablenkwinkels bei Kurvengetrieben	151
6.5	Zulässige Größtwerte des Ablenkwinkels	152
7	**Synthese, Analyse und Optimierung von Gelenkgetrieben**	**155**
7.1	Synthese	155
7.1.1	Diskrete Bedingungen	158
7.1.2	Richtlinien und Nomogramme	160
7.1.3	Graphische Methoden	162
7.1.4	Numerische Methoden	174
7.1.4.1	Winkelzuordnung des Viergelenkgetriebes	174
7.1.4.2	Lagensynthese von Viergelenkgetrieben	178
7.1.4.3	Typen und Maßsynthese	178
7.2	Analyse	181
7.2.1	Vorrichtung zum zeichnen von Koppelkurven	181
7.2.2	Numerische Methoden und Rechneranwendung	181
7.2.2.1	Modulare Getriebeanalyse	183
7.2.2.2	Vektoranalyse	186
7.2.2.3	Finite Elemente Methode	188
7.3	Optimierung	194
7.4	Kurzbeschreibung Software SAM	199
8	**Übungsaufgaben**	**201**
8.1	Ermittlung von Geschwindigkeiten und Beschleunigungen (Aufgaben 1-8)	201
8.2	Getriebe für drehende Abtriebsbewegungen (Aufgaben 9-13)	205
8.3	Getriebe für schwingende Abtriebsbewegungen (Aufgaben 14-18)	208
8.4	Exakte und angenäherte Geradführungen (Aufgaben 19-28)	210
8.5	Hubbewegungen mit Rasten (Aufgaben 29-38)	217
8.6	Getriebe für Schrittbewegungen (Aufgaben 39-49)	220
8.7	Steuerung verschiedenartiger Bewegungen von einer Koppelebene (Aufgaben 50-57)	227
8.8	Spanngetriebe für den Vorrichtungsbau (Aufgaben 58-60)	231

9	**Einstieg in das Getriebeentwurfsprogramm SAM**	**233**
9.1	Analyse eines Beispielprojektes..	233
9.2	Entwurf eines Getriebes mit dem Design Wizard............................	238
9.3	Entwurf eines Getriebes (ohne Design Wizard)...............................	242
9.4	Optimierung (nur in der Professional Version von SAM!)..............	253

Literaturverzeichnis   **261**

Sachverzeichnis   **265**

1 Einführung

1.1 Getriebetechnik

Die technische Lösung aller Bewegungsprobleme ist der Inhalt der Getriebetechnik im weitesten Sinne. Die umfassendste Deutung des Begriffes *Getriebe* wurde von *Franke* [1] gegeben und besagt:

Ein Getriebe ist eine Vorrichtung zur Kopplung und Umwandlung von Bewegungen und Energien beliebiger Art.

Nach dieser Definition umfaßt die Getriebetechnik alle Bewegungsprobleme der Technik schlechthin unter Anwendung mechanischer, hydraulischer, pneumatischer oder elektrischer Mittel.

Zur Getriebetechnik im engeren Sinne zählen vor allen die mechanischen Getriebe.

1.2 Mechanische Getriebe

Man unterscheidet zwischen gleichförmig übersetzenden und ungleichförmig übersetzenden Getrieben einerseits sowie zwischen ebenen und räumlichen Getrieben andererseits. Es ergibt sich ohne Anspruch auf Vollständigkeit die Übersicht nach Tabelle 1.1.

Tabelle 1.1. Einteilung der wichtigsten mechanischen Getriebe

Unterscheidung nach der geometrischen Lage der Getriebeglieder zueinander	Unterscheidung nach der Art der Bewegungsumwandlung	
	gleichförmig	ungleichförmig
Alle Getriebeglieder bewegen sich in Ebenen, die zueinander parallel liegen. Sämtliche Drehachsen liegen parallel.	Stirnrädergetriebe, Reibrädergetriebe mit parallelen Wellen, Riemengetriebe mit parallelen Wellen, Kettengetriebe.	Ebene Gelenkgetriebe z.B. Schubkurbeln, Kurbelschleifen, Kurbelschwingen, Kurvenscheibengetriebe, Ebene Schrittgetriebe.
Die Getriebeglieder bewegen sich in Ebenen, die nicht alle zueinander parallel liegen. Die Drehachsen kreuzen oder schneiden sich.	Kegelrädergetriebe, Schraubenrädergetriebe, Schneckenrädergetriebe, Schraubenrädergetriebe, Riemengetriebe mit gekreuzten Wellen, Reibrädergetriebe mit gekreuzten Wellen.	Räumliche Gelenkgetriebe, Kurventrommelgetriebe, Räumliche Schrittgetriebe
Zugehörigkeit zum Lehrgebiet	Maschinenelemente	Getriebelehre

1.3 Kräfte in Getrieben

Für die Festigkeitsrechnung beim Getriebeentwurf ist die Kenntnis der in den Getrieben auftretenden Kräfte eine wesentliche Voraussetzung. Diese Kräfte haben verschiedene Ursachen, die im folgenden beschrieben sind.

1.3.1 Kräfte aus der Leistungsübertragung

Jedes Getriebe ist nicht nur ein Bewegungsumformer, sondern auch ein Leistungsumformer. Die Leistung ist aber ein Produkt aus Kraft und Geschwindigkeit Hier geht es nur um die Darlegung grundsätzlicher Zusammenhänge. Hinsichtlich der Umrechnung in verschiedene Einheitensysteme wird auf die Fachliteratur verwiesen.

$$P = F \cdot v \tag{1.1}$$

P Leistung in W;   F Kraft in N

oder mit

$$v = r \cdot \omega \tag{1.2}$$

v Geschwindigkeit in m/s; r Radius in m

$$P = M \cdot \omega \tag{1.3}$$

ω Winkelgeschwindigkeit 1/s (rad/s); M Drehmoment in Nm

Diese aus der Mechanik bekannten Beziehungen sind die Grundlage zur Ermittlung der in Getrieben aus der Leistungsübertragung auftretenden Kräfte. Sie werden ermittelt nach den Regeln der Statik aus dem Gleichgewicht der Drehmomente. Dabei kann hier zunächst verlustfreie Leistungsübertragung angenommen werden.

Neben diesen Kräften ergeben sich zusätzlich noch Massenkräfte. Sie sind eine Folge der in den Getrieben auftretenden Bewegungen mit periodisch verlaufenden Geschwindigkeiten und Beschleunigungen.

1.3.2 Massenkräfte

Schon bei der gleichförmigen Drehbewegung tritt als Massenkraft die Zentrifugalkraft auf, durch das Zusammenwirken von Zentripetalbeschleunigung und Masse

$$F_Z = m \frac{v^2}{r} = m \cdot r \cdot \omega^2 \tag{1.4}$$

F_Z Zentrifugalkraft in N; m Masse in kg

Die Zentrifugalkraft ist also von der Winkelgeschwindigkeit

$$\omega = 2 \cdot \pi \cdot n \tag{1.5}$$

n Drehzahl in 1/s

abhängig, da diese eine Normalbeschleunigung zur Folge hat. Zentrifugalkräfte nicht ganz ausgewuchteter Massen sind auch die Ursache störender Resonanzerscheinungen in Getrieben, die durch den Begriff der „kritischen Drehzahl" gekennzeichnet sind.

Neben der durch die Normalbeschleunigung verursachten Zentrifugalkraft ergibt sich auch aus der Tangentialbeschleunigung eine Massenkraft. Bei geradliniger Bewegung gilt

$$F = m \cdot a \tag{1.6}$$

a Beschleunigung in m/s²

und bei drehender Bewegung

$$M = J \cdot \alpha \tag{1.7}$$

J Massenträgheitsmoment kg m²; α Winkelbeschleunigung 1 /s²

Diese Kräfte bzw. Momente ergeben sich also überall dort, wo Beschleunigungen oder Winkelbeschleunigungen auftreten, also bei jeder Änderung eines Bewegungszustandes.

Bei den gleichförmig übersetzenden Getrieben sind solche Änderungen eines Bewegungszustandes auf das Anfahren, das Umschalten oder Stillsetzen einer Maschine beschränkt.

Bei den ungleichförmig übersetzenden Getrieben treten diese Kräfte jedoch periodisch auf, da sich der Bewegungszustand periodisch ändert, also auch periodisch Beschleunigungen bzw. Winkelbeschleunigungen auftreten. Da die Beschleunigung ebenso wie die Winkelbeschleunigung ihrer Dimension nach in 2. Potenz von der Zeit - also auch von der Drehzahl - abhängig ist, gilt diese quadratische Abhängigkeit auch für die periodisch auftretenden Massenkräfte.

Beispiel:

Eine Drehzahlsteigerung um 20% zur Erzielung einer höheren Maschinenleistung bedeutet ein Anwachsen aller Beschleunigungswerte, also auch der Massenkräfte aller ungleichförmig bewegten Maschinenteile um 44%. Dies ergibt sich aus folgender Überlegung:

Ausgangsdrehzahl: n_1, erhöhte Drehzahl: $n_2 = 1{,}2 \cdot n_1$ 1/s; ein Beschleunigungswert a_1, vor der Erhöhung der Drehzahl wächst auf den Wert $a_2 = 1{,}2^2 \cdot a_1 = 1{,}44 \cdot a_1$ m/s².

1.4 Getriebe mit gleichförmiger und Getriebe mit periodisch ungleichförmiger Übersetzung

Tafel 1.1 und Tafel 1.2 zeigen Vergleiche zwischen je einem gleichförmig übersetzenden und einem ungleichförmig übersetzenden Getriebe. In allen vier Beispielen macht das Antriebsglied voll umlaufende Drehbewegung. Die Abtriebsbewegung ist bei den Beispielen in Tafel 1.1 eine geradlinige, bei den Beispielen in Tafel 1.2 dagegen eine voll umlaufende. In diesen wie in allen späteren Beispielen wird - sofern nicht ausdrücklich anders vermerkt - gleichförmige Antriebsdrehbewegung vorausgesetzt. Die dynamischen Rückwirkungen des Abtriebes auf den Antrieb werden hier nicht berücksichtigt.

Bei allen Diagrammen kann dann stets die Abszissenachse als Zeitachse gelten, auch wenn sie mit Einheiten des Antriebsdrehwinkels gekennzeichnet ist.

Ein Schraubgetriebe (Tafel 1.1.a) mit drehbar aber nicht verschiebbar angeordnetem Muttergewinde und verschiebbarer aber nicht drehbarer Spindel ist ein Getriebe zur gleichförmigen Umwandlung von Drehbewegung und Schubbewegung.

Das Weg-Zeit-Schaubild (Tafel 1.1.c) ist eine Gerade, deren Steigung ein Maß für die Geschwindigkeit des Abtriebsgliedes c ist. Das Geschwindigkeitsschaubild zeigt konstante Werte und das Beschleunigungsschaubild den Wert „Null". Verschieden starke Gewindesteigung äußert sich beim Weg-Zeit-Schaubild durch verschiedene Steigung der Geraden s_1 und s_2 und im Geschwindigkeits-Schaubild (Tafel 1.1.e) durch verschiedene Ordinatenwerte für die horizontalen Geraden v_1 und v_2. Da die v-Linien die Steigung „Null" haben, zeigt das Beschleunigungs-Schaubild (Tafel 1.1.g) ebenfalls stets den Wert „Null"; dies ist ein typisches Kennzeichen gleichförmig übersetzender Getriebe.

Der Unterschied zu den ungleichförmig übersetzenden Getrieben wird durch eine entsprechende Betrachtung des Kurbeltriebes (Tafel 1.1.b) deutlich. Da der Gleitstein (Kreuzkopf oder Kolben) eine periodisch hin- und hergehende Bewegung macht, ergibt sich für das Weg-Zeit-Schaubild (Tafel 1.1.d) ein zu den Totlagen symmetrischer, sinusähnlicher Verlauf. Die erste Ableitung, das Geschwindigkeits-Schaubild (Tafel 1.1.f), zeigt Extremwerte dort, wo die Weg-Zeit-Kurve ihre größten Steigungen hat (positiv oder negativ) und Nullwerte für die Totlagen des Kurbeltriebes. Die zweite Ableitung, das Beschleunigungs-Schaubild (Tafel 1.1.h), zeigt wie das Geschwindigkeits-Schaubild wechselnde positive und negative Werte mit (verschieden großen) Extremwerten in den Totlagen des Kurbeltriebes. Aus Gleichung (1.6) folgt, dass das Beschleunigungs-Schaubild gleichzeitig als Schaubild für den Verlauf der am Gleitstein (Kreuzkopf oder Kolben) wirkenden Massenkräfte aufgefaßt werden kann.

Tafel 1.1

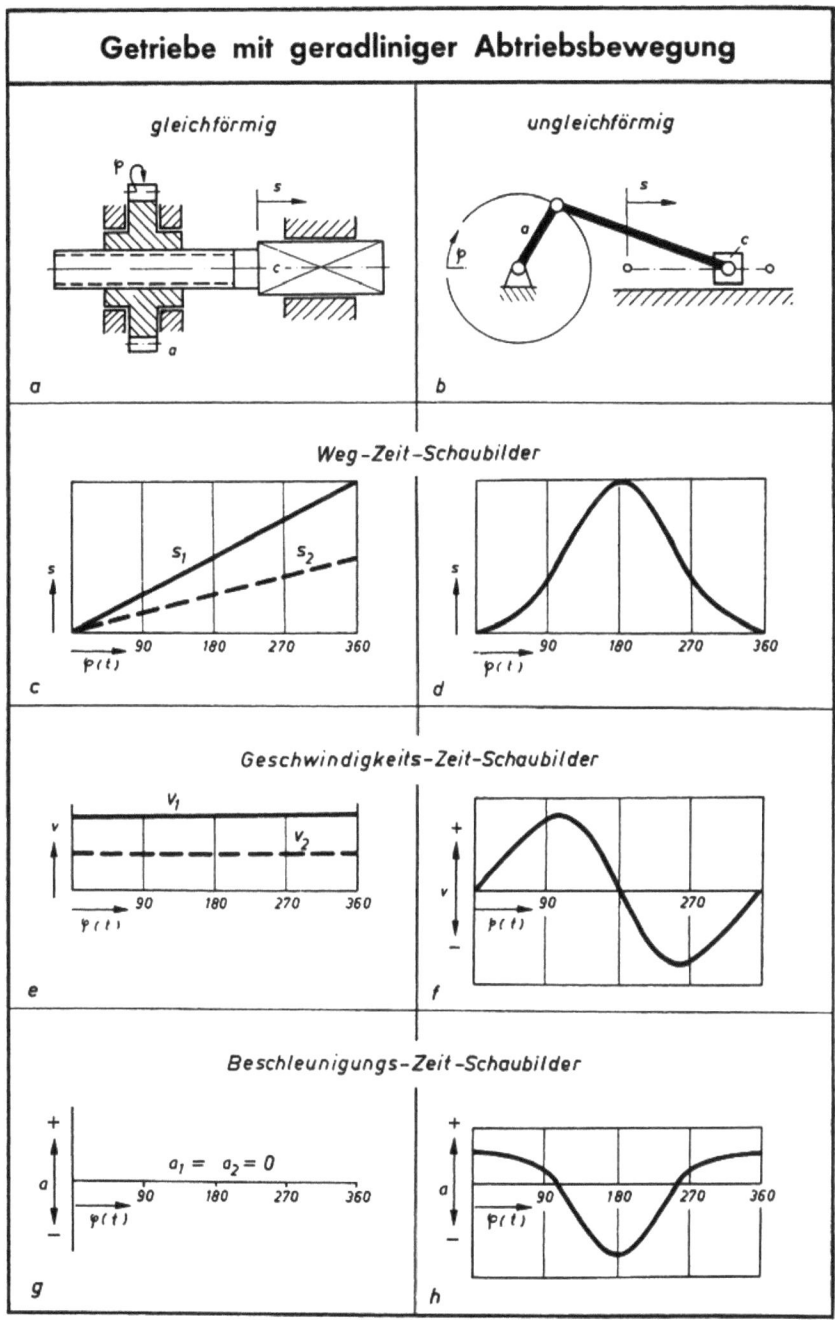

Tafel 1.2

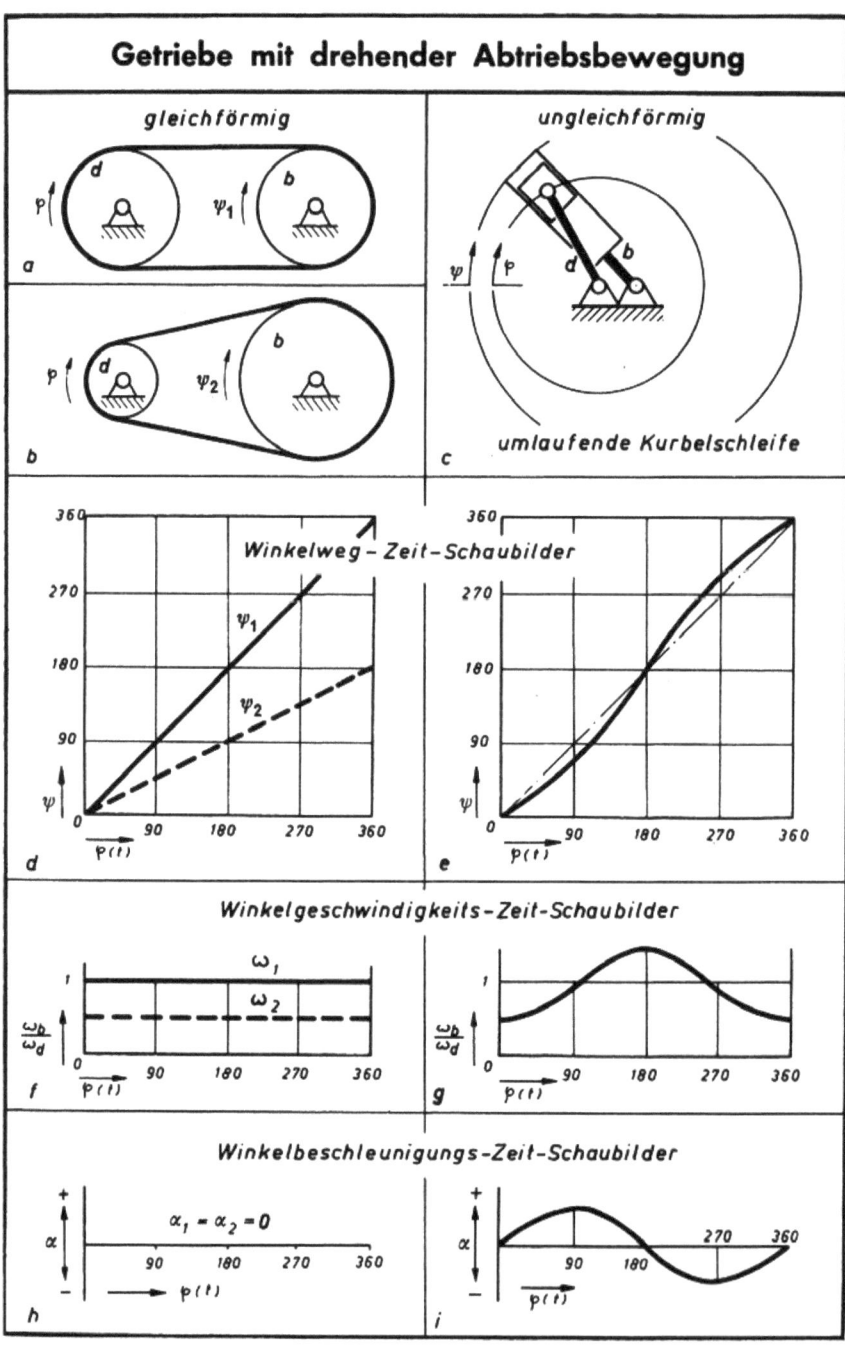

Die Verhältnisse bei den Getrieben mit voll umlaufender Abtriebsdrehbewegung liegen völlig gleichartig. An Stelle der Geschwindigkeit v und der Beschleunigung a sind hier die Winkelgeschwindigkeit ω und die Winkelbeschleunigung α darzustellen. Ein Riementrieb - oder Kettentrieb - (Tafel 1.2.a und Tafel 1.2.b) überträgt die Drehbewegung gleichförmig. Das Winkelweg-Zeit-Schaubild (Tafel 1.2.d) zeigt für jedes Übersetzungsverhältnis eine Gerade, deren Steigung vom Verhältnis der Winkelgeschwindigkeiten abhängig ist. Sie entspricht gleichzeitig dem umgekehrten Verhältnis der Raddurchmesser. Im Winkelgeschwindigkeits-Schaubild (Tafel 1.2.f) erscheint demzufolge für jedes Übersetzungsverhältnis eine horizontale Gerade mit entsprechendem Ordinatenwert. Die Winkelbeschleunigung (Tafel 1.2.h) ist (im Betriebszustand) in allen Fällen „Null".

Die umlaufende Kurbelschleife (Tafel 1.2.c) ist ein Getriebe mit periodisch veränderlichem Übersetzungsverhältnis. Die Winkelgeschwindigkeit am Abtrieb ω_b ist teils größer, teils kleiner als die Winkelgeschwindigkeit am Antrieb. Das Winkelweg-Zeit-Schaubild (Tafel 1.2.e) zeigt eine Kurve, deren Steigung - bei gleichen Achsenmaßstäben - teils über, teils unter dem Wert 1 liegt. Das Winkelgeschwindigkeits-Schaubild (Tafel 1.2.g) als erste Ableitung zeigt periodisch veränderliche Werte zwischen zwei positiven Extremwerten; diese Kurve stellt das veränderliche Übersetzungsverhältnis schlechthin dar.

Die zweite Ableitung, die Winkelbeschleunigung (Tafel 1.2.i), die in ihren Ordinatenwerten jeweils die Steigung des Winkelgeschwindigkeits-Schaubildes darstellt, zeigt periodischen Wechsel zwischen positiven und negativen Extremwerten. Das Getriebe hat also auf der Abtriebsseite periodisch auftretende Massenkräfte mit wechselnder Wirkrichtung. Wenn das Massenträgheitsmoment der Abtriebsseite und die Drehzahl bekannt sind, so ist nach Gleichung (1.7) das Winkelbeschleunigungs-Schaubild gleichzeitig das Schaubild für den Verlauf des von Massenkräften verursachten Drehmomentes.

1.5 Getriebelehre

Die Getriebelehre, deren erstes Fachbuch in Deutschland im Jahre 1875 erschien [2], befaßt sich mit der doppelten Aufgabe, einerseits ein gegebenes Getriebe auf seine Bewegungseigenschaften zu untersuchen - *Getriebeanalyse* - sowie andererseits die Abmessungen eines Getriebes für vorgeschriebene Bewegungsverhältnisse zu ermitteln - *Getriebesynthese*. Voraussetzung ist in beiden Fällen die Kenntnis der kinematischen Grundlagen. Das Wort *Kinematik* enthält die aus dem Griechischen stammende Wortwurzel *kinema* (Bewegung), die auch dem Begriff *kinetische* Energie zugrunde liegt. Dabei beschränkt sich die Getriebelehre im wesentlichen auf die ungleichförmig übersetzenden Getriebe, während die gleichförmig übersetzenden Getriebe und ihre Bauelemente seit Jahrzehnten im Rahmen der Maschinenelemente behandelt werden.

Da sich in den meisten Fällen bei der Getriebesynthese mehrere Lösungsmöglichkeiten ergeben, aus denen die geeignetste - die *optimale* Lösung - auszuwählen ist, ergibt sich die Notwendigkeit, die Getriebe nach bestimmten ordnenden Gesichtspunkten in eine Systematik zu bringen. Hierdurch wird die Auswahl erleichtert. Aus dieser Fragestellung hat sich die *Getriebesystematik* entwickelt.

Die nachfolgenden Abschnitte beschränken sich - von wenigen Ausnahmen abgesehen - auf die Behandlung der ebenen Getriebe. Die kinematischen Grundlagen können grundsätzlich unabhängig von den Getrieben geklärt werden, da sie darstellbar sind an den Bewegungen mehrerer zu einander paralleler Ebenen.

Das Verständnis der Zusammenhänge wird jedoch erfahrungsgemäß wesentlich erleichtert, wenn die Darlegung auch der kinematischen Grundlagen bereits, soweit wie möglich, an einzelnen Getriebebeispielen erfolgt. Hiermit kommt man der Vorstellung des Konstrukteurs entgegen. Aus diesem Grunde werden zunächst einige Ausführungen über den Aufbau von Getrieben gemacht und eine Anzahl charakteristischer Beispiele zusammengestellt. Anschließend werden die wesentlichsten Grundbegriffe und Methoden an ausgewählten Beispielen aus der Gruppe der Gelenkgetriebe erläutert. Ihre Anwendung auf die Gruppe der Kurvengetriebe folgt in einem weiteren Abschnitt, dem sich ein Kapitel über die Güte der Bewegungsübertragung bei Gelenkgetrieben wie auch bei Kurvengetrieben anschließt.

Zwischen der Getriebeanalyse und der Getriebesynthese bestehen starke Wechselwirkungen, weshalb es ratsam erscheint, diesen Fragenkomplex nicht in zwei getrennte Abschnitte aufzuteilen sondern im Zusammenhang zu behandeln. Dies gibt die Möglichkeit, aus den Ergebnissen einer Getriebeuntersuchung unmittelbar die Nutzanwendung für den Getriebeentwurf zu ziehen.

2 Getriebeaufbau

Jede Maschine besteht aus einem Maschinengestell und einer Anzahl bewegter Maschinenteile. Ein Hinweis auf Verpackungsmaschinen, Druckereimaschinen oder Textilmaschinen läßt erkennen, daß die Zahl der bewegten Maschinenteile außerordentlich groß sein kann. Die einzelnen Maschinenteile lassen sich gruppenweise zu Getrieben zusammenfassen. Die einzelnen Getriebe sind in ihren Bewegungen entsprechend dem Arbeitszweck der Maschinen so aufeinander abgestimmt, daß bei bestimmten Bewegungen bestimmte Wirkungen ausgeübt werden.

In diesem Sinne besteht bereits der Verbrennungsmotor aus einer größeren Anzahl von Getrieben. So gehört beispielsweise zu jeder Zylindereinheit eines Viertaktmotors:

- ein Kurbelgetriebe,
- ein Nockengetriebe für das Einlaßventil und
- ein Nockengetriebe für das Auslaßventil,

die Bewegungsabhängigkeit dieser drei Getriebe voneinander bedeutet in diesem Beispiel rechtzeitiges Öffnen und Schließen der Ventile. Ein Vierzylinder-Viertaktmotor enthält demnach bereits 12 Einzelgetriebe. Dehnt man das Beispiel auf den Kraftwagen aus, so kommen unter anderem hinzu:

- das schaltbare Untersetzungsgetriebe,
- die Kupplung,
- das Getriebe der Antriebsachse (vorn oder hinten) und
- die Lenkung.

Dieses Beispiel enthält bereits eine Anzahl ungleichförmig übersetzender Getriebe, und zwar :

- Das Kurbelgetriebe, das die Aufgabe hat, die bei der Verbrennung des Treibstoffes auftretenden Kräfte in Drehmoment umzuwandeln;
- die Nockengetriebe, die die Ventilbewegung in Abhängigkeit von Kolbenbewegung und Arbeitstakt steuern;
- die Lenkung, die die unterschiedlichen Schwenkbewegungen der beiden Achsschenkel in Abhängigkeit vom Kurvenradius bewirkt.

Die genannten Beispiele lassen bereits erkennen, daß die für den Entwurf solcher Getriebe gegebenen Bedingungen sehr verschiedenartig sein können. Während beim Kurbelgetriebe und beim Nockengetriebe die Frage der Geschwindigkeit und der Beschleunigung eine wesentliche Rolle spielt, geht es beim Getriebe der Lenkung um die Darstellung einer geometrischen Funktion zwischen den Schwenkbewegungen der beiden Achsschenkel.

2.1 Elementenpaare

Die bewegliche Verbindungsstelle zweier Getriebeteile nennt man ein Elementenpaar. Man unterscheidet seit *Reuleaux* niedere und höhere Elementenpaare.

Bei niederen Elementenpaaren berühren sich die Flächen, wodurch grundsätzlich die Möglichkeit besteht, den an der Berührungsstelle auftretenden Flächendruck niedrig zu halten.

Nach der Beziehung für den Flächendruck:

$$p = \frac{F}{A} \qquad (2.1)$$

p Flächendruck in N/mm²; F Kraft in N; A Fläche in mm²

kann der Konstrukteur mit Rücksicht auf die an der Berührungsstelle wirkende Kraft und die gewählte Werkstoffpaarung die erforderliche Größe der Berührungsfläche bestimmen; er kann also den Flächendruck niedrig halten.

Höhere Elementenpaare berühren sich nur in einer Linie oder - im ungünstigsten Falle - in einem Punkt, so dass der spezifische Druck an der Berührungsstelle nicht durch konstruktive Maßnahmen niedrig gehalten werden kann.

Für die Beanspruchung an der Berührungsstelle gilt nach der Hertzschen Theorie [3] für die Linienberührung:

$$p = 0{,}59 \sqrt{\frac{F_n \times E}{\varphi \times d_1 \times l}} \qquad (2.2)$$

F_n Belastung in N
E Elastizitätsmodul in N/mm²
Bei Paarung verschiedener Werkstoffe gilt:
$$E = \frac{2E_1 \cdot E_2}{E_1 + E_2} \, N/mm^2$$

für Punktberührung:

φ Schmiegungsbeiwert
d_1 Durchmesser einer Rolle oder einer Kugel
l Länge der Berührungslinie

$$p = 0{,}62 \sqrt{\frac{F_n \times E^2}{\varphi \times d_1^2}} \qquad (2.3)$$

Tafel 2.1

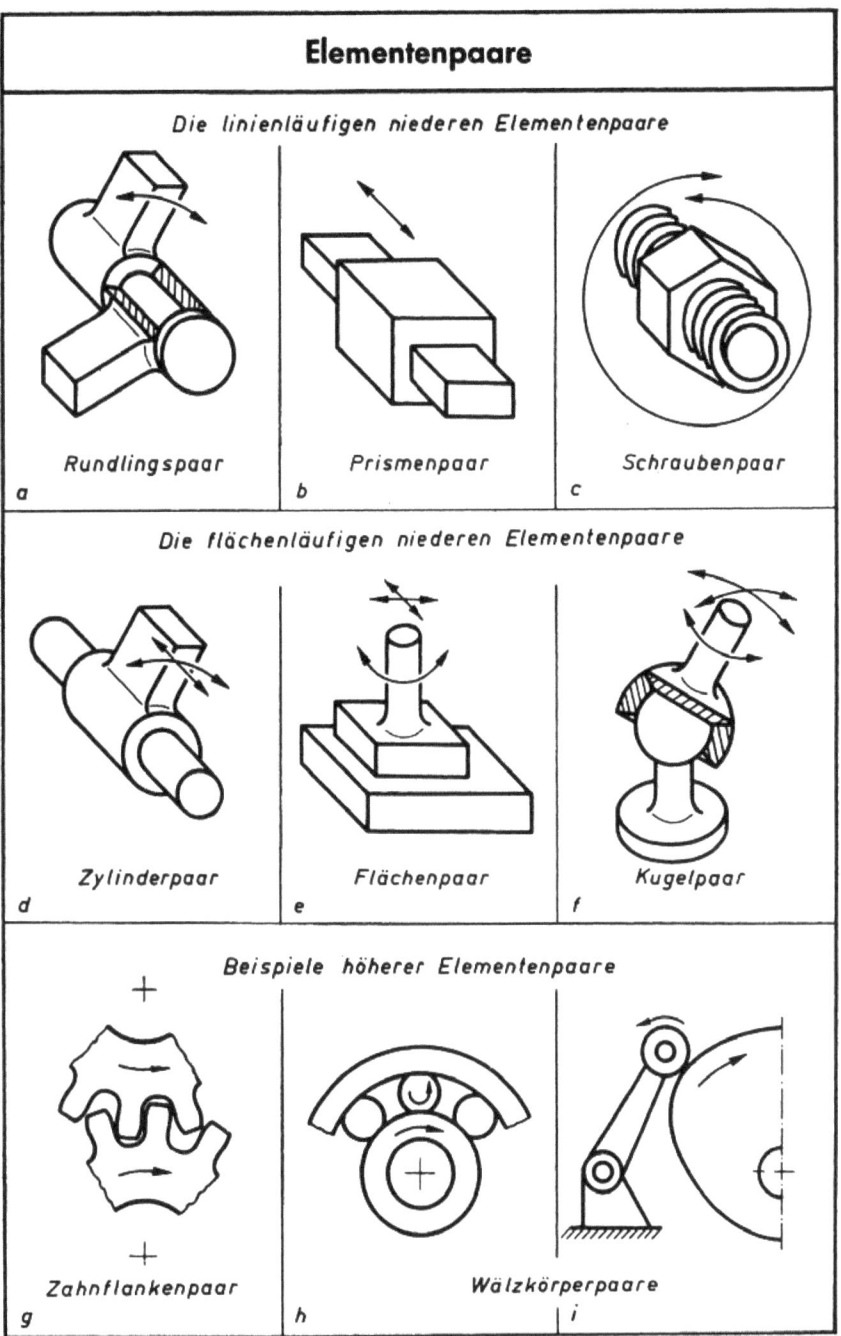

Beim Entwurf von Getrieben sind niedere Elementenpaare zu bevorzugen; eine Maschine ist um so weniger verschleißanfällig, je weniger höhere Elementenpaare sie besitzt.

Es gibt insgesamt sechs niedere Elementenpaare. Man unterscheidet dabei linienläufige und flächenläufige niedere Elementenpaare (Tafel 2.1). Diese Unterscheidung bezieht sich auf ihre Bewegungsmöglichkeiten; die möglichen Bewegungen zwischen den beiden Teilen eines Elementenpaares sind in Tafel 2.1. a-f durch Pfeile gekennzeichnet. Wenn eines der beiden Teile festgehalten wird, gestatten die linienläufigen Elementenpaare nur Bewegungen entlang einer Linie.

- Das *Rundlingspaar* (Tafel 2.1.a) - auch Drehkörperpaar genannt - ermöglicht kreisende Bewegung,
- das *Prismenpaar* (Tafel 2.1.b) eine Bewegung entlang einer Geraden,
- das *Schraubenpaar* (Tafel 2.1.d) eine Bewegung entlang einer Schraubenlinie.

Die flächenläufigen, niederen Elementenpaare gestatten Bewegungen in mindestens zwei Richtungen, so daß Flächen bestrichen werden können. Dies sind:

- beim *Zylinderpaar* (Tafel 2.1.d) eine Zylindermantelfläche,
- beim *Flächenpaar* (Tafel 2.1.e) eine ebene Fläche und
- bcim *Kugelpaar* (Tafcl 2.1.f) cinc Kalottcnflächc.

Beim Flächenpaar und beim Kugelpaar ergibt sich darüber hinaus als dritte Bewegungsmöglichkeit eine Drehung um eine zur Berührungsebene senkrechte Achse.

Die Bewegungsmöglichkeiten kennzeichnet man mit dem Begriff Freiheitsgrad. Die linienläufigen, niederen Elementenpaare haben den Freiheitsgrad $f = 1$. Für das Zylinderpaar ist $f = 2$ und für das Ebenenpaar und das Kugelpaar $f = 3$.

Bei den niederen Elementenpaaren berühren sich die beiden Partner in Flächen, die geometrisch übereinstimmen. Dies hat zur Folge, daß z. B. die Funktionen von Voll- und Hohlkörper vertauscht werden können. Im Gegensatz dazu erfolgt die Berührung bei den höheren Elementenpaaren zwischen Flächen von unterschiedlicher geometrischer Form und damit unterschiedlicher Schmiegung.

Aus diesem Grunde gibt es keine Systematik der höheren Elementenpaare. Eine Kugel kann z. B. gepaart werden mit einer zweiten Kugel oder aber mit Voll- oder Hohlzylinder (Wälzlager) oder auch mit einer Ebene. In Tafel 2.1 g bis i sind einige besonders häufig verwendete höhere Elementenpaare dargestellt und zwar:

- ein Zahnflankenpaar (Tafel 2.1.g),
- ein Wälzlager (Tafel 2.1.h) - als Vielzahl höherer Elementenpaare - und
- ein Wälzkörperpaar bestehend aus Kurve und Kurvenrolle (Tafel 2.1.c).

2.1 Die Elementenpaare 13

Tafel 2.2

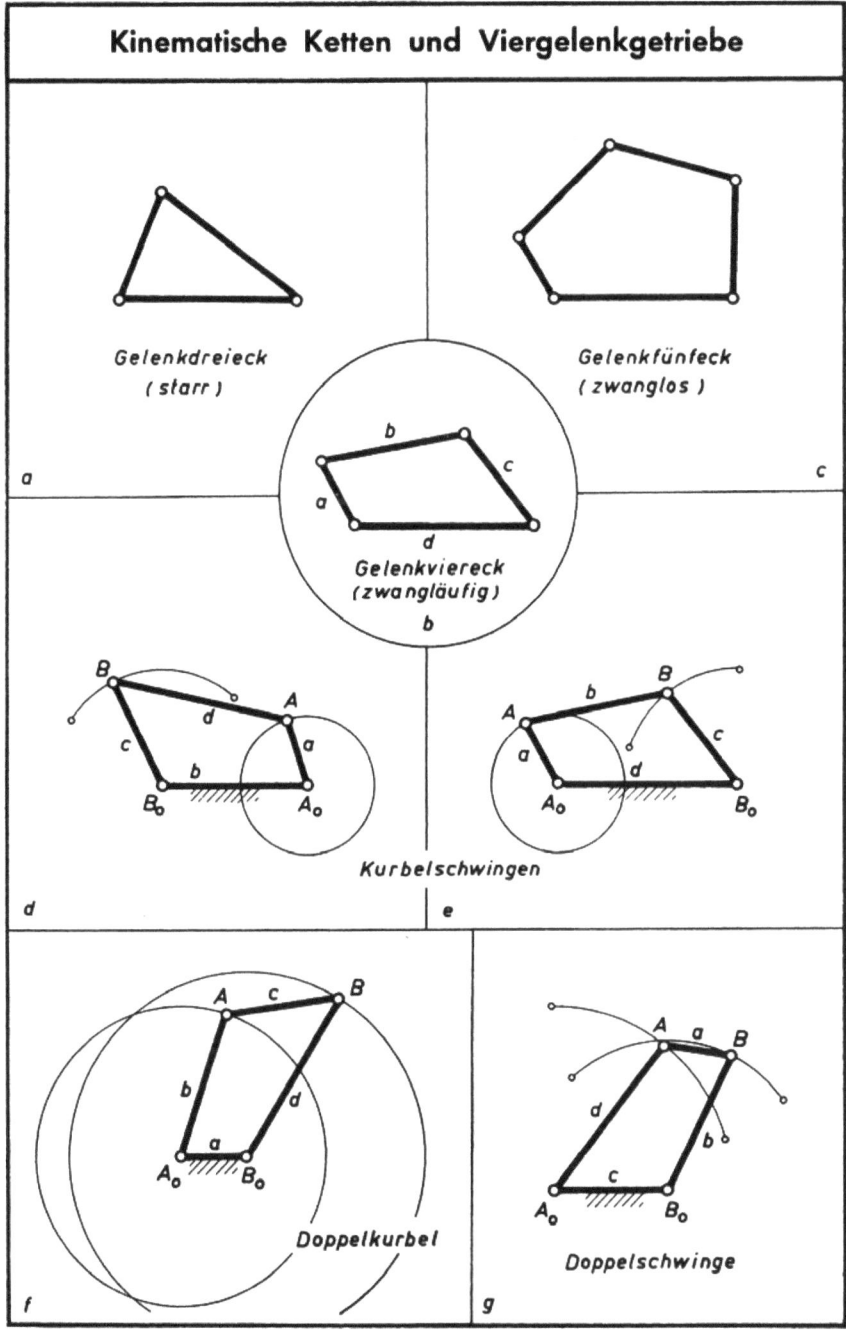

Zahnräder und Wälzlager nehmen hinsichtlich ihrer Zuverlässigkeit unter den höheren Elementenpaaren eine Sonderstellung ein, so daß die obigen Vorbehalte entfallen. Zahnrad und Wälzlager sind Erzeugnisse einer besonders hoch entwickelten Technik mit speziellen Fertigungsmethoden und laufender Qualitätskontrolle. Darüber hinaus sind für diese beiden Maschinenelemente hinreichend erforschte und erprobte Berechnungsgrundlagen vorhanden.

Das höhere Elementenpaar: *Kurvenflanke* und *Rolle* ist jedoch mit größter Vorsicht anzuwenden, zumal sich gerade an der Berührungsstelle Massenkräfte abstützen. Hinzu kommt, daß die Pressungsverhältnisse sich schon allein in Abhängigkeit von der Krümmung der Kurvenflanke laufend ändern. Da im übrigen Form und Größe von Kurvenscheiben von Fall zu Fall stark wechseln, können im allgemeinen Fertigung, Kontrolle und Berechnung nicht die Sicherheit bieten, wie dies bei den in großen Stückzahlen einheitlich gefertigten Zahnrädern und Wälzlagern möglich ist.

2.2 Kinematische Ketten

Seit *Reuleaux* kennt man den Begriff der kinematischen Kette.

Eine Anzahl beweglich miteinander verbundener starrer Glieder von gleicher oder unterschiedlicher Länge nennt man eine kinematische Kette.

Bei den meisten mechanischen Getrieben handelt es sich um starre Glieder; Ausnahmen bilden die mit Zugmitteln arbeitenden Getriebe, wie z.B. der Riementrieb. Die einfachsten Formen solcher Ketten sind in Tafel 2.2.a bis c dargestellt. Man unterscheidet zwischen offenen und geschlossenen Ketten. Eine offene Kette liegt vor, wenn in der kinematischen Kette ein Elementenpaar gelöst wird. Zur Übertragung von Kräften und Bewegungen sind nur geschlossene kinematische Ketten fähig. Entfernt man z. B. beim Gelenkviereck einen Gelenkbolzen, so wird dieses für die Übertragung von Bewegungen unbrauchbar. Dies schließt nicht aus, daß das Öffnen einer kinematischen Kette durchaus einem technischen Zweck dienen kann (z. B. Stillsetzen einer Maschine).

Aus einer kinematischen *Kette* erhält man einen *Mechanismus*, wenn man ein Glied der Kette als ortsfestes Gestell ausbildet. Die relativen Bewegungen der einzelnen Kettenglieder *zueinander* werden jetzt zu *absoluten* Bewegungen gegenüber dem Gestell (Zeichenebene). Wenn in einen solchen Mechanismus eine Bewegung eingeleitet wird, wenn also ein Glied dieses Mechanismus angetrieben wird, spricht man von einem *Getriebe*. Da die Bewegungsübertragung jedoch letztlich der Zweck eines jeden Mechanismus ist, wird im folgenden nur unterschieden zwischen den kinematischen Ketten und den Getrieben, die man aus diesen Ketten entwickeln kann.

2.3 Zwanglauf

Zweck eines jeden Getriebes ist die Übertragung von Kräften und Bewegungen. Dieser technische Zweck wird nur erreicht, wenn die Bewegungsübertragung zwangläufig ist. Die Bedingungen für den Zwanglauf wurden erstmals von Grübler [4] aufgestellt.

Zwanglauf liegt vor, wenn alle beweglichen, Glieder eines Getriebes sich in ganz bestimmten Bahnen gegenüber dem Gestell bewegen, sobald eins dieser Glieder in Bewegung versetzt wird.

Die sogenannte Grüblersche Zwanglaufbedingung beantwortet die Frage nach der Anzahl der Freiheitsgrade eines Getriebes. Sie wird durch folgende Gleichung ausgedrückt:

$$F = 3 \cdot (z - 1) - 2g \tag{2.4}$$

z = Anzahl der Glieder einschließlich Gestell,
g = Anzahl der Gelenke.

Für F ergibt sich ein ganzzahliger Wert, der die Anzahl der für den Zwanglauf erforderlichen Antriebsbewegungen angibt.

Zwanglauf im Sinne der obigen Definition besteht also bei $F=1$

Für die Gelenkketten in Tafel 2.2.a bis c ergibt sich:

für das Gelenkdreieck $\quad F = 0$
für das Gelenkviereck $\quad F = 1$
für das Gelenkfünfeck $\quad F = 2$

Dies bedeutet, daß das Gelenkdreieck ein starres Gebilde ist, während das Gelenkfünfeck für zwangläufige Bewegungsübertragung zwei Antriebsbewegungen benötigt (Ausgleich- und Verstellgetriebe).

Das Gelenkviereck ist diejenige kinematische Kette, die bei kleinster Gliederzahl und nur einem angetriebenen Glied zwangsläufige Bewegung ergibt, wenn ein anderes der vier Glieder als ortsfestes Gestell ausgebildet wird.

Analyse und Synthese der Viergelenkgetriebe bilden einen wesentlichen Teil der Getriebelehre. Das Gelenkviereck als Urform der ebenen Gelenkgetriebe ist vor allem deshalb so wichtig, weil es infolge seiner geringen Gliederzahl zu Getrieben mit entsprechend geringem Bauaufwand führt.

2.4 Getriebe der Viergelenkkette

Die Anzahl der Getriebe, die sich aus einer kinematischen Kette bilden lassen, entspricht der Anzahl der Kettenglieder, da jedes dieser Glieder zum Gestell werden kann.

Aus dem Gelenkviereck ergeben sich also vier verschiedene Getriebe (Tafel 2.2.d bis g). Die Bewegungsgrenzen der einzelnen Gelenke sind von den Längenverhältnissen der Glieder abhängig. Im Normalfall sind die beiden Gelenke des kürzesten Kettengliedes voll drehfähig, während die beiden Gelenke des gegenüberliegenden Gliedes nur schwingende Bewegungen ausführen können.

Die einzelnen Kettenglieder werden durch Kennbuchstaben und Farben gekennzeichnet, für deren Verteilung das kürzeste Glied der Kette maßgebend ist (Tabelle 2.1).

Tabelle 2.1 Bezeichnung der Kettenglieder im Gelenkviereck

Kennbuchstabe	Kettenglied	Kennfarbe
a	kürzestes Glied	rot
b	Nachbarglied zu *a*	grün
c	Gegenglied zu *a*	gelb
d	Nachbarglied zu *a*	blau

Die Kennbuchstaben entsprechen den Empfehlungen der VDI-Fachgruppe Getriebetechnik. Die den Gliedern zugeordneten Farben entsprechen der Farbensystematik von Hundhausen. Ihre Verwendung bei der Getriebekonstruktion sowie bei Getriebeuntersuchungen ist ein ausgezeichnetes Hilfsmittel zur Klärung kinematischer Zusammenhänge. Macht man das kürzeste Glied (a) oder eins seiner Nachbarglieder (b oder d) zum Gestell, so ergeben sich bei der Doppelkurbel zwei, bei den beiden Kurbelschwingen je ein Gestelldrehpunkt mit voll drehfähigem Lenker. Da die voll umlaufende Drehbewegung im Maschinenbau die meist benutzte Art der Antriebsbewegung ist, kommt diesen Getrieben besondere Bedeutung zu, wenn auch die Doppelschwinge als Führungsgetriebe (z. B. beim Wippkran) wichtig ist. Die beiden Kurbelschwingen sind in ihren Bewegungseigenschaften nur dann gleichwertig, wenn b und d gleich lang sind.

Wenn man aus einem Gelenkviereck ein Getriebe bildet, so fällt jedem Glied eine bestimmte Aufgabe zu. Man unterscheidet:

- das *Gestell*, auf das sich alle absoluten Bewegungsvorgänge beziehen,
- den *Antriebslenker*,
- den *Abtriebslenker* und
- die *Koppel*, die den Antrieb mit dem Abtrieb koppelt.

Tafel 2.3

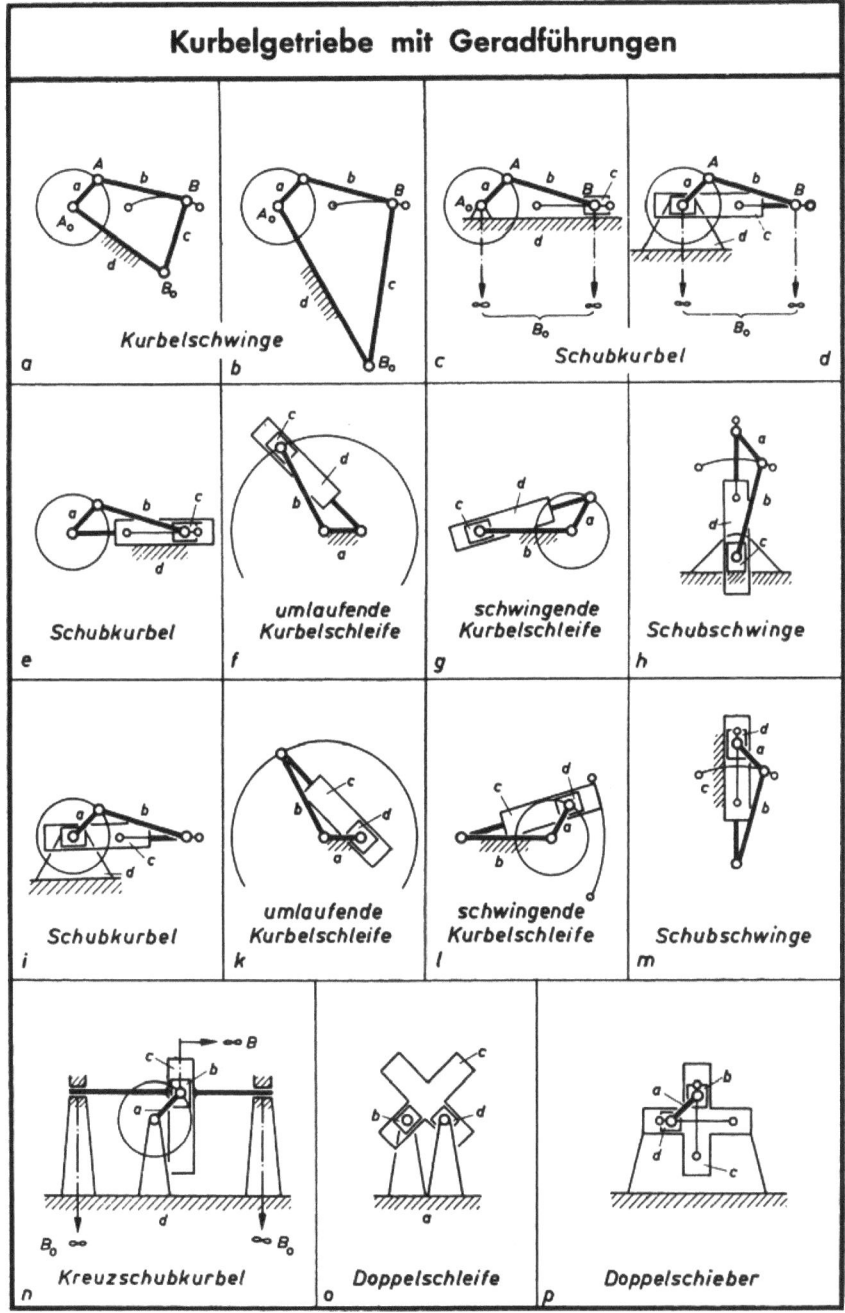

Voll umlaufende Lenker nennt man *Kurbeln*, hin- und herschwingende Lenker sinngemäß *Schwingen*. Aus der Art des Bewegungsflusses vom Antrieb zum Abtrieb ergeben sich die Bezeichnungen:

Kurbelschwinge   Doppelkurbel   Doppelschwinge

Für die Getriebegelenke sind die Bezeichnungen von Tabelle 2.2 üblich.

Tabelle 2.2. Bezeichnung der Gelenke in Viergelenkgetrieben

Kennbuchstabe	Gelenk
A_0	Gestelldrehpunkt des Antriebslenkers
B_0	Gestelldrehpunkt des Abtriebslenkers
A	Antriebsgelenk der Koppel
B	Abtriebsgelenk der Koppel

2.5 Gelenkgetriebe mit Geradführungen

Vergrößert man bei einer *Kurbelschwinge* die Längen von Schwinge c und Gestell d, so verringert sich die Krümmung des Schwingenbogens, auf dem sich das Gelenk B bewegt (Tafel 2.3.a und b). Im Grenzfall fällt B_0 nach unendlich, d.h. der Schwingbogen wird zur Geradführung und an Stelle der Schwinge tritt ein Gleitstein. Diese Entwicklung führt zur *Schubkurbel*, die bei allen Kolbenmaschinen Verwendung findet. Die konstruktiv unterschiedlichen Ausführungen von Tafel 2.3.c und d sind kinematisch gleichwertig. Da auch diese Getriebe (einschließlich Gestell) viergliedrig sind, und jedes der vier Glieder als Gestell ausgebildet werden kann, erhält man je eine neue Getriebereihe (Tafel 2.3.e-h und Tafel 2.3.i-m), wenn man sinngemäß verfährt. Kinematisch sind die Getriebe der beiden Bildreihen paarweise gleichwertig.

Zur Umwandlung in Geradführungen eignen sich nur die Bahnen schwingender Gelenke, also Gelenke, deren Bewegungen von zwei Endlagen (Totpunkte) begrenzt werden. Das Gelenkviereck hat im Normalfall zwei solcher Gelenke, nämlich die beiden Gelenke des Gliedes c, des Gegengliedes zum kürzesten Kettenglied a (in Tafel 2.3.a die Gelenke B und B_0). Führt man die Entwicklung zur Geradführung auch mit dem Gelenk B durch, so erhält man die Kreuzschubkurbel (Tafel 2.3.n). Bei diesem Getriebe hat die Kurbel a zwei Drehgelenke. Die Glieder b und d enthalten je ein Drehgelenk und eine Geradführung, auch Schubgelenk genannt, während das Glied c zwei sich kreuzende Geradführungen besitzt. Es ergeben sich also nur drei verschiedene Getriebe, da die Glieder b und d gleichwertig sind [5].

Tafel 2.4

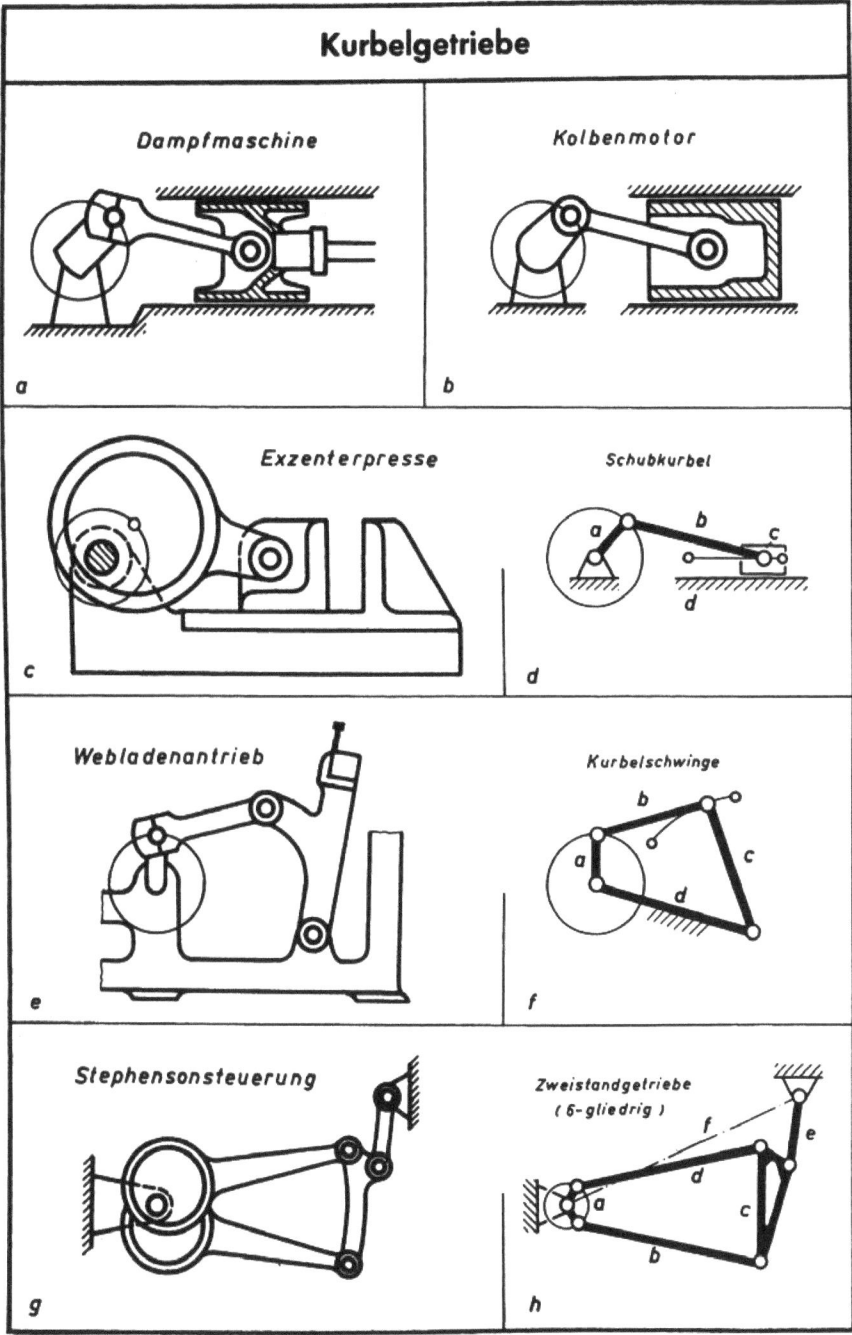

2 Getriebeaufbau

Tafel 2.5

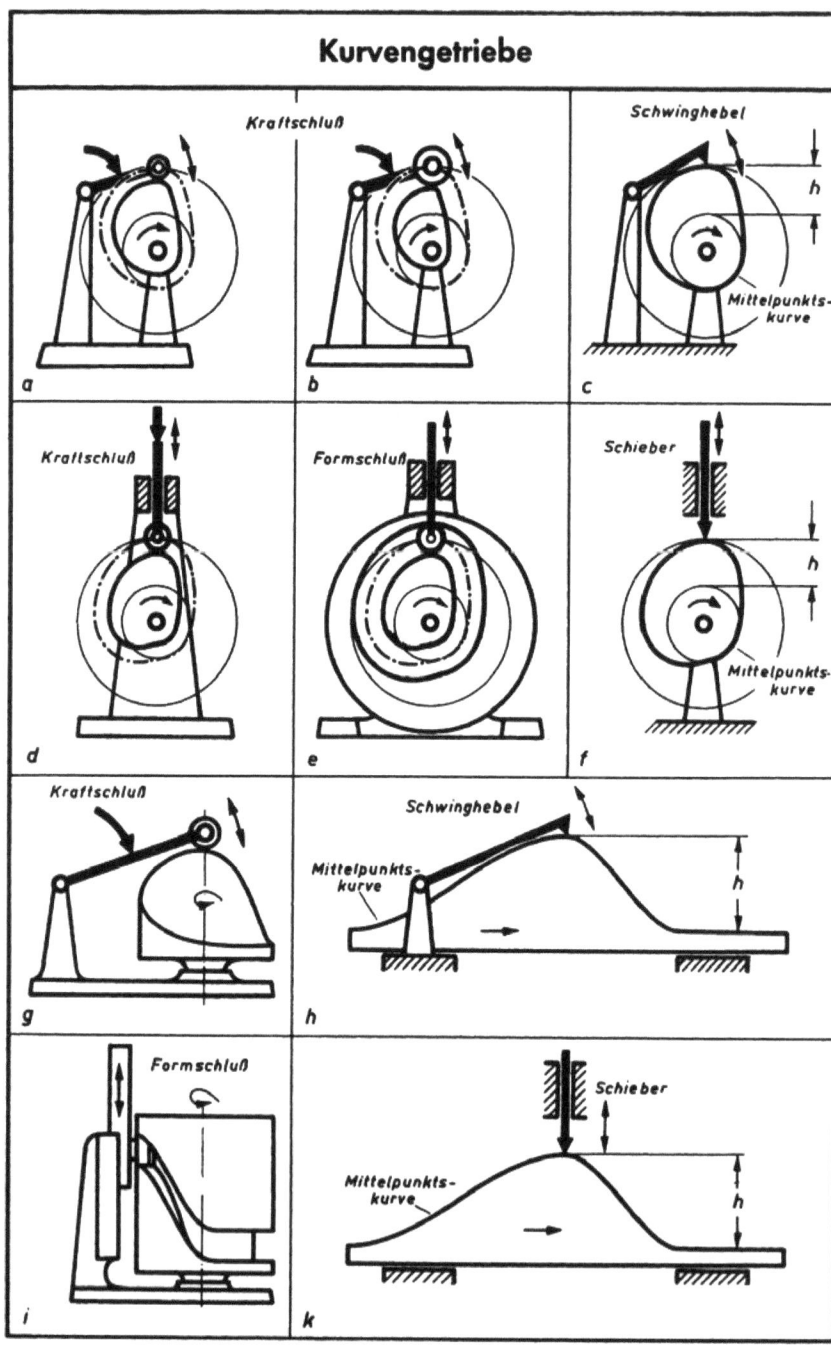

2.6 Konstruktive Ausführung und kinematisches System

Die Untersuchung eines Getriebes muss damit beginnen, dass das kinematische System aus der konstruktiven Gestaltung herausgelöst wird. Das *Kurbelgetriebe* einer Dampfmaschine (Tafel 2.4.a) mit Kreuzkopf, Kolbenstange und Kolben ist kinematisch gleichwertig dem vereinfachten Getriebe des Verbrennungsmotors (Tafel 2.4.b), bei dem man auf Kreuzkopf und Kolbenstange verzichtet.

Auch das Getriebe der Exzenterpresse (Tafel 2.4.c) ist nur eine andere konstruktive Erscheinungsform des gleichen kinematischen Systems, da der Exzenter als erweiterter Kurbelzapfen aufzufassen ist (Zapfenerweiterung! - Die Zapfenerweiterung ist eine wichtige konstruktive Maßnahme. Sie gibt die Möglichkeit, die an der Kurbel wirkenden Kräfte in zwei Lagern aufzunehmen, da die Welle durchgeführt werden kann, was bei der Stirnkurbel nicht möglich ist). Unabhängig von der konstruktiven Ausbildung als Kreuzkopf, als Kolben oder als Pressenstempel wird ein geradlinig hin- und hergeführtes Getriebeglied als Gleitstein bezeichnet.

Dem Webladenantrieb liegt eine Kurbelschwinge zugrunde (Tafel 2.4.e und f) und der Stehpensensteuerung ein sechsgliedriges Gelenkgetriebe (Tafel 2.4.g und h).

Bei *Kurvengetrieben* gibt die Form und die Größe der Kurve nicht ohne weiteres Klarheit über das im Getriebe verwirklichte Bewegungsgesetz. Auch hier machen sich bereits konstruktive Einflüsse geltend.

Die Kurvenscheibe (Tafel 2.5.a) bewirkt z. B. am Schwinghebel c die gleiche Bewegung wie die kleinere Kurvenscheibe (Tafel 2.5.b), da die Größenunterschiede durch die verschiedenen Rollenhalbmesser verursacht sind. Maßgebend für den Bewegungsverlauf ist die Rollenmittelpunktsbahn. Diese erscheint im kinematischen System (Tafel 2.5.c) als Kurve, auf der eine Spitze gleitet, die den Rollenmittelpunkt darstellt.

In allen vier Beispielen (Tafel 2.5) zeigen die Abbildungen auf der rechten Bildseite die kinematischen Systeme. Dargestellt sind:

- zwei Kurvenscheibengetriebe und
- zwei Kurventrommelgetriebe,

hiervon je eins mit Schwinghebel bzw. mit geradlinig geführtem Stößel. In der konstruktiven Gestaltung sind wahlweise kraftschlüssige und formschlüssige Beispiele angenommen. Bei den Kurventrommelgetrieben, die als räumliche Getriebe zu betrachten sind, ist im kinematischen System die Abwicklung der Kurve dargestellt.

3 Gelenkgetriebe

In ungleichförmig übersetzenden Getrieben wirken Geschwindigkeiten und Beschleunigungen. So wird z.B. das Pleuel (Koppel) einer Schubkurbel durch den Kurbelzapfen mit gleichförmiger Geschwindigkeit (Umfangsgeschwindigkeit) geführt, während das andere Lager am Kolbenbolzen (Gleitsteinzapfen) wechselnden Geschwindigkeiten und wechselnden Beschleunigungen ausgesetzt ist. Die Bewegungsverhältnisse der beiden Pleuellager sind also sehr verschieden; sie sind aber bestimmend für die Bewegungsverhältnisse aller Punkte des Pleuels, beispielsweise auch des Schwerpunktes. Hier können aus den Beschleunigungen Querkräfte zur Pleuellängsachse auftreten, die zu zusätzlichen Biegebeanspruchungen im Pleuel führen.

Die Frage nach der Bewegung des Kurbelzapfens und des Kolbenbolzens befaßt sich jeweils mit der Bewegung eines Punktes. Die Frage nach der Bewegung des ganzen Pleuels befaßt sich demgegenüber mit der Bewegung einer Ebene. Die Bewegung einer ganzen Ebene kann erst untersucht werden, wenn zuvor die Bewegungen einzelner Punkte bekannt sind.

3.1 Getriebegelenke als bewegte Punkte

3.1.1 Bewegung eines Punktes

Bei jedem Bewegungsvorgang sind drei Begriffe zu unterscheiden:

- Die Änderung der Lage eines Punktes, also der *Weg* s.
- Die *Geschwindigkeit* v, mit der diese Lagenänderung erfolgt.
- Die Änderung der Geschwindigkeit in ihrem zeitlichen Ablauf, also die *Beschleunigung* a.

3.1.1.1 Bewegungszustand und Bewegungsverlauf

Geschwindigkeit und Beschleunigung sind gerichtete Größen; sie lassen sich also durch Vektoren darstellen und eignen sich daher besonders zur Durchführung graphischer Methoden. Dabei entspricht die Vektorlänge stets einem bestimmten Wert der Geschwindigkeit bzw. der Beschleunigung. Der Bewegungszustand eines Punktes ist gekennzeichnet durch seine Geschwindigkeit und seine Beschleunigung nach Größe und Richtung sowie die Krümmung seiner Bahn, alles bezogen auf eine momentane Lage.

Der Bewegungsverlauf ist dagegen entweder geometrisch oder zeitlich zu verstehen. Geometrisch bezieht sich die Frage nach dem Bewegungsverlauf auf die Bahn des bewegten Punktes. Diese kann eine Bahn mit konstanter oder veränderlicher Krümmung sein. Linien mit konstanter Krümmung sind der *Kreis* (Kreisbogen) und die *Gerade* (Sonderfall mit konstanter Krümmung "Null"). Hiervon zu unterscheiden ist grundsätzlich die allgemeine Bewegung mit veränderlicher Krümmung, die *Kurve*.

Der zeitliche Bewegungsablauf ist gekennzeichnet durch den Verlauf der Geschwindigkeit und der Beschleunigung in Abhängigkeit von der Zeit. Aus Physik und Mechanik sind folgende Beziehungen bekannt:

$$v = \frac{ds}{dt} \tag{3.1}$$

Geschwindigkeit m/s; s Weg in m; t Zeit in s;

$$a_t = \frac{dv}{dt} = \frac{d^2s}{dt^2} \tag{3.2}$$

Beschleunigung m/s² in der Richtung der Bewegung

Bezogen auf den Einheitskreis ergeben sich für die drehende Bewegung die entsprechenden Werte:

$$\omega = \frac{v}{r} \tag{3.3}$$

Winkelgeschwindigkeit 1/s; r Krümmungshalbmesser in m

$$\alpha = \frac{a_t}{r} \tag{3.4}$$

Winkelbeschleunigung 1/s²

Senkrecht zur Bewegungsrichtung wirkt die Normalbeschleunigung

$$a_n = \frac{v^2}{r} \tag{3.5}$$

Normalbeschleunigung m/s²

Diese tritt nur bei gekrümmter Bewegungsbahn auf. Aus r = ∞ ergibt sich für die geradlinige Bewegung: $a_n = \frac{v^2}{\infty} = 0$

Unter Verwendung von Gleichung (3.3) erhält man für die Normalbeschleunigung noch die Schreibweise:

$$a_n = \omega^2 \cdot r = v \cdot \omega \tag{3.6}$$

Normalbeschleunigung m/s²

und unter Verwendung von Gleichung (3.4) für die Tangentialbeschleunigung

$$a_t = \alpha \cdot r \tag{3.7}$$

Tangentialbeschleunigung m/s²

Die Gesamtbeschleunigung eines auf gekrümmter Bahn ungleichförmig bewegten Punktes ist die geometrische Summe aus der Tangentialbeschleunigung a_t und der Normalbeschleunigung a_n.

Hieraus folgt:

$$|a| = \sqrt{a_n^2 + a_t^2} \tag{3.8}$$

Gesamtbeschleunigung m/s²

Unter Verwendung der Gleichungen (3.6) und (3.7) kann man auch schreiben:

$$|a| = r\sqrt{\omega^4 + \alpha^2} \tag{3.9}$$

Gesamtbeschleunigung m/s²

oder in vektorieller Schreibweise

$$\vec{a} = \vec{a}_n + \vec{a}_t \tag{3.10}$$

Die Geschwindigkeit, die Beschleunigungskomponenten und die Gesamtbeschleunigung stehen also in folgendem ursächlichen Zusammenhang:

Infolge auftretender Tangentialbeschleunigung ändert sich die Geschwindigkeit eines bewegten Punktes. Mit der Geschwindigkeit ändert sich - bei gekrümmter Bahn - die Normalbeschleunigung. Die Änderung der Normalbeschleunigung bewirkt ebenso wie die Änderung der Tangentialbeschleunigung eine Änderung der Gesamtbeschleunigung nach Größe und Richtung.

Das Zusammenspiel der einzelnen Größen zeigt Tafel 3.1 anhand folgender Beispiele:

Spalte 1	gleichförmige Bewegung	(Tafel 3.1.a, d, g, k)
Spalte 2 u. 3	ungleichförmige Bewegung und zwar	
Spalte 2	gleichmäßig beschleunigt	(Tafel 3.1.b, e, h, l)
Spalte 3	gleichmäßig verzögert	(Tafel 3.1.c, f, i, m)

Dabei zeigt:

Zeile 1	Bewegungszustand eines Punktes bei geradliniger Bewegung	(Tafel 3.1.a, b, c)
Zeile 2	Bewegungszustand eines Punktes bei kreisender Bewegung	(Tafel 3.1.d, e, f)
Zeile 3	Je drei Bewegungszustände eines Punktes bei einer Bewegungsbahn mit veränderlicher Krümmung und Wendepunkt	(Tafel 3.1.g, h, i)
Zeile 4	Die entsprechenden Schaubilder für s, v und a_t	(Tafel 3.1.k, l, m)

Tafel 3.1

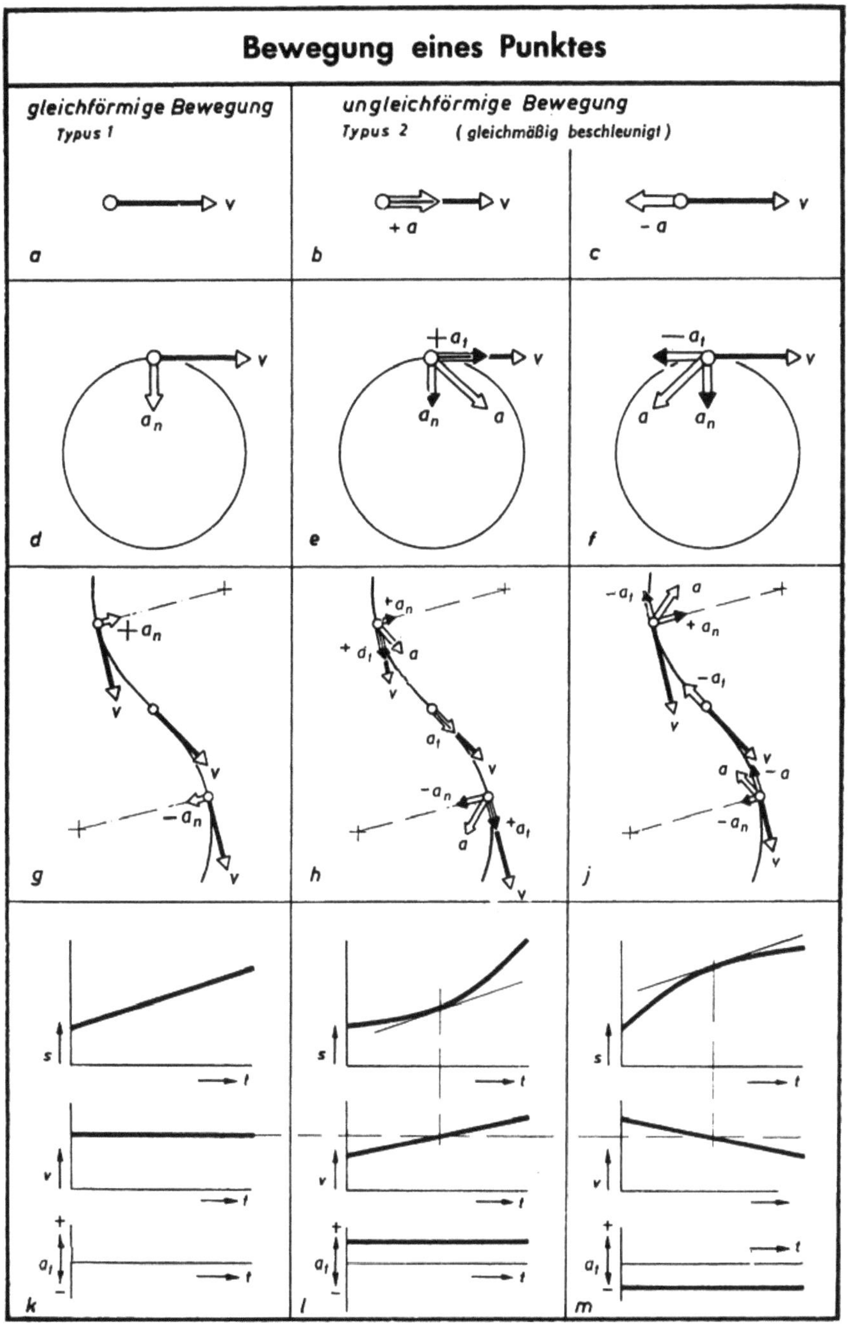

26 3 Gelenkgetriebe

Bei dieser Untersuchung sind, ebenso wie in allen späteren Darstellungen, die verschiedenartigen Vektoren wie folgt gekennzeichnet:

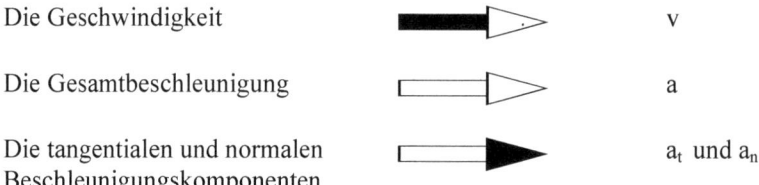

Die Geschwindigkeit		v
Die Gesamtbeschleunigung		a
Die tangentialen und normalen Beschleunigungskomponenten		a_t und a_n

Wenn nur eine der beiden Beschleunigungskomponenten auftritt, wird sie in der Darstellung als Gesamtbeschleunigung gekennzeichnet.

Bemerkenswert sind bei den dargestellten Beispielen die erheblichen Richtungsunterschiede zwischen den Vektoren der Geschwindigkeit v und der Gesamtbeschleunigung a als Folge des Zusammenspiels von a_t und a_n. Bei der Beispielreihe der allgemeinen Bewegung (Tafel 3.1.g-i) sind die Vektorenlängen für die Geschwindigkeit so gewählt, daß bei den ungleichförmigen Bewegungen die Geschwindigkeitsvektoren beim Durchlaufen des Wendepunktes die gleiche Länge haben wie im Falle der gleichförmigen Bewegung. Nimmt man an, daß der Wendepunkt zeitlich etwa in der Mitte des in den Schaubildern dargestellten Zeitabschnittes durchlaufen wird, so bedeutet dies, daß die Weg-Zeit-Schaubilder an dieser Stelle parallele Tangenten haben und die Geschwindigkeitsschaubilder demzufolge gleichen Ordinatenwert. Es sei noch darauf hingewiesen, daß die Weg-Zeit-Kurve für die beschleunigte Bewegung zur x-Achse konvex verläuft, die Kurve der verzögerten Bewegung dagegen konkav.

Bei den in Tafel 3.1 erläuterten Beispielen der ungleichförmigen Bewegung wurde die Beschleunigung als gleichförmig (positiv oder negativ) angenommen. Von besonderer technischer Bedeutung ist darüber hinaus der Fall der *ungleichförmig beschleunigten* Bewegung, insbesondere der Fall der *periodisch ungleichförmigen* Bewegung. Zum Verständnis der Zusammenhänge genügt zunächst die Beschränkung auf Bewegungsvorgänge, deren Bewegungsbahnen konstanten Krümmungshalbmesser haben. Tafel 3.2 zeigt die Verhältnisse für periodisch schwingende Bewegung (Tafel 3.2.a-c) sowie für vollumlaufende Drehbewegung mit periodischer Zu- und Abnahme der Umfangsgeschwindigkeit (Tafel 3.2.d-e).

Bei der periodisch schwingenden Bewegung wird noch unterschieden zwischen der geradlinigen Bewegung (Tafel 3.2.b) und der kreisförmigen Bewegung (Tafel 3.2.c). Die Schaubilder Tafel 3.2.a gelten für die Beispiele b und c.

Tafel 3.2

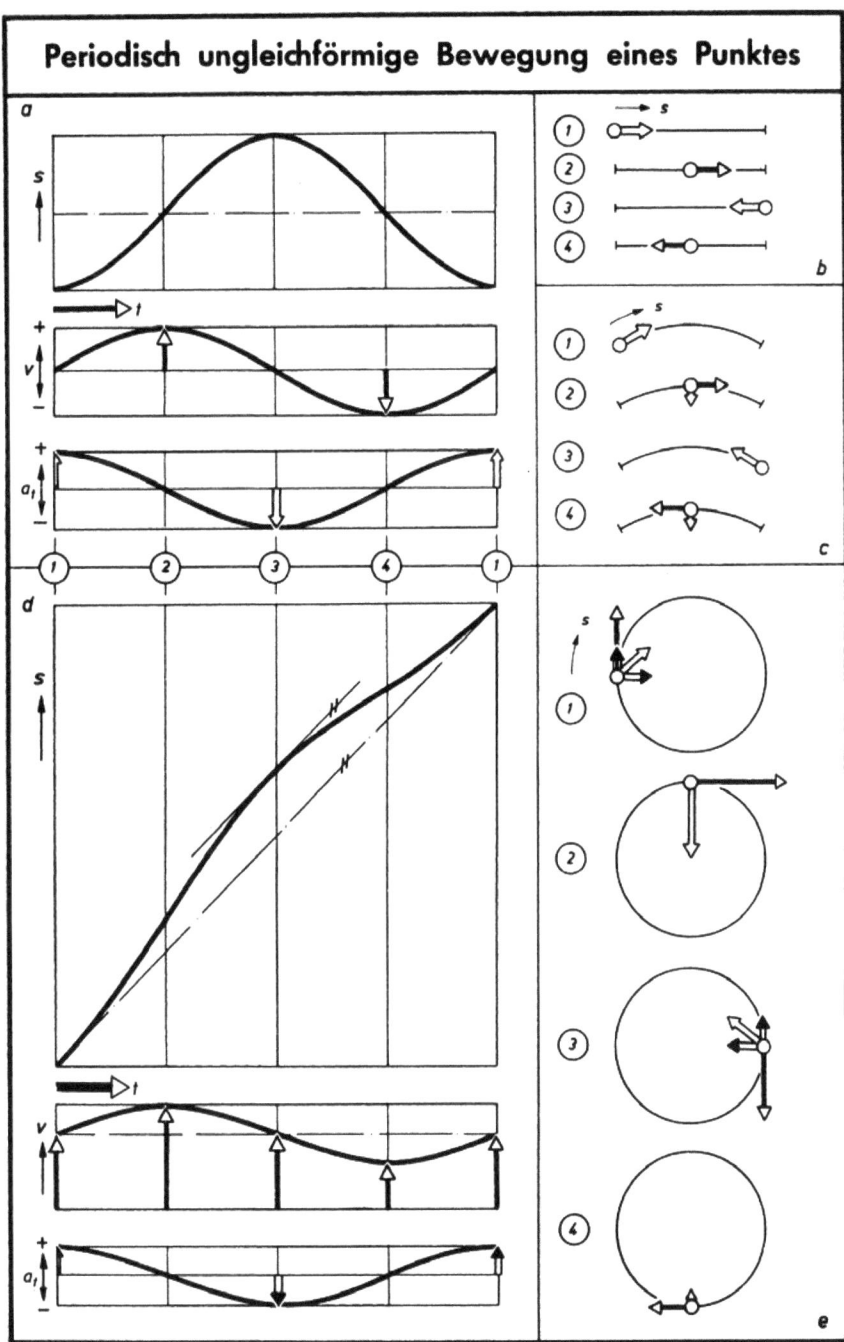

Neben den Schaubildern für den Verlauf von s, v und a_t sind auf der rechten Bildseite je vier verschiedene Bewegungszustände dargestellt, die zeitlich mit je 90° Drehung der zugehörigen Antriebskurbel aufeinander folgen. Die eingesetzten Vektoren sind (außer a_n) den nebenstehenden Schaubildern maßstäblich entnommen. Die Ziffern 1 bis 4 weisen auf die zugehörigen Stellen der Schaubilder hin.

Bei den schwingenden Bewegungen zeigen sich Größtwerte der Geschwindigkeit in Hubmitte, Größtwerte der Beschleunigung dagegen in den Totpunkten. Gegenüber der geradlinigen Bewegung tritt bei der kreisförmiger Bewegung zusätzlich Normalbeschleunigung auf, die gemeinsam mit der Geschwindigkeit in den Totlagen den Wert "Null" annimmt. Die Tangentialbeschleunigung a_t ist in den Totlagen der einzige Beschleunigungswert, während in Hubmitte nur die Normalbeschleunigung a_n auftritt. In allen dazwischen liegenden Stellungen treten beide Beschleunigungsarten als Komponenten auf, so daß die Gesamtbeschleunigung sich nach Größe und Richtung laufend ändert.

Bei der vollumlaufenden Drehbewegung (Tafel 3.2.e) ist stets eine Normalbeschleunigung a_n vorhanden. In den Lagen mit Extremwerten der Geschwindigkeit (Stellung 2 und 4) ist die Normalbeschleunigung der einzige Beschleunigungswert. Im übrigen Verlauf, z.B. in den Stellungen 1 und 3 tritt noch zusätzliche Tangentialbeschleunigung auf, so daß sich insgesamt eine nach Größe und Richtung wechselnde Gesamtbeschleunigung ergibt.

Vergleicht man die Schaubilder (Tafel 3.2.a und d) miteinander, so fällt zunächst auf, daß der Verlauf von a_t in beiden Fällen der gleiche ist, obwohl die Weg-Zeit-Schaubilder völlig verschieden sind. Der Grund für diese Übereinstimmung im Beschleunigungsverlauf liegt darin, daß sich die Kurven für die Geschwindigkeiten nur durch ihre Höhenlage in Ordinatenrichtung unterscheiden, in ihrer Tendenz aber übereinstimmen. Zur gleichen Beschleunigungskurve lassen sich also beliebig viele Geschwindigkeitskurven aufzeichnen, die sich alle nur durch ihre Höhenlage, d.h. durch ihren Abschnitt auf der Ordinate unterscheiden. Die Beschleunigungskurve sagt nur etwas über die Steigung der Geschwindigkeitskurve aus, nicht über ihre absoluten Werte. Der Ordinatenabschnitt ist in der Gleichung einer Funktion ein konstanter Wert und wird beim Differenzieren zu "Null".

Unterschiedlich sind bei den Geschwindigkeitskurven die Extremwerte. Während diese bei der schwingenden Bewegung positive und negative Größen annehmen - Richtungswechsel der Bewegung -, ändert sich die Geschwindigkeit bei der umlaufenden - also in ihrer Richtung der gleichbleibenden - Bewegung nur zwischen positiven Größt- und Kleinstwerten. Der Geschwindigkeitsverlauf erscheint in beiden Beispielen als Schwingung. In Tafel 3.2.a ist dies eine Schwingung um die Abszissenachse. Demgegenüber ist die Nullinie der Schwingung in Tafel 3.2.d nach oben verschoben um den Wert der Geschwindigkeit, der den Stellungen 1 und 3 entspricht. Dieser Geschwindigkeitswert ist aber das Maß für die Steigung der Weg-Zeit-Kurve an den Stellen 1 und 3, wo die Kurve zwei Tangenten mit parallelen Steigungen hat.

Das Weg-Zeit-Schaubild in Tafel 3.2.a hat an den Stellen 1 und 3 ebenfalls parallele Tangenten, jedoch mit der Steigung "Null", was mit der Geschwindigkeitskurve übereinstimmt. Die Weg-Zeit-Kurve ist im Beispiel Tafel 3.2.a eine Sinusschwingung, deren Nulllinie durch die Hubmitte verläuft. Abgesehen vom Ordinatenmaßstab entsprechen die Kurven für s, v und a_t der Sinusfunktion und ihren Ableitungen

$$y = \sin x; \quad y' = \cos x; \quad y'' = -\sin x$$

Es ergibt sich also jeweils eine Phasenverschiebung um den Wert $\pi/2$

Für die verschiedenen Arten der ebenen Bewegung ergeben sich abschließend die unterscheidenden Merkmale von Tabelle 3.1.

Tabelle 3.1. Abhängigkeit der Bewegungsgrößen von der Zeit

Größe	Bewegungsarten			Einheit
	Typ 1 nicht beschleunigt	Typ 2 gleichmäßig beschleunigt	Typ 3 ungleichmäßig beschleunigt (Periodisch beschleunigt und verzögert)	
s	linear	quadratisch	Periodisch	m
v	konstant	linear	Periodisch	m/s
a_t	0	konstant	Periodisch	m/s^2
z.B.	Bewegung des Kurbelzapfens	freier Fall	Bewegung des Kolbenbolzens	

Tabelle 3.2. Einfluss der Bewegungsbahn auf die Normalbeschleunigung

Größe	Bahnverlauf			Einheit
	Gerade	**Kreis**	**Kurve**	
ρ	konstant ∞	konstant endlich	veränderlich	m
k=1/ρ k-Bahnkrümmung	0	konstant	veränderlich	1/m
a_n	0	konstant (wenn v konst.)	veränderlich (auch wenn v konst.)	m/s^2
z.B.	Kolbenweg	Kurbelkreis	Koppelkurve	

Tafel 3.3

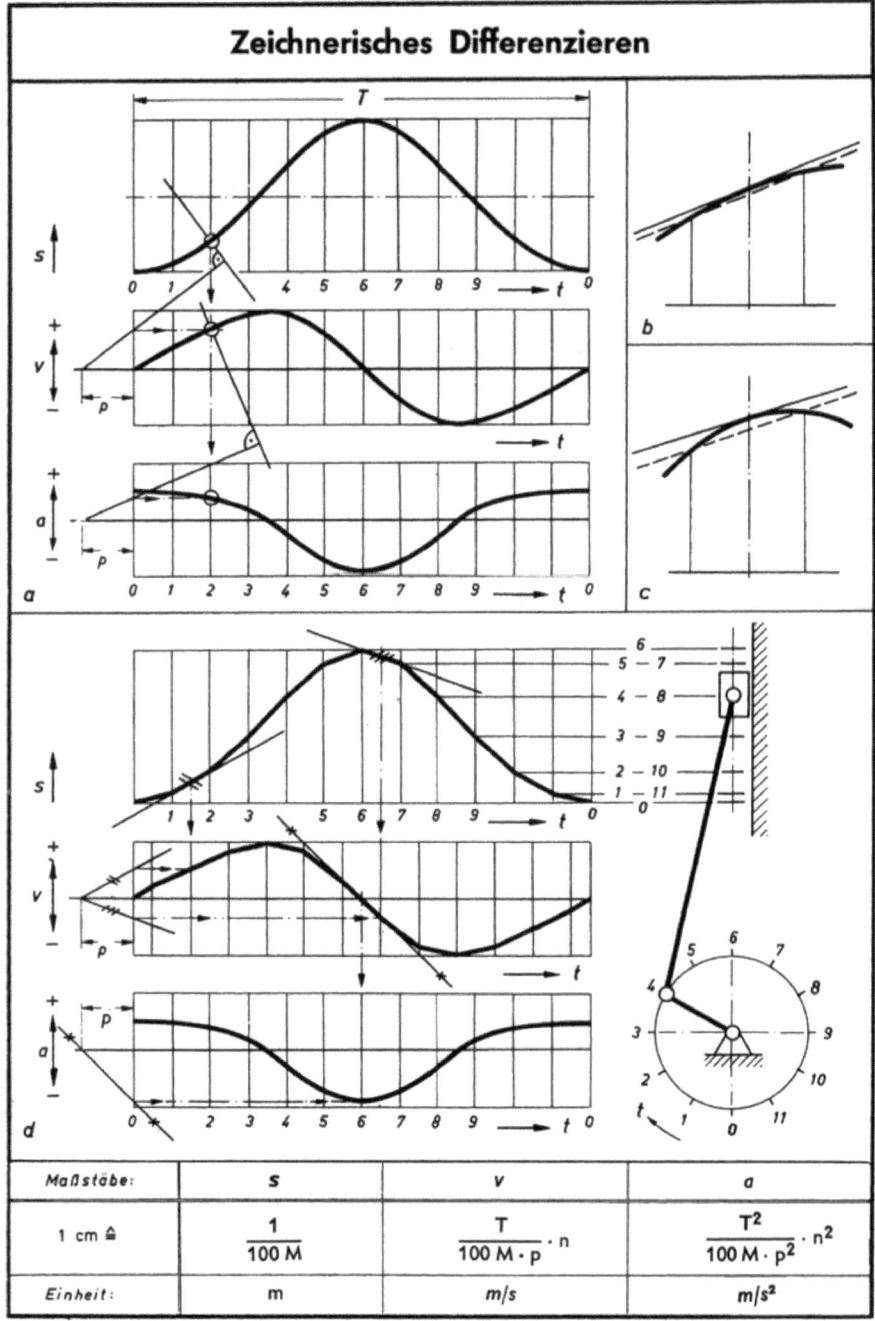

3.1.1.2 Zeichnerisches Differenzieren

Die Verfahren. Der Verlauf der Geschwindigkeit und der Tangentialbeschleunigung kann durch Differenzieren des Weges nach der Zeit ermittelt werden. Dies läßt sich sowohl rechnerisch als auch zeichnerisch durchführen. Die rechnerische Methode ist nur sinnvoll, wenn sie mittels PC durchgeführt wird, da bereits die Gleichung für die Übertragungsfunktion eine nicht ganz einfache Form hat[1] [5].

Wer sich erstmalig mit der Ermittlung von Geschwindigkeiten und Beschleunigungen bei periodisch ungleichförmigen Getrieben befaßt, sollte wegen der Anschaulichkeit der Zusammenhänge nicht auf das zeichnerische Differenzieren verzichten. Da in den meisten Fällen die Antriebsbewegung eine Drehbewegung ist, wählt man eine Intervallteilung, die ganzzahlig in 360° aufgeht, z.B. 12 oder 24 Intervale.

In Tafel 3.3.a und d sind zwei verschiedene Verfahren dargestellt. Im ersten Beispiel (Tafel 3.3.a) wird die Steigung der Kurve von Punkt zu Punkt bestimmt, in dem zuerst die Normale n gesucht und darauf das Lot gefällt wird. Eine senkrecht zur Zeichenebene auf die Zeichnung aufgesetzter Spiegel ermöglicht das Auffinden der Richtung der Normalen. Die Scheibe wird in die vermutete Richtung gebracht und um ihren Schnittpunkt mit der Kurve so lange gedreht, bis das Spiegelbild des vor der Scheibe liegenden Kurvenstückes sich ohne Knick an diesen anschließt. Dieses Lot stellt die Steigung der Kurventangente dar. Zuvor legt man unterhalb des Weg-Zeit-Schaubildes die Abszissenachse des geplanten Geschwindigkeitsschaubildes fest, die man nach links über den Koordinatenursprung hinaus um die Strecke p (Polabstand) verlängert. Fällt man nun das Lot auf jede Kurvennormale des Weg-Zeit-Schaubildes stets durch den vom Polabstand markierten Endpunkt auf der Abszisse des Geschwindigkeitsschaubildes, so erhält man auf der zugehörigen Ordinatenachse Abschnitte, die den verschiedenen Tangentensteigungen der Weg-Zeit-Kurve und somit auch den jeweiligen Geschwindigkeiten proportional sind. Man braucht nur noch die einzelnen Ordinatenabschnitte horizontal auf die zugehörigen Abszissenteilungen zu übertragen, um eine entsprechende Anzahl Punkte der Geschwindigkeitskurve zu erhalten. Die Ermittlung der einzelnen Werte der Beschleunigungskurve als Verhältniswerte zu den Steigungen der Geschwindigkeitskurve erhält man auf die gleiche Weise, wie aus Tafel 3.3.a hervorgeht.

---

[1] Für den einfachen Fall der zentrischen Schubkurbel lautet die Gleichung für das Weg-Zeit-Gesetz in exakter Form:

$$s = a\,(1-\cos\varphi) \pm b\left[1-\sqrt{1-(\frac{a}{b}\sin\varphi)^2}\right]$$

hierin ist:
s der Weg bezogen auf den inneren Totpunkt
a die Kurbellänge
b die Pleuellänge
φ der Kurbeldrehwinkel (von der inneren Totlage gerechnet)
$\pm$ Vorzeichen für Hinhub (-) und Rückhub (+)

Die Genauigkeit der Ergebnisse dieses Verfahrens hängt - außer vom Zeichenmaßstab - von folgenden Einflüssen ab:

- Von der Genauigkeit der einzelnen am Getriebe ermittelten Punkte der Weg-Zeit-Kurve.
- Von der Richtigkeit der mit dem Kurvenlineal durch diese Punkte gezeichneten Kurve.
- Von der Genauigkeit der Richtung, in der die einzelnen Normalen - und damit die Tangentenrichtungen - ermittelt werden.

In einem anderen Verfahren werden nicht die Tangenten in einzelnen Kurvenpunkten benutzt, sondern die Sehnen, die man von Intervall zu Intervall durch zwei Kurvenpunkte legen kann. Die Steigung einer solchen Sehne tritt dann als Näherung an die Stelle der Tangentensteigung in Intervallmitte (Tafel 3.3.b und c). Da nur das Steigungsmaß weiter ausgewertet wird, während die Höhenlage der betreffenden Geraden keinen Einfluß hat, entsteht nur insoweit ein Fehler, wie die Steigungen von Tangente und Sehne nicht übereinstimmen. Die Unterschiede in der Steigung (Tafel 3.3.c) lassen sich durch genügend enge Intervallteilung sehr gering halten; da im übrigen die Größtwerte der Steigung an den Wendepunkten auftreten, stimmen hier die Steigungen von Tangente und Sehne überein. Das Verfahren hat den Vorteil, daß die Steigung einer Sehne durch zwei bekannte Punkte einer Kurve exakt festliegt, während die Steigung der Tangente von Schätzungen abhängig ist.

Im übrigen wird dieses Verfahren in gleicher Weise durchgeführt wie das erst beschriebene. Beim Differenzieren wird jeweils durch einen festen Punkt auf der nach links verlängerten Abszisse eine Parallele zur jeweiligen Intervallsehne gezogen. Es ist nur darauf zu achten, daß der zugehörige Achsenabschnitt dem Steigungswert in Intervallmitte entspricht. Hieraus ergibt sich die Notwendigkeit, die Teilung des Geschwindigkeitsschaubildes um ein halbes Intervall versetzt zu zeichnen. Da beim zweiten Differenzieren die Teilung nochmals versetzt werden muß, stimmen die Teilungen von Weg-Zeit-Schaubild und Beschleunigungsschaubild wieder überein.

Bei diesem Verfahren hängt die Genauigkeit der Ergebnisse - außer vom Zeichenmaßstab - von folgenden Einflüssen ab:

- Von der Genauigkeit der einzelnen am Getriebe ermittelter Punkte der Weg-Zeit-Kurve.
- Von der Wahl der Intervallteilung, je enger die Teilung, um so genauer das Ergebnis.

Es ist für dieses Verfahren kennzeichnend, daß die beiden ersten Schaubilder (s und v in Tafel 3.3.d) als polygone Linienzüge erscheinen. Sämtliche Ecken sind exakt ermittelte Werte und als solche jederzeit erkennbar.

Zweck des Differenzierens ist im Normalfall die Ermittlung der Größtwerte der Geschwindigkeit und der Beschleunigung. Sollten Zweifel bestehen, ob die erhaltenen Kurven auch wirklich diese Größtwerte erfassen, so ist eine einfache Kontrolle dadurch möglich, daß man die beiden Nachbarintervalle eines Größtwertes halbiert - und zwar in der Getriebezeichnung - und dann für jede

Intervallhälfte d.h. also für vier Stellen zusätzliche Zwischenwerte ermittelt. Die Genauigkeit der Ergebnisse nimmt mit der Feinheit der Teilung zu.

Die doppelte Anwendung der zeichnerischen Differentiation muss naturgemäß zu Ungenauigkeiten führen. Sie gibt jedoch einen ersten Überblick über die Tendenz von Geschwindigkeit v und Beschleunigung a. Genauer ist die vektorielle Ermittlung, die in Abschnitt 3.2.1 behandelt wird.

Die Maßstäbe. Das Ergebnis der beiden Verfahren ist zunächst die Tendenz der Geschwindigkeit v und die Tendenz der Tangentialbeschleunigung a_t. Die zahlenmäßige Auswertung der Schaubilder ist von folgenden Angaben abhängig:

- Zeichenmaßstab M des Getriebeschemas, d.h. Ordinatenmaßstab für das Weg-Zeit-Schaubild.
- Drehzahl des Getriebes n 1/s.
- Länge des Schaubildes T cm (z.B. Zeit für 1 Umdrehung).
- Polabstand beim Differenzieren p in cm

Es ergeben sich folgende Maßstäbe [6]:

Zeitmaßstab

$$M_t = \frac{1}{n \cdot T} \qquad \text{s/cm} \tag{3.11}$$

Wegmaßstab

$$M_s = \frac{1}{100 \cdot M} \qquad \text{m/cm} \tag{3.12}$$

Geschwindigkeitsmaßstab

$$M_v = \frac{M_s}{M_t \cdot p}$$

$$M_v = \frac{1}{100M} \cdot \frac{T}{p} \cdot n \qquad \text{m cm}^{-1}\text{s}^{-1} \tag{3.13}$$

Beschleunigungsmaßstab

$$M_a = \frac{M_v}{M_t \cdot p}$$

$$M_a = \frac{1}{100M} \cdot \left(\frac{T}{p}\right)^2 \cdot n^2 \qquad \text{m cm}^{-1}\text{s}^{-2} \tag{3.14}$$

34   3 Gelenkgetriebe

Tafel 3.4

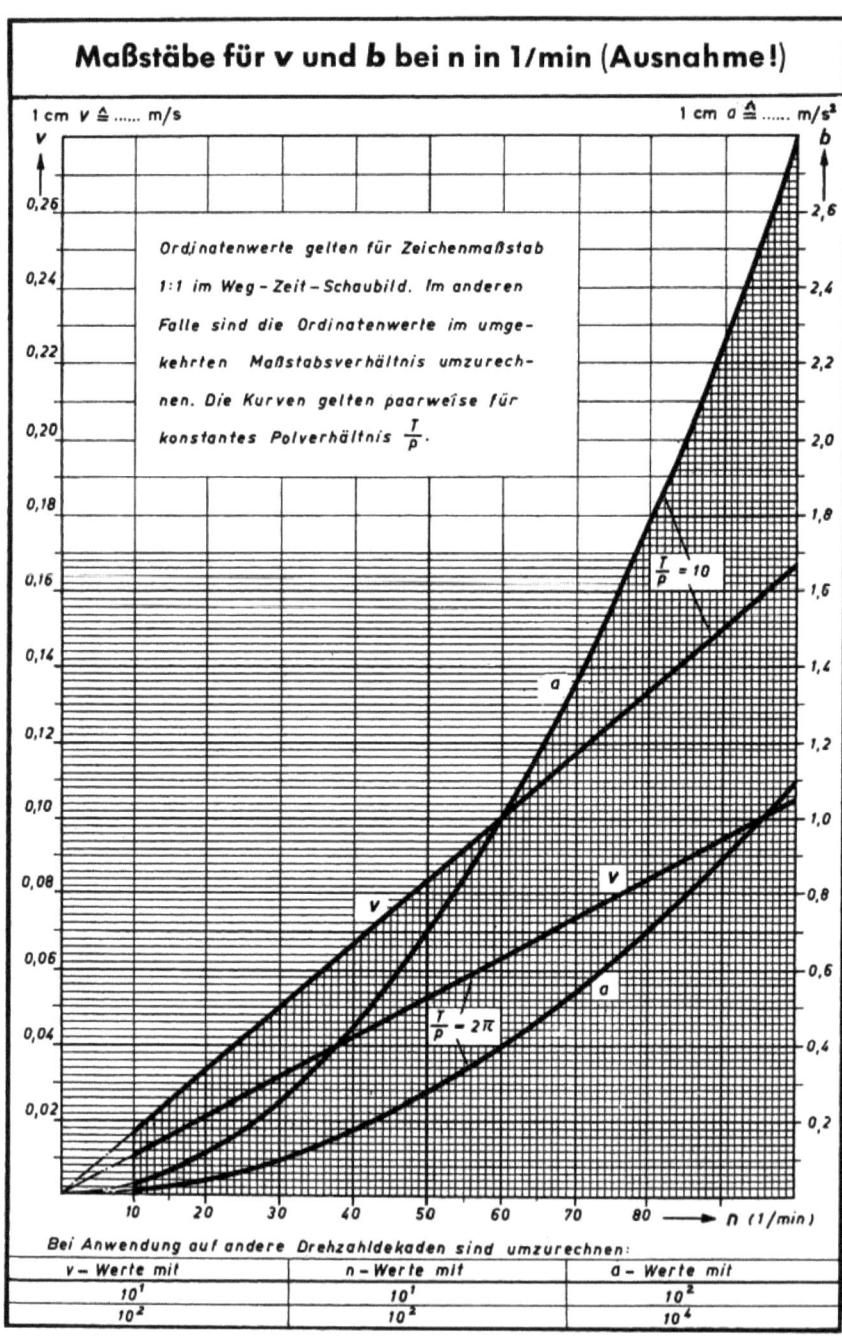

Beispiel:
Für die in Tafel 3.3 d untersuchte Schubkurbel sei angenommen:
M = 1:5 = 0,2; n=5 s^{-1}, T = 6 cm; p = 0,7 cm.
Es ergeben sich folgende Maßstäbe:

$$M_t = \frac{1}{5s^{-1} \cdot 6cm} = 0,333 \frac{s}{cm}; \quad M_s = \frac{1}{100 \cdot 0,2} = 0,05 \frac{m}{cm}$$

$$M_v = \frac{0,05 \frac{m}{cm}}{0,033 \frac{s}{cm} \cdot 0,7cm} = 2,14 \frac{m/s}{cm}; \quad M_a = \frac{2,14 \frac{m/s}{cm}}{0,033 \frac{s}{cm} \cdot 0,7cm} = 92 \frac{m/s^2}{cm}$$

Nimmt man bei der Ermittlung der Geschwindigkeit und der Beschleunigung gleich große Polabstände also p, so ergibt sich ein Beiwert von

- T/p für den Geschwindigkeitsmaßstab und
- (T/p)^2 für den Beschleunigungsmaßstab.

Wählt man nach *Rauh* für die Diagrammlänge T die Länge des Kurbelkreisumfanges 2·a·π und für den Polabstand die Kurbellänge a, so erhält man folgende Beiwerte:

- 2·π für den Geschwindigkeitsmaßstab und
- 4·π^2 für den Beschleunigungsmaßstab.

Dies ergibt folgende Maßstabsgleichungen:

$$M_v = \frac{\pi}{50 \cdot M} \cdot n \qquad m\,cm^{-1}s^{-1} \qquad (3.15)$$

$$M_a = \frac{\pi^2}{25 \cdot M} \cdot n^2 \qquad m\,cm^{-1}s^{-2} \qquad (3.16)$$

Damit sind die Maßstäbe für v und a nur noch vom Zeichenmaßstab M des Getriebes bzw. des Weg - Zeit -Schaubildes und von der Drehzahl abhängig.

Ebenso vorteilhaft ist es, den Polabstand in beiden Fällen mit 0,1·T einzusetzen. Man erhält dann die Beiwerte:

- für den Geschwindigkeitsmaßstab 10 und
- für den Beschleunigungsmaßstab 10^2 und damit die Formeln:

$$M_V = \frac{1}{10 \cdot M} \cdot n \qquad m\,cm^{-1}s^{-1} \qquad (3.17)$$

$$M_V = \frac{1}{M} \cdot n^2 \qquad m\,cm^{-1}s^{-2} \qquad (3.18)$$

Bei der Benutzung der bisher üblichen Drehzahleinheit min^{-1} ergeben sich abweichende Maßstäbe. Um für die Übergangszeit die Beziehung zur alten Drehzahleinheit zu ermöglichen, zeigt Tafel 3.4 die Maßstabswerte für v und a in Abhängigkeit von der alten Drehzahleinheit, und zwar für eine Drehzahldekade. Die Dezimalfaktoren für die Umrechnung auf andere Dekaden sind angegeben.

36 3 Gelenkgetriebe

Tafel 3.5

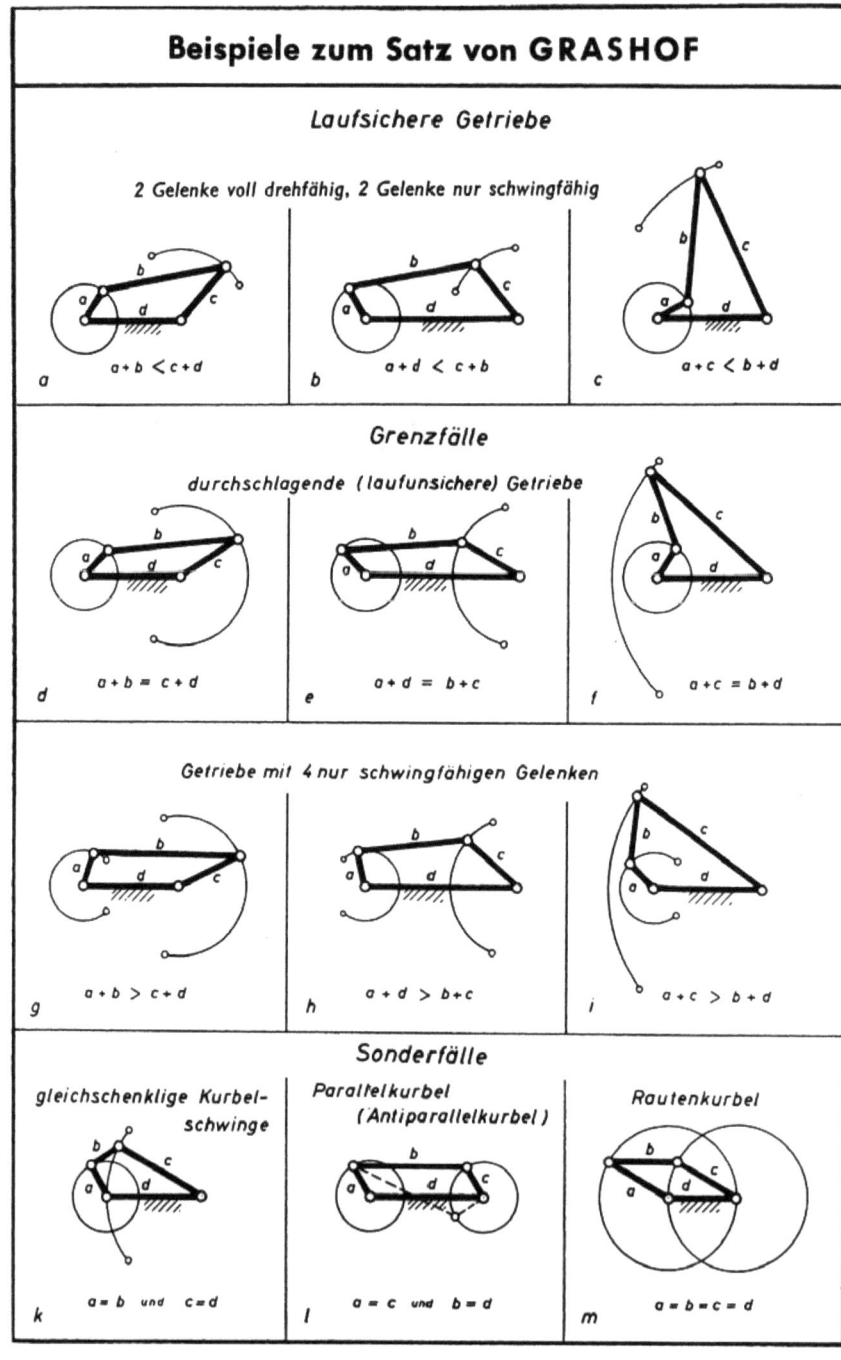

Die Kennlinien gelten paarweise mit Bezug auf die bei den Formeln (3.15) bis (3.16) angegebenen Abszissenverhältnisse T/p.

3.1.2 Einfluss der Gliederlängen auf den Bewegungsverlauf im Getriebe

Es wurde bereits erwähnt, daß Getriebe mit mindestens einem voll drehfähig gelagerten Glied hinsichtlich der technischen Anwendungen besonders bedeutsam sind. Bei den Kolbenmaschinen liegt z.B. das voll drehfähige Getriebeglied, die Kurbel, auf der Abtriebsseite, wenn es sich um Kraftmaschinen handelt, während sie bei Arbeitsmaschinen auf der Antriebsseite liegt. Das Schubkurbelgetriebe ist aber nur ein Sonderfall der Kurbelschwinge. Die Bedingung für voll drehfähige Gelenke kann also an der Kurbelschwinge erläutert werden; sie gilt dann für alle Getriebe der Viergelenkkette, da die Relativbewegungen die gleichen sind.

3.1.2.1 Satz von Grashof

Volle Drehfähigkeit ist grundsätzlich bei allen vier Gelenken möglich, jedoch nur, wenn besondere Abmessungsverhältnisse vorliegen (Tafel 3.5.l-m). Für beliebige Längenverhältnisse gilt nach Grashof folgendes:

Das kleinste Glied der Viergelenkkette ist gegenüber seinen Nachbargliedern voll drehfähig, wenn die Summe der Gliederlängen des kleinsten und des größten Gliedes kleiner ist - im Grenzfall gleich - als die Summe der beiden anderen Gliederlängen. Dabei kann das größte Glied im Gelenkviereck ein Nachbarglied des kleinsten sein oder diesem gegenüber liegen.

In Tafel 3.5 sind die verschiedenen charakteristischen Längenverhältnisse am Beispiel der Kurbelschwinge dargestellt. Die Getriebe der beiden oberen Bildreihen (Tafel 3.5.a-f) und die der unteren Bildreihe (Tafel 3.5.k-m) genügen der Grashofschen Bedingung. Es ergeben sich aber nur bei den Beispielen a bis c laufsichere Getriebe. Bei den übrigen Beispielen sind die Gliedersummen paarweise gleich, so daß unsichere Getriebelagen (Verzweigungslagen) auftreten. Gleichwohl sind auch diese Getriebe von Bedeutung, zumal es mit einfachen Mitteln möglich ist, unsichere Lagen zu überwinden.

Bei den Beispielen g, h und i ist die Grashofsche Bedingung nicht erfüllt. Man erhält daher Getriebe, bei denen keines der vier Gelenke voll drehfähig ist. Drehfähigkeit nur eines Gelenkes tritt nie auf. Wenn das Kleinste der vier Glieder - und nur dieses kommt in Frage - eine volle Drehung machen kann, so findet diese Drehung relativ zu 2 Nachbargliedern statt; es ergeben sich also 2 voll drehfähige Gelenke. Das gleiche gilt für die Bewegung des Gegengliedes c. Wenn dieses Glied im Sonderfall voll drehfähig wird (Tafel 3.5.1-m), so ergibt dies 2 weitere drehfähige Gelenke.

Tafel 3.6

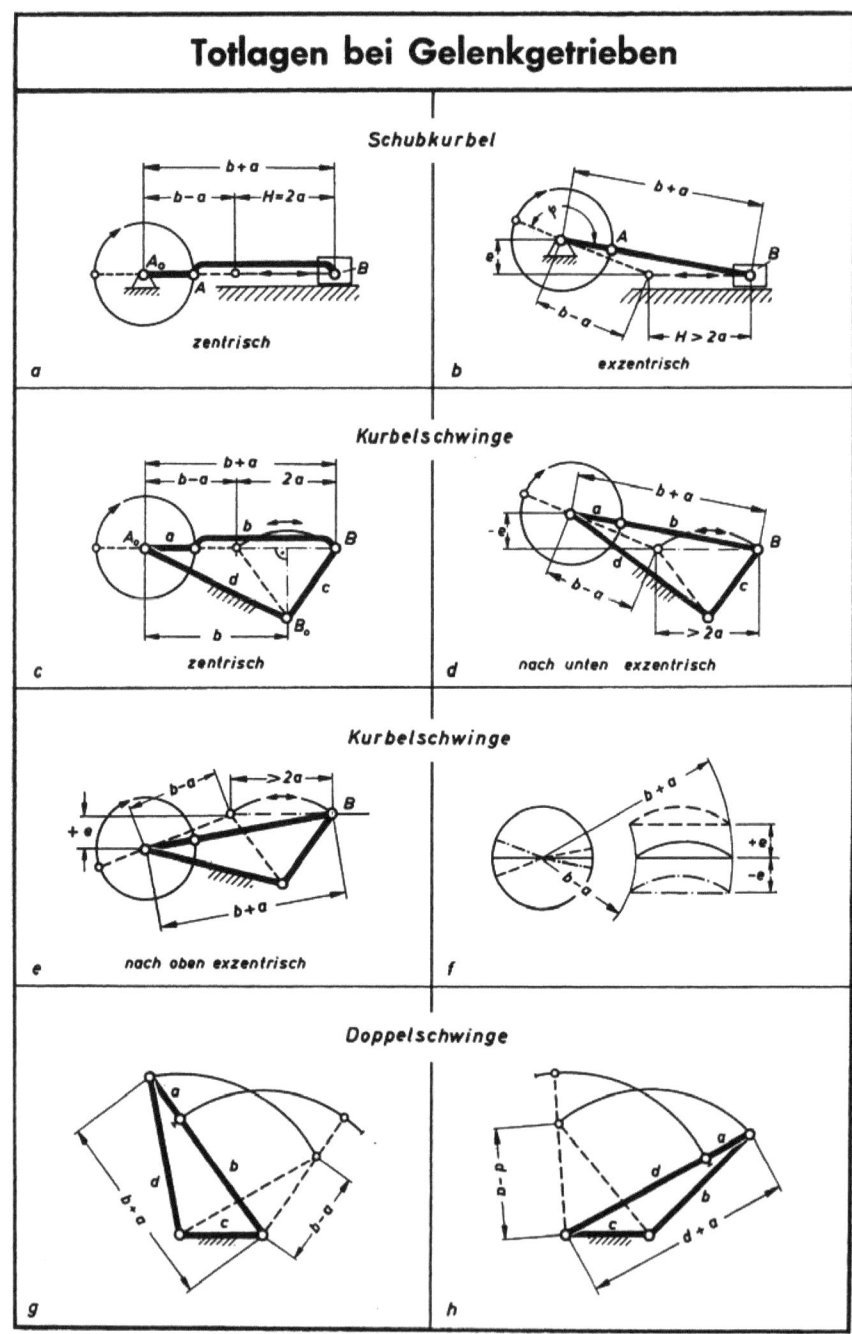

Die Anzahl der voll drehfähigen Gelenke im Gelenkviereck ist also:

0   oder   2   oder   4

3.1.2.2 Totlagen bei Gelenkgetrieben

Bei allen schwingenden Gelenken ist die Bewegung begrenzt.

Die Bewegungsgrenzen eines schwingenden Getriebegliedes gegenüber einem Nachbarglied ergeben sich aus der Längensumme und der Längendifferenz der beiden anderen Glieder.

Auch der Gleitstein eines Schubkurbelgetriebes ist in diesem Zusammenhang als schwingendes Getriebeglied zu betrachten. Tafel 3.6 zeigt die Konstruktion der Totlagen für die Schubkurbel (Tafel 3.6.a-b), für die Kurbelschwinge (Tafel 3.6.c-e) und für die Doppelschwinge (Tafel 3.6.g-h). Im Falle der Doppelschwinge wird die Konstruktion zweimal durchgeführt, da beide Gestelllager nur schwingende Gelenke sind. Die Totlagen für die Bewegung der Schwinge *d* werden in Tafel 3.6.g ermittelt, die Totlagen der Schwinge b dagegen in Tafel 3.6.h.

3.1.2.3 Exzentrizität

Bei der Schubkurbel und bei der Kurbelschwinge kennt man den Begriff der Exzentrizität. Man bezeichnet damit die Lage der Totlagengeraden zum Kurbellager. Zieht man durch die beiden Totpunkte der Gleitsteinbahn oder des Schwingenbogens eine Gerade, so wird diese Gerade entweder durch das Kurbellager verlaufen oder am Kurbellager vorbeigehen. Im ersteren Falle spricht man von einem zentrischen Getriebe (Tafel 3.6.a und c), im letzteren Falle von einem versetzten oder exzentrischen Getriebe (Tafel 3.6.b, d und e). Das Maß der Versetzung wird durch die Exzentrizität e gekennzeichnet, d.h. durch den senkrechten Abstand zwischen dem Kurbellager und der Totlagengeraden.

Die Exzentrizität beeinflußt:

- Die Länge der Hubstrecke zwischen den Totlagen, d.h. Gleitsteinweg oder Schwingenbogensehne.
- Die Aufteilung des Kurbeldrehwinkels auf Hin- und Rückhub.

Sie beeinflußt also den gesamten Bewegungsverlauf am Abtrieb. Beim zentrischen Getriebe (Tafel 3.6.a und c) ergibt sich Übereinstimmung zwischen Kurbelkreisdurchmesser und Hubstrecke. Die Aufteilung des Kurbeldrehwinkels auf Hin- und Rückhub erfolgt in zwei gleiche Hälften; dies bedeutet gleiche Durchschnittsgeschwindigkeiten in beiden Hubrichtungen.

Beim exzentrischen Getriebe ist die Hubstrecke stets größer als der Kurbelkreisdurchmesser (Tafel 3.6.b); es ergeben sich also größere Wegstrecken und somit höhere Geschwindigkeiten. Darüber hinaus ergibt sich eine ungleiche Aufteilung des Kurbeldrehwinkels - also der Zeit - auf Hin- und Rückhub. Die durch Hubvergrößerung angewachsenen Geschwindigkeitswerte werden dadurch in der einen Hubrichtung wieder gemindert, während sie in der anderen Richtung weiter gesteigert werden (z.B. beim Getriebe in Tafel 3.6.b im Winkelbereich φ).

Bei der Kurbelschwinge ergeben sich zentrische Getriebe nur bei ganz bestimmten Längenverhältnissen. Im allgemeinen wird beim Getriebeentwurf die Gestellänge d als letztes Maß festgelegt. Fällt man bei der zentrischen Kurbelschwinge (Tafel 3.6.c) vom Schwingenlager B_0 das Lot auf die Schwingenbogensehne, so ist die Entfernung vom Fußpunkt dieses Lotes zum Kurbellager A_0 gleich der Koppellänge b, während die Länge des Lotes sich aus a und c nach dem Pythagoras-Lehrsatz errechnen läßt. Daraus ergibt sich für zentrische Kurbelschwingen die Bedingung:

$$d_z = \sqrt{b^2 + c^2 - a^2} \qquad (3.19)$$

d Gestelllänge für zentrische Kurbelschwinge

Ist $d > d_Z$ so spricht man von einer nach unten exzentrischen oder nach unten versetzten Kurbelschwinge (Tafel 3.6.d), während bei $d < d_Z$ eine nach oben versetzte Kurbelschwinge vorliegt (Tafel 3.6.e). Der Begriff "oben" bzw. "unten" richtet sich nach der Lage der Exzentrizität zum Schwingenlager. Es ist üblich Kurbelschwingen so zu zeichnen, dass das Schwingenlager unterhalb des Schwingebogens liegt. Danach richtet sich die Orientierung der Begriffe "oben" und "unten".

Die Lage der verschiedenen Hubstrecken zum Kurbelkreis und die Auswirkung verschiedener Exzentrizität auf Hubgröße und Kurbelkreisaufteilung zeigt Tafel 3.6.f. Zwei Kreisbögen um das Kurbellager mit den Halbmessern b+a und b-a begrenzen die Hubstrecken. Da nur bei zentrischer Lage die auf der Sehne gemessene Hubstrecke die beiden Kreise in radialer Richtung schneidet, muß dies die kürzeste Entfernung zwischen den beiden Kreisen sein (s = 2a). Die Hubstrecken und damit die Geschwindigkeiten wachsen also mit der Exzentrizität. Es ergibt sich ferner, dass die Geschwindigkeit am Schwingenzapfen einer Kurbelschwinge einen höheren Durchschnittswert haben muß als die Geschwindigkeit am Gleitsteinzapfen einer Schubkurbel bei sonst gleichen Verhältnissen, da der Weg dieses Gelenkes auf dem Bogen gemessen stets größer ist als auf der Sehne.

Die Durchschnittsgeschwindigkeit am Abtriebsgelenk (B) nimmt mit zunehmender Exzentrizität des Getriebes (Schubkurbel oder Kurbelschwinge) zu; mit zunehmender Schwingenlänge nimmt sie ab.

Ein Unterschied zwischen positiver oder negativer Exzentrizität besteht bei der Schubkurbel nicht, wohl dagegen bei der Kurbelschwinge. Hier wirkt sich der Unterschied zwischen der sogenannten Vierecklage und der Überkreuzlage der Getriebeglieder aus.

Tafel 3.7

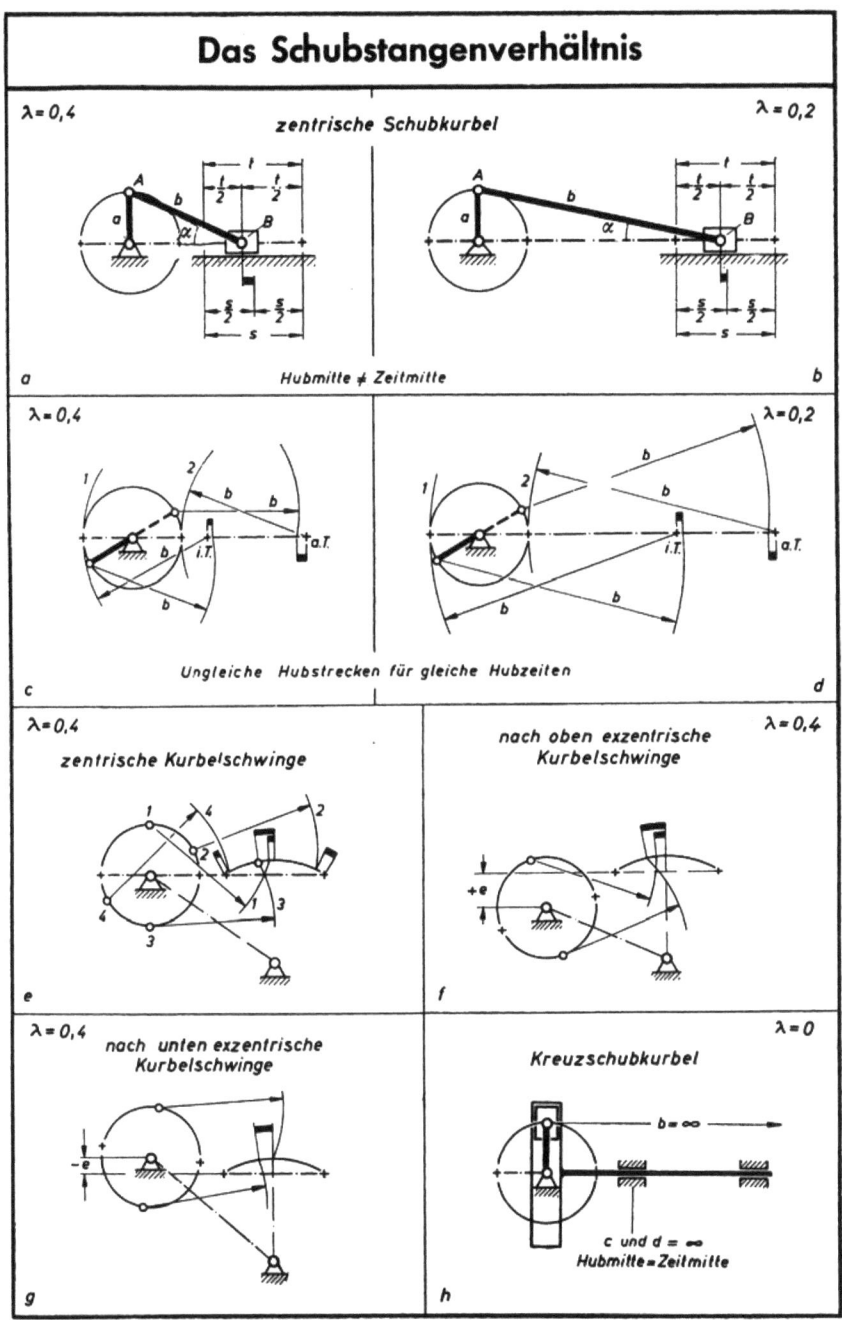

3.1.2.4 Schubstangenverhältnis

Bei den Getrieben mit schwingendem Abtrieb ist außer der Schränkung noch das Schubstangenverhältnis von besonderer Bedeutung.

$$\lambda = \frac{a}{b} \qquad \text{Schubstangenverhältnis} \qquad (3.20)$$

Bei der zentrischen Schubkurbel (Tafel 3.7.a-b) ist:

$$\lambda = \sin\alpha_{max} \qquad (3.21)$$

Dabei wird mit α der Winkel bezeichnet, den die Koppelmittellinie mit der Schubrichtung einschließt. Der Winkel α wird als Kraftangriffswinkel [7] oder als Ablenkwinkel [8] bezeichnet.

In Tafel 3.7.a-b steht die Kurbel a senkrecht zur Schubrichtung, also in der Mitte des auf eine Hubrichtung entfallenden Drehwinkels von 180°, d.h. die Kurbel steht auf "*Zeitmitte*". Der Gleitsteinzapfen B steht jedoch nicht auf "*Hubmitte*". Der Unterschied zwischen Zeitmitte und Hubmitte ist am Gleitsteinweg besonders gekennzeichnet. Er nimmt mit λ zu, d.h. der Unterschied zwischen den auf gleiche Zeiten - je 90° Kurbeldrehung - entfallenden Wegen wird größer und damit wächst der Unterschied in den Durchschnittsgeschwindigkeiten der beiden Hubhälften.

Das Schubstangenverhältnis beeinflusst außerdem die Bewegungsverhältnisse an den Hubenden. In Tafel 3.7.c-d sind je zwei Kurbellagen dargestellt, die mit den beiden Kurbeltotlagen gleiche Winkel einschließen, was gleichen Zeiten entspricht. Die zugehörigen Hubwege des Gleitsteins, auf die Totpunkte bezogen, sind um so unterschiedlicher, je größer das Schubstangenverhältnis ist, d.h. je kürzer die Koppel in ihrem Verhältnis zur Kurbel wird. Den unterschiedlichen Hubstrecken entsprechen unterschiedliche Beschleunigungen. Die Beschleunigung ist bei der Schubkurbel in der äußeren Totlage größer als in der inneren Totlage
(Tafel 3.3). Dieser Unterschied ist um so größer, je kürzer die Koppel wird. Die Ursache wird deutlich durch die um die Gleitsteintotpunkte (Tafel 3.7.c-d) mit der Koppellänge *b* geschlagene Kreisbögen 1 und 2.

In der inneren Totlage schmiegt sich bei der kürzeren Koppellänge der Kreis 1 besser an den Kurbelkreis an als bei der größeren Koppellänge. Die Krümmungsunterschiede zwischen beiden Kreisen sind um so kleiner, je kürzer die Koppel ist, da die Krümmungsrichtungen übereinstimmen. Infolgedessen ergibt sich bei der kürzeren Koppel eine kürzere Hubstrecke bei gleichem Kurbeldrehwinkel bezogen auf den inneren Totpunkt als bei der längeren Koppel. Wenn dieser Unterschied in Tafel 3.7.c-d auch kaum bemerkbar ist, so ist er doch grundsätzlich vorhanden.

Bei der äußeren Totlage sind die Verhältnisse deutlicher. Die Kreise 2 berühren den Kurbelkreis von außen, d.h. mit entgegengesetzter Krümmung. Dies bedeutet, daß jetzt die Unterschiede zwischen den beiden Krümmungen um so kleiner sind, je länger die Koppel ist. Es ergibt sich daher bei der längeren Koppel die kürzere Hubstrecke bezogen auf die äußere Totlage. Die bei einer Schubkurbel in

Totpunktnähe auf gleiche Drehwinkel entfallenden Hubstrecken sind um so unterschiedlicher, je kürzer die Koppel ist. Dies bedeutet, daß die Unterschiede der Beschleunigungswerte in den Totlagen mit abnehmender Koppel zunehmen.

Insgesamt ergibt sich die Bedeutung des Schubstangenverhältnisses für die zentrische Schubkurbel wie folgt :

Mit zunehmendem Schubstangenverhältnis - also mit abnehmender Koppellänge - wächst die Ungleichförmigkeit in der Gleitsteinbewegung. Die Unterschiede in den Größtwerten der Beschleunigung nehmen zu.

Die zentrische Kurbelschwinge (Tafel 3.7.e) hat das gleiche Schubstangenverhältnis wie die darüber dargestellte Schubkurbel. Die anteiligen Hubwege im Bereich der Totpunkte wie auch in Hubmitte sind in gleicher Art gekennzeichnet. Das Schubstangenverhältnis hat hier den gleichen Einfluß auf den Bewegungsverlauf wie bei der Schubkurbel. Zusätzlich zeigt sich deutlich der Unterschied zwischen der sogenannten Vierecklage (Stellung 1) und der Überkreuzlage (Stellung 3) der Getriebeglieder. In Stellung 3 kreuzen sich Koppel und Gestell, während die vier Getriebeglieder in Stellung 1 ein (unregelmäßiges) Viereck bilden.

Dieser Unterschied, der sich vor allem in Hubmitte bemerkbar macht, wird bei einem nach oben exzentrischen Getriebe (+ e) noch stärker (Tafel 3.7.f). Bei einer nach unten exzentrischen Kurbelschwinge kann man bei mäßiger Versetzung einen völligen Ausgleich in der Vierecklage erzielen (Tafel 3.7.g), d.h. in *einer* von beiden Hubrichtungen können Hubmitte und Zeitmitte zusammenfallen. Da schwingende Bewegungen bei Verarbeitungsmaschinen meist nur in *einer* von beiden Hubrichtungen Arbeitsbewegungen sind, ergibt sich hieraus die Möglichkeit, im Arbeitshub die Ungleichförmigkeit der Bewegung durch geringe Versetzung nach unten (- e) zu vermindern.

Ein zentrisches Getriebe, das darüber hinaus das Schubstangenverhältnis $\lambda = 0$ besitzt, ist die Kreuzschubkurbel (Tafel 3.7.h). Hier ergibt sich symmetrischer Bewegungsverlauf, und zwar nicht nur in den beiden Hubhälften, sondern auch im Hin- und Rückhub (Tafel 3.2.a). Bei der Kreuzschubkurbel hat nur die Kurbel endliche Länge, während alle übrigen Getriebeglieder (kinematisch) unendlich lang sind Von diesem Sonderfall ausgehend betrachtete *Rauh* das Sinusgesetz als das grundlegende Bewegungsgesetz für den schwingenden Abtrieb bei der Schubkurbel und bei der Kurbelschwinge. Durch die Längenverhältnisse der drei übrigen Glieder bezogen auf die Kurbel ergeben sich Überlagerungen, die den Geschwindigkeitsaufbau beeinflussen. [5].

3.2 Getriebeglieder als bewegte Ebenen

3.2.1 Bewegung einer Ebene

Die Bewegung einer Ebene parallel zu einer anderen Ebene, die sogenannte komplane Bewegung, kann eine Parallelverschiebung, eine Drehung um einen festen Punkt oder eine allgemeine Bewegung sein.

Bei der Parallelverschiebung - *Translation* - und bei der Drehung - *Rotation* - genügt die Kenntnis der Bewegungsverhältnisse eines Punktes zur Beurteilung der Bewegung der gesamten Ebene. Die Bewegungsverhältnisse eines Punktes sind gegeben durch folgende Größen:

- Bewegungsrichtung
- Krümmung der Bewegungsbahn
- Geschwindigkeit
- Beschleunigung.

Bei der allgemeinen Bewegung - Translation + Rotation - werden die Bewegungsverhältnisse *eines* Punktes, sowie die Bewegungsrichtung und die Bahnkrümmung eines *zweiten* Punktes der gleichen Ebene benötigt, wenn der Bewegungszustand der Ebene in einer bestimmten Lage geklärt werden soll.

3.2.1.1 Lagenänderung einer Ebene

Wenn eine Ebene E gegenüber einer feststehenden Ebene E_0 in verschiedene Lagen E_1, E_2 und E_3 gebracht werden soll, so kann die erforderliche Bewegung je nach Art der vorgeschriebenen Lagen eine Parallelverschiebung, eine Drehung oder eine allgemeine Bewegung sein.

a) Zwei parallele Lagen einer Ebene. In Tafel 3.8.a ist angenommen, dass eine Ebene aus der Lage E_1 in die parallele Lage E_2 gebracht werden soll. Es müssen also zwei Punkte der Ebene so geführt werden, dass die Ebene zu Beginn und zu Ende des Bewegungsvorganges mit sich selbst parallel liegt. Die Bewegung kann als geradlinige Parallelbewegung durchgeführt werden, bei der sämtliche Punkte der Ebene die gleiche Bewegungsrichtung haben (Tafel 3.8.b). Eine getrennte Parallelführung beider Punkte ist ebenso möglich (Tafel 3.8.c). Die Aufgabe lässt sich jedoch auch lösen, wenn ein Punkt oder gar beide Punkte auf gekrümmten Bahnen laufen. Hierbei kann es sich um Kreisbögen handeln, deren Mittelpunkte jeweils auf der Mittelsenkrechten der zugehörigen Hubstrecke liegen müssen. Es ergeben sich als weitere Lösungen die *Schubkurbel* (Tafel 3.8.d), die *Parallelkurbel* (Tafel 3.8.e), die *Kurbelschwinge in Vierecklage* (Tafel 3.8.f) und die *Kurbelschwinge* in *Überkreuzlage* (Tafel 3.8.g). Außerdem besteht die Möglichkeit die beiden Punkte der Ebene auf *Koppelkurven* parallel zu führen (Tafel 3.8.h).

Bei einer Reihe von Lösungen (Tafel 3.8.b, c, e und h) wird dabei die Ebene parallel verschoben. Bei Schubkurbel und Kurbelschwinge ergeben sich dagegen

Tafel 3.8

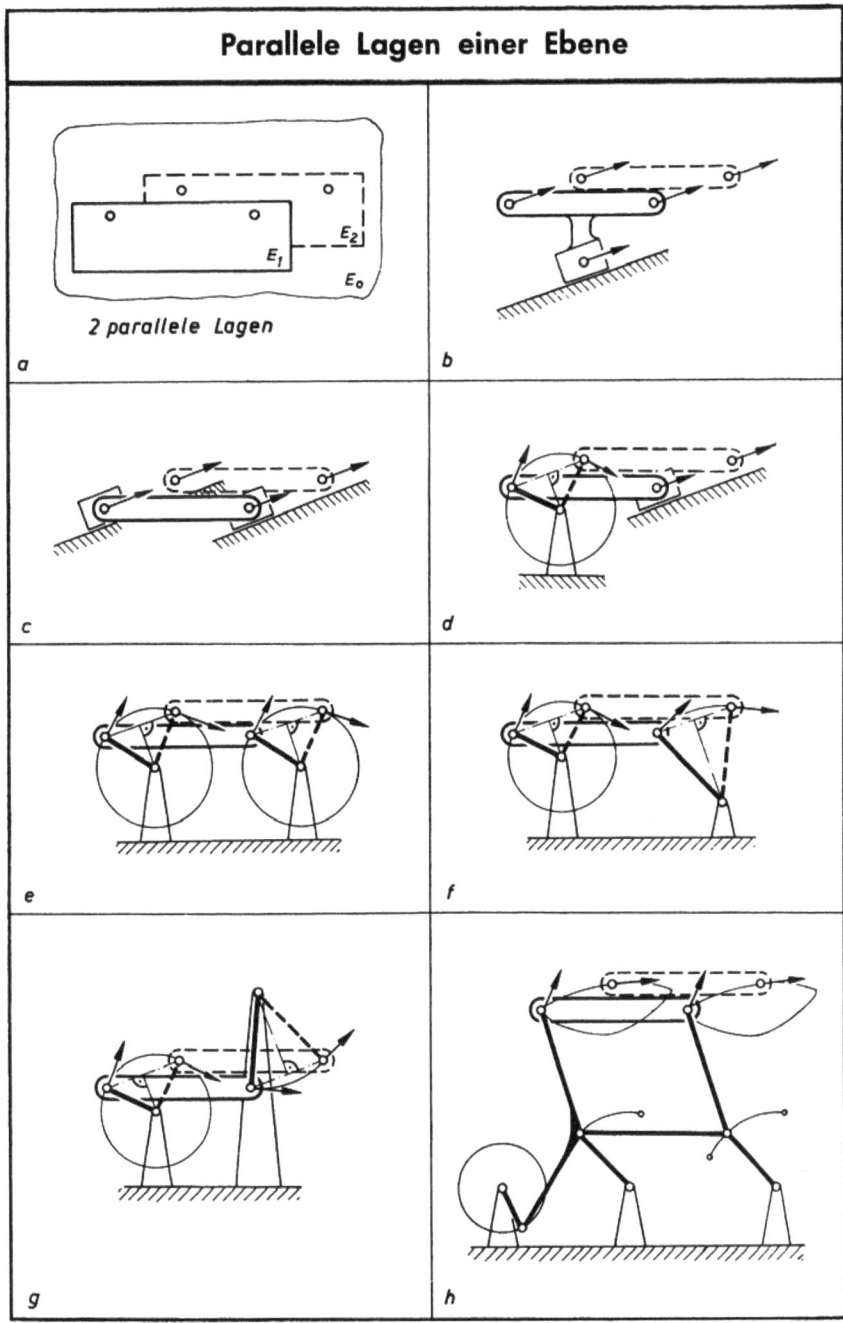

46 3 Gelenkgetriebe

Tafel 3.9

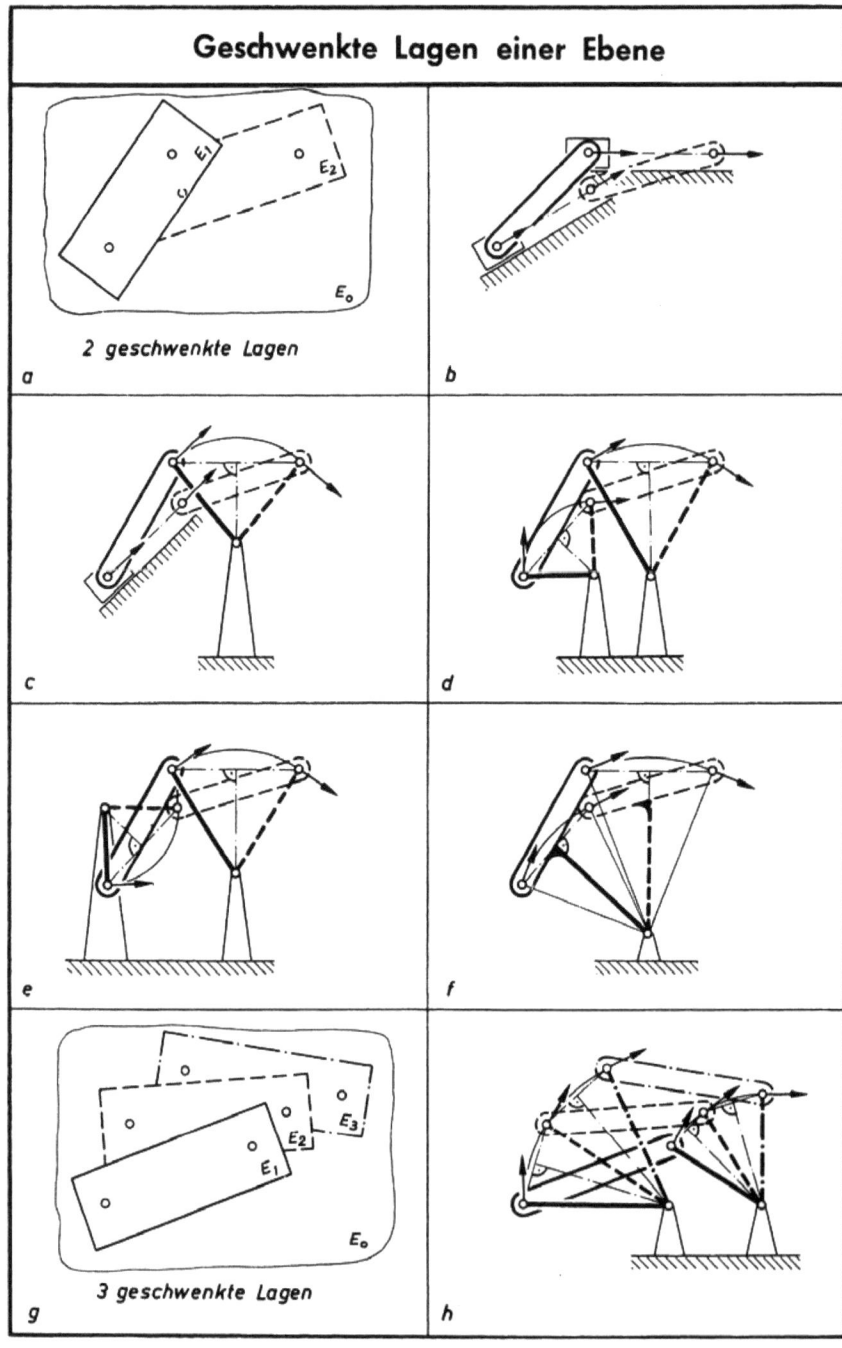

verschiedenartige Bewegungen für die beiden Punkte der Ebene. Diese Unterschiede ergeben sich schon aus einem Vergleich der bei allen Beispielen eingezeichneten Bewegungsrichtungen. Bei Schubkurbel und Kurbelschwinge treten demnach in beiden Gelenken der Ebene verschiedenartige Relativbewegungen auf.

b) Zwei geschwenkte Lagen einer Ebene. Die Überführung einer Ebene aus einer Lage E_1 in eine geschwenkte Lage E_2 ist unter Verwendung von *Geradführungen* möglich (Tafel 3.9.b). Auch die *Schubkurbel* (Tafel 3.9.c) und die *Kurbelschwinge*

(Tafel 3.9.d-e) erscheinen als mögliche Lösungen. Hinzu kommt (Tafel 3.9.f) die Möglichkeit, die Lagenänderung als reine Schwenkbewegung um einen festen Drehpunkt durchzuführen, wobei der Schnittpunkt der beiden Mittelsenkrechten auf den Hubstrecken zum Drehpunkt wird. Es handelt sich hier um die einfachste Lösung der gestellten Aufgabe.

c) Drei geschwenkte Lagen einer Ebene. Sind drei Lagen E_1, E_2 und E_3 einer Ebene vorgeschrieben, so können diese drei Lagen sämtlich zueinander parallel oder um den gleichen Mittelpunkt verschwenkt liegen.

Sind die Lagen jedoch beliebig gegeneinander verschwenkt (Tafel 3.9.g), so ergibt sich als exakte Lösung nur noch das Viergelenkgetriebe, wenn die einfachste Lösung gewählt werden soll. Man erhält die Drehpunkte als Schnittpunkte je zweier Mittelsenkrechten auf den Hubstrecken je eines Gelenkes in den Lagen E_1 und E_2 bzw. E_2 und E_3.

Sind mehr als drei Lagen einer Ebene vorgeschrieben, so ist die Lösung schwieriger und mit größerem Konstruktionsaufwand verbunden.

Lagenänderungen einer Ebene mit bis zu drei vorgeschriebenen Lagen können stets mit Viergelenkgetrieben erreicht werden. Die Bewegungsverhältnisse der einzelnen Gelenke, und damit die Bewegungsverhältnisse der ganzen Ebene, sind jedoch wie die eingezeichneten Bewegungsrichtungen zeigen, sehr verschieden. Der Bewegungszustand der Ebene kann von Stellung zu Stellung ermittelt werden.

3.2.1.2 Geschwindigkeitszustand einer Ebene

Der Geschwindigkeitszustand einer allgemein bewegten Ebene wird in Tafel 3.10 am Beispiel der Koppel einer Kurbelschwinge erläutert. Jede allgemeine ebene Bewegung kann von Stellung zu Stellung aufgefasst werden als Drehung um einen *Momentanpol*, d.h. als Drehung um einen Punkt, der nur für eine bestimmte Getriebestellung als Drehpunkt der Koppelebene gilt. Man erhält den *Pol* P als Schnittpunkt der Mittellinien des Antriebslenkers und des Abtriebslenkers, also im

Tafel 3.10

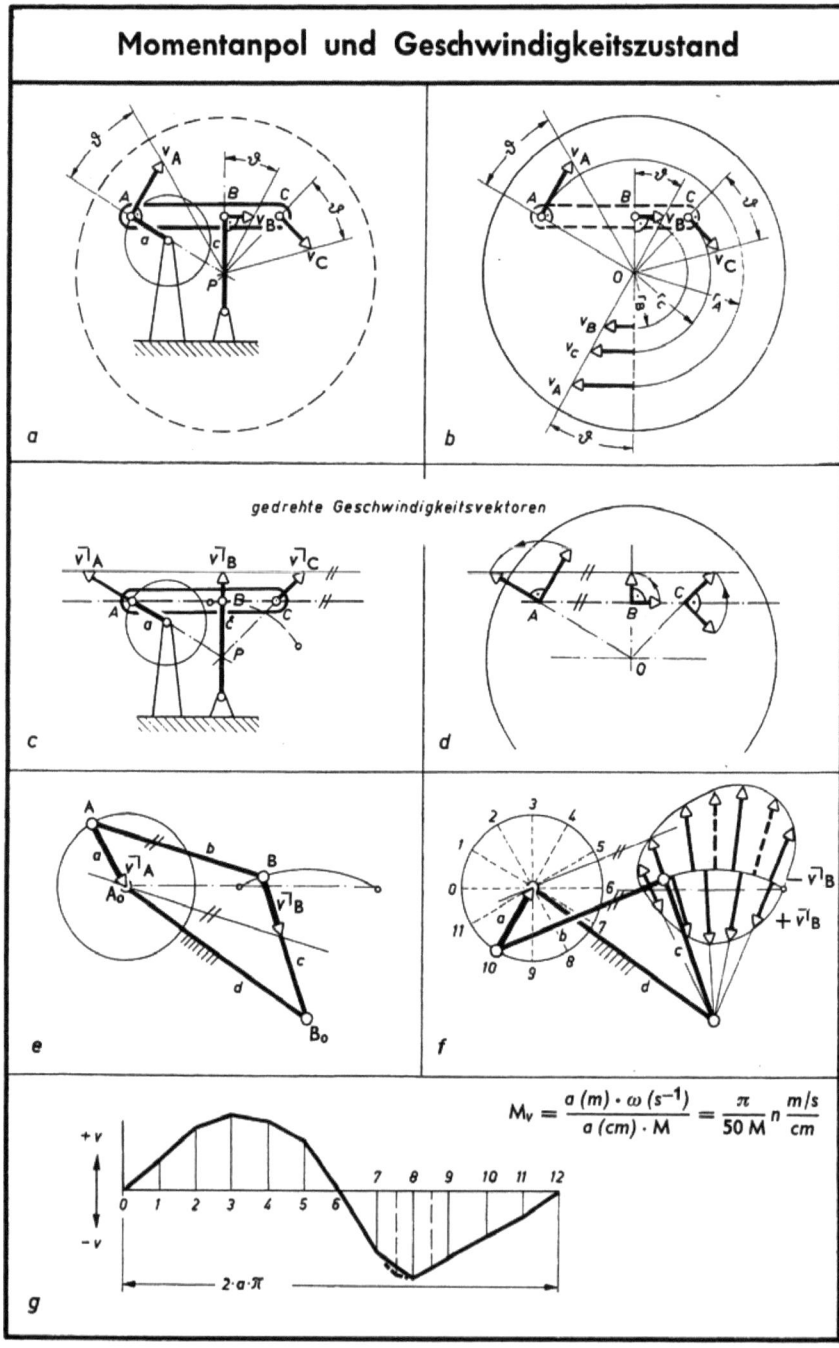

vorliegenden Beispiel als Schnittpunkt der Mittellinien von Kurbel und Schwinge (Tafel 3.10.a). Der Vergleich mit der Drehung einer Ebene um einen festen Punkt 0 (Tafel 3.10.b) zeigt, dass die für die Drehbewegungen gültigen Beziehungen auch auf die allgemeine Bewegung angewendet werden können. An die Stelle der konstanten Abstände r_A, r_B und r_C einzelner Systempunkte A, B und C (Tafel 3.10.b) treten die veränderlichen *Polabstände* $\overline{PA}$, $\overline{PB}$ und $\overline{PC}$ (Tafel 3.10.a). Die Verbindungslinien der Systempunkte mit dem Pol nennt man *Polstrahlen*.

Die Geschwindigkeitsrichtung eines Koppelpunktes steht senkrecht auf seinem Polstrahl. Die Geschwindigkeiten verschiedener Koppelpunkte verhalten sich zueinander wie. die zugehörigen Polabstände.

Hieraus ergibt sich :

$$\frac{\vec{v}_A}{\overline{PA}} = \frac{\vec{v}_B}{\overline{PB}} = \frac{\vec{v}_C}{\overline{PC}} = \tan \vartheta \triangleq \omega \tag{3.22}$$

Hierin ist ω die *momentane* Winkelgeschwindigkeit der Koppelebene um den Pol P.

Der Tangens des Fahrstrahlwinkels ϑ zur Spitze eines Geschwindigkeitsvektors ist proportional der Winkelgeschwindigkeit ω und hat für alle Punkte der Ebene in einer gegebenen Lage den gleichen Wert.

Klappt man (Tafel 3.10.c-d) die Geschwindigkeitsvektoren aus ihren Wirkrichtungen um 90° auf die Polstrahlen, so müssen die Verbindungslinien der Vektorspitzen nach dem Strahlensatz parallel liegen zu den Verbindungslinien der zugehörigen Systempunkte A, B und C. Es ist für dieses Verfahren ohne Einfluss, ob die Geschwindigkeitsvektoren mit ihren Spitzen zum Pol hinweisen oder entgegengesetzt gerichtet sind. Auch die Länge der Vektoren, d.h. der Geschwindigkeitsmaßstab ist frei wählbar. Im Tafel 3.10.e wurde die Vektorlänge der Antriebsgeschwindigkeit gleich der Kurbellänge gewählt, wodurch die Vektorspitze stets im Kurbellager A_0 liegt. Eine Parallele zur Koppelmittellinie durch das Kurbellager ergibt auf der Schwingenmittellinie die maßstabsgerechte Vektorlänge für die Geschwindigkeit des Schwingenzapfens. Der Geschwindigkeitsmaßstab ist in Tafel 3.10.g angegeben. Er stimmt mit Formel (3.15) überein.

Vorzeichenregel:

Die Geschwindigkeit am Abtrieb gilt als positiv, wenn die Abtriebsbewegung den gleichen Drehsinn zeigt, wie die Antriebsbewegung. Das Verfahren (Tafel 3.10.e) ergibt zwangsläufig das richtige Vorzeichen, wenn man grundsätzlich Geschwindigkeiten, deren Vektoren zum Drehpunkt hin gerichtet sind, als positiv bezeichnet.

Für eine gegebene Getriebestellung ist damit der Geschwindigkeitszustand der Koppelebene bekannt. Eine Wiederholung des Verfahrens für eine Reihe von Getriebelagen - etwa von 30° zu 30° Kurbelstellung - liefert den

Geschwindigkeitsverlauf und zwar zunächst über dem Schwingenbogen, also über dem *Weg.* Soll aus dem Verlauf der Geschwindigkeit der Verlauf der Tangentialbeschleunigung durch zeichnerisches Differenzieren ermittelt werden, so muss der Verlauf der Geschwindigkeit über der Zeit aufgetragen werden (Tafel 3.10.g). Nimmt man als Diagrammlänge für einen Getriebeumlauf den Kurbelkreisumfang und als Polabstand beim Differenzieren die Kurbellänge, so gilt als Beschleunigungsmaßstab der in Formel (3.15) berechnete Wert. Falls die Geschwindigkeiten an einzelnen Stellen starke Änderungen zeigen, wie z. B. bei Stellung 8 in Tafel 3.10.g, so empfiehlt es sich aus der Getriebezeichnung (Tafel 3.10.f) zusätzliche Werte in den Nachbarintervallen der Getriebestellung 8 zu ermitteln.

3.2.1.3 Bewegungsüberlagerung

Zur Beurteilung des Beschleunigungszustandes einer Ebene benötigt man die Beschleunigungen zweier Punkte nach Größe und Richtung. Da nach Formel (3.8) tangentiale und normale Beschleunigungskomponenten auftreten, reicht die durch zeichnerisches Differenzieren ermittelte Tangentialbeschleunigung allein zur Beurteilung des Beschleunigungszustandes nicht aus.

Fasst man die allgemeine Bewegung auf als Resultierende zweier Bewegungskomponenten, so ergibt sich ein aus der Mechanik bekannter Zusammenhang (Tafel 3.11.a). Ein Körper, der sich mit der *Relativgeschwindigkeit* $\vec{v}_r$ in einer Strömung mit der *Führungsgeschwindigkeit* $\vec{v}_f$ bewegt, zeigt gegenüber der ortsfesten Umgebung die *Absolutgeschwindigkeit* $\vec{v}_a$. Es ergibt sich die Beziehung:

$$\vec{v}_a = \vec{v}_f + \vec{v}_r \tag{3.23}$$

Die gleichen Begriffe lassen sich auf die in den Getrieben auftretenden Bewegungen übertragen. Eine Schubkurve (Tafel 3.11.c), die sich mit der Geschwindigkeit $\vec{v}_f$ bewegt, bewirkt am Hubglied die Absolutgeschwindigkeit $\vec{v}_a$, während die Rolle relativ zur Schubkurve die Geschwindigkeit $\vec{v}_r$ hat.

Zerlegt man die Bewegung der Koppelebene in einem Viergelenkgetriebe in eine Translation (Schubbewegung) und eine Rotation (Schwenkbewegung), so entspricht jeder dieser Teilbewegungen eine Geschwindigkeitskomponente. Die in der Tafel 3.11.d und e dargestellte Getriebelage einer Kurbelschwinge kann man sich, von der inneren Totlage ausgehend, auf zwei verschiedene Arten entstanden denken.

Die beiden Koppelgelenke A und B sollen (Tafel 3.11.d) zunächst auf Kreisen parallel geführt werden bis das Gelenk A (Kurbelzapfen) seine vorgeschriebene Lage einnimmt. Das Gelenk B, gelangt dabei in die Lage B'. Aus dieser Lage soll es dann um das Gelenk A zurückgeschwenkt werden in die Lage B, die der zur Kurbelstellung gehörigen Schwingenstellung entspricht.

3.2 Getriebeglieder als bewegte Ebenen 51

Geht man umgekehrt von der Bewegung des Schwingenzapfens B aus (Tafel 3.11.e), aus ergibt sich zunächst für den Kurbelzapfen A eine gleichsinnig zum Schwingenbogen verlaufende Bewegung aus der Totlage bis zur Stellung A'. Es folgt dann eine Schwenkbewegung des Gelenkes A um den Schwingenzapfen B bis die richtige Lage des Kurbelzapfens erreicht ist. Die Zerlegung der Bewegung der Koppelebene einer Kurbelschwinge in dieser Weise in eine Schubbewegung und eine Schwenkbewegung wurde u.a. von *Rauh* benutzt mit dem Ziel für ein gegebenes Bewegungsgesetz unter Verwendung von Koppelkurven eine gute Näherungslösung zu finden. [9]. Die relative Schwenkbewegung der Koppel ist in beiden Fällen gleich groß. Die Richtung der Relativbewegung von B um A (Tafel 3.11.d) ist jedoch der Richtung der Relativbewegung von A um B (Tafel 3.11.e) entgegengesetzt.

Die vektorielle Zusammensetzung der Geschwindigkeiten ergibt folgendes:

Geht man von der Geschwindigkeit des Kurbelzapfens A aus (Tafel 3.11.f), so erhält die auf zwei Kreisen parallel geführte Ebene E_1 - also auch der Punkt B - die Geschwindigkeit $\vec{v}_A$ (Geschwindigkeit des Kurbelzapfens). Relativ zur Ebene E_1 erhält der Punkt B eine seiner Drehung um A entsprechende Relativgeschwindigkeit $\vec{v}_{BA}$ (*sprich:* vau B um A). Beide ergeben als Resultierende die Absolutgeschwindigkeit $\vec{v}_B$ des Schwingenzapfens.

Tafel 3.11.g zeigt die entsprechenden Verhältnisse unter der Annahme, dass die Ebene E_1 zunächst zum Schwingenbogen parallel geführt wird, wobei alle Punkte der Ebene - also auch der Punkt A - mit der Geschwindigkeit $\vec{v}_B$ (Schwingenzapfengeschwindigkeit) bewegt werden. Relativ zur Ebene E_1 erhält dann der Punkt A eine seiner Drehung um B entsprechende Relativgeschwindigkeit $\vec{v}_{AB}$ (*sprich:* vau A um B), die zusammen mit der Geschwindigkeit $\vec{v}_B$ die Absolutgeschwindigkeit $\vec{v}_A$ des Kurbelzapfens ergibt.

Alle Geschwindigkeitsvektoren stehen dabei in ihrer Wirkrichtung; sie stehen also senkrecht zu ihren jeweiligen Drehpunktabständen. Klappt man alle Vektoren um 90°, so erhält man die gleichen Parallelogramme in gedrehter Lage. In Tafel 3.11.h-i ist der Vektormaßstab so gewählt, dass die Kurbelzapfengeschwindigkeit $\vec{v}_A$ durch die Länge der Kurbel dargestellt ist. Ermittelt man $\vec{v}_B$ in der in Tafel 3.11.h gezeigten Weise, so erhält man in jedem Fall als dritten Wert die Relativgeschwindigkeiten $\vec{v}_{BA}$ nach Größe und Richtung.

$$\vec{v}_B = \vec{v}_A + \vec{v}_{BA} \tag{3.24}$$

$$\vec{v}_A = \vec{v}_B + \vec{v}_{AB} \tag{3.25}$$

Tafel 3.11

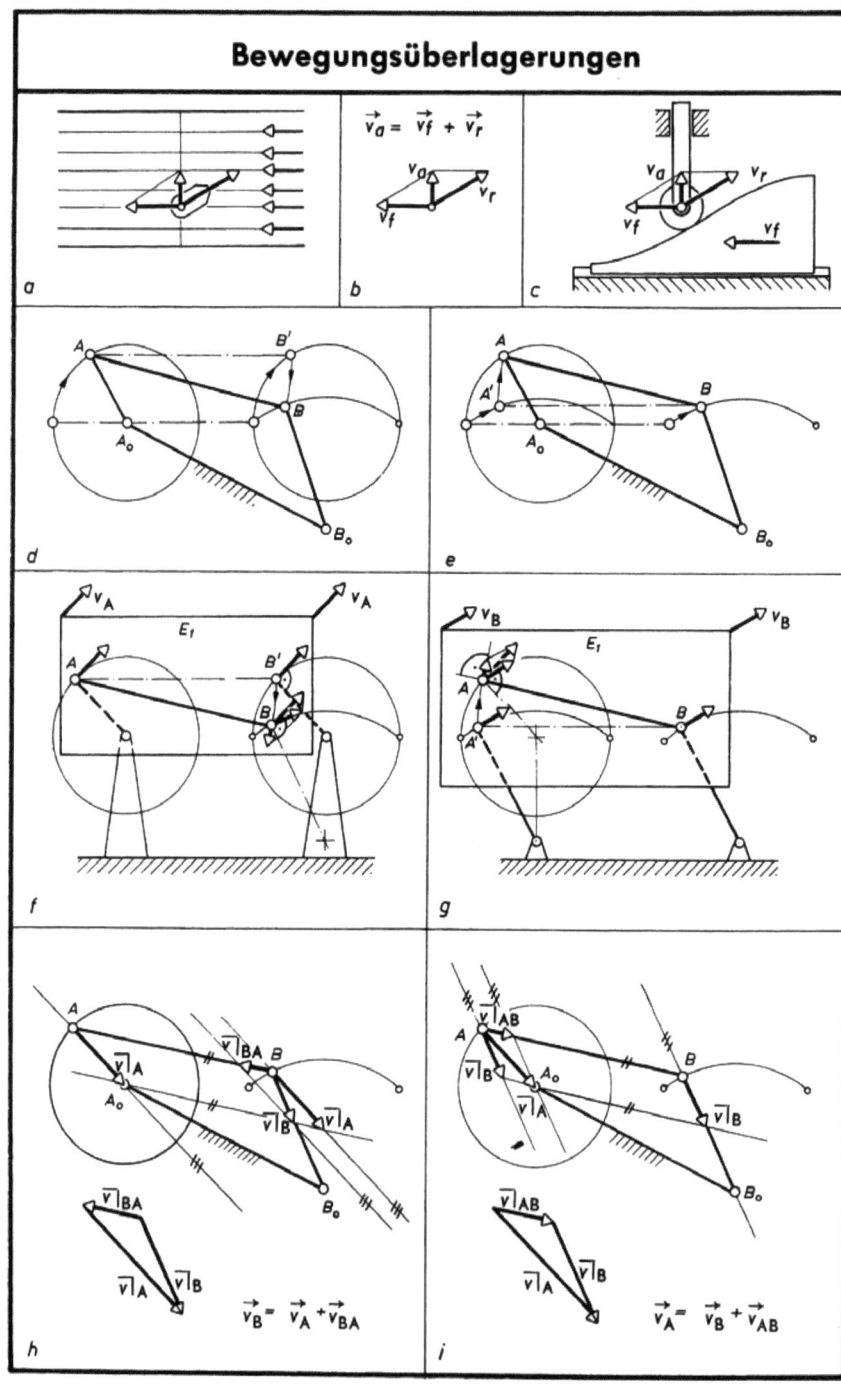

Die Gleichungen entsprechen dem Satz von Euler, der - beispielsweise für Gleichung (3.24) - lautet:

Die Geschwindigkeit des Punktes B *ist gleich der Geschwindigkeit des Punktes* A *geometrisch vermehrt um die Geschwindigkeit von* B *um* A.

Diese Zusammensetzung von Translationsgeschwindigkeit und Rotationsgeschwindigkeit nach Euler ist nicht zu verwechseln mit der Zusammensetzung von Führungsgeschwindigkeit und Relativgeschwindigkeit zur Absolutgeschwindigkeit nach Formel (3.23).

Im Zusammenhang mit der Untersuchung des Beschleunigungszustandes einer allgemein bewegten Ebene werden diese Relativgeschwindigkeiten benötigt. Im übrigen genügt zur zeichnerischen Ermittlung der Relativgeschwindigkeit bereits ein sinngemäß angeordnetes Vektordreieck (Tafel 3.11.h-i), Nebenfigur im doppelten Maßstab.

3.2.1.4 Beschleunigungszustand einer Ebene

Wie im Abschnitt 3.1.1 in Tafel 3.1.g-i erläutert, ändert sich die Beschleunigung eines auf gekrümmter Bahn ungleichförmig bewegten Punktes laufend nach Größe und Richtung. Die Beschleunigung umfasst nicht nur die Geschwindigkeitsänderung a_t, es wirkt sich vielmehr auch die Änderung der Bahnkrümmung in der Komponente a_n aus. Da die Beschleunigungsrichtung bei gekrümmter Bahn nicht mit der Richtung der Geschwindigkeit übereinstimmt, ist zunächst eine getrennte Untersuchung der Tangential- und der Normalkomponente erforderlich. Diese Untersuchung muss für zwei Punkte einer Ebene durchgeführt werden, wenn der Bewegungszustand dieser Ebene bestimmt werden soll.

a) Die Normalbeschleunigung Bei bekannter Geschwindigkeit und bekannter Bahnkrümmung eines Punktes ergibt sich die Normalbeschleunigung nach Formel (3.5) mit

$$a_n = \frac{v^2}{\rho} \qquad \text{Normalbeschleunigung}$$

Hiernach kann die rechnerische Ermittlung durchgeführt werden. Für die zeichnerische Ermittlung wird die obige Formel als Proportion benötigt.

$$\frac{a_n}{v} = \frac{v}{\rho} \qquad (3.26)$$

Proportionen lassen sich zeichnerisch unter Anwendung des Strahlensatzes sowie unter Verwendung ähnlicher Dreiecke darstellen. In 3.12.a-d sind vier verschiedene Ermittlungsverfahren für die Normalbeschleunigung dargestellt.

Tafel 3.12

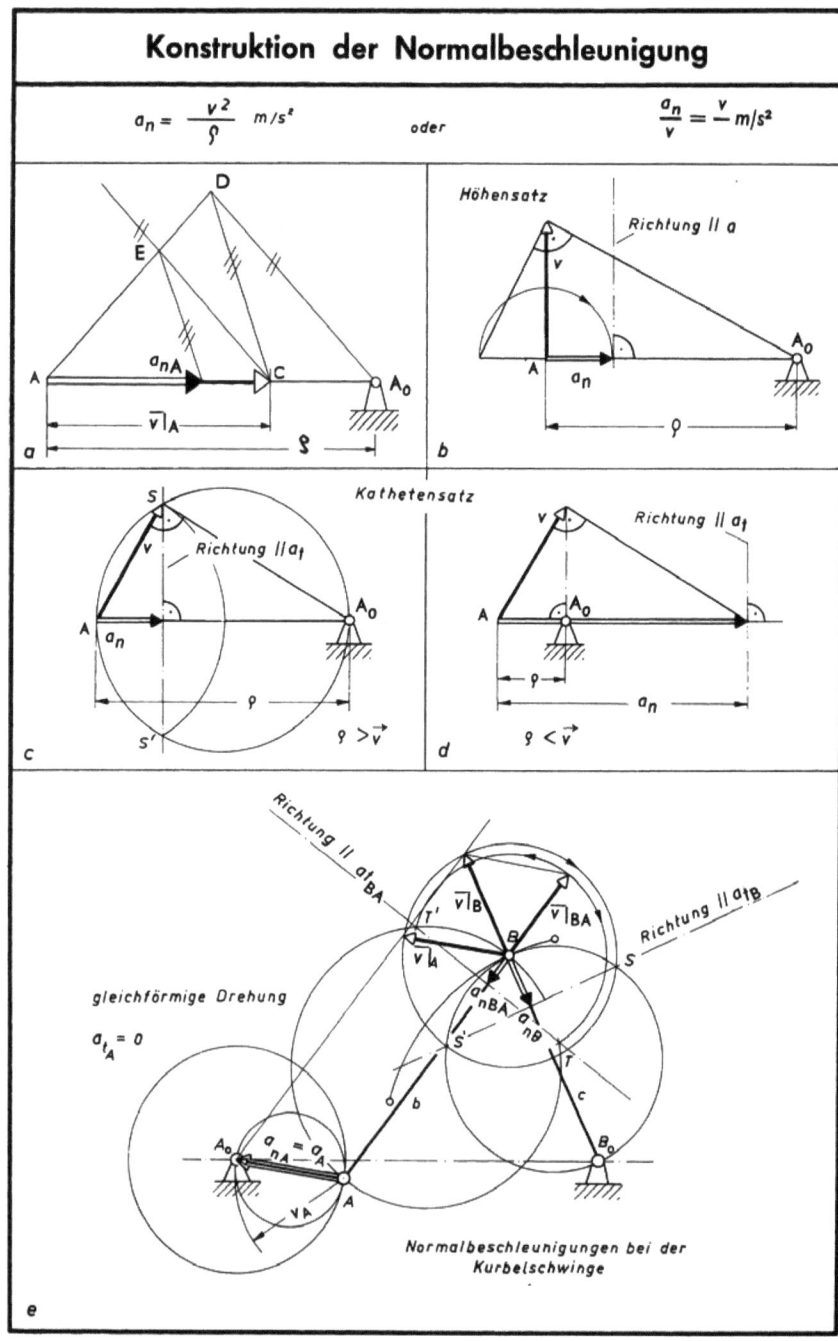

Bei Anwendung des Strahlensatzes (Tafel 3.12.a) wird die bekannte Geschwindigkeit $\vec{v}_A$ eines Punktes A von diesem aus als gedrehter Geschwindigkeitsvektor $\vec{v}_A$ aufgetragen. Dann wird ein Hilfspunkt D so gewählt, dass sich für die nachfolgende Konstruktion günstige Schnittwinkel ergeben. Sodann werden Geraden gezogen von D nach A, A_0 und C, dem Endpunkt von $\vec{v}_A$, und ferner eine Parallele durch C zur Geraden DA_0 bis zum Schnittpunkt E. Eine Parallele zur Geraden DC durch E ergibt auf der Mittellinie von AA_0 die gesuchte Normalbeschleunigung $\vec{a}_{nA}$. Diese auf *Grübler* zurückgehende Konstruktion hat den Vorteil, dass sie ausschließlich mit zwei Zeichendreiecken bzw. mit der Zeichenmaschine ausgeführt werden kann, also ohne Benutzung eines Zirkels.

Auf der Grundlage des rechtwinkligen Dreiecks ergeben sich weitere Möglichkeiten zur Darstellung der gleichen Beziehung.

Nach dem Höhensatz (Tafel 3.12.b) wird $\vec{v}$ im Endpunkt von ρ senkrecht nach oben angetragen und die Vektorspitze mit dem Krümmungsmittelpunkt A_0 verbunden. Legt man an diese Gerade einen rechten Winkel an mit Scheitel in der Vektorspitze, so schneidet der freie Schenkel die verlängerte Richtung des Krümmungshalbmessers im Abstand $\vec{a}_n$ vom Fußpunkt des v-Vektors. Wenn man $\vec{a}_n$ in der Wirkrichtung darstellen will, so muss man den gefundenen Wert um 180° klappen.

Bei der am häufigsten angewandten Konstruktion wird der Kathetensatz benutzt. Über dem Krümmungshalbmesser wird ein Kreis geschlagen (Tafel 3.12.c). Ein Kreisbogen mit v als Halbmesser um den Endpunkt A schneidet diesen Kreis in zwei Punkten S und S', deren Verbindungslinie auf ρ senkrecht steht. Gleichzeitig trennt diese Gerade auf dem Krümmungshalbmesser die gesuchte Größe $\vec{a}_n$ ab, die dabei in ihrer Wirkrichtung erscheint. Verbindet man die Vektorspitze von $\vec{v}$ mit dem Krümmungsmittelpunkt A_0, so kann man die Proportion nach Formel (3.26) unmittelbar ablesen. Wenn die Länge von $\vec{v}$ mit der Länge von ρ übereinstimmt, wie dies in Tafel 3.10.e für $\vec{v}_A$ der Fall ist, so kann man hieraus den Beschleunigungsmaßstab berechnen und erhält dabei den Maßstabswert nach Formel (3.16).

Ist der Geschwindigkeitsvektor $\vec{v}$ größer als der Krümmungshalbmesser ρ, so wird im Krümmungsmittelpunkt A_0 auf ρ das Lot errichtet um das freie Ende von ρ mit v als Halbmesser ein Kreisbogen geschlagen bis zum Schnitt mit der Senkrechten. Hierdurch ist die Lage der Vektorspitze bestimmt. Der freie Schenkel eines rechten Winkels, der mit Scheitel in der Vektorspitze an $\vec{v}$ angelegt wird, schneidet auf der über den Drehpunkt verlängerten Mittellinie des Krümmungshalbmessers ρ die Größe $\vec{a}_n$ ab.

In den Konstruktionen nach Tafel 3.12.b-d ergibt sich außerdem jeweils die Richtung von $\vec{a}_t$, die stets zu $\vec{a}_n$ senkrecht verläuft.

Die Anwendung der Konstruktion nach Tafel 3.12.c auf die Kurbelschwinge zeigt Tafel 3.12.e.

Wird wie bisher die Vektorlänge der Kurbelzapfengeschwindigkeit $\vec{v}_A$ gleich der Kurbellänge a, also gleich der Länge des Krümmungshalbmessers, gewählt, so wird die Vektorlänge von $\vec{a}_n$ ebenfalls gleich der Kurbellänge a. Nimmt man ferner an, dass die Kurbelschwinge mit gleichförmiger Drehbewegung angetrieben wird, dass also $\vec{a}_t$ gleich Null ist, so ist $\vec{a}_n$ gleichzeitig die Gesamtbeschleunigung des Kurbelzapfens.

Am Schwingenzapfen ergeben sich nach Tafel 3.11.h die Geschwindigkeitsvektoren $\vec{v}_A$, $\vec{v}_B$ und $\vec{v}_{BA}$. Die der Kurbelzapfengeschwindigkeit $\vec{v}_A$ entsprechende Beschleunigung $\vec{a}_{nA}$ wird durch die Kurbellänge dargestellt. Den Geschwindigkeiten $\vec{v}_B$ und $\vec{v}_{BA}$ entsprechen zwei weitere Beschleunigungen $\vec{a}_B$ und $\vec{a}_{BA}$, von denen zunächst die Normalkomponenten $\vec{a}_{nB}$ und $\vec{a}_{nBA}$ ermittelt werden können. Über der Koppellänge b und über der Schwingenlänge c wird je ein Kreis geschlagen. Zwei Kreisbögen mit den Vektorlängen $\vec{v}_B$ und $\vec{v}_{BA}$ als Halbmesser bestimmen sinngemäß je zwei Schnittpunkte S und S' auf dem Kreis über c und T und T' auf dem Kreis über b. Die Verbindungslinie der Punkte S und S' trennt auf der Schwinge die Normalbeschleunigung $\vec{a}_{nB}$ ab, während die Verbindungslinie von T und T' auf der Koppelmittellinie den Wert $\vec{a}_{nBA}$ ergibt. Außerdem sind damit die Richtungen der zugehörigen Tangentialkomponenten bekannt.

b) Die Gesamtbeschleunigung. Die Geschwindigkeiten und die Beschleunigungen am Kurbelzapfen, dem Antriebsgelenk der Koppelebene, und am Schwingenzapfen, dem Abtriebsgelenk der Koppelebene, sind in Tafel 3.13.a in ihren Wirkrichtungen dargestellt. Für die Beschleunigungen am Schwingenzapfen gilt nach *Euler* in gleicher Weise wie für die Geschwindigkeit nach Formel (3.24) in vektorieller Schreibweise

$$\vec{a}_B = \vec{a}_A + \vec{a}_{BA} \qquad (3.27)$$

Das entsprechende Vektordreieck zeigt Tafel 3.13.b. Da grundsätzlich jede Beschleunigung aus einer Tangential- und einer Normalkomponente bestehen kann, ergibt sich

$$\vec{a}_{tB} + \vec{a}_{nB} = \vec{a}_{tA} + \vec{a}_{nA} + \vec{a}_{tBA} + \vec{a}_{nBA} \qquad (3.28)$$

Bei gleichförmig verlaufender Antriebsdrehung tritt am Kurbelzapfen *A* nur die Normalbeschleunigung auf. Es gilt also

$$\vec{a}_{tB} + \vec{a}_{nB} = \vec{a}_{nA} + \vec{a}_{tBA} + \vec{a}_{nBA} \qquad (3.29)$$

Tafel 3.13

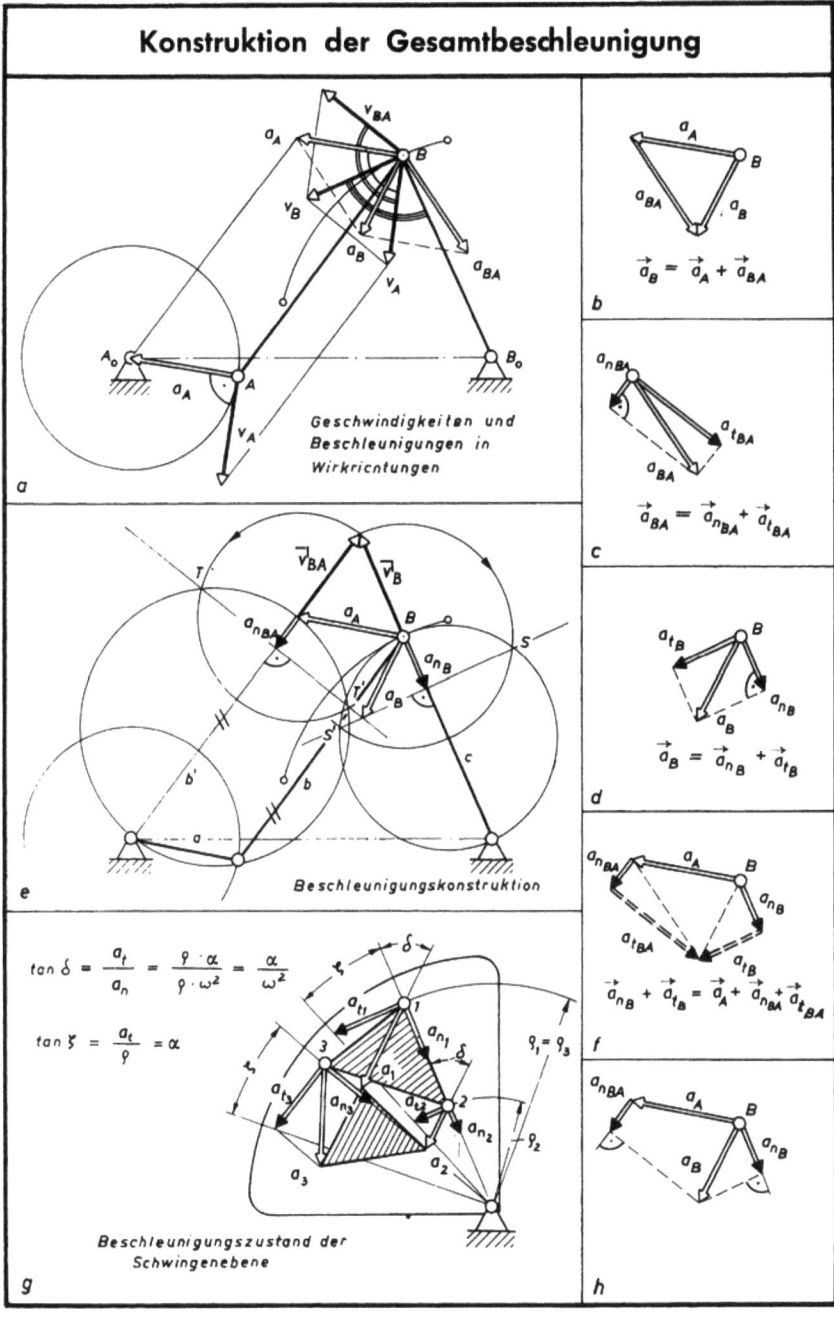

Hiervon sind nach dem bisher Geschriebenen bekannt:

- $\vec{a}_{nA}$ nach Richtung und Größe
- $\vec{a}_{tBA}$ nur nach der Richtung
- $\vec{a}_{nBA}$ nach Richtung und Größe
- $\vec{a}_{tB}$ nur nach der Richtung
- $\vec{a}_{nB}$ nach Richtung und Größe

Setzt man zunächst alle Beschleunigungskomponenten, also auch die Tangentialbeschleunigungen, als bekannt voraus, so kann man nach Zerlegung der Beschleunigungen $\vec{a}_B$ und $\vec{a}_{BA}$ (Tafel 3.13.c und d) das Vektordreieck durch ein Vektorfünfeck ersetzen (Tafel 3.13.f). Dieses Vektorfünfeck lässt sich auch dann zeichnen, wenn die beiden Tangentialbeschleunigungen nur der Richtung nach bekannt sind. Ihr Schnittpunkt ist gleichzeitig der Schnittpunkt für die Richtungen der beiden Gesamtbeschleunigungen $\vec{a}_B$ und $\vec{a}_{BA}$. Die Konstruktion der Absolutbeschleunigung des Abtriebsgelenkes zeigt Tafel 3.13.h. Die Übertragung dieser Konstruktion in die Getriebezeichnung ist in Tafel 3.13.e dargestellt. In Weiterführung des in Tafel 3.12.e dargestellten Verfahrens wird der Schnittpunkt der beiden Geraden SS' und TT' mit dem Gelenk B verbunden. Damit liegt die gesuchte Beschleunigung des Gelenkes B nach Größe und Richtung fest. Nunmehr ist es möglich, den Beschleunigungszustand der Schwingenebene und den Beschleunigungszustand der Koppelebene zu bestimmen.

c) Beschleunigungszustand einer Ebene bei Drehung um einen festen Punkt. Alle Punkte der Schwingenebene durchlaufen Bahnen mit konstantem Krümmungshalbmesser. Da nach Formel (3.6) und (3.7)

$$a_n = \omega^2 \cdot \rho \text{ und } a_t = \alpha \cdot \rho$$

ist, ergibt sich für gegebene Werte von ω und α ein konstantes Verhältnis der beiden Beschleunigungskomponenten

$$\frac{\vec{a}_t}{\vec{a}_n} = \frac{\rho \times \alpha}{\rho \times \omega^2} = \frac{\alpha}{\omega^2} \tag{3.30}$$

Hiermit ist gleichzeitig der Winkel δ bestimmt, den die Gesamtbeschleunigung mit dem zugehörigen Fahrstrahl einschließt, d.h. mit der Verbindungslinie des Systempunktes zum Drehpunkt (Tafel 3.13.g).

$$\frac{\alpha}{\omega^2} = \tan\delta \tag{3.31}$$

Ferner ergibt sich

$$\frac{\vec{a}_t}{\rho} = \tan\zeta \,\hat{=}\, \alpha \qquad \text{in s}^{-2} \tag{3.32}$$

Auch dieser Wert ist für alle Punkte der bewegten Ebene gleich. Mit ζ ist der Winkel bezeichnet, den der Fahrstrahl mit der Verbindungslinie des Drehpunktes zur Spitze des Vektors für die Tangentialbeschleunigung einschließt. Der Winkel ζ wird im folgenden als der Fahrstrahlwinkel bezeichnet.

Während der Tangens des Winkels δ nach Formel (3.22) der Winkelgeschwindigkeit ω proportional ist, ergibt der Tangens des Winkels ζ den proportionalen Wert zur Winkelbeschleunigung α.

Da alle Vektorlängen zueinander im gleichen Verhältnis stehen, wie die Drehpunktabstände (ρ_1, ρ_2 und ρ_3) der zugehörigen Punkte (1, 2 und 3) der Ebene, so folgt daraus der Satz:

Die Verbindungslinien der Spitzen gleichartiger Vektoren bilden eine geometrische Figur, die der Figur der zugehörigen Systempunkte gleichsinnig ähnlich ist.

In Tafel 3.13.g ist dieser Satz am Beispiel der Gesamtbeschleunigungen $\vec{a}_1$, $\vec{a}_2$ und $\vec{a}_3$ erläutert. Die schraffierten Dreiecke sind sich gleichsinnig ähnlich.

3.2.1.5 Geschwindigkeitspol und Beschleunigungspol

Bei der Bestimmung des Geschwindigkeitszustandes wurde (Tafel 3.10) der Begriff des Momentanpoles eingeführt, der auch die Bezeichnung Geschwindigkeitspol trägt. Die Geschwindigkeiten beliebiger Punkte einer allgemein bewegten Ebene z.B. die Geschwindigkeiten beliebiger Koppelpunkte einer Kurbelschwinge (Tafel 3.14.a) verhalten sich zu einander wie die zugehörigen Polabstände. Verbindet man die Spitzen der auf die Polstrahlen gedrehten Vektoren miteinander, so entsteht eine geometrische Figur, die gleichsinnig ähnlich ist der Figur, die die zugehörigen Koppelpunkte verbindet.

Trägt man die Geschwindigkeitsvektoren vom Pol P aus auf den Polstrahlen ab, so bilden die Verbindungslinien der Vektorspitzen wiederum eine gleichsinnig ähnliche Figur. Diese Figur lässt sich aber auch neben dem Getriebe als Geschwindigkeitsplan zeichnen. Die Darstellung der Geschwindigkeiten in einen von der Getriebezeichnung getrennten Geschwindigkeitsplan ist in der Fachliteratur als *Mehmke*-Plan bekannt.

Ein solcher Geschwindigkeitsplan gibt die Möglichkeit, die Geschwindigkeit eines beliebigen Koppelpunktes nach Größe und Richtung zu bestimmen. So kann z.B. bei bekannten Vektoren $\vec{v}_A$ und $\vec{v}_B$ ein dritter Vektor $\vec{v}_C$ bestimmt werden, wenn man durch die den Koppelgelenken A und B entsprechenden Punkte A' und B' sinngemäß Parallelen zieht zu den in der Koppelebene gelegenen Strecken AC und BC. Der Schnittpunkt C' dieser Geraden ergibt die Lage der gesuchten Vektorspitze für den Vektor $\vec{v}_C$.

Liegen die Vektoren nicht auf den Polstrahlen des Getriebes, sondern in ihren jeweiligen Wirkrichtungen also senkrecht zu den Polstrahlen (Tafel 3.14.b), so ergibt auch dann die geradlinige Verbindung der Vektorspitzen eine geometrische Figur, die der entsprechenden Figur zwischen den Koppelpunkten gleichsinnig ähnlich ist. Die Seiten dieser Figur liegen jedoch nicht mehr parallel zu den entsprechenden Geraden in der Koppelebene; die Figur erscheint gedreht um den Winkel δ, dessen Tangens nach Formel (3.22) der momentanen Winkelgeschwindigkeit der Koppelebene proportional ist. Zeichnet man zu den in ihren Wirkrichtungen liegenden Vektoren den Geschwindigkeitsplan, so ergibt sich die gleiche Figur wie in Tafel 3.14.a, jedoch um 90° gedreht.

Geschwindigkeitspläne dieser Art entsprechen in ihrer Handhabung dem aus der Statik bekannten Krafteck.

Wenn für die Beurteilung des Geschwindigkeitszustandes einer allgemein bewegten Ebene der Geschwindigkeitspol die Grundlage bildet, so ist für die Beurteilung des Beschleunigungszustandes der Beschleunigungspol maßgebend. Bei der Drehung um einen festen Punkt fallen Geschwindigkeitspol und Beschleunigungspol mit dem Drehpunkt zusammen. Der Drehpunkt selbst hat weder eine Geschwindigkeit noch eine Beschleunigung (Tafel 3.14.c). Es sollen zunächst zwei Punkte A und B einer sich drehenden Scheibe betrachtet werden. Die Verbindungslinien mit dem Drehpunkt 0 seien als Fahrstrahlen bezeichnet. Jeder Geschwindigkeitsvektor schließt mit dem zugehörigen Fahrstrahl einen rechten Winkel ein. Das gleiche gilt für die Tangentialkomponente der Beschleunigung. Da die Normalbeschleunigung in Richtung des Fahrstrahles liegt, und zwar mit Richtung zum Drehpunkt, ergibt sich nach Formel (3.31) ein konstanter Winkel δ zwischen der Richtung der Gesamtbeschleunigung und dem Fahrstrahl.

Dieser Winkel δ ist stets kleiner als 90°, da bei Bewegung auf gekrümmter Bahn eine nur aus der Tangentialkomponente bestehende Beschleunigung nicht auftreten kann. Da der Winkel δ für beliebige Punkte der drehenden Ebene konstant ist, müssen die Beschleunigungsrichtungen zweier Punkte A und B miteinander den gleichen Winkel χ einschließen, der auch zwischen den zugehörigen Fahrstrahlen gemessen wird. Der in Tafel 3.14.d dargestellte Beschleunigungsplan - *Dreieck* 0' A' B' - muss also der Figur der Systempunkte - Dreieck 0 A B - gleichsinnig ähnlich sein. Da der Beschleunigungspol derjenige Punkt ist, dessen Verbindungslinien mit beliebigen Punkten der bewegten Ebene (Fahrstrahlen) den gleichen Winkel δ mit der Richtung der jeweiligen Gesamtbeschleunigung einschließen, kann man den Beschleunigungspol ermitteln, wenn von zwei Punkten der bewegten Ebene die Gesamtbeschleunigung nach Größe und Richtung bekannt ist.

In Tafel 3.14.d sind die Beschleunigungen $\vec{a}_A$ und $\vec{a}_B$ der Punkte A und B nach Größe und Richtung gegeben. Man zeichnet zunächst von einem beliebig angenommenen Punkt 0' die beiden Beschleunigungsvektoren parallel zu ihrer

3.2 Getriebeglieder als bewegte Ebenen

Tafel 3.14

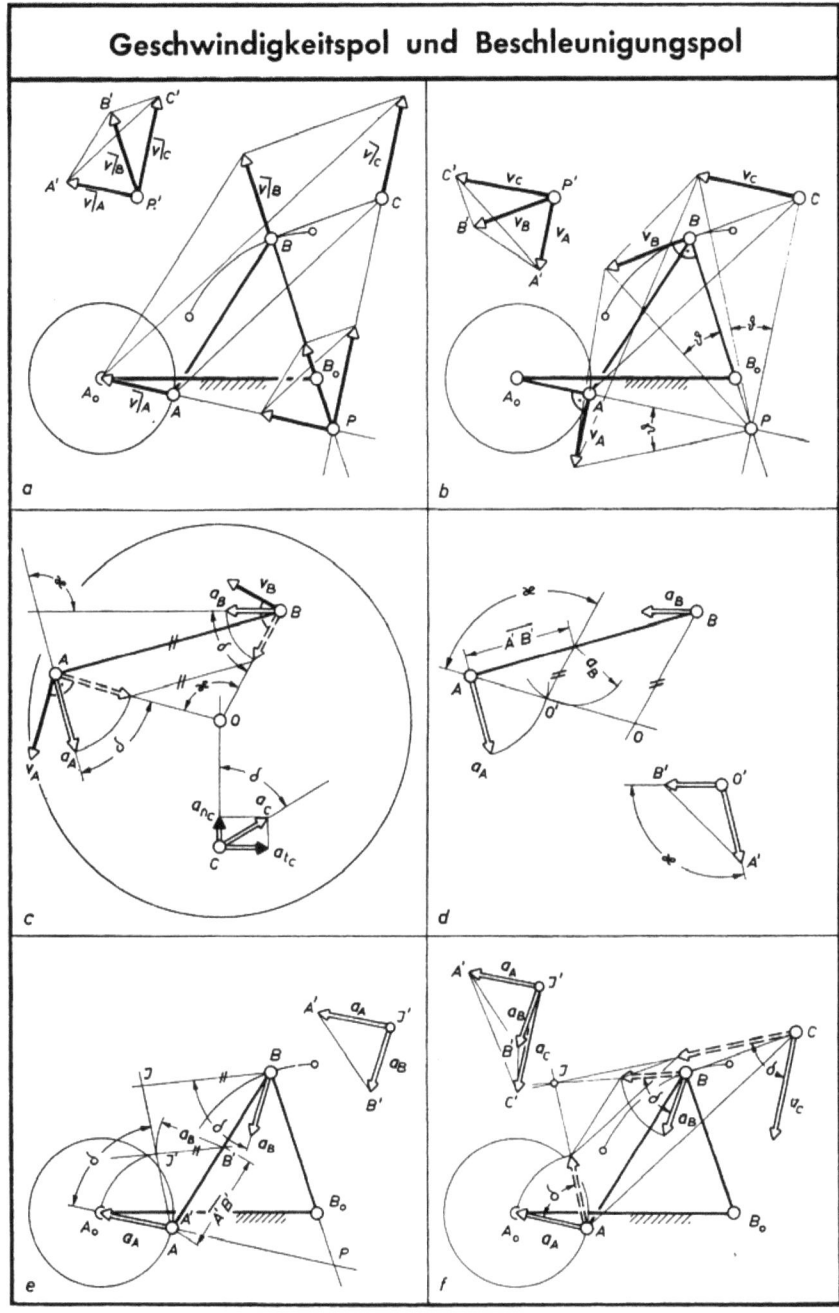

gegebenen Richtung sinngemäß auf und verbindet die Vektorspitzen durch die Strecke A' B'. Diese Strecke trägt man dann von A aus auf der Strecke AB der Hauptfigur ab. Vom Endpunkt schlägt man einen Kreisbogen mit der Länge des Vektors $\vec{a}_B$ als Halbmesser und einen zweiten um A mit $\vec{a}_A$ als Halbmesser. Der Schnittpunkt ist der dritte Punkt 0' des Beschleunigungsplanes und damit gleichzeitig der Scheitel des Winkels χ. Der durch den Punkt A verlaufende Schenkel dieses Winkels wird nach Bedarf verlängert und zu dem anderen Schenkel eine Parallele durch den Punkt B gezogen. Der Schnittpunkt ist der gesuchte Beschleunigungspol 0. Da hier zunächst - wie in Tafel 3.14.c - eine Drehbewegung um einen festen Punkt angenommen wurde, sind die Dreiecke von Tafel 3.14.c und d deckungsgleich.

Für die allgemein bewegte Ebene - z. B. für die Koppel einer Kurbelschwinge - kann der Beschleunigungspol nicht mit dem Geschwindigkeitspol P zusammenfallen. Dies geht schon daraus hervor, dass die am Kurbelzapfen A auftretende Beschleunigung auf dem Polstrahl der Kurbel liegt, während der Beschleunigungsvektor des Schwingenzapfens mit dem Polstrahl der Schwinge einen vom Verhältnis der Beschleunigungskomponenten abhängigen Winkel einschließt. Die Beschleunigungsvektoren $\vec{a}_A$ und $\vec{a}_B$ schließen also mit den Polstrahlen verschiedene Winkel ein. Als Beschleunigungspol J ist ein Punkt zu ermitteln, dessen Verbindungslinien mit dem Kurbelzapfen A und dem Schwingenzapfen B jeweils den gleichen Winkel δ mit der Richtung des zugehörigen Beschleunigungsvektors einschließen.

Von einem beliebig gewählten Punkt J' aus wird mit den nach Größe und Richtung gegebenen Beschleunigungen $\vec{a}_A$ und $\vec{a}_B$ der Beschleunigungsplan gezeichnet. Es entsteht das Dreieck A' J' B'. Die Strecke A' B' wird sinngemäß vom Kurbelzapfen A aus auf der Koppelmittellinie angetragen. Um ihre Endpunkte werden Kreisbögen mit den Halbmessern $\vec{a}_A$ und $\vec{a}_B$ geschlagen ; ihr Schnittpunkt ist der Punkt J'. Eine Parallele durch B zur Dreiecksseite J' B' schneidet sich mit der Richtung A' J' im gesuchten Beschleunigungspol J. Die Beschleunigungsvektoren schließen mit den zugehörigen Fahrstrahlen zum Beschleunigungspol den gleichen Winkel δ ein, dessen Größe jetzt gemessen werden kann.

Die Beschleunigung weiterer Punkte der Koppelebene, z.B. die Beschleunigung des Punktes C in Tafel 3.14.f kann nunmehr ermittelt werden, und zwar entweder im Beschleunigungsplan oder in der Getriebezeichnung. In der Getriebezeichnung klappt man die Vektoren $\vec{a}_A$ und $\vec{a}_B$ um den Winkel δ auf den Fahrstrahl und zeichnet über den Vektorspitzen ein zur *Koppelfigur* ABC gleichsinnig ähnliches Dreieck. Man erhält dann auf dem Fahrstrahl JC den Vektor der Beschleunigung $\vec{a}_C$, den man dann noch um den Winkel δ in seine Wirkrichtung zurück drehen muss.

Bei Benutzung des Beschleunigungsplanes werden die Vektoren $\vec{a}_A$ und $\vec{a}_B$ in ihren Wirkrichtungen von J' aus gezeichnet. Über der Verbindungslinie A' B' wird ein Dreieck gezeichnet, das dem Koppeldreieck über der Geraden AB gleichsinnig ähnlich ist. Der Punkt C' dieses Dreiecks gibt die Lage der Vektorspitze für die Beschleunigung $\vec{a}_C$ an. Die geradlinige Verbindung der Punkte C' und J' stellt den gesuchten Beschleunigungsvektor nach Größe und Richtung dar.

Für das Arbeiten mit dem Beschleunigungspol gelten die gleichen Grundgedanken wie für das Arbeiten mit dem Geschwindigkeitspol. In beiden Fällen liegen die Vektorspitzen auf den Ecken von Figuren, die den Figuren zwischen den Systempunkten (Koppelpunkten) gleichsinnig ähnlich sind.

Bei der allgemein bewegten Ebene sind der Geschwindigkeitspol P *und der Beschleunigungspol* J *zwei verschiedene Punkte. Der Geschwindigkeitspol* P *hat keine Geschwindigkeit, wohl aber eine Beschleunigung. Der Beschleunigungspol* J *besitzt eine Geschwindigkeit, hat aber keine Beschleunigung, und zwar weder tangential noch normal.*

Der Geschwindigkeitspol zeigt als Punkt der Koppelebene eine Umkehrlage (Totlage) in seiner Bahn (Koppelkurve). Der Beschleunigungspol durchläuft als Punkt der Koppelebene eine Bahnstelle mit der Krümmung Null, also einen Wendepunkt. Seine Geschwindigkeit hat dabei einen Extremwert oder einen momentan konstanten Wert. Für den Beschleunigungsmaßstab gilt die Berechnung, die bereits im Zusammenhang mit der zeichnerischen Differenziation durchgeführt wurde. Wenn man den Vektor der Kurbelzapfengeschwindigkeit $\vec{v}_A$ und damit auch den Vektor der Kurbelzapfenbeschleunigung $\vec{a}_{nA} = \vec{a}_A$ gleich der Kurbellänge wählt, so gelten die Maßstabsformeln (3.15) und (3.16).

3.2.1.6 Coriolisbeschleunigung

Die verschiedenen Arten der Relativbewegung bei Viergelenkgetrieben wurden in Tafel 3.11.d-i dargestellt. Hierauf wird im folgenden Bezug genommen, wenn es sich um die Beschleunigungsverhältnisse in solchen Getrieben handelt, bei denen Schubgelenke vorhanden sind. Ausgangspunkt ist wieder die Kurbelschwinge (Tafel 3.15.a). Am Kurbelzapfen A und am Schwingzapfen B sind jeweils die Vektoren der dort auftretenden relativen und absoluten Geschwindigkeiten dargestellt. Die Absolutgeschwindigkeiten $\vec{v}_A$ und $\vec{v}_B$ sind an beiden Gelenken die gleichen. Die Relativgeschwindigkeiten $\vec{v}_{AB}$ und $\vec{v}_{BA}$ sind größengleich aber entgegengesetzt gerichtet. Am Gelenk A tritt $\vec{v}_A$ als Resultierende auf, am Gelenk B dagegen $\vec{v}_B$.

64 3 Gelenkgetriebe

Tafel 3.15

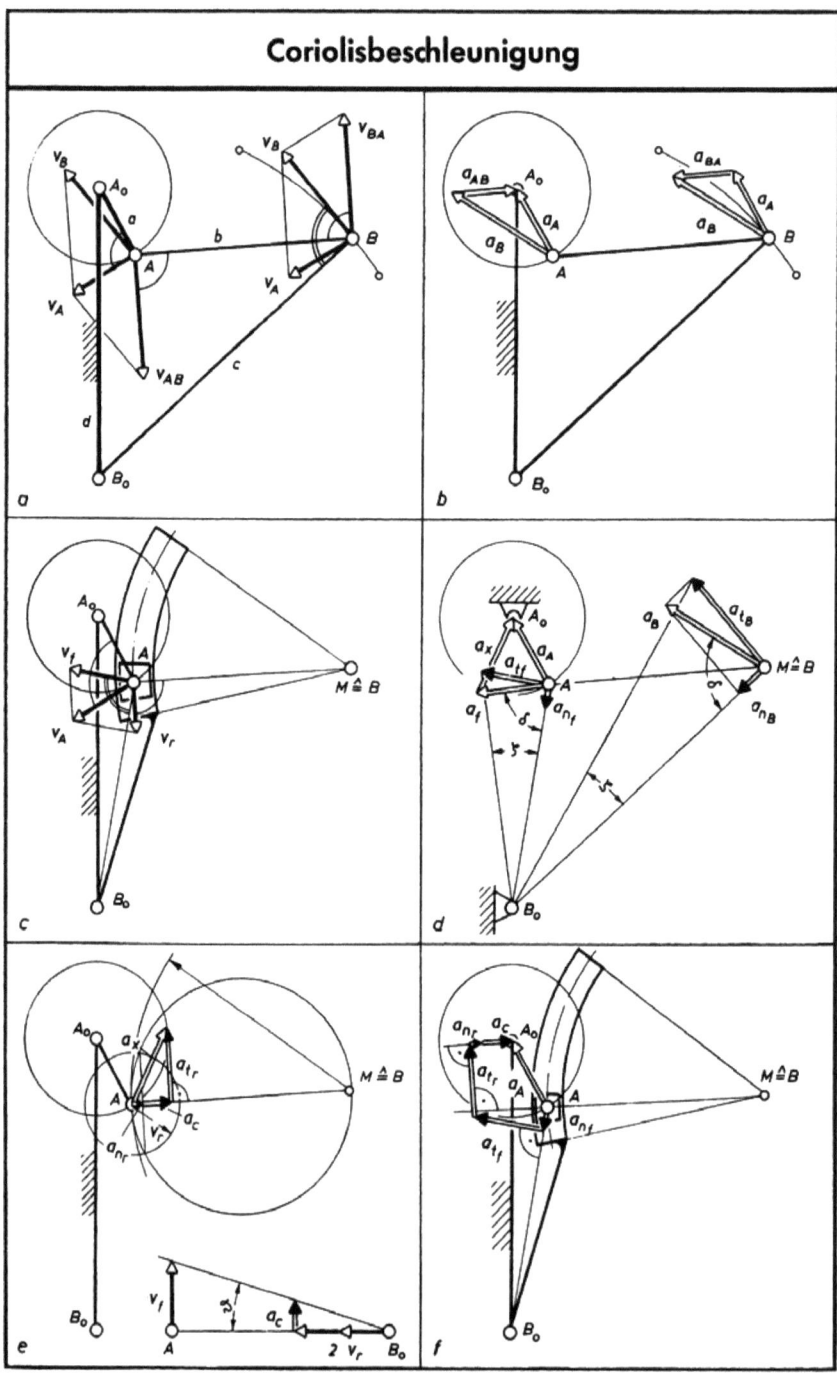

Sinngemäß liegen die Verhältnisse bei den Beschleunigungen (Tafel 3.15.b). Ihre Richtungen und Größen können nach den in Tafel 3.13 und Tafel 3.14 erläuterten Verfahren bestimmt werden.

Die relative Bewegungsbahn des Kurbelzapfens A zur Ebene der Schwinge c ist in Tafel 3.15.c dargestellt. Sie ergibt sich als bogenförmige Kulisse, deren Krümmungsmittelpunkt M an der Stelle des nicht mehr verwendeten Schwingenzapfens B liegt. Vergrößert man den Krümmungshalbmesser der Kulisse bis zum Wert "unendlich", so erhält man die bereits in Tafel 2.3 g dargestellte schwingende Kurbelschleife.

Für das Gelenk A (Tafel 3.15.c) ergeben sich folgende Geschwindigkeiten:

- $\vec{v}_A$ Kurbelzapfengeschwindigkeit senkrecht zum Kurbelradius,
- $\vec{v}_f$ Führungsgeschwindigkeit senkrecht zum Fahrstrahl nach B_0,
- $\vec{v}_r$ Relativgeschwindigkeit des Gleitsteines gegenüber der Kulisse senkrecht zum Fahrstrahl nach M.

Der Vergleich der Tafel 3.15 a und c zeigt die unterschiedliche Betrachtungsweise. In beiden Fällen ist $\vec{a}_A$ die Resultierende einer Bewegungsüberlagerung. In Tafel 3.15 a beziehen sich die beiden Komponenten auf die Bewegungsverhältnisse in der Koppelebene (*Euler*), in Tafel 3.15 c dagegen auf die Schwingenebene (Tafel 3.11).

Für die Beschleunigungen (Tafel 3.15.d) gilt folgendes: Bezogen auf die gleichförmige Drehung der Kurbel ist wie bei der Kurbelschwinge

$$\vec{a}_{nA} = \vec{a}_A$$

Die Beschleunigung der Führung $\vec{a}_f$ ergibt sich nach Größe und Richtung aus der Beschleunigung des konstruktiv nicht mehr benötigten Schwingenzapfens B unter Benutzung des Winkel ζ und δ (Tafel 3.11).

Der dritte Beschleunigungsvektor (Tafel 3.15.d) sei zunächst mit $\vec{a}_X$ bezeichnet. Er muss die Beschleunigungskomponenten, die der Geschwindigkeit $\vec{v}_r$ entsprechen, enthalten.

In Tafel 3.15.e ist die Beschleunigung $\vec{a}_X$ in eine tangentiale Komponente $\vec{a}_{tr}$ und eine normale Komponente zerlegt. Außerdem ist - nach Tafel 3.12.c - die Normalbeschleunigung $\vec{a}_{nr}$ ermittelt. Diese stimmt mit der Normalkomponente der Beschleunigung $\vec{a}_X$ nicht überein. Es bleibt vielmehr ein Restbetrag übrig, der mit $\vec{a}_C$ bezeichnet ist, und bei dem es sich um die sogenannte Coriolisbeschleunigung handelt. Durch diese zusätzliche Beschleunigung wird die Tatsache berücksichtigt, dass sich der Krümmungsmittelpunkt der Kulisse in Abhängigkeit von der Kurbeldrehung mit ungleichförmiger Geschwindigkeit verlagert.

Aus der Dynamik ist für die Coriolisbeschleunigung die Beziehung bekannt [10]

$$a_C = 2\overline{\omega}_f \cdot v_r \qquad \text{Coriolisbeschleunigung} \qquad (3.33)$$

Die Konstruktion dieser Beschleunigung ist in der Nebenfigur bei Tafel 3.15.e dargestellt. Die Winkelgeschwindigkeit ω_f ergibt sich aus dem Winkel δ, wenn man den Vektor $\vec{v}_f$ senkrecht zum zugehörigen Drehpunktabstand AB_0 in A anträgt. Errichtet man dann im Abstand $2\vec{v}_r$ vom Drehpunkt B_0 eine weitere Senkrechte, so ergibt sich für diese mit $\vec{a}_C$ bezeichnete Strecke die Proportion

$$\frac{\vec{a}_C}{2\vec{v}_r} = \frac{\vec{v}_f}{AB_0} = \tan\vartheta \,\hat{=}\, \omega_f \qquad (3.34)$$

und hieraus durch Umstellung die Formel (3.33).

Die Coriolisbeschleunigung $\vec{a}_C$ steht senkrecht zur Relativgeschwindigkeit $\vec{v}_r$ ebenso wie die Normalbeschleunigung $\vec{a}_{nr}$ und zwar mit gleichem oder entgegengesetztem Richtungssinn. Sie ist definiert als Vektorprodukt aus dem doppelten Wert der Winkelgeschwindigkeit der Kulisse und der Relativgeschwindigkeit des Gleitsteines in der Kulisse.

Tafel 3.15.f zeigt den gesamten Vektorzug der Beschleunigungen am Kurbelzapfen A.

Es sind bekannt bzw. leicht zu ermitteln:

a_A	nach Größe und Richtung,	a_{nr}	nach Größe und Richtung,
a_{nf}	nach Größe und Richtung,	a_{tr}	nur nach der Richtung,
a_{tf}	nur nach der Richtung,	a_C	nach Größe und Richtung.

Die Größe der Tangentialkomponente $\vec{a}_{tf}$ ergibt sich auf der Senkrechten im Endpunkt der Normalkomponente $\vec{a}_{nf}$, während man die Tangentialkomponente a_{tr} erhält, in dem man $\vec{a}_{nr}$ und $\vec{v}_C$ von A_0 aus parallel zur Strecke AM anträgt und dann im Endpunkt das Lot errichtet.

Die Beschleunigungsverhältnisse bei Getrieben mit geraden Kulissen - z.B. bei der schwingenden oder bei der umlaufenden Kurbelschleife - unterscheiden sich von den hier geschilderten Beschleunigungsverhältnissen nur dadurch, dass die Normalkomponente $\vec{a}_{nr}$ den Wert Null annimmt.

3.2.2 Polbahnen

3.2.2.1 Begriff und Verlauf der Polbahnen

Der Momentanpol P ändert von Getriebestellung zu Getriebestellung seine Lage. Verfolgt man seinen Weg in der Zeichenebene für einen ganzen Getriebeumlauf,

Tafel 3.16

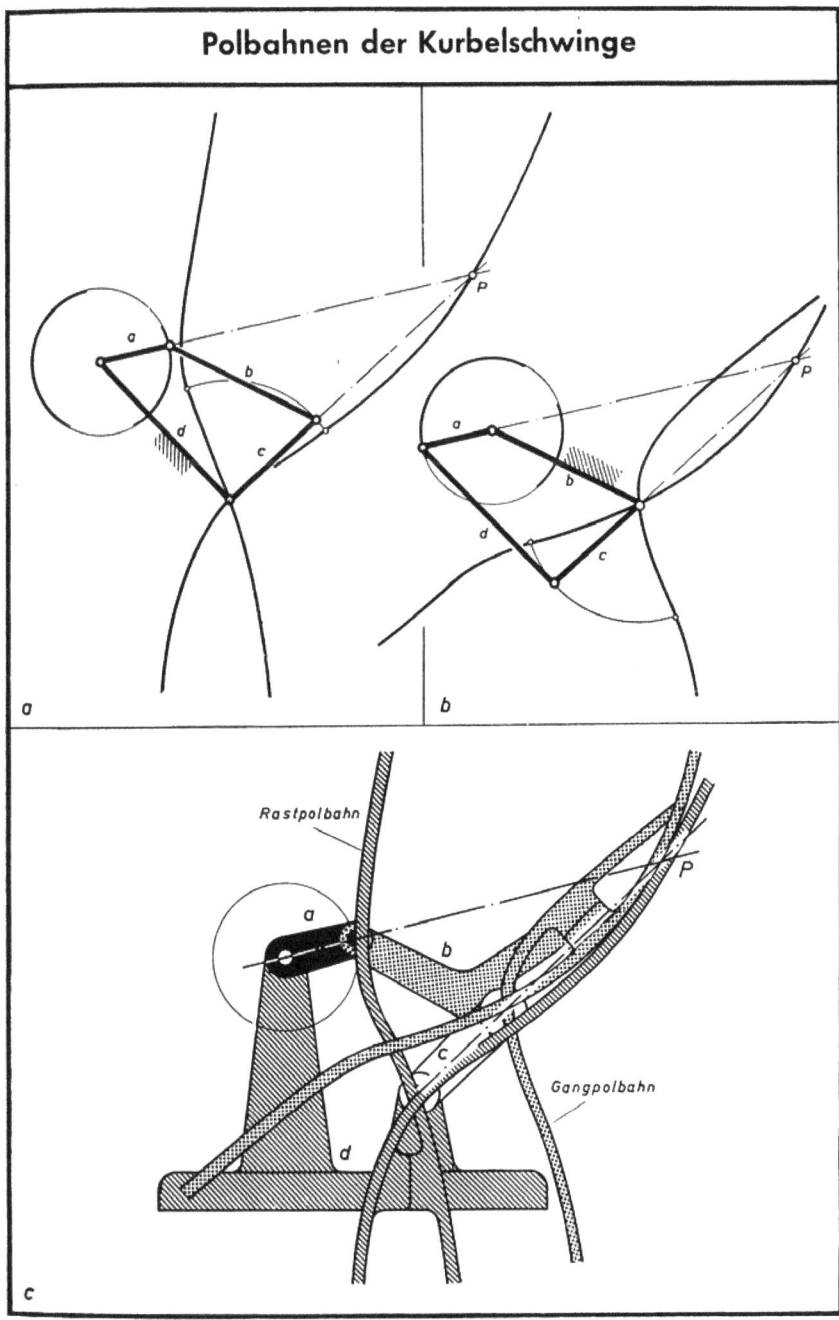

Tafel 3.17

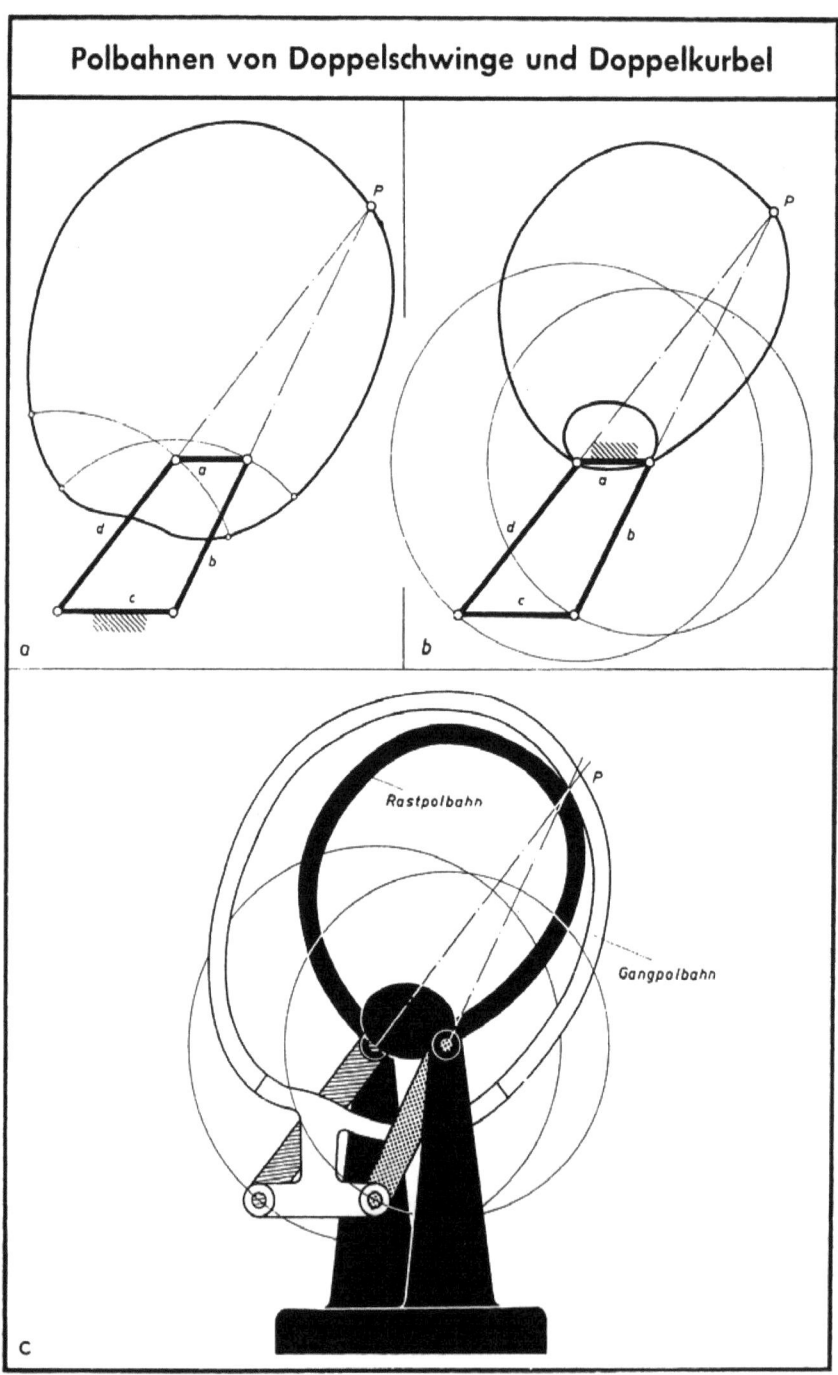

so erhält man eine Polbahn. Da die Zeichenebene dem ruhenden - oder *rastenden* - Gestell entspricht, wird diese Polbahn auch als Rastpolbahn bezeichnet. Tafel 3.16.a zeigt die Rastpolbahn einer Kurbelschwinge.

Da der Momentanpol P für eine bestimmte Getriebestellung als Augenblick-Drehpunkt zwischen Koppel und Gestell aufgefasst werden kann (Tafel 3.10), gehört er als Pol zu beiden Ebenen. Es ergibt sich daher eine zweite Polbahn, wenn man beim gleichen Gelenkviereck das Gestell zur Koppel und die Koppel zum Gestell macht (Tafel 3.16.b). Betrachtet man jede der beiden Polbahnen als Bestandteile der Ebenen der Getriebeglieder b und d, und stellt sie in einem Getriebe dar, so gehört jetzt die eine Polbahn als *Rastpolbahn* zum Gestell, während die andere sich als sogenannte *Gangpolbahn* mit der Koppel bewegt. Die beiden Polbahnen berühren sich in jeder Getriebelage im Pol P. Sie wälzen sich bei der Getriebebewegung aufeinander ab ohne zu gleiten.

Die Bewegung der Koppelebene eines Viergelenkgetriebes gegenüber der Gestellebene kann man sich ersetzt denken durch das Abwälzen der zugehörigen Gangpolbahn auf der Rastpolbahn.

Bildet man aus dem gleichen Gelenkviereck eine Doppelschwinge oder eine Doppelkurbel, so erhält man für die Bewegung zwischen Koppel und Gestell einen anderen Pol, dessen Weg man wiederum in jeder der beiden Ebenen verfolgen kann (Tafel 3.17.a-b). Übernimmt man beide Polbahnen in das gleiche Getriebe z.B. in die Doppelkurbel (Tafel 3.17.c), so ergibt sich wiederum ein Polbahnpaar, dessen Gangpolbahn sich bei einem Getriebeumlauf auf der Rastpolbahn abwälzt. Die Ermittlung der Gangpolbahn ist in einfacher Weise auch mit einem transparenten Deckblatt möglich, auf dem man die Koppelgelenke A und B einzeichnet. Das Deckblatt wird dann von Getriebelage zu Getriebelage mit den verschiedenen Koppellagen zur Deckung gebracht und der zur jeweiligen Lage gehörige Pol P auf das Deckblatt übernommen. Die Verbindung dieser Pole ergibt
dann die Gangpolbahn. Die Kennzeichnung der Getriebeglieder in den Tafeln 3.16.c und 3.17.c erfolgt zur besseren Anschaulichkeit in einer für den Schwarz-Weiß-Druck von *Rauh* vorgeschlagenen Weise. Mit Bezug auf die von *Hundhausen* eingeführte Farbsystematik (vgl. Kap. 2.4) gilt:
schwarz für rot, Raster für grün, weiß für gelb, Schraffur für blau.

Die Form der Polbahnen ist sehr unterschiedlich je nach Getriebeart und nach den Längenverhältnissen der Getriebeglieder. Die Polbahnen der Kurbelschwinge verlaufen z.B. im Gegensatz zu den Polbahnen der Doppelkurbel zweimal nach Unendlich, da die Kurbel während einer Umdrehung zweimal eine parallele Lage zur Schwinge einnimmt.

Von praktischer Bedeutung sind die Polbahnen nur in Sonderfällen. Bei der Klärung der Bewegungsverhältnisse der Koppelebene, sowie bei der Erläuterung extremer Übersetzungsverhältnisse zwischen Antrieb und Abtrieb sind sie jedoch im Rahmen der theoretischen Grundlagen ein wesentliches Hilfsmittel.

3.2.2.2 Richtung und Krümmung der Polbahnen

Die Gelenke eines Getriebes können als Drehpole zwischen zwei Nachbargliedern aufgefasst werden. Diese Drehpole sind für alle Getriebelagen die gleichen; so ist z.B. beim Gelenkviereck (Tafel 3.18.a) das Gelenk P_{21}- sprich : P zwei eins - der Drehpol zwischen den Gliedern 2 und 1.

Demgegenüber sind die Pole P_{31} und P_{42} die Drehpole zwischen Gegengliedern und gelten nur jeweils für eine bestimmte Gliederlage des Gelenkvierecks. Es liegen stets drei Pole auf einer Geraden, so z.B.

Die Pole zwischen Nachbargliedern	P_{41} P_{21} und P_{42}	Pol zwischen Gegengliedern

Die Art des Drehpoles lässt sich an den Indizes erkennen. Pole zwischen Gegengliedern haben bei der Viergelenkkette und bei fortlaufender Gliederbezeichnung entweder nur geradzahlige oder nur ungeradzahlige Indizes. Diese stimmen zudem mit den beiden unterschiedlichen Indexziffern der beiden anderen Drehpole überein.

Bei der Betrachtung der sogenannten Polkonfiguration ist es zweckmäßig und üblich, die Glieder des Gelenkvierecks nicht mit Buchstaben, sondern mit Zahlen zu bezeichnen. Man erhält z.B. den momentanen Drehpol zwischen den Gliedern 1 und 3, indem man die Mittellinien der Glieder 2 und 4 zum Schnitt bringt.

Die Verbindungslinie der beiden Momentanpole P_{31} und P_{42} (Tafel 3.18.a) wird als *Kollineationsachse* - kurz *k-Achse* - bezeichnet. Diese Gerade ist die Grundlage für die Konstruktion der Tangente und der Normalen zur Polbahn an ihrer jeweiligen Berührungsstelle, also im Pol.

Beim Abwälzen zweier Kurven aufeinander, z.B. beim Abwälzen eines Kreises mit dem Halbmesser ρ_1 in einem anderen Kreis mit dem Halbmesser ρ_2 (Tafel 3.18.b), ergibt sich im Berührungspunkt P eine für beide Kurven gemeinsame Tangente und eine gemeinsame Normale. Auf dieser Normalen liegen die für die Berührungsstelle maßgeblichen Krümmungsmittelpunkte der beiden Kurven. Größe und Richtung der beiden Krümmungen sind für den Bewegungszustand der bewegten Ebene - im vorliegenden Beispiel also für den Bewegungszustand des kleineren Rollkreises - entscheidend. Diese Tatsache ist von den zyklischen Kurven bekannt.

Nach einer von *Bobillier* [11] angegebenen Konstruktion (Tafel 3.18.c) erhält man die Richtung der Polbahntangente, wenn man den Winkel β, den die k-Achse mit einer der beiden Lenkermittellinien (Polstrahlen) einschließt, von der anderen Lenkermittellinie aus im entgegengesetzten Sinne anträgt. Diese Konstruktion ist in Tafel 3.18.c für eine beliebige Stellung einer Kurbelschwinge dargestellt; Tafel 3.18.d zeigt das Verfahren für das gleiche Gelenkviereck in der Ausführung als Doppelschwinge bei gleicher Gliederlage. Da das Gestell bei der Doppelschwinge

Tafel 3.18

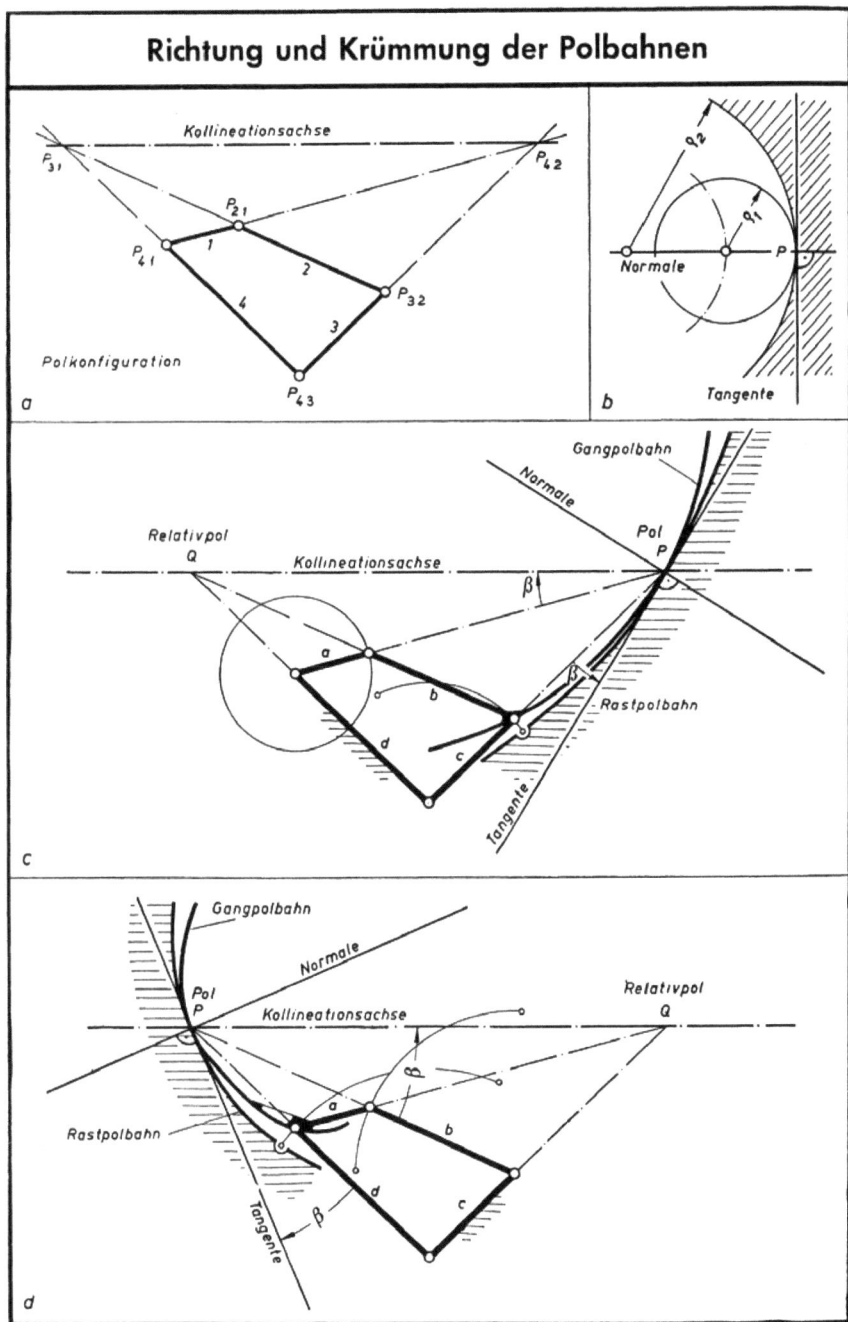

72 3 Gelenkgetriebe

Tafel 3.19

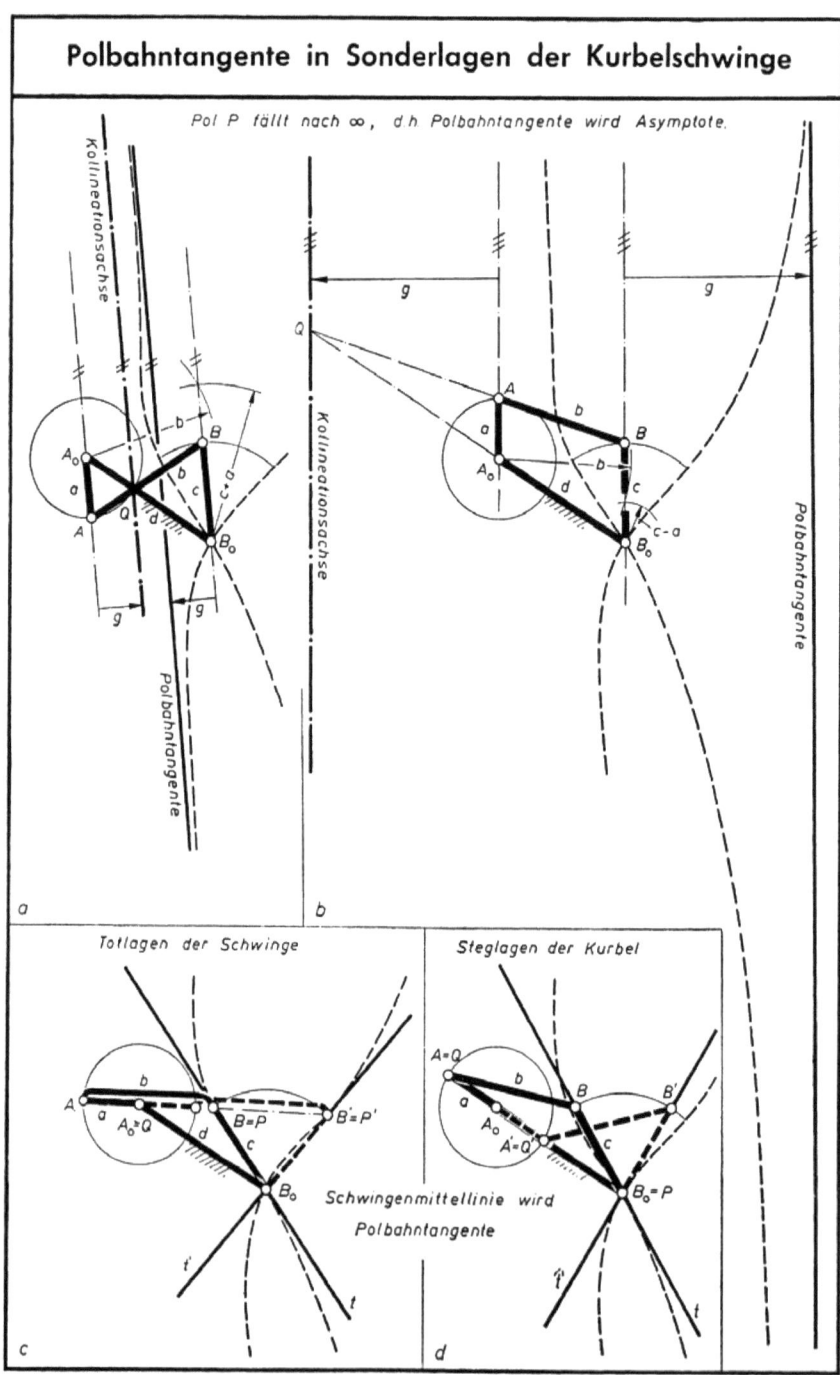

ein Nachbarglied des Gestells bei der Kurbelschwinge ist, haben die beiden Pole P und Q ihre Bedeutung und Bezeichnung getauscht.

Die Polbahntangente kann zur Asymptote werden. Dieser Fall tritt z.B. bei der Kurbelschwinge ein, wenn Kurbel und Schwinge parallel stehen; d.h. einmal in der *Überkreuzlage* (Tafel 3.19.a) und einmal in der Vierecklage (Tafel 3.19.b). k-Achse und Polbahntangente laufen dann parallel zu den Polstrahlen von Kurbel und Schwinge. Der in der Konstruktion nach Bobillier (Tafel 3.19.c) gegensinnig übertragene Winkel β wird zu einem gegensinnig übertragenen Abstand g. Die Getriebestellung mit Parallellage von Kurbel und Schwinge ergibt sich durch Zirkelschläge mit dem Halbmesser b um das Kurbellager sowie mit den Halbmessern c + a bzw. c - a um das Schwingenlager. Der Schnittpunkt ist jeweils ein Punkt der Schwingenmittellinie. Damit liegt für die beiden betrachteten Getriebelagen die Stellung des Schwingenzapfens fest. Die zugehörige Stellung des Kurbelzapfens ergibt sich durch einen Kreisbogen um den Schwingenzapfen mit der Koppellänge b als Halbmesser.

In der Totlage der Kurbelschwinge (Tafel 3.19.c) fällt der Relativpol Q mit dem Kurbellager A_0 zusammen, der Pol P mit dem Schwingenzapfen in den Lagen B und B'. Die k-Achse deckt sich also mit der Mittellinie von Kurbel a und Koppel b, d.h. der Winkel β zwischen der k-Achse und dem Polstrahl der Kurbel a nimmt den Wert "Null" an. Mithin muss auch die gesuchte Polbahntangente mit der Schwingenmittellinie zusammenfallen.

In den sogenannten Steglagen der Kurbel (Tafel 3.19.d) tritt dies ebenfalls ein. Der Relativpol Q liegt im Kurbelzapfen in den Stellungen A bzw. A', der Pol P im Schwingenlager B_0. Die k-Achse deckt sich also wieder mit dem Polstrahl der Kurbel *a* und die Polbahntangente mit dem Polstrahl der Schwinge c.

3.2.2.3 Sonderformen der Polbahnen

Da der Verlauf und die Krümmung der Polbahnen in starkem Maße von den Längenverhältnissen der Getriebeglieder abhängen, müssen sich charakteristische Sonderformen der Polbahnen ergeben, wenn besondere Längenverhältnisse vorliegen.

Werden je zwei Gegenglieder gleich lang gewählt, also

$$a = c \text{ und } b = d$$

so erhält man Parallelkurbeln (Tafel 3.20.a-b), bei denen der Pol P und der Relativpol Q stets nach "Unendlich" fallen. Es ergibt sich in allen Getriebelagen eine winkeltreue Bewegungsübertragung. Die Getriebeglieder liegen nach je 180° Kurbeldrehung in Decklage. Decklagen werden häufig auch als Verzweigungslagen bezeichnet. Aus einer solchen Getriebelage können sie auch als Antiparallelkurbeln hervorgehen und zwar mit gegenläufiger (Tafel 3.20.c) oder

Tafel 3.20

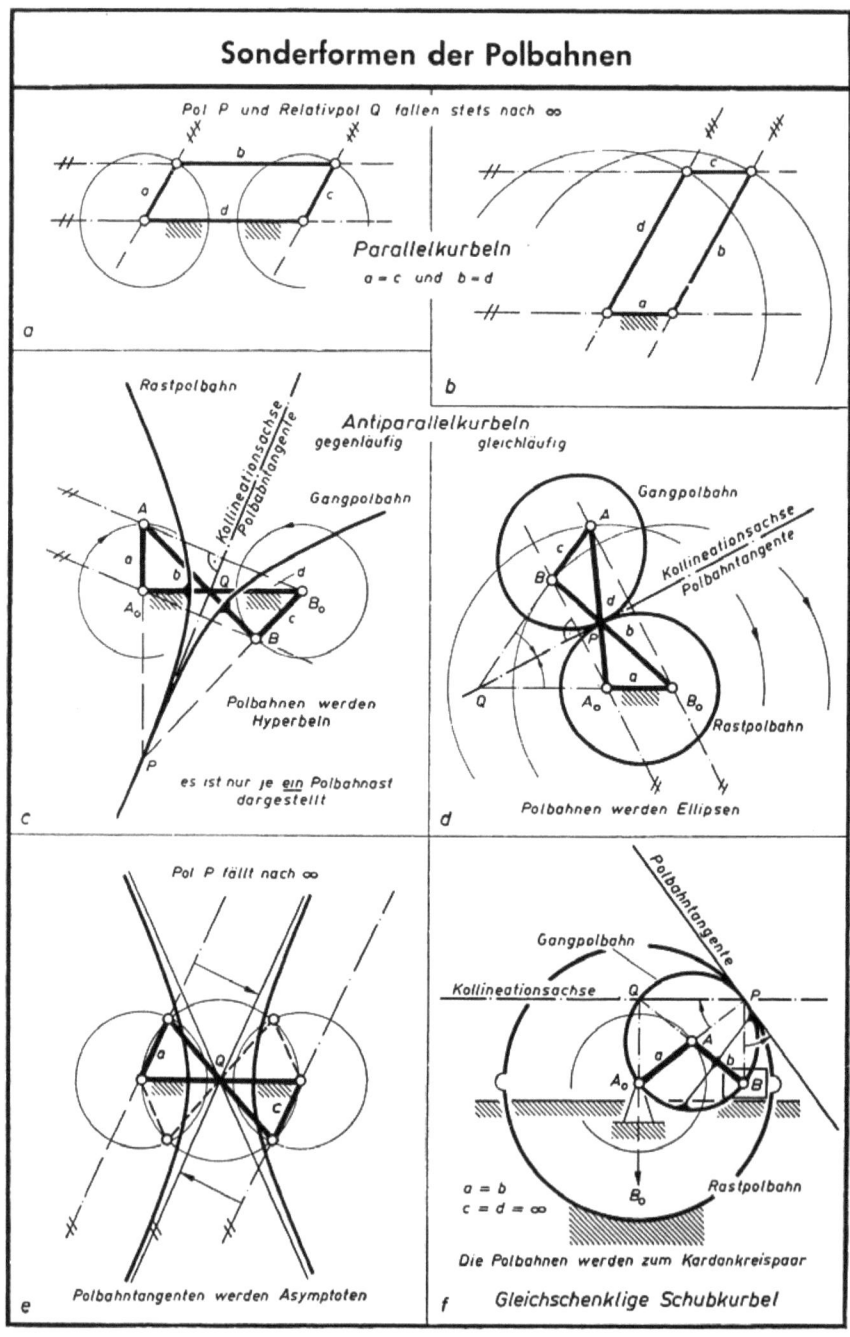

Tafel 3.21

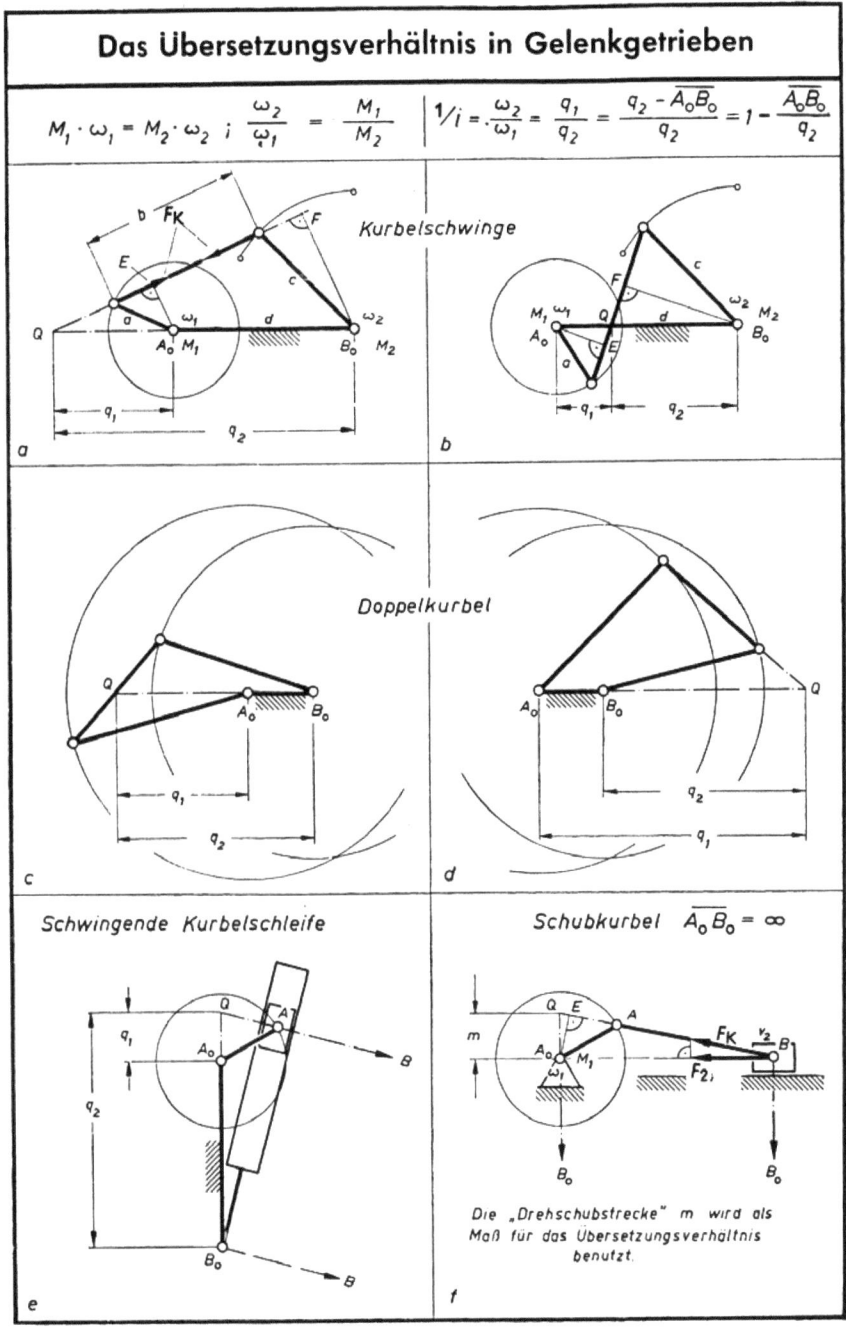

mit gleichläufiger Bewegungsübertragung (Tafel 3.20.d). Als Polbahnen ergeben sich ein Hyperbelpaar und ein Ellipsenpaar. Die k-Achse wird gleichzeitig zur Polbahntangente und zur Symmetrieachse für jede beliebige Gliederlage. Verbindet man das Gelenk A mit dem Lager B_0 oder das Gelenk B mit dem Lager A_0, so ist die Polbahntangente stets die Mittelsenkrechte dieser Strecken. Diese Überlegung gestattet die Ermittlung der Pole in den Decklagen der Getriebeglieder.

In den Getriebelagen, in denen die Kurbeln a und c parallel stehen (Tafel 3.20.e), ergibt die in Tafel 3.19.a-b erläuterte Konstruktion das Asymptotenpaar der als Hyperbel erscheinenden Rastpolbahn mit Ursprung in der Gestellmitte.

Die gleichschenklige Schubkurbel (Tafel 3.20.f) ergibt als Polbahnpaar ein Kreispaar. Die Gangpolbahn ist ein Kreis vom Durchmesser 2b. Sie rollt in einem zweiten Kreis von doppelter Größe ab, der die Rastpolbahn darstellt.

Von den zyklischen Kurven ist dieses Kreispaar mit dem besonderen Durchmesserverhältnis 1 : 2 als Sonderfall unter dem Namen *Kardankreispaar* bekannt. Die Bahnkurven aller Umfangspunkte des kleinen Kardankreises sind Geraden, die durch den Mittelpunkt des großen Kardankreises verlaufen. Alle übrigen Punkte der Ebene des kleinen Kardankreises beschreiben Ellipsen, der Mittelpunkt A einen Kreis.

Es ergibt sich, dass bei der gleichschenkligen Schubkurbel die k-Achse stets parallel zur Schubrichtung des Gleitsteines liegt und dass die Konstruktion der Polbahntangente nach Tafel 3.18.c in allen Lagen zur Kreistangente führen muss. Die Polbahntangente muss in allen Getriebelagen auf dem Polstrahl der Kurbel senkrecht stehen, da auch die k-Achse auf dem Polstrahl der Schwinge - d.h. auf der Senkrechten zur Gleitsteinbahn - in allen Getriebelagen senkrecht steht.

3.2.2.4 Kardanlagen von Gelenkgetrieben

Die Krümmungsverhältnisse der Polbahnen ändern sich laufend, wie vor allem die Beispiele in den Tafeln 3.16, 3.17 und 3.18, zeigen. Dabei kann je nach Längenverhältnissen und Gliederlage der Fall eintreten, dass der Krümmungshalbmesser der Gangpolbahn momentan den halben Wert des Krümmungshalbmessers der Rastpolbahn im Berührungspunkt annimmt. Wenn die Krümmungsrichtung der beiden Polbahnen an der Berührungsstelle außerdem übereinstimmt, spricht man von momentan kardanischen Bewegungsverhältnissen.

Die Kardanlage eines Gelenkgetriebes ist eine Lage, in der die Krümmungsalbmesser der Gangpolbahn und der Rastpolbahn sich im Pol wie 1 : 2 verhalten und die zugehörigen Krümmungsmittelpunkte auf der gleichen Seite der Polbahntangente liegen [12][13][14].

Der Begriff der Kardanlagen von Viergelenkgetrieben wurde zuerst von *Rauh* benutzt. Weitere Untersuchungen von *Alt* und *Meyer zur Capellen* führten zu der obigen Definition.

3.2.3 Übersetzungsverhältnis

3.2.3.1 Begriff und Ermittlung

Der Begriff des Übersetzungsverhältnisses ist von den gleichförmig übersetzenden Getrieben bekannt und ist definiert als Drehzahlverhältnis.

$$i = \frac{n_1}{n_2} \tag{3.35}$$

n_1 Antriebsdrehzahl   Es gilt dabei:
n_2 Abtriebsdrehzahl $i > 1$ Drehzahlwandlung "ins *Langsame*"
                          $i < 1$ Drehzahlwandlung "ins *Schnelle*"

Mit jeder Drehzahlwandlung ist gleichzeitig eine Wandlung des Drehmomentes verbunden, für die unter der Annahme verlustfreier Leistungsübertragung gilt

$$\frac{M_2}{M_1} = \frac{n_1}{n_2} \tag{3.36}$$

M_1 Drehmoment am Antrieb
M_2 Drehmoment am Abtrieb

Die gleiche Überlegung kann man auf die ungleichförmig übersetzenden Getriebe anwenden, wenn man an Stelle der Drehzahlen die Winkelgeschwindigkeiten betrachtet.

Die Kraft F_K in der Koppel b einer Kurbelschwinge (Tafel 3.21.a) ergibt sich aus dem Antriebsdrehmoment im Gestelldrehpunkt A_0 und dem wirksamen Hebelarm $\overline{A_0E}$, den man erhält, wenn das Lot von A_0 auf die Koppel b fällt. Die Koppelkraft erzeugt an der Abtriebswelle B_0 das Drehmoment M_2, für dessen Größe der wirksame Hebelarm $\overline{B_0F}$ maßgebend ist. Da unter der Voraussetzung verlustfreier Leistungsübertragung die beiden Leistungen miteinander im Gleichgewicht stehen, ergibt sich aus der Ähnlichkeit der Dreiecke A_0QE und B_0QF

$$\frac{M_1}{M_2} = \frac{F_K \times \overline{A_0E}}{F_K \times \overline{B_0F}} = \frac{\overline{A_0E}}{\overline{B_0F}} = \frac{q_1}{q_2} \tag{3.37}$$

und damit unter Verwendung von Formel (3.35)

$$\frac{1}{i} = \frac{\omega_2}{\omega_1} = \frac{q_1}{q_2} \tag{3.38}$$

Hierin sind q_1 und q_2 die Abstände des Relativpoles Q von den Gestelldrehpunkten für Antrieb und Abtrieb. Tafel 3.21.a zeigt die Verhältnisse in der Vierecklage, Tafel 3.21.b die in der Überkreuzlage einer Kurbelschwinge. Im Gegensatz zu den gleichförmig übersetzenden Getrieben erscheint es zweckmäßig, hier mit dem Kehrwert des Übersetzungsverhältnisses zu rechnen. Es wird also die Winkelgeschwindigkeit am Abtrieb auf die

Winkelgeschwindigkeit am Antrieb bezogen. Für eine Getriebetotlage ($\omega_2 = 0$) ergibt sich dann $\frac{1}{i} = 0$. Der Ausdruck $i = \infty$ wäre wenig sinnvoll.

Die Differenz zwischen den Abständen des Relativpoles q_1 und q_2 ist stets gleich der Gestellstrecke $\overline{A_0B_0}$. Hieraus ergibt sich für das Übersetzungsverhältnis die Schreibweise:

$$\frac{1}{i} = \frac{q_1}{q_2} = \frac{q_2 - \overline{A_0B_0}}{q_2} = 1 - \frac{\overline{A_0B_0}}{q_2} \qquad (3.39)$$

Das Übersetzungsverhältnis $\frac{1}{i}$ kann positive wie auch negative Werte annehmen. Positive Werte bedeuten gleichläufigen, negative Werte gegenläufigen Drehsinn von Antrieb und Abtrieb. Negative Werte für $\frac{1}{i}$ ergeben sich, wenn der Relativpol Q innerhalb der Gestellstrecke $A_0 B_0$ fällt (Tafel 3.21.b). Liegt Q außerhalb der Gestellstrecke, so ergeben sich positive Werte für $\frac{1}{i}$, d.h. gleichläufige Bewegung (Tafel 3.21.a, c, d und e). Für die Bedeutung des Relativpoles ergibt sich insgesamt:

Während der Pol P Aufschluss gibt über die Geschwindigkeitsverhältnisse der Koppelebene eines Gelenkgetriebes, bildet der Relativpol Q die Grundlage für die Ermittlung des Verhältnisses der Winkelgeschwindigkeiten von Antrieb und Abtrieb.

Bei Schubkurbelgetrieben kann man nicht von einem Übersetzungsverhältnis im üblichen Sinne sprechen, weil auf der einen Seite eine Winkelgeschwindigkeit, auf der anderen Seite dagegen eine Geschwindigkeit zum Vergleich steht.

Für die Leistungsgleichung ergibt sich hier

$$M_1 \cdot \omega_1 = F_2 \cdot v_2 \qquad (3.40)$$

↑ ↑ Index 1 Antrieb

z.B. bei A_0 bei B in Tafel 3.21 f Index 2 Abtrieb

Durch Umstellung erhält man

$$\frac{v_2}{\omega_1} = \frac{M_1}{F_2} \qquad (3.41)$$

Tafel 3.22

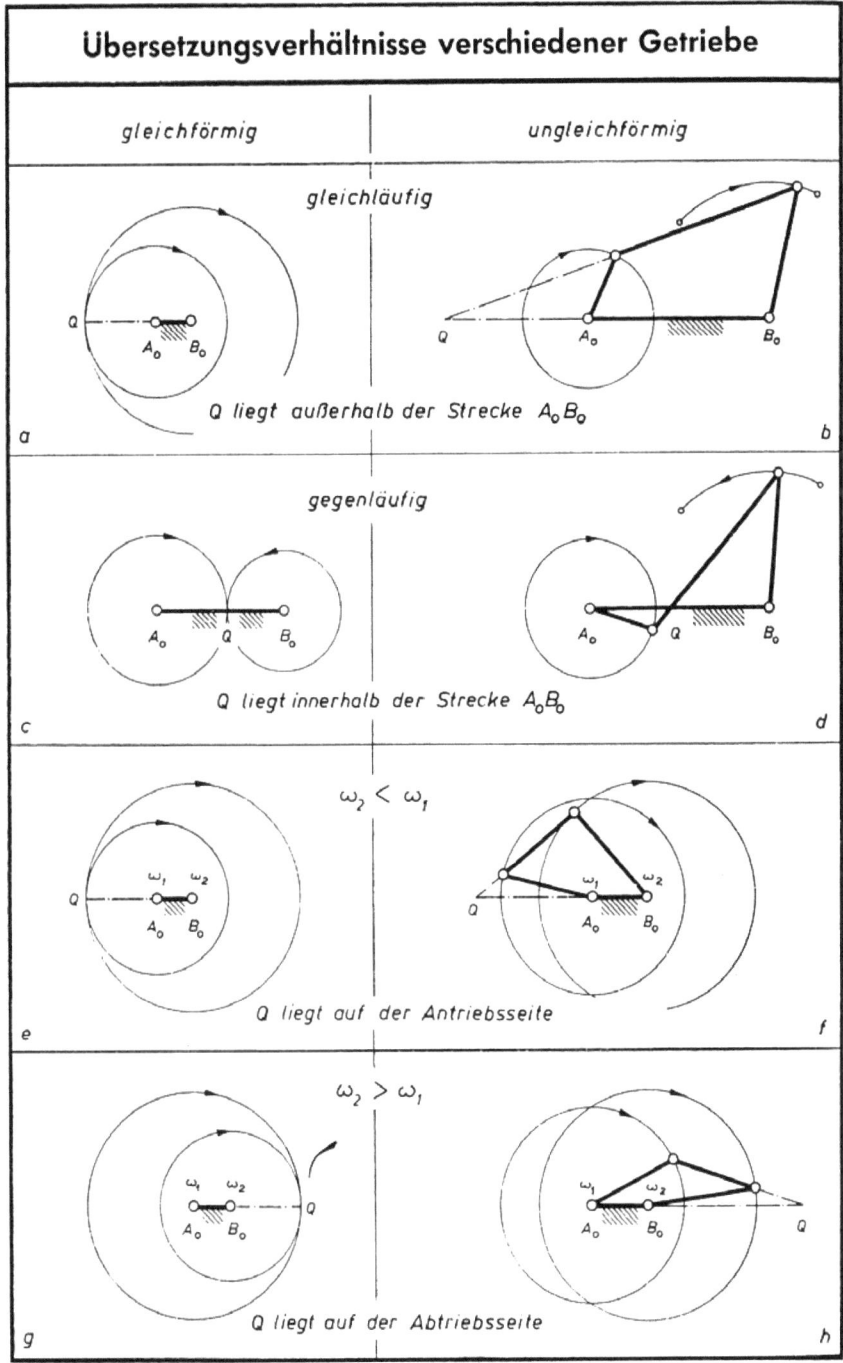

Der Relativpol liegt bei der Schubkurbel auf der im Kurbellager A_0 errichteten Senkrechten zur Schubrichtung im Abstand m vom Kurbellager. Aus den in Tafel 3.21.f ersichtlichen rechtwinkligen Dreiecken ergibt

$$\frac{m}{\overline{A_0 E}} = \frac{F_K}{F_2} \qquad (3.42)$$

F_K Kraft in Koppelrichtung
F_2 Kraft in Schubrichtung

Hieraus folgt:

$$m = \frac{F_K \cdot \overline{A_0 E}}{F_2} = \frac{M_1}{F_2} = \frac{v_2}{\omega_1} \qquad (3.43)$$

Da bei der Schubkurbel eine Drehbewegung in eine Schubbewegung umgewandelt wird (oder umgekehrt), bezeichnet man die Strecke m als *Drehschubstrecke*. Sie ist von Bedeutung bei der Untersuchung des Kräfteflusses in Schubkurbeln.

3.2.3.2 Vergleich des Übersetzungsverhältnisses bei Getrieben, mit gleichförmiger und mit ungleichförmiger Übersetzung

Tafel 3.22 zeigt eine Gegenüberstellung der beiden Getriebearten. Als Beispiele für gleichförmig übersetzende Getriebe sind Zahnradgetriebe dargestellt. In allen Beispielen ist angenommen, dass der Antrieb bei A_0, der Abtrieb bei B_0 liegt. Dem Relativpol Q bei den Gelenkgetrieben entspricht der Berührungspunkt der Teilkreise (Wälzpunkt) bei den Zahnradgetrieben. Es ergibt sich völlige Analogie zwischen beiden Getriebearten. Für Drehsinn und Übersetzungsverhältnis gelten bei beiden Gruppen die gleichen in Tafel 3.22 dargestellten Beziehungen.

3.2.3.3 Sonderfälle des ungleichförmigen Übersetzungsverhältnisses

Wenn man in Formel (3.39) die Gestellstrecke $A_0 B_0$ durch die Bezeichnung des jeweils als Gestell ausgebildeten Gliedes der Viergelenkkette ersetzt, so ergibt sich für die *Kurbelschwinge*:

$$\frac{1}{i} = 1 - \frac{d}{q_2} \quad \text{bzw.} \quad \frac{1}{i} = 1 - \frac{b}{q_2} \qquad (3.44)$$

Es ergibt sich ferner für die Totlage:

$$\frac{1}{i} = 0 \qquad (3.45)$$

infolge $q_2 = d$ bzw. $q_2 = b$

Eine Getriebelage mit gleicher Geschwindigkeit am Antrieb und Abtrieb ist bei der Kurbelschwinge nur bei gegenläufiger Bewegung möglich. Die Bilder der Tafel 3.23.a und b stellen solche Getriebelagen dar. Im Beispiel a tritt $i = -1$ nur in

Tafel 3.23

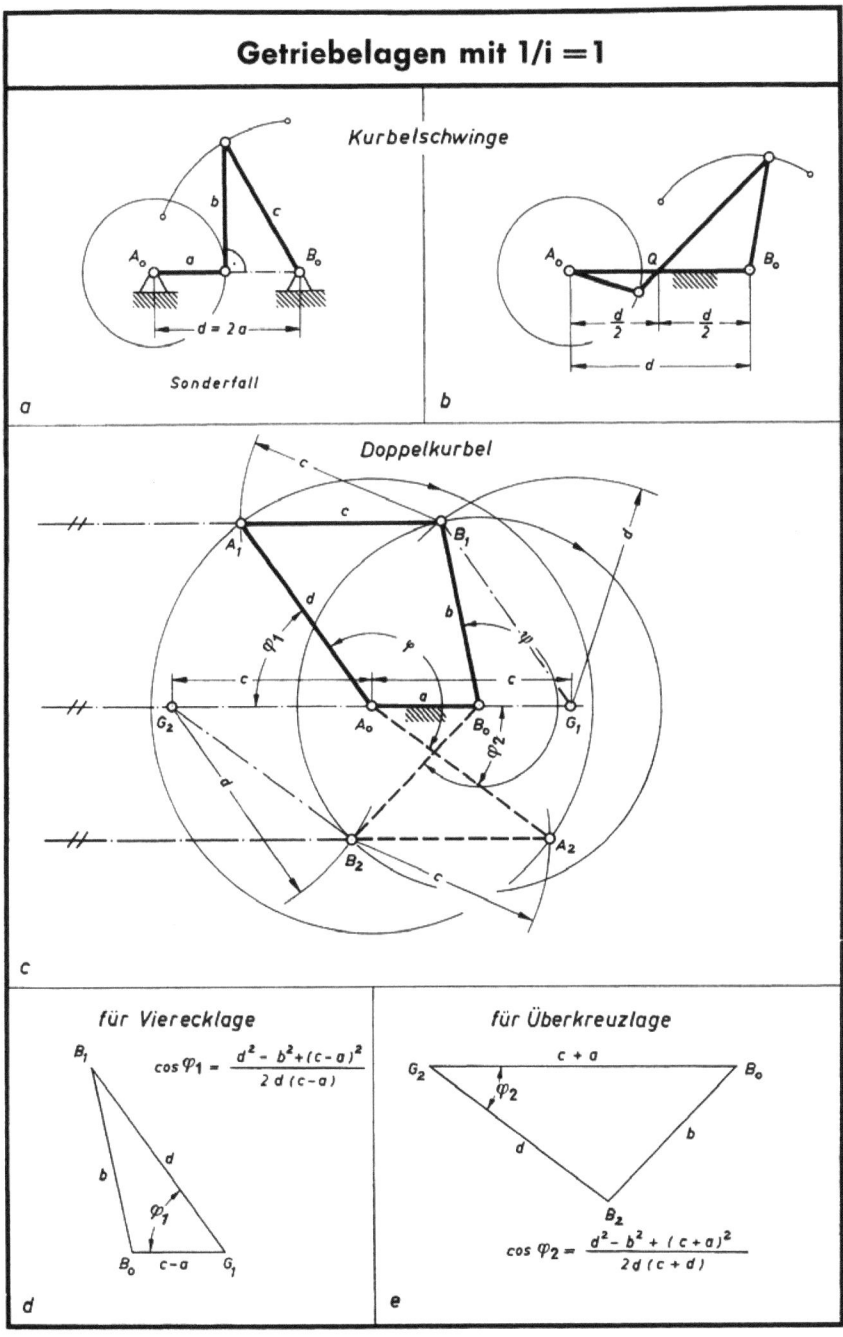

der gezeichneten Stellung auf, während im Beispiel Tafel 3.23.b dieser Fall zweimal auftreten könnte.

Von besonderem Interesse ist die Frage nach dem Übersetzungsverhältnis bei Doppelkurbeln, da hierbei sowohl die Antriebskurbel als auch die Abtriebskurbel volle Drehbewegungen machen. Für das Übersetzungsverhältnis (+ bedeutet : Relativpol Q auf der Abtriebsseite, - bedeutet: Relativpol Q auf der Antriebsseite) gilt für Doppelkurbeln:

$$\frac{1}{i} = 1 \pm \frac{a}{q_2} \tag{3.46}$$

Das Übersetzungsverhältnis i =1 ergibt sich, wenn der Relativpol Q nach "unendlich" fällt, d.h. wenn die Koppel c parallel zur Gestellmittellinie liegt.

$$i = 1 \pm \frac{a}{\infty} = 1 \tag{58}$$

Es ergeben sich zwei Getriebelagen, die dieser Bedingung genügen, (Tafel 3.23.c) und zwar die Vierecklage mit den Gelenklagen A_1 und B_1 sowie die Überkreuzlage mit den Gelenklagen A_2 und B_2. Diese beiden Getriebelagen grenzen die Bewegungsbereiche der Voreilung und der Nacheilung der Abtriebskurbel von einander ab. Unter Voreilung der Abtriebskurbel wird der Teil der Drehbewegung verstanden, bei dem die Winkelgeschwindigkeit der Abtriebskurbel größer ist als die der Antriebskurbel; für die Nacheilung gilt das Umgekehrte. Für den Bewegungsbereich von der Getriebelage 1 zur Getriebelage 2 liegt der Relativpol Q auf der Abtriebsseite. Aus Formel (3.46) ergibt sich:

$$\omega_2 > \omega_1$$

Für den übrigen Bereich liegt der Relativpol auf der Antriebsseite; hieraus ergibt sich sinngemäß:

$$\omega_2 < \omega_1$$

Die Grundlage der zeichnerischen Ermittlung der beiden Getriebelagen mit $\frac{1}{i} = 1$ ist je eine Parallelogrammkonstruktion für die Vierecklage und für die Überkreuzlage (Tafel 3.23.c). Von A_0 aus wird die Koppellänge c nach beiden Seiten auf der Gestellmittellinie angetragen. Um die so erhaltenen Endpunkte G_1 und G_2 werden Kreisbögen geschlagen mit der Länge der Antriebskurbel d als Halbmesser. Man erhält auf dem Kreis des Abtriebsgelenkes die beiden Lagen B_1 und B_2 und von hier aus mit der Koppellänge c als Halbmesser die Lagen des Antriebsgelenkes A_1 und A_2. Damit sind die beiden Getriebelagen mit $\frac{1}{i} = 1$ bestimmt. Sie können durch Angabe der Winkel φ_1 und φ_2 gekennzeichnet werden, die die Antriebskurbel d jeweils mit der Gestellmittellinie einschließt. Diese

Tafel 3.24

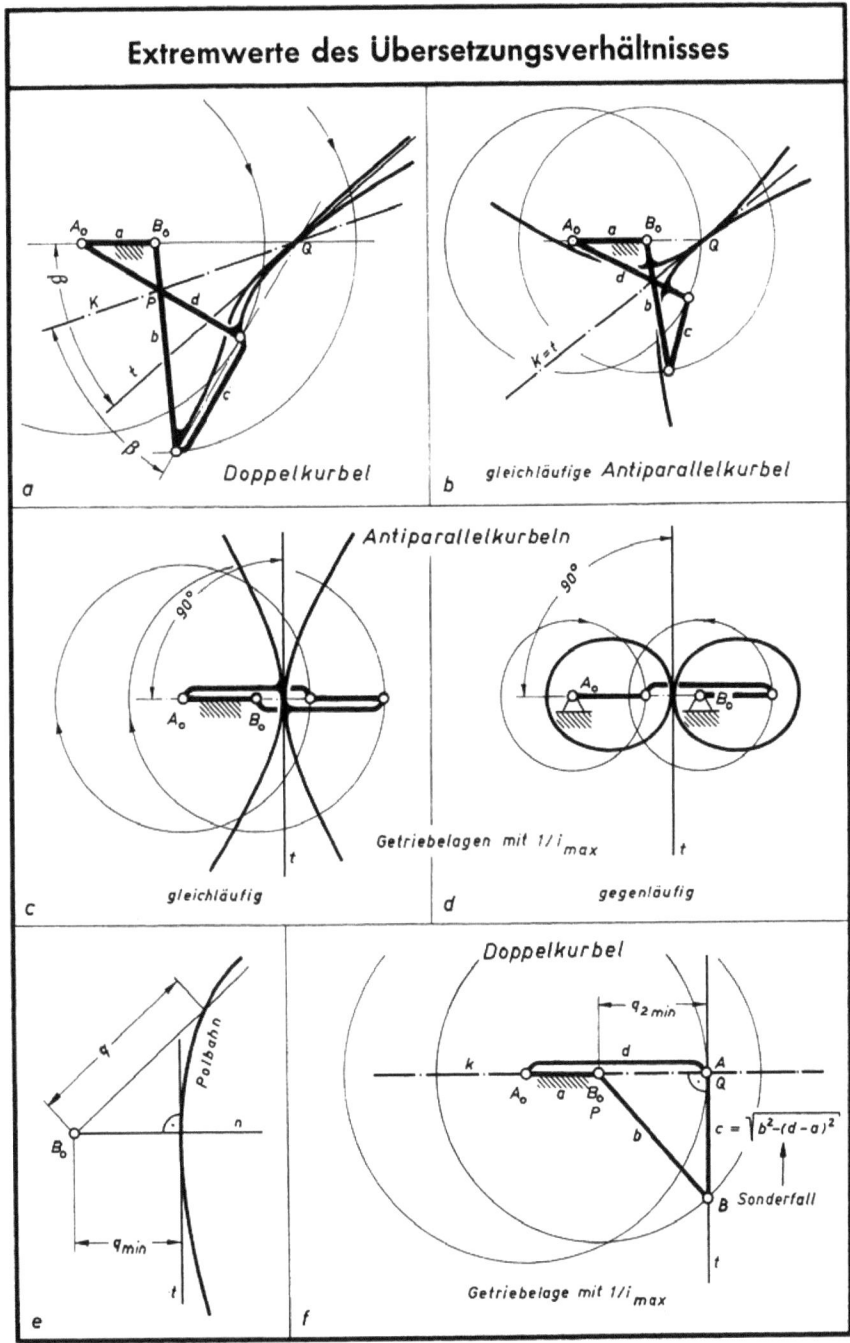

beiden Winkel lassen sich auch in einfacher Weise berechnen, wenn man auf der Grundlage der obigen Konstruktion den Kosinussatz auf die Dreiecke in Tafel 3.23.d und e anwendet. Es ergibt sich bei einer Winkelstellung der Antriebskurbel $\frac{1}{i} = 1$:

$$\cos\varphi = \frac{d^2 - b^2 + (c \pm a)^2}{2d(c \pm a)} \qquad (3.48)$$

Vorzeichenregel:
+ gilt für φ_2 d.h. Überkreuzlage der Doppelkurbel
− gilt für φ_1 d.h. Vierecklage der Doppelkurbel.

Für symmetrische Doppelkurbeln ergibt sich infolge b = d der Sonderfall

$$\cos\varphi = \frac{c \pm a}{2d} \qquad (3.49)$$

Von Bedeutung sind außerdem bei periodisch veränderlichem Übersetzungsverhältnis die Extremwerte

$$\frac{1}{i_{max}} \quad \text{und} \quad \frac{1}{i_{min}}$$

Aus Formel (3.46) ergibt sich unter Berücksichtigung der Vorzeichenregel bei Doppelkurbeln das größte Übersetzungsverhältnis

$$\frac{1}{i_{max}} = 1 + \frac{a}{q_{2min}} \qquad (3.50)$$

und das kleinste Übersetzungsverhältnis

$$\frac{1}{i_{min}} = 1 - \frac{a}{q_{2min}} \qquad (3.51)$$

Hieraus ergibt sich, dass in Getriebelagen mit Extremwert des Übersetzungsverhältnisses der Abstand des Relativpoles von den Gestelldrehpunkten einen Kleinstwert annehmen muss. Nach *Freudenstein* [15] steht in diesen Getriebelagen die k-Achse senkrecht zur Koppelmittellinie. Da nach der Konstruktion von Bobillier (Tafel 3.24.a) die durch den Relativpol Q verlaufende Polbahntangente t mit der Gestellmittellinie den gleichen Winkel einschließt wie die k-Achse mit der Koppel, so ergibt sich, dass in einer Getriebelage mit extremem Übersetzungsverhältnis die Tangente der Polbahnen von Antrieb und Abtrieb mit der Gestellmittellinie ebenfalls einen rechten Winkel einschließen muss. Die Polbahnnormale fällt also in Getriebelagen mit extremem Übersetzungsverhältnis mit der Gestellmittellinie zusammen.

In Übereinstimmung mit dem von Freudenstein analytisch geführten Beweis ergibt sich eine weitere Beweisführung, die von der Tatsache Gebrauch macht, dass die Bewegung zwischen Antrieb und Abtrieb (Gegenglieder!) durch das

Abwälzen der zugehörigen Polbahnen ersetzt werden kann, die sich in Q - also stets auf der Gestellmittellinie - berühren. Bei der in Tafel 3.24.a dargestellten Getriebelage einer Doppelkurbel sind für einen begrenzten Bewegungsbereich des Getriebes die Polbahnen der Antriebskurbel d und der Abtriebskurbel b dargestellt. Aus der Neigung der Tangente t an der Berührungsstelle geht hervor, dass sich die Lage von Q auf der Gestellmittellinie in diesem Bereich mit gleichbleibender Tendenz ändert; Q wandert z.B. bei Rechtsdrehung nach außen, bei Linksdrehung nach innen, so dass ein Extremwert von $\frac{1}{i}$ in Tafel 3.24.a nicht vorliegen kann.

Bei einem Sonderfall der Doppelkurbel, bei der gleichläufigen Antiparallelkurbel (Tafel 3.24.b) sind die Verhältnisse übersichtlicher, da die als Hyperbeln erscheinenden Polbahnäste den Abwälzvorgang besonders deutlich machen. Extreme Übersetzungsverhältnisse ergeben sich bei diesem Getriebe in der Decklage der Getriebeglieder (Tafel 3.24.c).

Hier berühren sich die Polbahnhyperbeln im Scheitel, das heißt die Polbahntangente steht senkrecht zur Gestellmittellinie. Bei der gegenläufigen Antiparallelkurbel (Tafel 3.24.d) ergibt sich für die Polbahnellipsen das gleiche Merkmal.

Dies deckt sich mit der aus der Geometrie bekannten Tatsache, dass die kürzeste Entfernung eines Punktes von einer Kurve - also auch des Abtriebslagers B_0 von einer durch den Relativpol Q verlaufenden Polbahn - in Richtung der Kurvennormalen liegt (Tafel 3.24.e). Die Normale muss sich also im vorliegenden Fall mit der Gestellmittellinie decken.

Bei der Doppelkurbel kann man besonders übersichtliche Verhältnisse erreichen, wenn man die Abmessungen entsprechend Tafel 3.24.f wählt. Wenn beim Durchgang einer der beiden Kurbeln b oder d durch die Steglage die Koppel c senkrecht auf der Gestellmittellinie steht, liegt ein extremes Übersetzungsverhältnis vor, da k mit a und somit auch t mit c zusammenfällt. Die Bedingung:

$$c = \sqrt{b^2 - (d-a)^2} \qquad (3.52)$$

ist eine wichtige Konstruktionsgrundlage für Doppelkurbeln mit vorgeschriebenem Extremwert des Übersetzungsverhältnisses.

Für den Sonderfall der symmetrischen Doppelkurbel - d.h. für b = d - wird der zweite Extremwert zum Kehrwert des ersten und gilt nur für symmetrische Doppelkurbeln

$$i_{min} = \frac{1}{i_{max}} \qquad (3.53)$$

Tafel 3.25

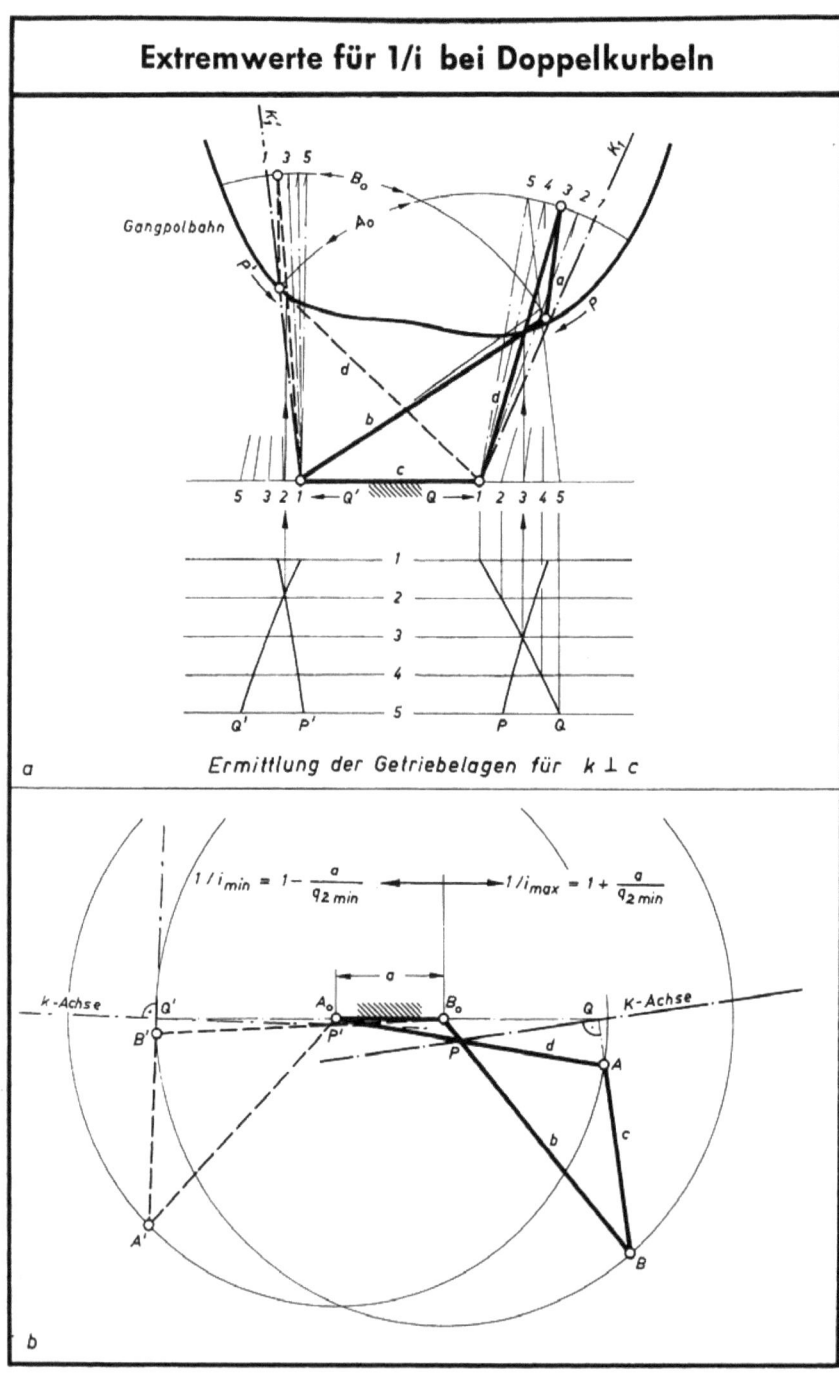

Für beliebige Längenverhältnisse der vier Glieder können die Getriebelagen mit extremer Übersetzung rechnerisch oder zeichnerisch bestimmt werden. Die rechnerische Behandlung führt zu Gleichungen höheren Grades; es werden die Nullstellen der Winkelbeschleunigung ermittelt. Der gleiche Weg kann nach *Meyer zur Capellen* zu einer zeichnerischen Näherungslösung entwickelt werden.

Bei einem anderen zeichnerischen Verfahren können die Getriebelagen unmittelbar bestimmt werden [15]. Es erweist sich dabei als vorteilhaft, wenn man das Getriebe für die Dauer dieser Untersuchung als Doppelschwinge darstellt (Tafel 3.25.a), so dass die Länge c eine feste (üblicherweise waagerechte) Lage einnimmt (kinematische Umkehrung!). Bezogen auf diese Lage von c sind die beiden Getriebestellungen zu ermitteln, in denen die Pole P und Q senkrecht übereinander liegen. Da die gesuchten Stellungen im Bereich der Decklagen der Glieder a und b bzw. a und d liegen, werden diese beiden Lagen als Ausgangsstellungen der Untersuchung benutzt. Es werden nach Bedarf eine Anzahl benachbarter Stellungen, z.B. die Stellungen 1 bis 5, gezeichnet und für jede Stellung die Pole P und Q abwärts gelotet auf eine Schar von Hilfsgeraden, die in gleichen Abständen parallel zu c angeordnet sind. Es ergeben sich je zwei Kurven für P und Q, die sich paarweise zum Schnitt bringen lassen. Jeder der beiden Schnittpunkte bedeutet, dass bei der zugehörigen Getriebelage die Pole P und Q senkrecht übereinander liegen; d.h. ihre Verbindungsgerade, die k-Achse, steht senkrecht auf dem Glied c. Eine im Schnittpunkt eines solchen Kurvenpaares errichtete Senkrechte trifft die Polbahn in dem Punkt, der in der gesuchten Getriebelage zum Pol P wird. Außerdem schneidet sie die Mittellinie von c in dem zugehörigen Relativpol Q.

Bei der Übertragung des Ergebnisses auf die Doppelkurbel bezieht man die Relativlagen der Getriebeglieder auf die Strecke $\overline{A_0B_0}$, die bei der Doppelschwinge als Koppel erscheint und bei der Doppelkurbel wieder zum Gestell wird. Die Koppelgelenke werden hier ausnahmsweise mit A_0 und B_0 bezeichnet, da die hier vorliegende kinematische Umkehrung nur eine vorübergehende Maßnahme ist. In Tafel 3.25.b ist die rechtwinklige Lage der k-Achse zur jeweils zugehörigen Lage der Koppel c deutlich sichtbar.

3.2.3.4 Winkelgeschwindigkeit und Winkelbeschleunigung

Der Zusammenhang zwischen Abtriebsdrehbewegung, Winkelgeschwindigkeit und Winkelbeschleunigung ist in Tafel 3.26 an einer Doppelkurbel dargestellt. Damit die Ergebnisse vergleichbar bleiben, sind in Tafel 3.26 die gleichen Längenverhältnisse der Getriebeglieder zugrunde gelegt wie in Tafel 3.25.

Der Verlauf des Übersetzungsverhältnisses $\frac{1}{i}$ kann gleichzeitig als Verlauf der Winkelgeschwindigkeit am Abtrieb gelten, wenn eine volle Umdrehung der Antriebskurbel ($\varphi = 360°$) auf die einer Umdrehung entsprechende Zeit bezogen wird.

88   3 Gelenkgetriebe

Tafel 3.26

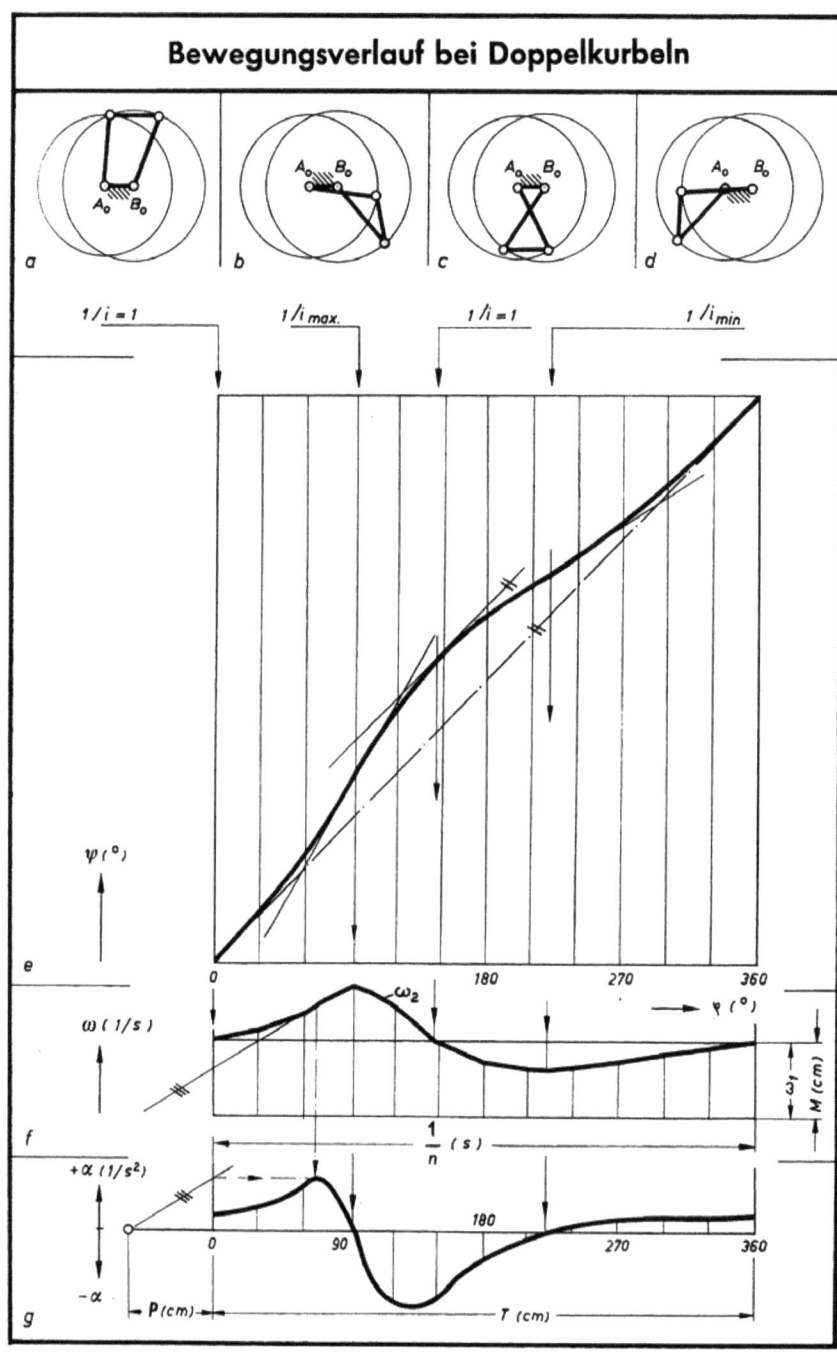

Durch zeichnerisches Differenzieren (Tafel 3.3) erhält man aus dem Verlauf der Winkelgeschwindigkeit die Winkelbeschleunigung. Verwendet man im Weg-Zeit-Schaubild (Tafel 3.26.e) gleiche Achsenmaßstäbe für φ und ψ, so entspricht den Getriebelagen mit $\frac{1}{i} = 1$ (Tafel 3.26.a und c) jeweils eine Kurvenstelle mit der Steigung 1:1. Im Verlauf der Winkelgeschwindigkeit geht die Kurve für ω_2 an dieser Stelle durch die horizontale Gerade für den konstanten Wert ω_1.

Den Getriebelagen mit $\frac{1}{i_{max}}$ (Tafel 3.26.b) und $\frac{1}{i_{min}}$ (Tafel 3.26.d) entsprechen im Weg-Zeit-Schaubild zwei Stellen mit größter bzw. kleinster Tangentensteigung (Wendepunkte). Hierzu gehören bei der Winkelgeschwindigkeit die Extremwerte, bei der Winkelbeschleunigung dagegen die Durchgänge der Kurve durch den Wert "Null".

Zur Auswertung der ω- und α-Schaubilder werden Maßstäbe benötigt, die den jeweiligen Wert je Ordinateneinheit, beispielsweise für einen cm, angeben. Diese Maßstäbe sind von folgenden Angaben abhängig:

1. Umlauffrequenz des Antriebes $f_u = n$ in s^{-1}
2. Ordinatenmaßstab für ω_1 M in cm
3. Abszissenlänge T des Schaubildes entsprechend der Zeit für einen Bewegungszyklus in cm
4. Polabstand beim Differenzieren p in cm

Für den Zeitmaßstab gilt die bereits früher erläuterte Formel (3.11). Es ergibt sich ferner für den Maßstab für den Winkelverlauf (Wegverlauf):

$$M_\varphi = M_\psi = \frac{2\pi \text{ rad}}{T} \qquad \text{in °/cm} \qquad (3.53)$$

Maßstab für die Winkelgeschwindigkeit

$$M_\omega = \frac{\omega_1}{M} = \frac{2\pi}{M} \cdot n \qquad s^{-1} cm^{-1} \qquad (3.54)$$

Maßstab für die Winkelbeschleunigung

$$M_\alpha = \frac{M_\omega}{M_t p} = \frac{2\pi}{M} \cdot \frac{T}{p} \cdot n^2 \qquad s^{-2} cm^{-1} \qquad (3.55)$$

Durch zeichnerisches Differenzieren kann man die Winkelbeschleunigung mit einer für die meisten Fälle ausreichenden Genauigkeit ermitteln. Durch die Wahl des Polabstandes lässt sich die Genauigkeit der Ergebnisse beeinflussen.

Die Ermittlung der Winkelbeschleunigung in der Getriebezeichnung von Getriebelage zu Getriebelage führt zu gleichartigen Ergebnissen. Die Winkelbeschleunigung α ergibt sich jeweils aus der Tangentialbeschleunigung $\vec{a}_t$

des Abtriebsgelenkes der Koppel und der Länge des Abtriebslenkers nach Formel (3.4).

3.2.4 Koppelkurven

Die Bewegungen der beiden Koppelgelenke A und B bei Viergelenkgetrieben sind gegenüber dem Gestell eindeutig bestimmt durch die Bewegungen des Antriebsgliedes und des Abtriebsgliedes; diese beiden Gelenke sind die verbindenden Elementenpaare der Koppel mit Antrieb und Abtrieb. Ihre Bewegungsbahnen sind Kreise, Kreisbögen oder Geraden. Beschränkt man den Begriff *Koppel* nicht auf die geradlinige Verbindung der beiden Gelenke A und B, betrachtet man vielmehr die ganze Koppelebene, so beschreibt jeder Punkt dieser Ebene - d.h. jeder Koppelpunkt - eine Bewegungsbahn, die man allgemein als Koppelkurve bezeichnet.

Die Formen der Koppelkurven sind sehr verschieden je nach Getriebeart, nach den Längenverhältnissen der Getriebeglieder und nach der Lage des Koppelpunktes in der Koppelebene. Schon die einfachsten Getriebeformen (Tafel 3.27) zeigen eine Vielfalt von Kurven. Die Krümmungsverhältnisse ändern sich stetig. Es ergeben sich Kurven mit gleichbleibender Krümmungsrichtung, Kurven mit Wendepunkten, Kurven mit Spitzen und schließlich solche mit Schleifen.

Die Möglichkeiten der technischen Ausnutzung der Koppelkurven sind so vielfältig wie ihre Formen. Sie eignen sich besonders zur Führung von Maschinenteilen, Werkstücken oder Werkzeugen auf vorgeschriebenen Bahnen, sowie auch zur Steuerung von Bewegungsvorgängen vor allem, wenn es sich um Bewegungen handelt, die von Rasten (Stillständen) unterbrochen werden.

Die Geschwindigkeit in der Bewegung einzelner Koppelpunkte ist veränderlich, wie schon die Kurve des Koppelpunktes F in Tafel 3.27.a zeigt. Hier sind die zu gleichen Kurbeldrehwinkeln von 30° gehörenden Bahnabschnitte gekennzeichnet.

Die Bewegung eines Koppelpunktes auf seiner Bahn ist in jeder Hinsicht ungleichförmig; dies gilt für die Bahnkrümmung, die Geschwindigkeit und die Beschleunigung.

Tafel 3.27

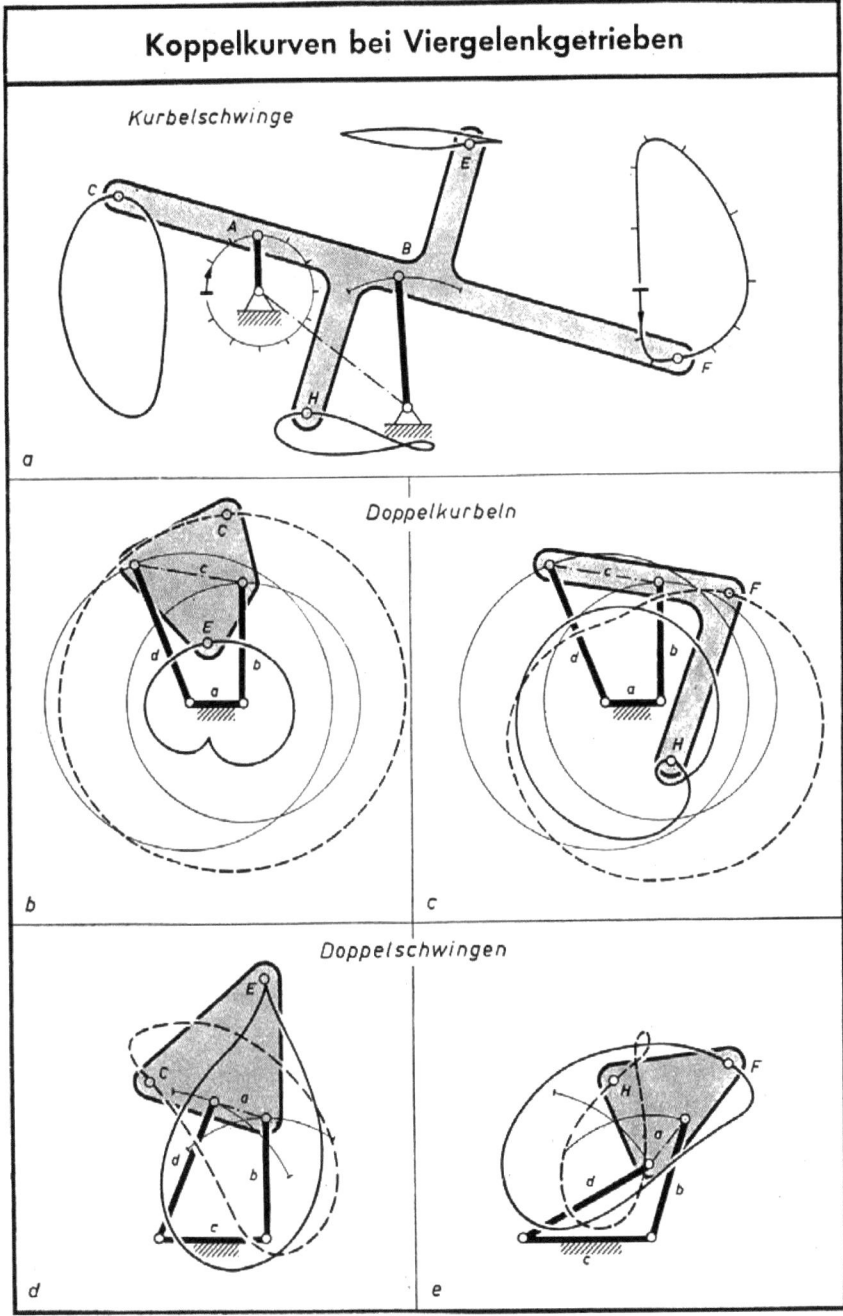

3.2.4.1 Kurvenformen als Folge von Relativbewegungen

Bei einem beliebigen Gelenkviereck, das der *Grashof*schen Bedingung genügt, sind bekanntlich die beiden Gelenke des kürzesten Gliedes voll drehfähig, die beiden anderen nur schwingfähig (siehe Kapitel. 3.1.2). So überlagern sich z.B. bei der Kurbelschwinge (Tafel 3.28.a) die Relativbewegungen der Koppel b gegenüber der Kurbel a und der Schwinge c den Absolutbewegungen dieser beiden Getriebeglieder. Die Koppelpunkte C, E und F liegen beim Beispiel Tafel 3.28.a auf der Koppelgeraden von den Gelenken A und B jeweils um die halbe Koppellänge entfernt. Die Relativbewegungen der Punkte E und F gegenüber der Schwingenebene c sind gleich, aber entgegengesetzt gerichtet (Tafel 3.28.b). Ähnliches gilt für die Relativbewegungen der Punkte C und E gegenüber der Kurbelebene a. Das Ergebnis der Bewegungsüberlagerung sind völlig unterschiedliche Koppelkurvenformen.

Jede Koppelkurve als absolute Bewegungsbahn bei Viergelenkgetrieben kann zurückgeführt werden auf zwei Bewegungsüberlagerungen verschiedener Art.

Dies geht schon aus den verschiedenen Relativbewegungen des Koppelpunktes E in den Tafel 3.28.b-c hervor.

3.2.4.2 Natürliche Relativlagen der Viergelenkgetriebe

Bei der Untersuchung der Bewegungsverhältnisse von Kurbelschwingen ist es üblich, eine der beiden Getriebetotlagen als Ausgangsstellung zu benutzen. Bei der Doppelschwinge stehen vier Totlagen zur Auswahl (Tafel 3.6), während man bei der Doppelkurbel häufig eine der vier Getriebelagen nimmt, in denen eine der beiden Kurbeln sich mit der Gestellmittellinie deckt.

Betrachtet man die Lage der Koppel in den beiden Totlagen einer zentrischen Kurbelschwinge (Tafel 3.29.a), so könnte die zweite Lage aus der ersten durch reine Parallelverschiebung entstanden sein. Diese angenommene Parallelverschiebung gilt nicht nur für die Gelenke A und B, sondern ebenso für alle übrigen Koppelpunkte. Die Kurbelgelenke A und A_0 durchlaufen zwischen diesen Getriebelagen beide einen Drehwinkel von 180°, während die Schwingengelenke B und B_0 beide einen Winkel ψ_0 zurücklegen, der nur vom Längenverhältnis Kurbel : Schwinge abhängig ist.

$$\sin \frac{\psi_0}{2} = \frac{a}{c} \qquad (3.56)$$

Konstruiert man (Tafel 3.29.a) das von der Schwinge c in ihren beiden Totlagen mit der Schwingenbogensehne BB' gebildete gleichschenklige Dreieck BB'B_0 über dem zugehörigen Kurbelkreisdurchmesser AA', so hat die Spitze B'_0 dieses Dreiecks vom Schwingenlager B_0 den Abstand b (Koppellänge). Der Abstand des

Tafel 3.28

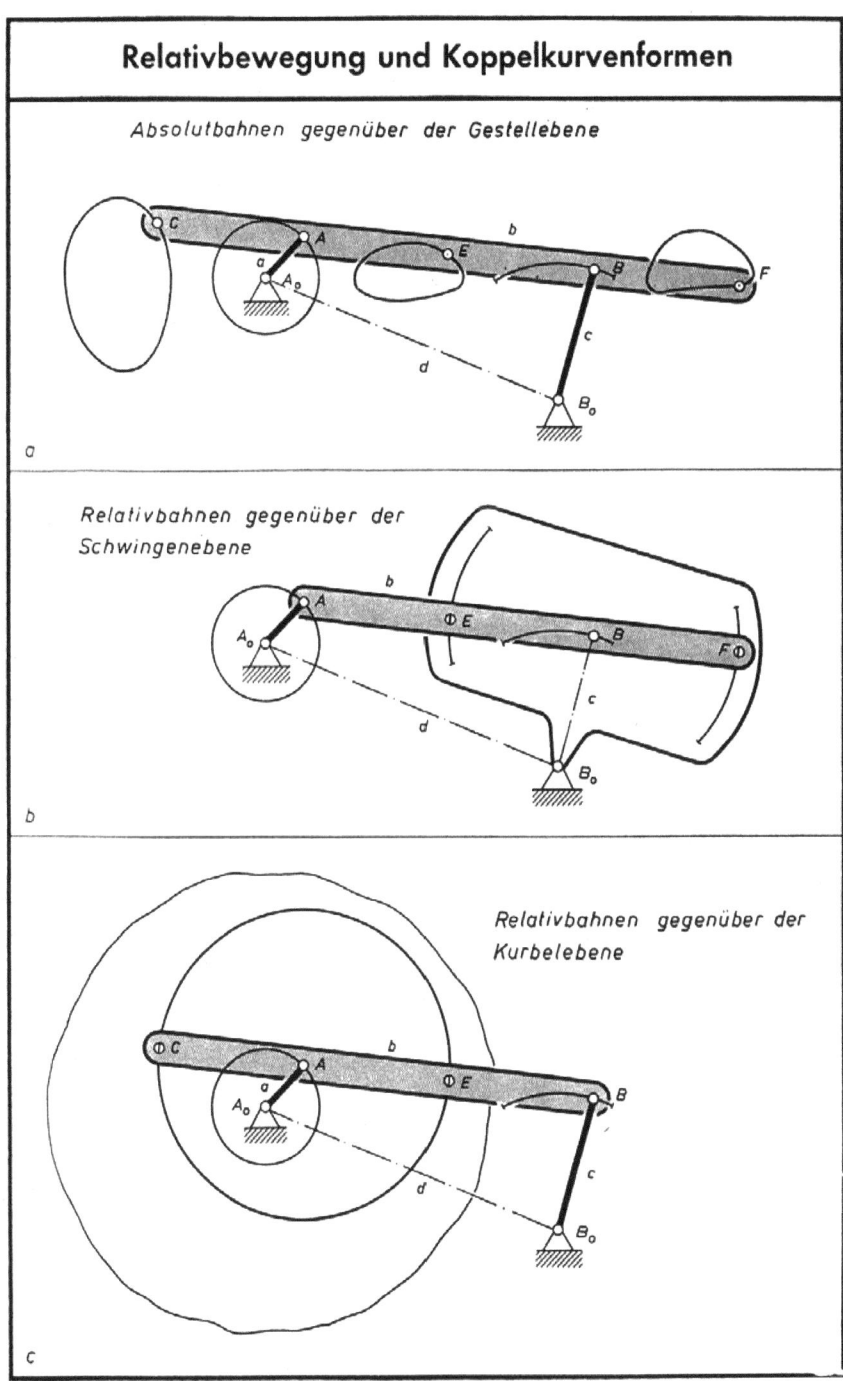

Punktes B'$_0$ vom Kurbellager A$_0$ ergibt sich nach dem *Pythagoras*-Lehrsatz mit $\sqrt{c^2 - a^2}$. Bei exzentrischen Kurbelschwingen stimmen die Drehwinkel der beiden Kurbelgelenke A und A$_0$ von einer Totlage zur anderen nicht überein; sie weichen außerdem vom Wert 180° ab (siehe Kapitel 3.1.2).

Auch die Drehwinkel der beiden Schwingengelenke B und B$_0$ sind verschieden. Gleichwohl gibt es auch bei exzentrischen Kurbelschwingen zwei Getriebelagen, zwischen denen die beiden Kurbelgelenke A und A$_0$ beide einen Drehwinkel von 180° aufweisen, während die Schwingengelenke B und B$_0$ einen Winkel ψ_0 zurücklegen, dessen Größe sich aus Formel (3.56) ergibt.

Ein rechter Winkel wird mit dem Scheitel in A$_0$ angeordnet, beispielsweise mit einem waagerechten Schenkel (Tafel 3.29.b). Ein Kreisbogen mit der Schwingenlänge c um den Schnittpunkt des waagerechten Schenkels mit dem Kurbelkreis teilt auf dem senkrechten Schenkel die Strecke A$_0$S = $\sqrt{c^2 - a^2}$ ab. Ein Kreisbogen um A$_0$ mit dieser Länge als Halbmesser schneidet einen zweiten Kreisbogen mit der Koppellänge b als Halbmesser um das Schwingenlager B$_0$ in dem gesuchten Punkt B'$_0$. Um B'$_0$ wird mit der Schwingenlänge c ein Kreisbogen geschlagen, der den Kurbelkreis in den beiden Punkten A und A' schneidet; diese Punkte liegen sich um genau 180° gegenüber. Die zugehörigen Stellungen des Schwingenzapfens B und B' ergeben sich von A und A' aus durch Zirkelschläge mit der Koppellänge b. Aus den eingezeichneten Parallelogrammen ist zu erkennen, dass die Gelenke B und B$_0$ zwischen diesen Getriebelagen, den sogenannten *natürlichen Relativlagen*, beide eine Schwingung um den Winkel ψ_0 nach Formel (3.56) aufweisen. Die natürlichen Relativlagen sind bei allen Viergelenkgetrieben vorhanden, wenn diese der *Grashof*schen Bedingung genügen. Für die Bewegung beliebiger Koppelpunkte (Tafel 3.29.c) der Kurbelschwinge ergeben sich hieraus unabhängig von den Koppelkurvenformen zwei Lagen, deren Abstand voneinander gleich dem Kurbelkreisdurchmesser 2a ist; die Richtung dieses Abstandes liegt parallel zum zugehörigen Kurbelkreisdurchmesser und zur zugehörigen Schwingenbogensehne. Die Koppelkurven werden dabei gleichzeitig in zwei gleiche Zeithälften eingeteilt. Hieraus ergibt sich bei Untersuchungen des Weg-Zeit-Verlaufs an Koppelkurven beliebiger Form eine einfache Orientierung [17].

Überträgt man die Konstruktion der natürlichen Relativlagen sinngemäß auf die Doppelkurbel, so ergeben sich zwei Getriebelagen, zwischen denen die Antriebskurbel und die Abtriebskurbel - trotz der im übrigen vorhandenen Ungleichförmigkeit - Drehwinkel von genau 180° zurücklegen. Diese Getriebelagen sind daher als Ausgangsstellung für Getriebeuntersuchungen an Doppelkurbeln besonders geeignet, wenn der Weg-Zeit-Verlauf an der Antriebskurbel bei verschiedenen Längenverhältnissen untersucht und verglichen werden soll. Es ergeben sich dabei Bewegungsverläufe, die sämtlich bei 0°, 180° und 360° durch die gleichen Punkte gehen [18].

Tafel 3.29

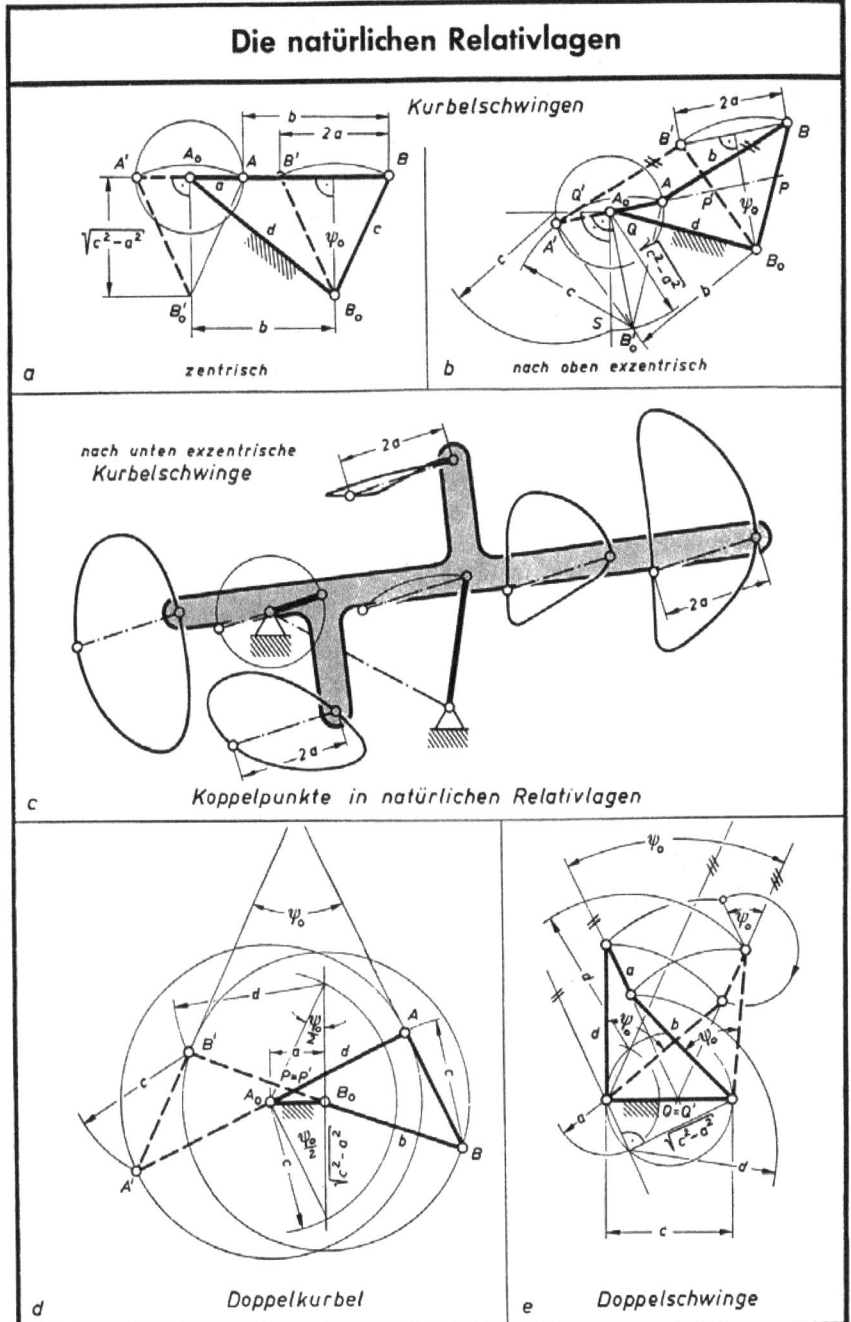

Außerdem ergibt sich bei der Doppelkurbel, dass der Pol P bzw. P' für beide Getriebelagen der gleiche ist. Ferner schließen die beiden Lagen der Koppel c miteinander den Winkel ψ_0 ein. Die Bezeichnung ψ_0 die ursprünglich auf die Kurbelschwinge bezogen war, wird hier auf die Doppelkurbel übernommen (Ausnahme!). Hierdurch bleibt die Formel (3.56) allgemein anwendbar.

Da die Koppelgelenke jedoch während eines vollen Getriebeumlaufs auf Kreisen - also um 360° - herumgeführt werden, bedeutet dies, dass die Koppel zwischen den beiden natürlichen Relativlagen gegenüber der Gestellebene jeweils einen Schwenkwinkel von 180° + ψ_0 bzw. 180° - ψ_0 zurücklegt.

Für die Doppelschwinge ergeben sich zwischen den beiden Getriebelagen die gleichen Schwingenwinkel ψ_0 am Antrieb und Abtrieb. Der Relativpol Q bzw. Q' fällt in den gleichen Punkt; beide Getriebelagen haben also das gleiche Übersetzungsverhältnis. Außerdem schließen die beiden Lagen der Koppel miteinander den Winkel ψ_0 ein. Da die Koppelgelenke zwischen den beiden Getriebelagen Drehbewegungen von je 180° aufweisen, legt die Koppel insgesamt wiederum gegenüber der Gestellebene Bewegungen von 180° + ψ_0 bzw. 180° - ψ_0 zurück.

Insgesamt gilt für die natürlichen Relativlagen der Viergelenkgetriebe folgendes:

Bei beliebigen Viergelenkgetrieben, die der Grashofschen Bedingung genügen, gibt es stets zwei Getriebelagen, zwischen denen das kürzeste Getriebeglied a *gegenüber seinen Nachbargliedern* b *und* d *Relativbewegungen von genau 180° macht. Die Relativlagen des Gegengliedes* c *zu seinen beiden Nachbargliedern unterscheiden sich um einen in beiden Gelenken gleich großen Schwingenwinkel, der nur vom Längenverhältnis des kürzesten Gliedes* a *und seines Gegengliedes* c *abhängt.*

3.2.4.3 Polbahnen und Koppelkurvenformen

Bekanntlich kann man die Bewegung der Koppelebene gegenüber dem Gestell ersetzen durch Abwälzen der Gangpolbahn auf der Rastpolbahn (Tafel 3.16 und Tafel 3.17). Die Polbahnen haben veränderliche Krümmung und damit veränderliche Form in Abhängigkeit von den Längenverhältnissen des Getriebes. Auf die Gangpolbahn bezogen ist ein Koppelpunkt ein Punkt in einer Ebene, die sich entlang einer vorgeschriebenen Wälzflanke gegenüber einer ruhenden Ebene abwälzt (Tafel 3.30.a). Die Lage des Koppelpunktes zur Wälzflanke ist von Einfluss auf die Form der Koppelkurve in gleicher Weise, wie dies von den zyklischen Kurven bekannt ist. Bei einem als Gangpolbahn betrachteten Wälzkreis (Tafel 3.30.b), der sich in einem ruhenden Kreis abwälzt, zeigt die Bahnkurve eines Punktes C, der auf der Umfangslinie des wälzenden Kreises liegt, eine Spitze in derjenigen Lage des Wälzkreises, in der der wandernde Umfangspunkt zum Berührungspunkt (Pol!) wird. Das gleiche gilt für jeden beliebigen Koppelpunkt C auf der Gangpolbahn eines Viergelenkgetriebes, wie Tafel 3.30.a zeigt. Die Spitze in der Kurve entspricht derjenigen Getriebestellung, in der der Koppelpunkt zum

Tafel 3.30

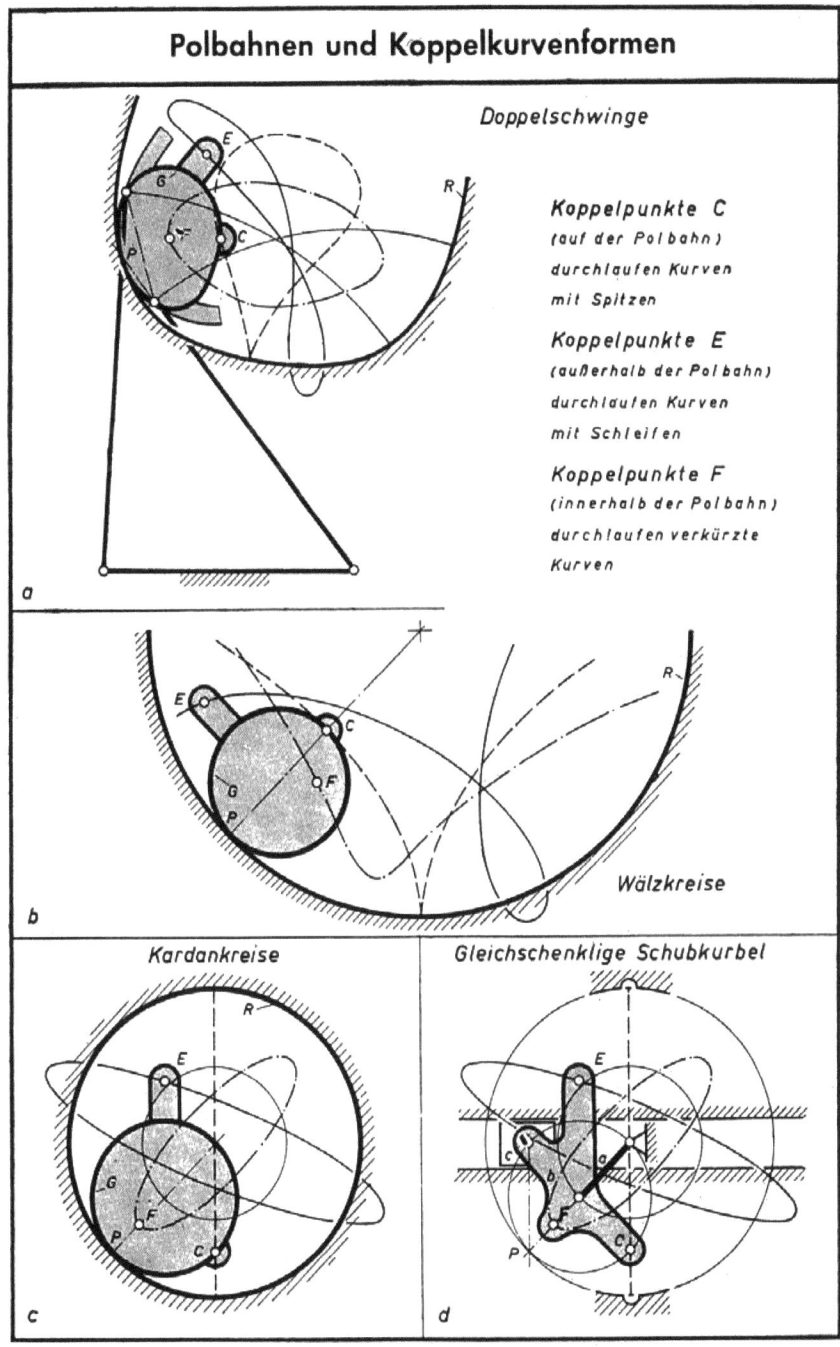

Pol wird, d.h. in der er zum Berührungspunkt zwischen den beiden Polbahnen wird. Punkte E außerhalb der Gangpolbahnen durchlaufen Koppelkurven mit Schleifen entsprechend den verlängerten Zykloiden; Koppelpunkte F innerhalb der Gangpolbahnen durchlaufen dagegen Kurven, deren Verlauf in Polbahnnähe an eine verkürzte Zykloide erinnert.

Der übrige Verlauf der Kurven zeigt erhebliche Unterschiede, die sich aus den veränderlichen Krümmungsverhältnissen der Polbahnen bei Viergelenkgetrieben gegenüber den konstanten Krümmungsverhältnissen bei Wälzkreisen ergeben.

Übereinstimmung zeigt sich in dem Sonderfall der gleichschenkligen Schubkurbel, bei der die Polbahnen zu Kreisen werden (Tafel 3.30.c-d, sowie Tafel 3.20.f).

3.2.4.4 Bewegungszustand der Koppelebene und die Krümmung der Koppelkurven

Der Geschwindigkeitspol P und der Beschleunigungspol J ermöglichen die Untersuchung des Bewegungszustandes der gesamten Koppelebene. Der Pol P als Punkt der Gangpolbahn (Tafel 3.31.a) hebt sich beim Abwälzen mit der Beschleunigung a_p in Richtung der Polbahnnormalen wieder von der Rastpolbahn ab. Diese Beschleunigung schließt mit dem zugehörigen Fahrstrahl zum Pol J den für alle Koppelpunkte gleichen Winkel δ ein. Der Pol J als Punkt der Koppelebene besitzt die Geschwindigkeit v_J, die mit dem Fahrstrahl zum Pol P einen rechten Winkel einschließt, was ebenfalls für alle Koppelpunkte gilt. Die Richtung von v_J trifft die Polbahnnormale im Punkt W. Schlägt man über der Strecke $\overline{PW}$ als Durchmesser einen Kreis, so wird die Strecke $\overline{JW}$ zur Sehne und der Winkel δ bei P zum Umfangswinkel. Es ergibt sich, dass für jeden anderen Punkt auf diesem Kreis, z.B. für den Punkt B die Richtung des Beschleunigungsvektors durch den Punkt W verläuft; er fällt also stets in die gleiche Richtung mit dem Geschwindigkeitsvektor v. Die Beschleunigung aller Punkte dieses Kreises kann sich somit nur als Tangentialbeschleunigung auswirken, eine Normalbeschleunigung ist nicht vorhanden. Nach Formel (3.5) folgt hieraus, dass alle Punkte dieses Kreises momentan die Bahnkrümmung "Null" durchlaufen; sie haben also einen Wendepunkt in ihrer Bahn, weshalb dieser Kreis als *Wendekreis* bezeichnet wird. Die Bewegungsrichtung aller Koppelpunkte auf dem Wendekreis, also die Wendetangenten der Koppelkurven, laufen sämtlich durch einen gemeinsamen Schnittpunkt auf der Polbahn-normalen; dieser wird als *Wendepol* W bezeichnet. Verlängert man die Strecke $\overline{JW}$ bis zum Schnittpunkt T mit der Polbahntangente, so schließen diese beiden Geraden bei T den Winkel δ ein. Ein Kreis über der Strecke $\overline{PT}$ als Durchmesser enthält die Strecke $\overline{PJ}$ als Sehne und den Winkel δ als zugehörigen Umfangswinkel. Bezogen auf diese Sehne muss an jedem anderen Punkt auf dem Umfang dieses Kreises der gleiche Winkel δ auftreten.

Tafel 3.31

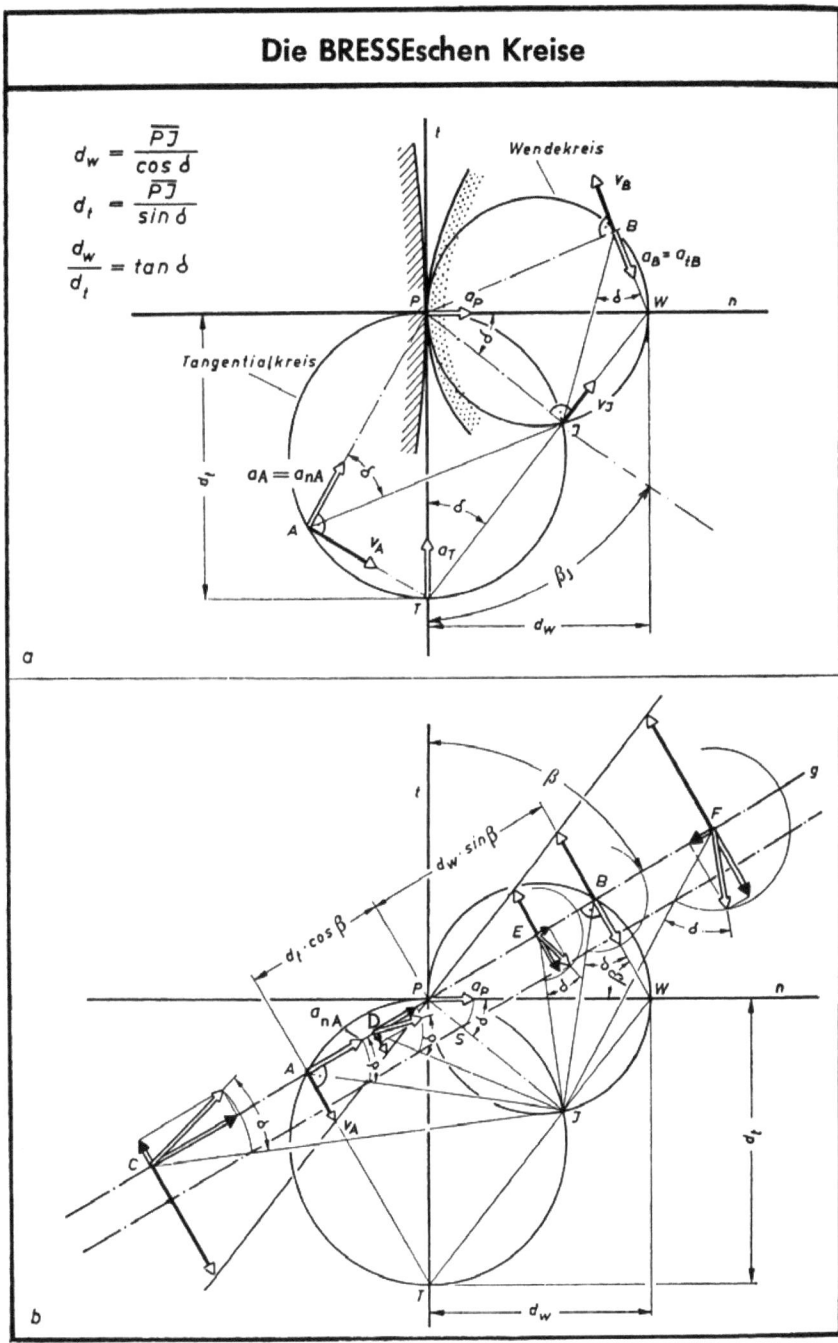

Aus den geometrischen Verhältnissen ergibt sich, dass die Beschleunigungsvektoren beliebiger Punkte auf diesem Kreis auf den Pol P hinweisen und somit senkrecht zur zugehörigen Geschwindigkeitsrichtung stehen. Die Beschleunigung kann also nur als Normalbeschleunigung wirken. Tangentialbeschleunigung tritt nicht auf, weshalb dieser Kreis als *Tangentialkreis* und der Punkt T als *Tangentialpol* bezeichnet wird. Alle Punkte auf dem Tangentialkreis haben infolge $a_t = dv/dt = 0$ einen Extremwert oder einen momentan konstanten Wert in ihrem Geschwindigkeitsverlauf.

Diese beiden Kreise sind allgemein als *Bresse*sche Kreise [18] bekannt. Ihr Durchmesserverhältnis ist

$$\frac{d_w}{d_t} = \tan\delta \qquad (3.57)$$

Die Bedeutung von Wendekreis und Tangentialkreis für die Bahnkrümmung und für den Beschleunigungszustand beliebiger Koppelpunkte erkennt man, wenn man die Verhältnisse auf einem Polstrahl betrachtet, der mit der Polbahntangente einen frei gewählten Winkel β einschließt (Tafel 3.31.b). Die Schnittpunkte P und J der beiden Kreise haben weder eine Tangential- noch eine Normalbeschleunigung. Die bei P auftretende Beschleunigung a_P ist eine Umkehrbeschleunigung. Die Bewegungsbahn des Punktes P als Koppelpunkt endet in dieser Lage; eine Geschwindigkeit ist nicht vorhanden.

Für sechs verschiedene Koppelpunkte A bis F sind die v- und a-Vektoren dargestellt. Die Spitzen der v-Vektoren liegen auf einer Geraden durch den Pol P. Die Größen der a-Vektoren ergeben sich aus den Abstandsverhältnissen zwischen den Koppelpunkten und dem Pol J. Klappt man den Vektor a_P um den Winkel δ auf den Polstrahl PJ und zieht durch den so erhaltenen Punkt S eine Parallele zum Polstrahl g, so trennt diese Parallele auf den Polstrahlen der Koppelpunkte zum Pol J die jeweiligen Vektorlängen der Beschleunigungswerte ab; diese müssen dann noch um den einheitlichen Winkel δ verschwenkt werden, um in ihre Wirkrichtung zu fallen. Nunmehr kann man von Koppelpunkt zu Koppelpunkt die Gesamtbeschleunigung in eine Tangential- und Normalkomponente zerlegen. Es ergibt sich, dass beim Überschreiten des Tangentialkreises die Richtung der Tangentialbeschleunigung a_t wechselt, während beim Überschreiten des Wendekreises - des Normalkreises - das Gleiche für die Normalbeschleunigung a_n gilt. Es ergeben sich für die *Bresse*schen Kreise somit folgende Merkmale:

Der Normalkreis (Wendekreis) ist der geometrische Ort aller Koppelpunkte, deren Bahnkurven momentan die Krümmung "Null" aufweisen. Für Koppelpunkte innerhalb des Wendekreises hat die Bahnkurve eine zum Pol hin konvexe Krümmung, für Punkte außerhalb des Wendekreises ist die Bahnkrümmung zum Pol hin konkav.

Der Tangentialkreis ist der geometrische Ort aller Koppelpunkte, deren Geschwindigkeit momentan einen Extremwert oder einen konstanten Wert aufweist. Koppelpunkte innerhalb des Tangentialkreises zeigen eine Geschwindigkeitsveränderung, die derjenigen von Punkten außerhalb des Tangentialkreises entgegengesetzt ist.

Die Bedeutung des Wendekreises für die Bestimmung der Bahnkrümmung von Koppelkurven zeigt Tafel 3.32. Es sind zwei Kurbelschwingen in verschiedenen Lagen dargestellt. Die Lage des Getriebes in der Bildebene ist in Tafel 3.32 so gewählt, dass die Polbahntangente t senkrecht verläuft und der Wendekreis rechts von der Polbahntangente liegt. Hierdurch wird der Vergleich der beiden Bilder erleichtert.

Unter der Voraussetzung gleichförmiger Kurbeldrehung liegt der Kurbelzapfen A stets auf dem Tangentialkreis ($a_t = 0$). Die in Richtung zum Pol P entgegengesetzten Bahnkrümmungen für Koppelpunkte innerhalb oder außerhalb des Wendekreises sind in allen Fällen deutlich erkennbar, während Punkte auf dem Wendekreis ein angenähert geradliniges Bahnstück durchlaufen. Der Wendekreis bildet die Grundlage für die Konstruktion angenäherter Lenkergeradführungen.

Der Pol als momentaner Drehpunkt der Koppelebene und als Berührungspunkt der aufeinander abwälzenden Polbahnen wandert in Abhängigkeit von der Getriebebewegung mit einer bestimmten Geschwindigkeit in Richtung der jeweiligen Polbahntangente t. Diese Geschwindigkeit, die sogenannte *Polwechselgeschwindigkeit* u, kann für jeden Polstrahl zerlegt werden in eine Komponente in Polstrahlrichtung und eine zweite Komponente senkrecht zum Polstrahl. Am Beispiel einer Kurbelschwinge zeigen die Tafel 3.33.a-b diese Zerlegung und zwar einmal für den Polstrahl der Kurbel a und einmal für den Polstrahl der Schwinge c. In Abhängigkeit vom Polstrahlwinkel β ergeben sich die Komponenten

$u \cdot \sin \beta$ senkrecht zum Polstrahl,
$u \cdot \cos \beta$ parallel zum Polstrahl.

Die Zerlegung der Vektoren setzt voraus, dass die Richtung der Polbahntangente t bekannt ist. Das Verfahren lässt sich aber. auch zur Ermittlung der Polbahntangente t und der Polwechselgeschwindigkeit u umkehren und wird dann für beide Polstrahlen gleichzeitig angewendet (Tafel 3.33.c).

Aus der Ähnlichkeit der verschiedenen Dreiecke ergeben sich folgende Beziehungen:

$$\frac{u \cdot \sin\beta_A}{v_A} = \frac{\overline{PA_0}}{a} = \frac{\overline{PA_0}}{\overline{PA} - \overline{PA_0}} \qquad (3.58)$$

$$\frac{u \cdot \sin\beta_B}{v_B} = \frac{\overline{PB_0}}{c} = \frac{\overline{PB_0}}{\overline{PB_0} - \overline{PB}} \qquad (3.59)$$

102 3 Gelenkgetriebe

Tafel 3.32

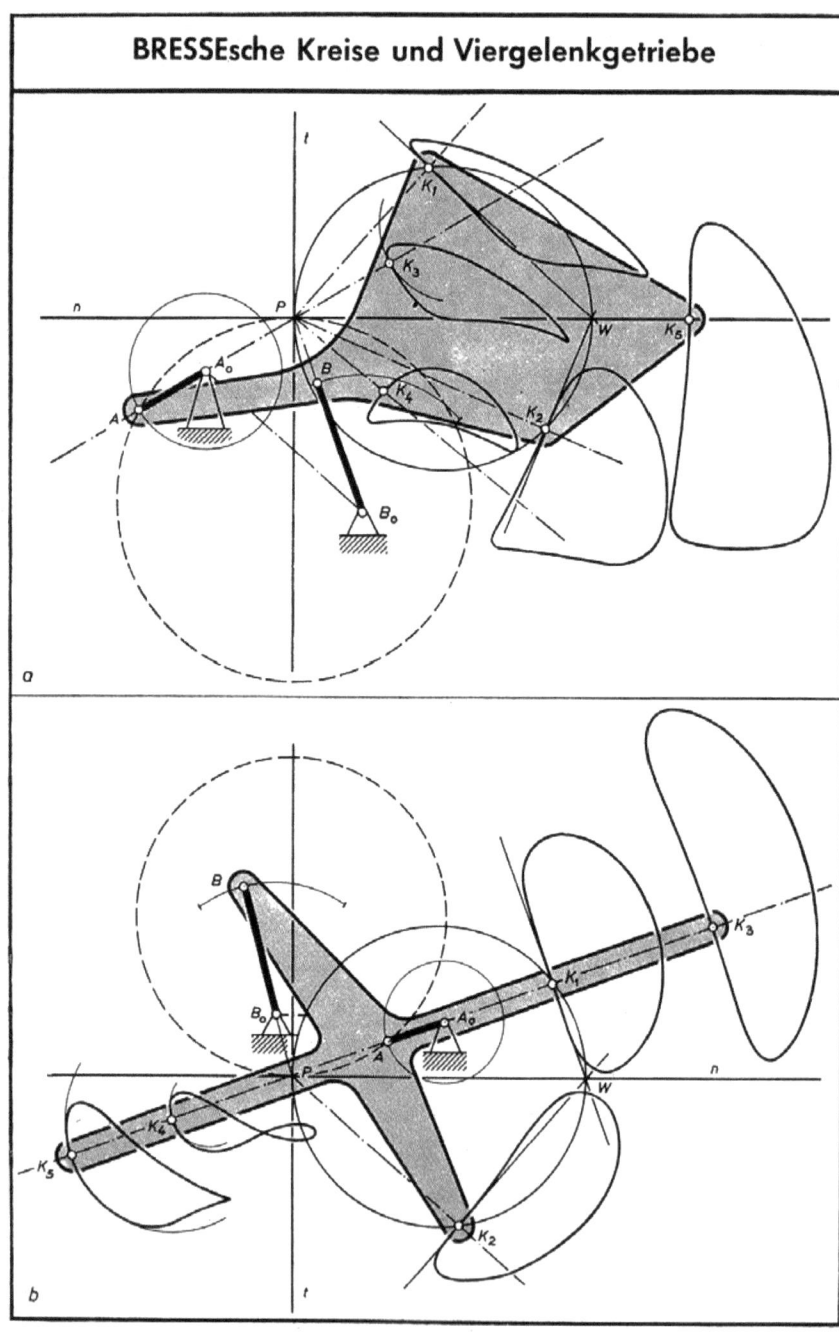

Bei Anwendung auf einen beliebigen Koppelpunkt K und den entsprechenden Krümmungsmittelpunkt M seiner Bahn ergibt sich allgemein:

$$\frac{u \cdot \sin\beta}{v_K} = \frac{\overline{PM}}{\left|\overline{PM} - \overline{PK}\right|} \qquad (3.60)$$

Der Krümmungshalbmesser folgt hieraus mit:

$$\rho = \left|\overline{PM} - \overline{PK}\right| = \overline{PM}\,\frac{v_K}{u \cdot \sin\beta} \qquad (3.61)$$

Bei der zeichnerischen Ermittlung des Krümmungshalbmessers ρ für einen beliebigen Koppelpunkt K auf einem Polstrahl mit dem Winkel β zur Polbahntangente (Tafel 3.33.d) wird zunächst die Polwechselgeschwindigkeit u entsprechend Tafel 3.33.c konstruiert. Die Komponente $u \cdot \sin\beta$ ergibt sich senkrecht zum Polstrahl. Die Geschwindigkeit v_K des Koppelpunktes wird aus der Geschwindigkeit v_A des Kurbelzapfens A gewonnen (vgl. Abschnitt 3.2.1 - Verfahren der gedrehten Geschwindigkeiten) und um 90° sinngemäß geschwenkt. Die Verbindungslinie der Vektorspitzen v_K und $u \cdot \sin\beta$ schneidet den Polstrahl im gesuchten Krümmungsmittelpunkt M.

3.2.4.5 Krümmungsberechnung nach Euler-Savary

Koppelpunkte mit der Bahnkrümmung "Null" liegen auf dem Wendekreis Tafel 3.32). Der zugehörige Krümmungsmittelpunkt M fällt also nach unendlich. Die Geschwindigkeit v_K eines Koppelpunktes auf dem Wendekreis hat dann die gleiche Größe wie die entsprechende Komponente der Polwechselgeschwindigkeit $u \cdot \sin\beta$ (Tafel 3.34 a).

Wählt man den Koppelpunkt K auf dem Polstrahl der Kurbel, so liegt die Spitze von v_K auf einer Geraden, die von der Spitze der Geschwindigkeit v_A durch den Pol P gezogen wird. Die Strecke $\overline{PK}$ ergibt sich als Sehne des Wendekreises, so dass auf diesem Wege die Größe des Wendekreisdurchmessers d_w bestimmt werden kann.

Aus den geometrischen Beziehungen von Tafel 3.34.a lassen sich folgende Proportionen aufstellen:

$$\frac{d_W \cdot \sin\beta_A}{\overline{PA}} = \frac{v_K}{v_A} = \frac{u \cdot \sin\beta_A}{v_A} = \frac{\overline{PA_0}}{\left|\overline{PA_0} - \overline{PA}\right|} \qquad (3.62)$$

104 3 Gelenkgetriebe

Tafel 3.33

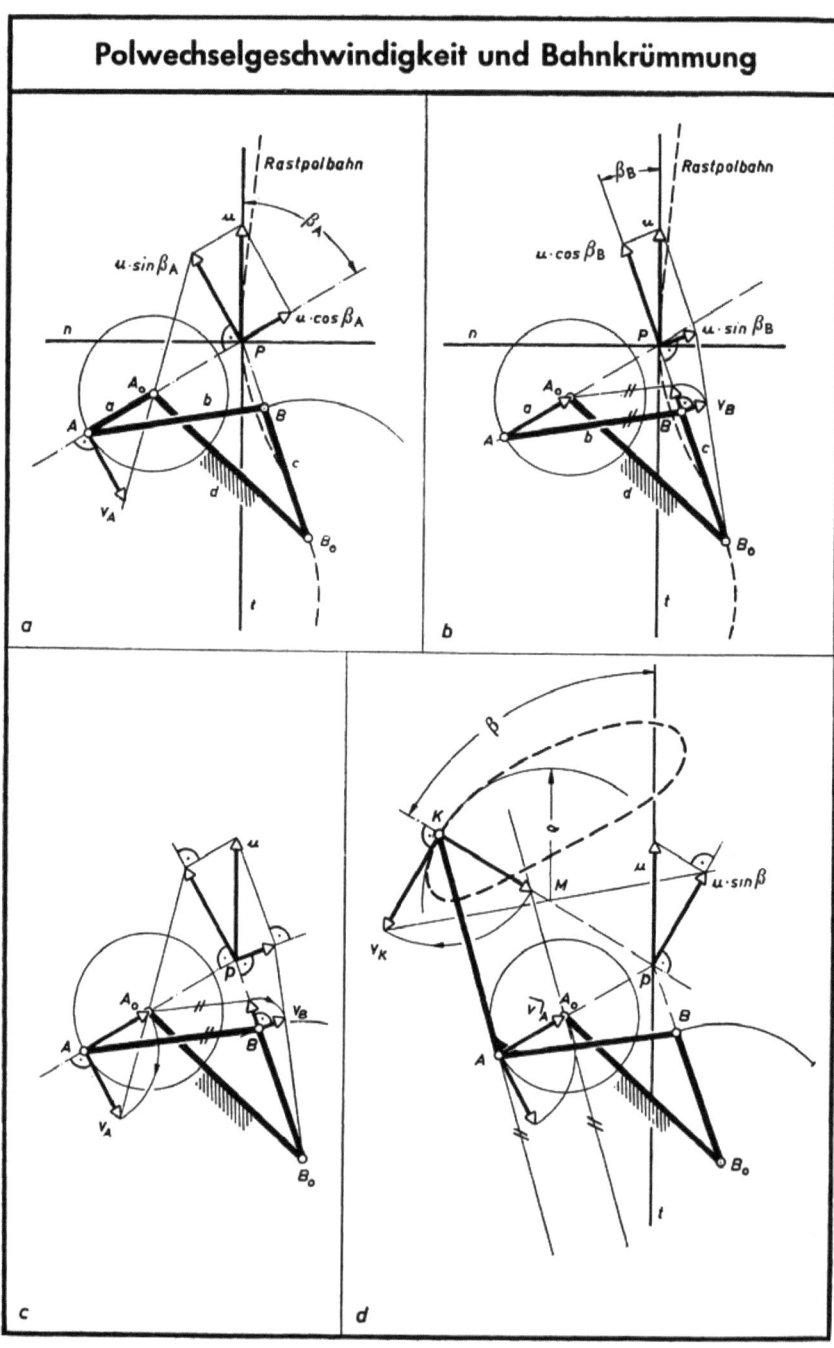

hieraus ergibt sich der Wendekreisdurchmesser

$$d_W = \frac{\overline{PA_0} \cdot \overline{PA}}{\left(\overline{PA_0} - \overline{PA}\right) \cdot \sin\beta_A} \tag{3.63}$$

+ d_W bedeutet: Wendekreis und Antriebsgelenk A liegen auf der gleichen Seite der Polbahntangente;
- d_W bedeutet: Wendekreis und Antriebsgelenk A liegen auf verschiedenen Seiten der Polbahntangente.

Damit kann auch der Durchmesser des Tangentialkreises bestimmt werden. Die Strecke $\overline{PA}$ ist gemäß Tafel 3.31.a eine Sehne des Tangentialkreises und schließt mit der Polbahntangente den Winkel β_A ein. Es ergibt sich hieraus der Tangentialkreisdurchmesser

$$d_t = \frac{\overline{PA}}{\cos\beta_A} \tag{3.64}$$

Der Schnittpunkt beider Kreise ist der Beschleunigungspol J. Der Winkel δ, den die Beschleunigungsvektoren mit den Verbindungslinien ihrer Koppelpunkte zum Pol J einschließen, ergibt sich zeichnerisch oder rechnerisch aus der Formel (3.57).

Nach Bestimmung des Wendekreisdurchmessers lässt sich die Formel (3.63), die sogenannte *Euler-Savary*-Formel (Leonhard Euler (1707-1783) leitete diese Formel zur Berechnung der Krümmungsradien zyklischer Kurven erstmals ab (1765). Sie wurde später (1845) von *Savary* neu gefunden), zur Berechnung des Krümmungshalbmessers der Bahnkurven beliebiger Koppelpunkte auf beliebigen Polstrahlen verwenden. Die Lage eines Punktes in der Koppelebene wird durch zwei Angaben bestimmt:

1. die Polentfernung des Koppelpunktes $\overline{PK}$,
2. den entsprechenden Polstrahlwinkel β gemessen gegen die Polbahntangente t.

Formel (3.63) kann wie folgt umgestellt werden und man erhält den Polabstand des entsprechenden Krümmungsmittelpunktes M:

$$\overline{PM} = \frac{\overline{PK} \cdot d_W \cdot \sin\beta}{d_W \cdot \sin\beta - \overline{PK}} \tag{3.65}$$

Die geometrischen Zusammenhänge ergeben sich aus Tafel 3.34.b für einen beliebigen Polstrahl. Unter Einbeziehung einer Hilfsstrecke x lassen sich folgende Proportionen aufstellen:

$$\frac{\overline{PM}}{d_W \cdot \sin\beta} = \frac{u \cdot \sin\beta}{x} = \frac{\overline{PK}}{d_W \cdot \sin\beta - \overline{PK}} \tag{3.66}$$

106 3 Gelenkgetriebe

Tafel 3.34

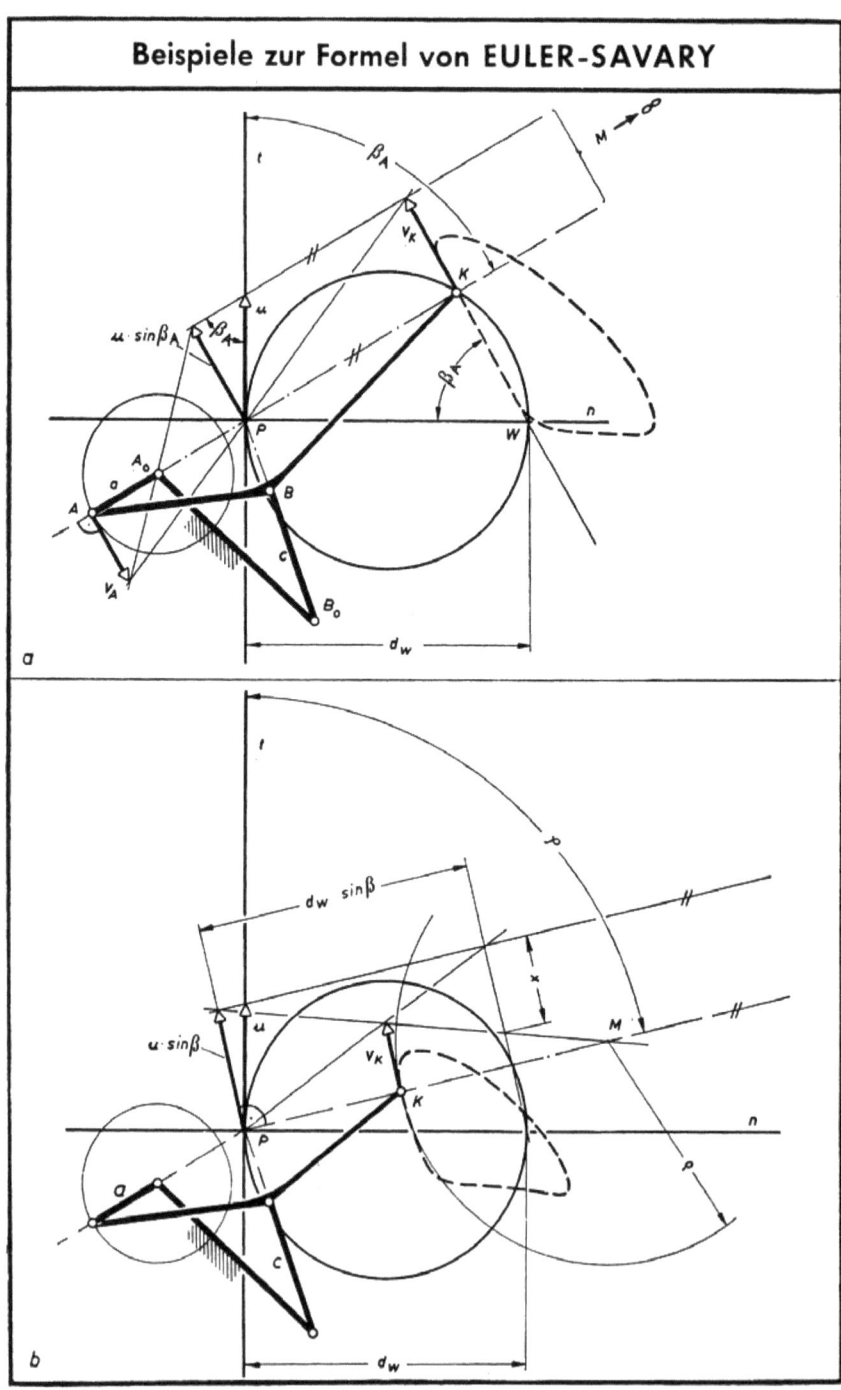

Hieraus erhält man durch Umstellung die Formel (3.65). Wird zu einem gegebenen Krümmungsmittelpunkt M auf gegebenem Polstrahl β der entsprechende Koppelpunkt K gesucht, so kann der Polabstand des entsprechenden Koppelpunktes K wie folgt ermittelt werden:

$$\overline{PK} = \frac{\overline{PM} \cdot d_w \cdot \sin\beta}{d_w \cdot \sin\beta + \overline{PM}} \tag{3.67}$$

Der Krümmungshalbmesser ρ ergibt sich dann nach Formel (3.61).

Die Frage nach der Lage des Wendekreises zur Polbahntangente lässt sich an Hand von Tafel 3.32 klären. Die beiden Kurbelschwingen (Tafel 3.32.a-b) unterscheiden sich durch die Lage ihrer Gelenke zum Pol. In Tafel 3.32.a liegt das Koppelgelenk A der Kurbel weiter vom Pol entfernt, als der zugehörige Krümmungsmittelpunkt A_0. Der Kurbelkreis ist also an dieser Stelle zum Pol hin konkav. Für den Schwingenbogen gilt das Umgekehrte.

In Tafel 3.32.b liegt demgegenüber das Koppelgelenk A der Kurbel näher am Pol als der Krümmungsmittelpunkt A_0, d.h. der Kurbelkreis ist an dieser Stelle zum Pol hin konvex, in gleicher Weise wie in Tafel 3.32.a der Schwingenbogen. Kurbelkreis und Schwingenbogen sind Koppelkurven, jedoch mit der Besonderheit, dass ihre Krümmung konstant ist. Da aber nur die innerhalb des Wendekreises liegenden Koppelpunkte momentan eine zum Pol hin konvexe Bahnkrümmung durchlaufen, muss auch der Kurbelzapfen oder aber der Schwingenzapfen innerhalb des Wendekreises liegen, wenn der Kurbelkreis oder der Schwingenbogen in der entsprechenden Getriebelage zum Pol hin konvex erscheint. Im umgekehrten Fall, d.h. wenn Kurbelkreis oder Schwingenbogen zum Pol hin konkav erscheinen, liegt das entsprechende Gelenk außerhalb des Wendekreises.

Bei der Festlegung einer Vorzeichenregel für die Euler-Savary-Formel kann man für den Polstrahlwinkel zwei positive und zwei negative Quadranten bestimmen. Für die praktische Anwendung ist es jedoch einfacher, wenn man den Polstrahlwinkel stets so misst, dass $\beta \leq 90°$ ist. Man muss dann für die Polentfernungen $\overline{PK}$ und $\overline{PM}$ folgendes beachten:

Vorzeichenregel:

Die Polentfernungen $\overline{PK}$ und $\overline{PM}$ werden positiv gerechnet, wenn die Punkte K und M auf der gleichen Seite der Polbahntangente liegen, wie der Wendekreis. Liegen K oder M auf der anderen Seite der Polbahntangente, so sind $\overline{PK}$ oder $\overline{PM}$ negativ einzusetzen.

Führt man auf beliebigem Polstrahl die Wendekreissehne $d_w \cdot \sin\beta$ als Einheit ein, so lassen sich die Krümmungsverhältnisse für beliebige Koppelpunkte auf dem Polstrahl durch zwei Hyperbeläste darstellen (Tafel 3.35.e). Man kann dabei für die gesamte Koppelebene vom Wendekreis ausgehend eine einfache Orientierung finden.

Tafel 3.35

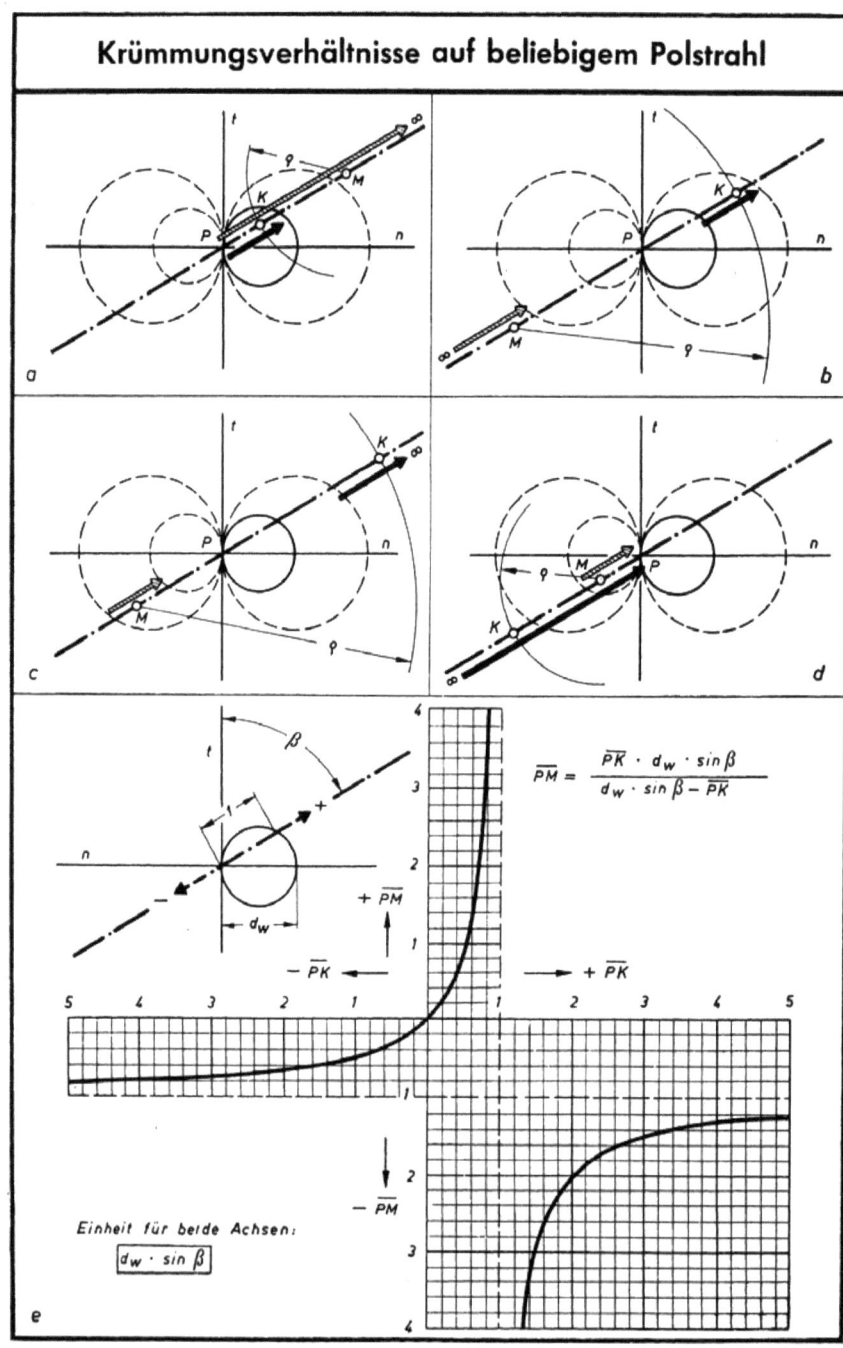

Lässt man den Koppelpunkt K vom Pol aus wandern bis zum Wendekreis, so wandert der Krümmungsmittelpunkt M vom Pol bis nach Unendlich (Tafel 3.35.a).Wandert *K* vom Wendekreis weiter nach außen bis zu einem Kreis vom doppelten Durchmesser, so kehrt M auf der entgegengesetzten Seite der Polbahntangente zurück bis zu einem Kreis, der ebenfalls die doppelte Größe des Wendekreises hat (Tafel 3.35.b). Die Krümmung kehrt um. Lässt man K weiter wandern bis nach Unendlich, so nähert sich jetzt M wieder dem Pol bis zum Kreis von der Größe des Wendekreises (Tafel 3.35.c). Dieser Kreis wird auch als *Rückkehrkreis* bezeichnet. Kehrt nunmehr auch der Koppelpunkt auf der anderen Seite der Polbahntangente aus dem Unendlichen zurück bis zum Pol, so gehören hierzu Lagen des Krümmungsmittelpunktes innerhalb des Rückkehrkreises. Es zeigt sich, dass in Tafel 3.35.d die Umkehrung von a ist, ebenso wie c als Umkehrung von b aufgefasst werden kann.

Diese Einteilung der Koppelebene in verschiedene Gebiete gibt bei der Anwendung der *Euler-Savary*-Formel eine unbedingt sichere Orientierung [5]. Im übrigen gestattet die in Tafel 3.35.e dargestellte Hyperbel das Ablesen der Polentfernung $\overline{PM}$ des Krümmungsmittelpunktes für gegebenen Koppelpunkt ebenso wie das Ablesen der Polentfernung $\overline{PK}$ eines gesuchten Koppelpunktes für einen gegebenen Krümmungsmittelpunkt. Es ist lediglich erforderlich, die gegebene Polentfernung, also z.B. $\overline{PK}$ vorher durch den Wert $d_w \cdot \sin \beta$ d.h. durch die zugehörige Wendekreissehne zu dividieren und den aus dem Diagramm abgelesenen, gesuchten Wert mit dem gleichen Faktor zu multiplizieren.

Die am Beispiel einer Kurbelschwinge entwickelten Formeln gelten grundsätzlich für alle Viergelenkgetriebe.

3.2.4.6 Ermittlung des Beschleunigungspoles mit Hilfe der Bresseschen Kreise

Im Tafel 3.31 wurde dargestellt, dass sich die *Bresse*schen Kreise im Geschwindigkeitspol P und im Beschleunigungspol J schneiden. Hieraus lässt sich die Lage des Beschleunigungspoles in der Koppelebene bestimmen.

Die Strecke zwischen den beiden Polen P und J gehört als Sehne zu beiden Kreisen. Sie schließt (Tafel 3.31) mit der Polbahnnormalen n den Winkel δ ein, den in der betrachteten Getriebelage jeder Beschleunigungsvektor (Gesamtbeschleunigung) mit dem zugehörigen Fahrstrahl zum Beschleunigungspol J einschließt. Man ermittelt zunächst aus den Formeln (3.63) und (3.64) die Durchmesser der *Bresse*schen Kreise d_w und d_t und sodann aus Formel (3.57) den Winkel δ. Der Polstrahlwinkel des Beschleunigungspoles J gemessen zur Polbahntangente t ist dann

$$\beta_J = 90° - \delta \qquad (3.68)$$

Tafel 3.36

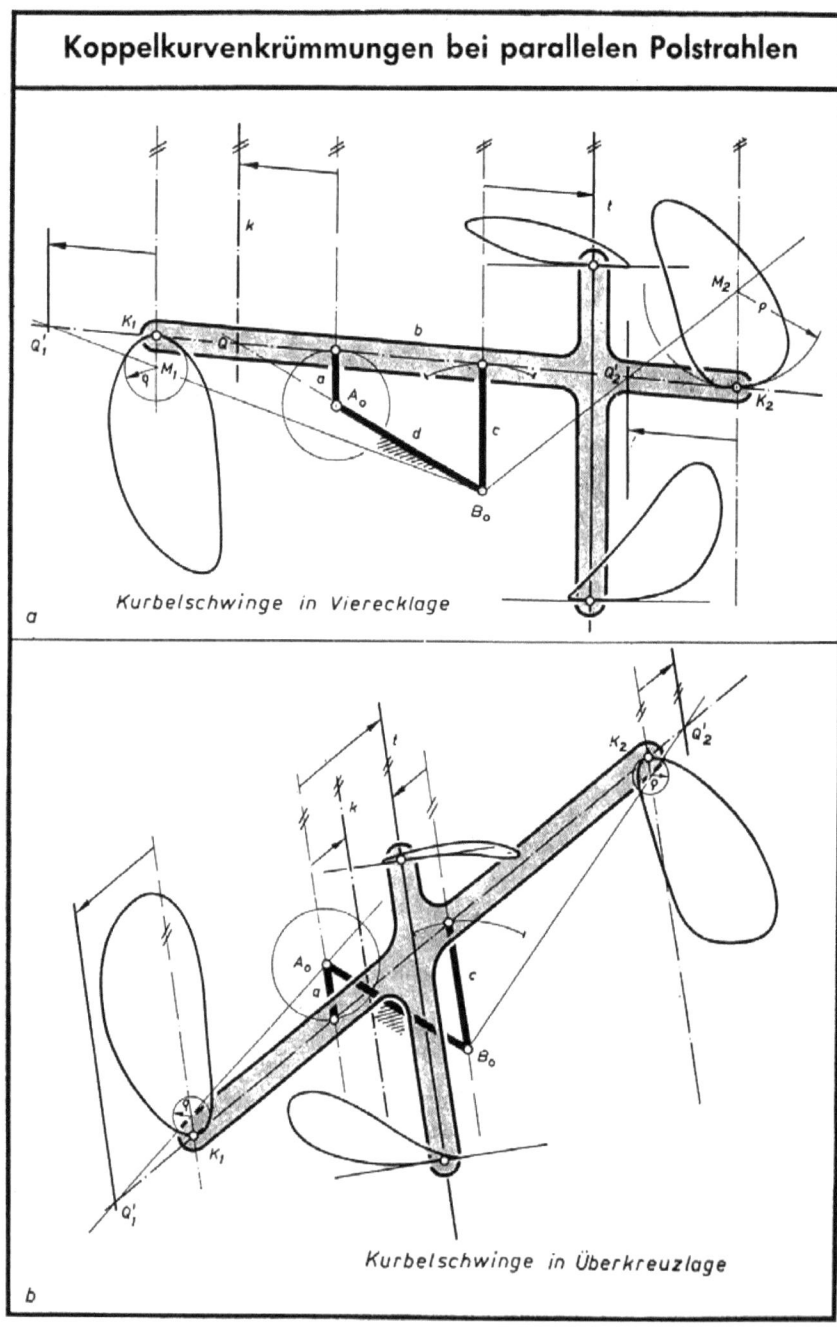

Der Abstand des Beschleunigungspoles J vom Momentanpol P auf seinem Polstrahl beträgt damit

$$\overline{PJ} = d_w \cdot \sin\beta_J = d_t \cdot \cos\beta_J \tag{3.69}$$

3.2.4.7 Koppelkurvenkrümmung bei parallelen Polstrahlen

Die Ermittlung des Krümmungshalbmessers nach *Euler-Savary* ist immer dann durchführbar, wenn der Pol einer Getriebelage in der Zeichenebene darstellbar ist. Bei den Getrieben der Viergelenkkette trifft dies bei der Doppelkurbel und bei der Doppelschwinge immer zu (zugehörige Polbahnen in Tafel 3.17). Anders liegen die Verhältnisse bei der Kurbelschwinge, bei der der Pol zweimal nach unendlich fällt (zugehörige Polbahnen in Tafel 3.16). Hier ist jedoch für die Getriebelagen mit parallelen Polstrahlen von Kurbel und Schwinge (Ermittlung dieser Getriebelagen siehe Tafel 3.19.a und b) eine einfache zeichnerische Ermittlung möglich (Tafel 3.36).

Die Konstruktion, die mit Hilfe der Kollineationsachse k zur Ermittlung der Polbahntangente t führt (Tafel 3.19), lässt sich analog auf jeden anderen Koppelpunkt K und seinen Krümmungsmittelpunkt M anwenden. Die Polstrahlen aller Koppelpunkte verlaufen parallel. Einer der Gestelldrehpunkte, z.B. das Schwingenlager B_0, wird der Ermittlung zu Grunde gelegt. Der Abstand zwischen dem Polstrahl der Schwinge c und der Polbahntangente t wird vom Koppelpunkt K_1 bzw. K_2 aus gegensinnig abgetragen und ergibt auf der Koppelgeraden einen Schnittpunkt Q'_1 bzw. Q'_2. Diesen verbindet man mit dem Schwingenlager B_0 und erhält auf den zugehörigen Polstrahlen als Schnittpunkte die jeweils entsprechenden Krümmungsmittelpunkte M_1 bzw. M_2. Der so ermittelte Krümmungshalbmesser gilt für beliebige Koppelpunkte auf dem gleichen Polstrahl. Dies ergibt sich aus folgender Überlegung:

Alle Koppelpunkte haben den gleichen Polabstand $\overline{PK} = \infty$; alle Punkte eines Polstrahles haben den gleichen Polstrahlwinkel β; der Wendekreisdurchmesser ist für diese Getriebelage $d_w = \infty$. Für beliebige Koppelpunkte eines Polstrahles bleiben also die Größen der *Euler-Savary*-Formel konstant; mithin müssen sich auch die gleichen Werte für $\overline{PM}$ ergeben, was bedeutet, dass alle Koppelpunkte eines Polstrahles gleich große Bahnkrümmungen durchlaufen.

Tafel 3.36 b zeigt die Konstruktion für die Überkreuzlage einer Kurbelschwinge und zwar einmal bezogen auf das Schwingenlager B_0 und zum anderen bezogen auf das Kurbellager A_0.

Bei parallelen Polstrahlen ist die Polbahntangente gleichzeitig ein Stück des unendlich großen Wendekreises; sie wird daher auch als Wendegerade bezeichnet. Sie ist also der geometrische Ort aller Koppelpunkte, die in dieser Getriebelage die Bahnkrümmung "Null" durchlaufen. Die Bahntangenten müssen rechtwinklig zur Polbahntangente liegen, da diese gleichzeitig der zugehörige Polstrahl ist. Ebenso wie der Wendekreis ist in diesem Fall die Polbahntangente die Grenzlinie, auf deren beiden Seiten die Koppelkurven verschiedene Krümmungsrichtung haben. So sind die Bahnkrümmungen z.B. rechts der Polbahntangente (Tafel 3.36.a) nach oben konkav, links der Polbahntangente dagegen nach oben konvex bzw. umgekehrt (Tafel 3.36.b).

4 Arbeiten mit bezogenen Größen

Bezogene Größen sind dimensionslose Größen. Sie drücken das Verhältnis zweier gleichartiger Größen zueinander aus. So ist z. B. auch die Zahl π eine bezogene Größe. Sie drückt das Verhältnis der Kreisfläche zur Fläche des Halbmesserquadrates aus. Beispiel der bezogenen Größe π:

$$\pi = \frac{A_{Kreis}}{r^2} \tag{4.1}$$

Die Verwendung bezogener Größen in der Getriebelehre bringt Vorteile, wenn es darum geht, verschiedene, kinematische Lösungen zu bewerten. Sie ermöglichen also eine Bewertung unabhängig von Baugröße und Drehzahl.

4.1 Bezogene Maße

Der Begriff der bezogenen Maße soll an verschiedenen Getrieben der Viergelenkkette erläutert werden. Für die Darstellung einer Kurbelschwinge werden vier Maßangaben benötigt. Man kann aber auch eine der vier Längen zur Bezugsgröße machen und die drei anderen Längen auf diese Größe als Einheit beziehen. Damit werden nur noch drei Angaben benötigt. Der Zeichenmaßstab kann frei gewählt werden. Die Wahl der Bezugsgröße - also der Einheit - sollte sich nach der jeweiligen Aufgabenstellung richten. Häufig ist der Achsabstand zwischen Antrieb und Abtrieb gegeben. Dann sollte die Gestelllänge A_0B_0 als Einheit betrachtet werden, so dass Kurbel, Koppel und Schwinge als Verhältniszahlen angegeben werden.

Ein Beispiel, bei dem die Koppel als Bezugsgröße dient, ist die bei allen Kolbenmaschinen verwendete zentrische Schubkurbel. Hier genügt eine einzige Maßangabe. Das Koppelverhältnis der Kurbel lautet

$$\lambda = \frac{a}{b} \tag{4.2}$$

Auch bei der gleichschenkligen Kurbelschwinge erweist es sich als günstig, wenn man die Koppel als Bezugsgröße wählt. Bei dieser Kurbelschwinge sind Koppel und Schwinge gleich lang, so dass sich in den beiden Steglagen der Kurbel (Tafel 4.1.a) je ein gleichschenkliges Dreieck ergibt. Da b = c = 1 ist, genügen 2 weitere Maßangaben.

Die bezogenen Maße für eine gleichschenklige Kurbelschwinge lauten

$$\lambda = \frac{a}{b}; \quad \delta = \frac{d}{b} \tag{4.3}$$

Für eine Getriebeanalyse ergeben sich dann sehr einfache Beziehungen. Da nach *Grashof* die Kurbel das kleinste der 4 Glieder sein muss, gilt für die Grenzen von λ und δ als Maßgrenzen für gleichschenklige Kurbelschwingen

$$0 < \lambda < 1 \quad \text{und} \quad \lambda < \delta < 2 - \lambda \tag{4.4}$$

Von besonderer Bedeutung ist die hier dargestellte gleichschenklige Kurbelschwinge, weil bei diesem Getriebe exakt symmetrische Koppelkurven nachweisbar sind. Der geometrische Ort aller Koppelpunkte mit symmetrischen Bahnen ist ein Kreis mit der Koppellänge als Halbmesser und dem Schwingenzapfen als Mittelpunkt. Die Symmetrieachse einer solchen Koppelkurve ist stets die Verbindungsgerade des Koppelpunktes K mit dem Schwingenlager B_0, und zwar in einer der beiden in Tafel 4.1.a dargestellten Getriebelagen. Da die Polbahntangente in beiden Fällen mit der Schwingenmittellinie zusammenfällt, ergibt sich für den Polstrahlwinkel des Kurbelzapfens A die Beziehung

$$\cos \beta_A = \frac{\delta \pm \lambda}{2} \tag{4.5}$$

und für den Wendekreisdurchmesser in den beiden Steglagen einer gleichschenkligen Kurbelschwinge gilt:

$$d_W = \frac{\delta (\delta \pm \lambda)}{\lambda \cdot \sin \beta_A} \tag{4.6}$$

(+ für äußere Steglage, - für die innere Steglage)

4.2 Bezogene Bewegungsgrößen

Die Geschwindigkeit und die Beschleunigung eines Koppelpunktes in einer vorgegebenen Getriebelage können ebenfalls als bezogene Größen angegeben werden. Dabei dienen die entsprechenden Werte des Kurbelzapfens als Bezugsgröße, also als Einheit. Man benötigt die Abstände eines Koppelpunktes K vom Geschwindigkeitspol P und vom Beschleunigungspol J. Das in Tafel 4.1.a dargestellte Beispiel ergibt auch hier besonders einfache Beziehungen, da der Koppelkreis, also der geometrische Ort der Koppelpunkte mit symmetrischen Bahnen, in den beiden Steglagen der Kurbel mit dem Tangentialkreis identisch ist. Hieraus folgt $a_t = 0$, also $a_n = a$. Für die Bestimmung der Lage des Beschleunigungspoles genügt die Angabe seines Polstrahlwinkels β_J. Der Polstrahlwinkel des Beschleunigungspoles in den beiden Steglagen der Kurbel

Tafel 4.1

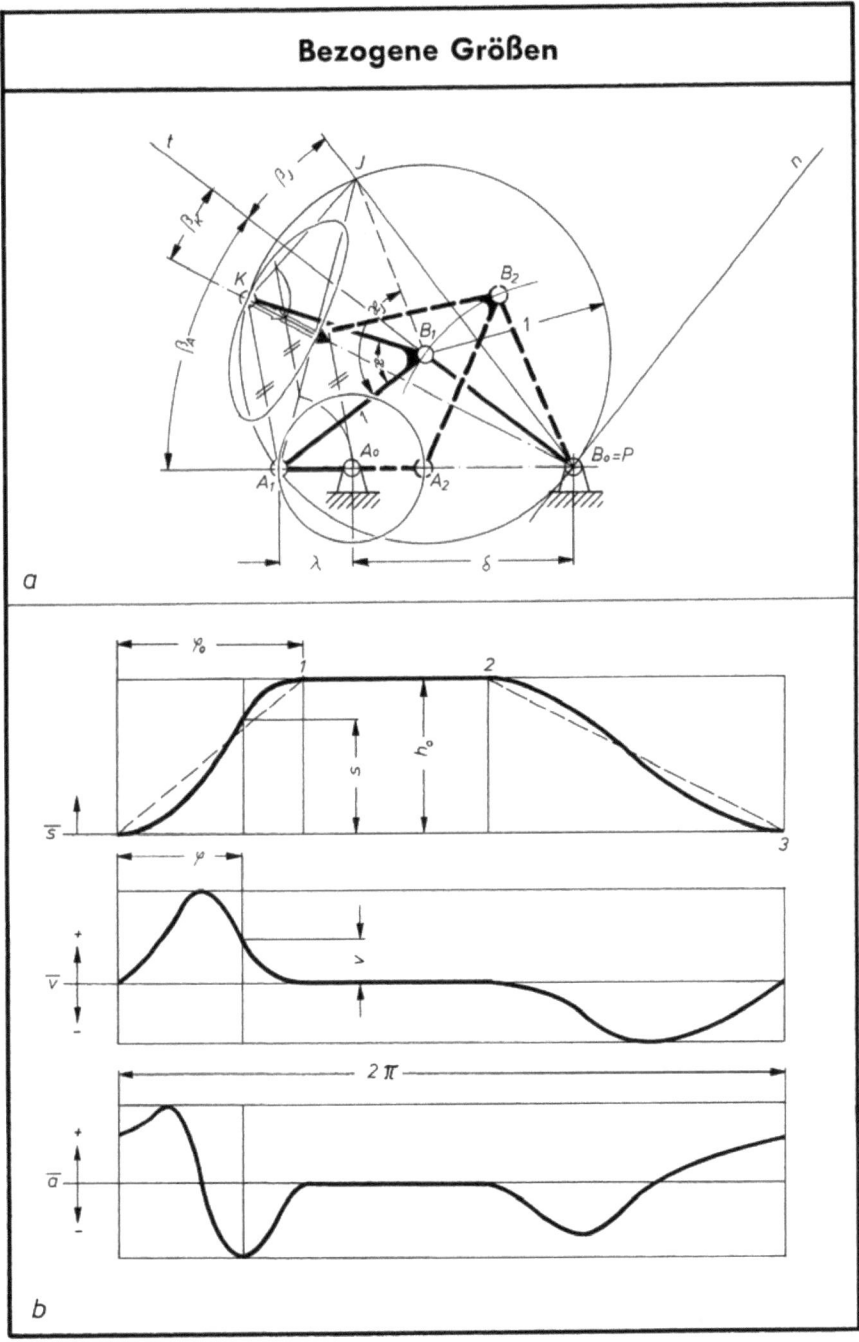

116 4 Bezogene Größen

einer gleichschenkligen Kurbelschwinge wird ermittelt:

$$\tan\beta_J = \frac{2}{d_W} \tag{4.7}$$

Für einen Koppelpunkt K, der auf dem Koppelkreis in der Winkelentfernung χ vom Kurbelzapfen A liegt, ergibt sich mit Bezug auf Tafel 4.1.a die bezogene Geschwindigkeit eines Koppelpunktes auf dem Koppelkreis einer gleichschenkligen Kurbelschwinge

$$\overline{v}_K = \frac{2 \cdot \sin\frac{\mu+\chi}{2}}{\delta+\lambda} \tag{4.8}$$

Für die bezogene Beschleunigung eines Koppelpunktes auf dem Koppelkreis einer gleichschenkligen Kurbelschwinge gilt:

$$\overline{a}_K = \frac{\sin\frac{\chi_J - \chi}{2}}{\sin\frac{\chi_J}{2}} \tag{4.9}$$

4.3 Bezogene Bewegungsgesetze

Tafel 4.1.b zeigt einen Bewegungsplan, der 3 Bewegungsabschnitte umfasst, und zwar einen Aufwärtshub von 0 nach 1, eine Rast von 1 nach 2 und einen Rückhub von 2 nach 3. Die Gesamtzeit entspricht einer vollen Umdrehung z.B. einer Kurbel oder einer Kurvenscheibe.

Zur Beurteilung verschiedener Alternativlösungen für die gleiche Aufgabenstellung reicht das Weg-Zeit-Gesetz allein nicht aus. Es müssen vielmehr auch die Geschwindigkeit und die Beschleunigung bekannt sein, wenn bei der Entscheidung für eine bestimmte Lösung die auftretende kinetische Energie und die auftretenden Massenkräfte berücksichtigt werden sollen. Dies setzt beim Bewegungsgesetz und den Ableitungen gleiche Bezugsgrößen voraus. Für jeden Bewegungsabschnitt gilt für den bezogenen Drehwinkel:

$$\overline{\varphi} = \frac{\varphi}{\varphi_0} \tag{4.10}$$

und für den bezogenen Weg gilt:

$$\overline{s} = \frac{s}{h_0} \tag{4.11}$$

Dies bedeutet, dass für jeden Bewegungsabschnitt der Gesamthub h_0 einerseits und der zugehörige Drehwinkel φ_0 andererseits als Bezugsgrößen gelten. Das bezogene Bewegungsgesetz erhält man, indem man den bezogenen Weg $\bar{s}$ als Funktion des bezogenen Drehwinkels $\bar{\varphi}$ darstellt.

$$\bar{s} = \bar{s}(\bar{\varphi}) \tag{4.12}$$

Die Ableitungen des bezogenen Bewegungsgesetzes werden als Bewegungsgesetze erster und zweiter Ordnung bezeichnet. Aus der Literatur [20] [21] sind die folgenden Beziehungen bekannt. Für die bezogene Geschwindigkeit gilt:

$$\bar{v} = v \frac{\varphi_0}{h_0 \cdot \omega} \tag{4.13}$$

Für die bezogene Beschleunigung gilt:

$$\bar{a} = a \frac{\varphi_0^2}{h_0 \cdot \omega^2} \tag{4.14}$$

Aus den Potenzen von ω geht hervor, dass die bezogenen Geschwindigkeiten und Beschleunigungen von der Drehzahl unabhängig sind.

Die bezogenen Bewegungsgesetze sind von besonderer Bedeutung bei der Behandlung der Kurvengetriebe im folgenden Abschnitt. Sie ermöglichen einen Vergleich verschiedener Bewegungsgesetze miteinander.

5 Kurvengetriebe

Mit Kurvengetrieben kann grundsätzlich jeder vorgeschriebene Bewegungsverlauf verwirklicht werden. Jede Steuerkurve kann aufgefasst werden als ein körperlich dargestelltes Weg-Zeit-Schaubild, und zwar in rechtwinkligen Koordinaten oder in polaren Koordinaten. Im ersten Falle erhält man Schubkurven bzw. Kurventrommeln, im zweiten Falle Kurvenscheiben. Vom Verlauf der Weg-Zeit-Kurve sind Geschwindigkeit und Beschleunigung wesentlich abhängig. Damit ist der Kurvenverlauf unmittelbar entscheidend für die periodisch auftretenden Massenkräfte. Diese wirken an der Berührungsstelle zwischen Kurvenflanke und Kurvenrolle auf ein höheres Elementenpaar. Hieraus erklärt es sich, dass Kurvengetriebe oft verschleißanfälliger sind als Gelenkgetriebe. Umgekehrt ergibt sich aus dem Vorhandensein eines höheren Elementenpaares an entscheidender Stelle die Notwendigkeit, den Verlauf einer Hubkurve so zu gestalten, dass die Beschleunigung mit "kleinsten Größtwerten" verläuft und im übrigen möglichst keine unstetigen Stellen zeigt.

5.1 Ermittlung der Bewegungsverhältnisse bei gegebenem Kurvenverlauf

Die einfachste Form einer Kurvenscheibe ist die exzentrisch gelagerte Kreisscheibe (Tafel 5.1.a). Für den Mittelpunkt der Kurvenrolle ergibt sich ein konstanter Abstand b vom Mittelpunkt A der Kurvenscheibe; dieser hat seinerseits einen festen Abstand a vom Kurvenscheibendrehpunkt A_0. Unter Einbeziehung des Schwingenhebeldrehpunktes B_0 ergibt sich die Möglichkeit, das Kurvengetriebe durch eine gleichwertige Kurbelschwinge (Tafel 5.1.b) zu ersetzen. Die Durchmesser der Kreisscheibe und der Kurvenrolle können ohne Einfluss auf den Bewegungsverlauf frei gewählt werden, sofern ihre Summe (2b) konstant gehalten wird.

Alle für die Untersuchung von Gelenkgetrieben entwickelten Verfahren lassen sich daher für die Untersuchung von Kurvengetrieben verwenden, wenn das Ersatz-Gelenkgetriebe bekannt ist. So lassen sich neben dem Weg-Verlauf bei Kurvengetrieben auch die Geschwindigkeit, die Beschleunigung, das Übersetzungsverhältnis und die Kräfte zeichnerisch bestimmen.

Während beim Beispiel Tafel 5.1.a-b hierfür ein einziges Ersatzgetriebe benötigt wird, sind im allgemeinen für *ein* Kurvengetriebe mehrere Ersatzgetriebe erforderlich. Die Verwendung eines Ersatzgetriebes ist gebunden an einen bestimmten Krümmungshalbmesser der Mittelpunktsbahn der Kurvenrolle bezogen auf die Ebene der Kurvenscheibe.

Für einen Kreis-Tangenten-Nocken (Tafel 5.1.c, e und g) erhält man vier Ersatzgetriebe, die nacheinander wirksam werden. Da jedes dieser Getriebe nur für einen begrenzten Bereich gilt, braucht die *Grashof*sche Bedingung (Abschnitt 3.1.2) nicht beachtet zu werden. Auf die Antriebsdrehung bezogen, ergeben sich die Bereiche φ_1 bis φ_4 (Tafel 5.1.c).

Für den Bereich φ_1 ergibt sich eine Kurbelschwinge (Tafel 5.1.d) und für φ_2 eine Kurbelschleife (Tafel 5.1.f), die außerdem in spiegelbildlicher Anordnung für den Bereich φ_4 gilt. Für den Bereich φ_3 schrumpft die wirksame Kurbellänge auf den Wert "Null" zusammen. Es ergibt sich also ein starres Dreieck (Tafel 5.1.h) entsprechend dem Stillstand des Rollenhebels.

Der Kreis-Tangenten-Nocken lässt deutlich erkennen, dass eine plötzliche Krümmungsänderung in der Rollenmittelpunktsbahn den Übergang von *einem* Ersatzgetriebe zum *nächsten* bedeutet; d.h. den Übergang von *einem* Bewegungsgesetz auf ein *anderes* Bewegungsgesetz, von denen jedes seinen eigenen Geschwindigkeitsverlauf und seinen eigenen Beschleunigungsverlauf besitzt.

Aus der Mathematik ist bekannt, dass die zweite Ableitung einer Funktion die Krümmung der Funktionskurve darstellt. Nun ist die Beschleunigung die zweite Ableitung des Weges nach der Zeit. Der Verlauf der Beschleunigung für das Abtriebsglied c eines Kurvengetriebes muss sich daher immer dann sprunghaft ändern, wenn sich die Krümmung der entsprechenden Weg-Zeit-Kurve, also hier die Krümmung der Rollenmittelpunktsbahn, sprunghaft ändert.

Dies gilt z. B. für Kurvenscheiben, deren Rollenmittelpunktsbahn aus Kreisbögen zusammengesetzt ist (Tafel 5.2). Beim Kurvengetriebe Tafel 5.2.a befindet sich das Hubglied c in der Mitte einer Rast von 180°. Der Krümmungsmittelpunkt der Kurvenbahn fällt mit dem Drehpunkt A_0 zusammen. Bei Drehung der Kurvenscheibe im Rechtsdrehsinn werden nacheinander die Krümmungsmittelpunkte A_1, A_2, A_3, A_4 und A_5 wirksam. Die entsprechenden Drehwinkel sind durch gleichlautende Ziffern gekennzeichnet.

Bei jedem Wechsel in der Krümmung der Rollenmittelpunktsbahn ergibt sich ein anderes Ersatzgetriebe. Man erhält demnach in diesem Falle fünf verschiedene Getriebe (Tafel 5.2.b-f), die nacheinander für je einen der fünf Bereiche der Ermittlung der Bewegungsgrößen s, v und a zu Grunde gelegt werden können. Die entsprechenden Teilhübe sind mit gleichlautenden Ziffern gekennzeichnet; außerdem sind von Getriebe zu Getriebe die wirksamen Bewegungsbahnen des Antriebsgelenkes A_1 bis A_5 übernommen. So gibt vor allem Tafel 5.2.f einen Überblick über den sprunghaften Wechsel des Krümmungsmittelpunktes und seine Auswirkung auf die Ersatzgetriebe.

120 5 Kurvengetriebe

Tafel 5.1

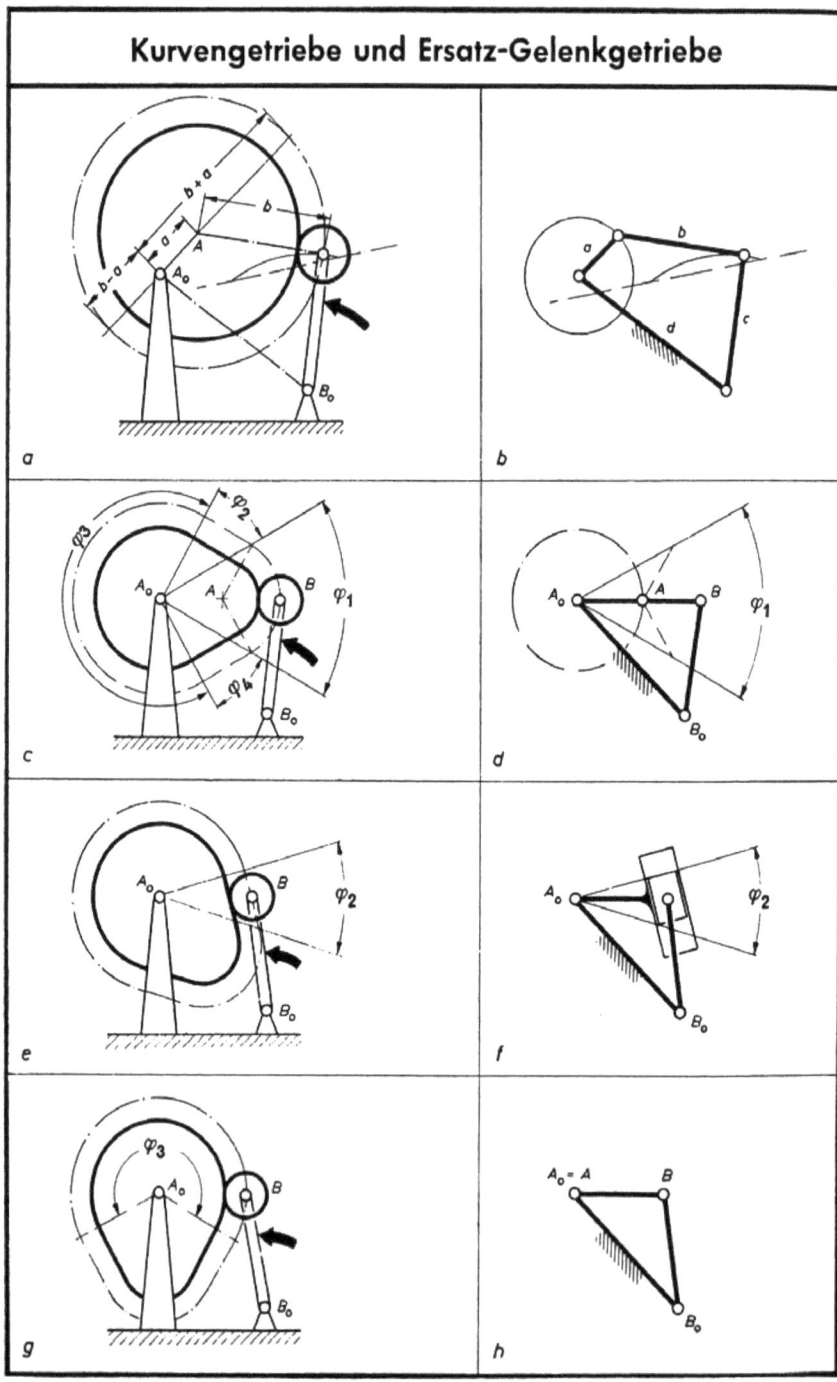

Das Bewegungsgesetz des Kurvengetriebes setzt sich mithin zusammen aus fünf verschiedenen Bewegungsgesetzen. Die verschiedenen Weg-Zeit-Schaubilder (Tafel 5.2.g) gehen tangential ineinander über. Da an jeder Übergangsstelle die Krümmungsverhältnisse der zusammenstoßenden Weg-Zeit-Kurven verschieden sind, ändern sich die entsprechenden Steigungen nach verschiedenen Gesetzen. Es ergeben sich Geschwindigkeitskurven, die sich an den Übergangsstellen nicht berühren sondern schneiden; d.h. es tritt an jeder Übergangsstelle im Geschwindigkeitsverlauf ein Knick auf. Diese Knickstellen ergeben im Beschleunigungsverlauf Sprungstellen. Hierbei kann es sich sowohl um einen Wechsel zwischen verschieden großen Werten mit gleichen Vorzeichen handeln (zwischen Bereich 1 und Bereich 2), als auch um einen Wechsel zwischen positiven und negativen Werten (zwischen Bereich 2 und Bereich 3).

Für den Aufbau eines Bewegungsgesetzes aus verschiedenen Teilbewegungen gilt grundsätzlich:

Tangentiale Übergänge im Weg-Zeit-Verlauf führen zu Knickstellen im Geschwindigkeitsverlauf und zu Sprungstellen im Beschleunigungsverlauf. Soll der Verlauf der Beschleunigung frei von Sprungstellen sein, so müssen die an einer Übergangsstelle zusammenstoßenden Weg-Zeit-Kurven gleich große und gleich gerichtete Krümmung haben.

Hieraus ergibt sich im allgemeinen die Forderung nach stetiger Krümmungsänderung. Für die Untersuchung von Kurvengetrieben mittels Ersatz-Gelenkgetrieben folgt daraus, dass für jede Getriebestellung ein anderes Ersatzgetriebe benötigt werden kann.

Kurvengetriebe können für die Getriebeuntersuchung gegen Ersatz-Gelenkgetriebe ausgewechselt werden. Dabei gilt ein solches Ersatzgetriebe entweder für den gesamten Bewegungsbereich (Tafel 5.1.b) oder nur jeweils für eine Teilbewegung (Tafel 5.2) oder aber nur momentan [22] [23].

Tafel 5.3 zeigt die vektorielle Ermittlung der Momentanwerte für die Geschwindigkeit und die Beschleunigung bei einem Kurvenscheibengetriebe in beliebiger Lage. Voraussetzung ist in jedem Falle die Kenntnis des Krümmungsmittelpunktes M für die Bahn des Rollenmittelpunktes bezogen auf die Ebene der Kurvenscheibe. Man kann bei der Ermittlung der Geschwindigkeit verschiedene Verfahren anwenden.

In den Tafeln 5.3.a und b entspricht die vektorielle Darstellung der Betrachtungsweise, die der Formel (3.23) zugrunde liegt. Dabei sind in Tafel 5.3.a die Vektoren in ihren Wirkrichtungen dargestellt, während in Tafel 5.3.b die

122 5 Kurvengetriebe

Tafel 5.2

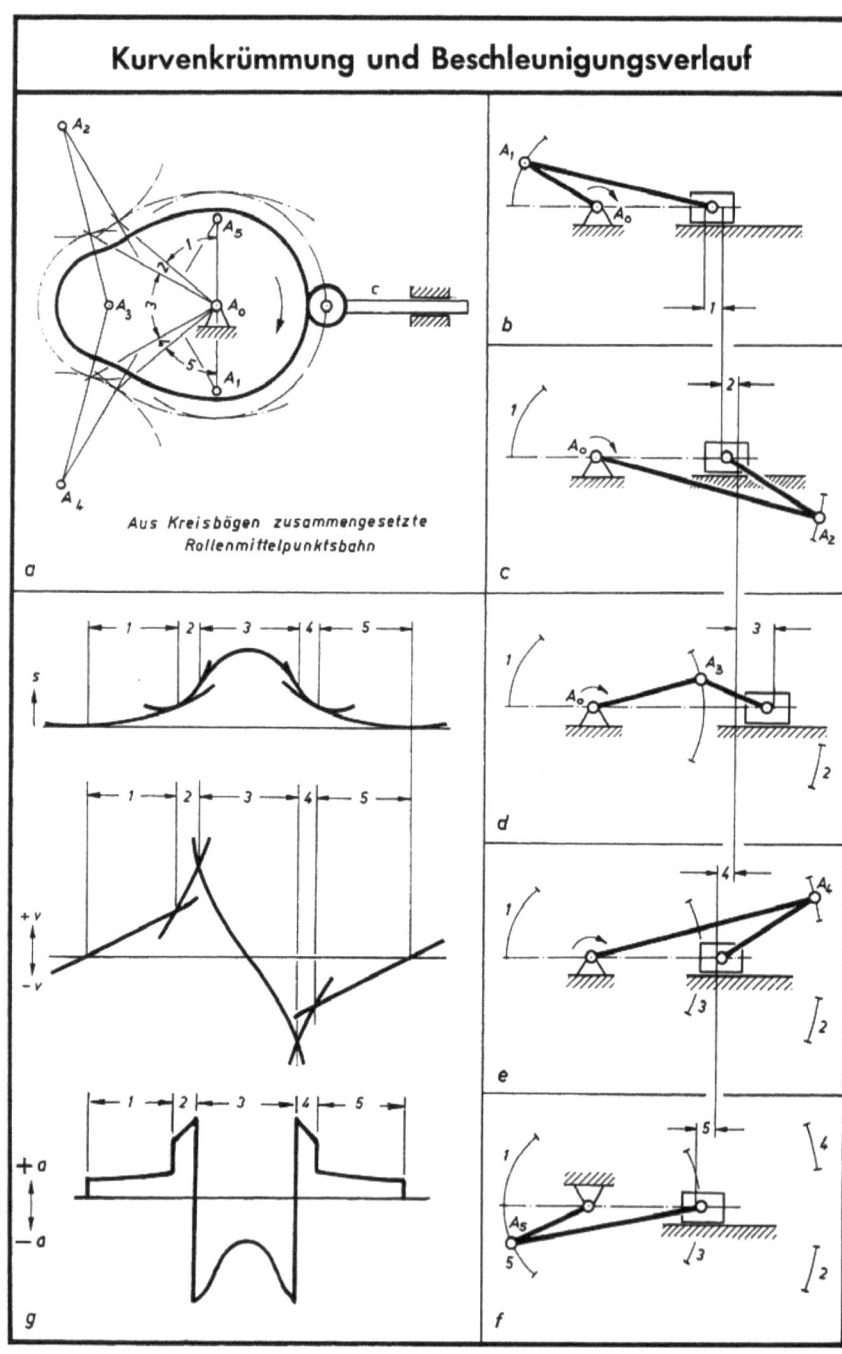

gleichen Vektoren um 90° gedreht wurden. Zur Beurteilung des momentanen Übersetzungsverhältnisses für dieses Kurvenscheibengetriebe mit gerade geführter Abtriebsrolle kann dabei gleichzeitig die Drehschubstrecke m ermittelt werden (Tafel 3.21.f).

Die Ermittlung der Geschwindigkeit des Rollenstößels in Tafel 5.3.c folgt der *Euler*-Formel (3.24). Die dabei ermittelten Vektoren $\vec{v}_B$ und $\vec{v}_{BM}$ werden anschließend (Tafel 5.3.d) zur Bestimmung der Beschleunigung verwendet. Wegen der Einzelheiten des Verfahrens wird auf den Abschnitt 3.2.1 verwiesen. Voraussetzung ist die Annahme gleichförmiger Drehung der Kurvenscheibe, also $\vec{a}_{tM} = 0$. Außerdem entfällt infolge Geradführung am Abtrieb der Vektor $\vec{a}_{nB}$.

Schließlich zeigen Tafel 5.3.e und f die Anwendung des gleichen Verfahrens auf ein Kurvenscheibengetriebe mit schwingendem Rollenhebel. Zur Erklärung der Zusammenhänge wird hier insbesondere auf Tafel 3.13.e verwiesen. Die Bestimmung des Relativpoles Q ermöglicht bei diesem Verfahren gleichzeitig die Ermittlung des momentanen Übersetzungsverhältnisses nach Formel (3.38).

5.2 Hubkurven für vorgeschriebene Bewegungsverhältnisse

Wichtiger als die Untersuchung gegebener Kurvengetriebe ist für den Konstrukteur der Entwurf einer Kurve für vorgeschriebene Bedingungen. Diese Bedingungen können darauf beschränkt sein, dass ein bestimmter Hub in einer bestimmten Zeit - d.h. innerhalb einer vorgeschriebenen Teilbewegung des Antriebes - auszuführen ist. Häufig kommt die Bedingung hinzu, dass das Hubglied vor oder nach der Hubbewegung stillstehen soll, dass sich also an den Hub eine Rast anschließt. Tritt beim Übergang vom Hub in die Rast ein Beschleunigungssprung vom Wert "unendlich" am Hubglied auf, so spricht man von einem Stoß; ist der Beschleunigungssprung von endlicher Größe, so spricht man von einem Ruck [24].

Als Grundlage für die Berechnung und Fertigung von Kurvenscheiben und Kurventrommeln stehen drei Gruppen von Bewegungsgesetzen zur Verfügung:

1. Trigonometrische Gesetze
2. Potenzgesetze
3. Kombinationsgesetze

Nachfolgend werden zunächst die wesentlichen Zusammenhänge am Beispiel trigonometrischer Gesetze dargestellt. Es folgt dann eine vergleichende Gegenüberstellung zwischen trigonometrischen und Potenzgesetzen. Die Kombinationsgesetze, die durch Kombination der beiden vorgenannten Gruppen

124 5 Kurvengetriebe

Tafel 5.3

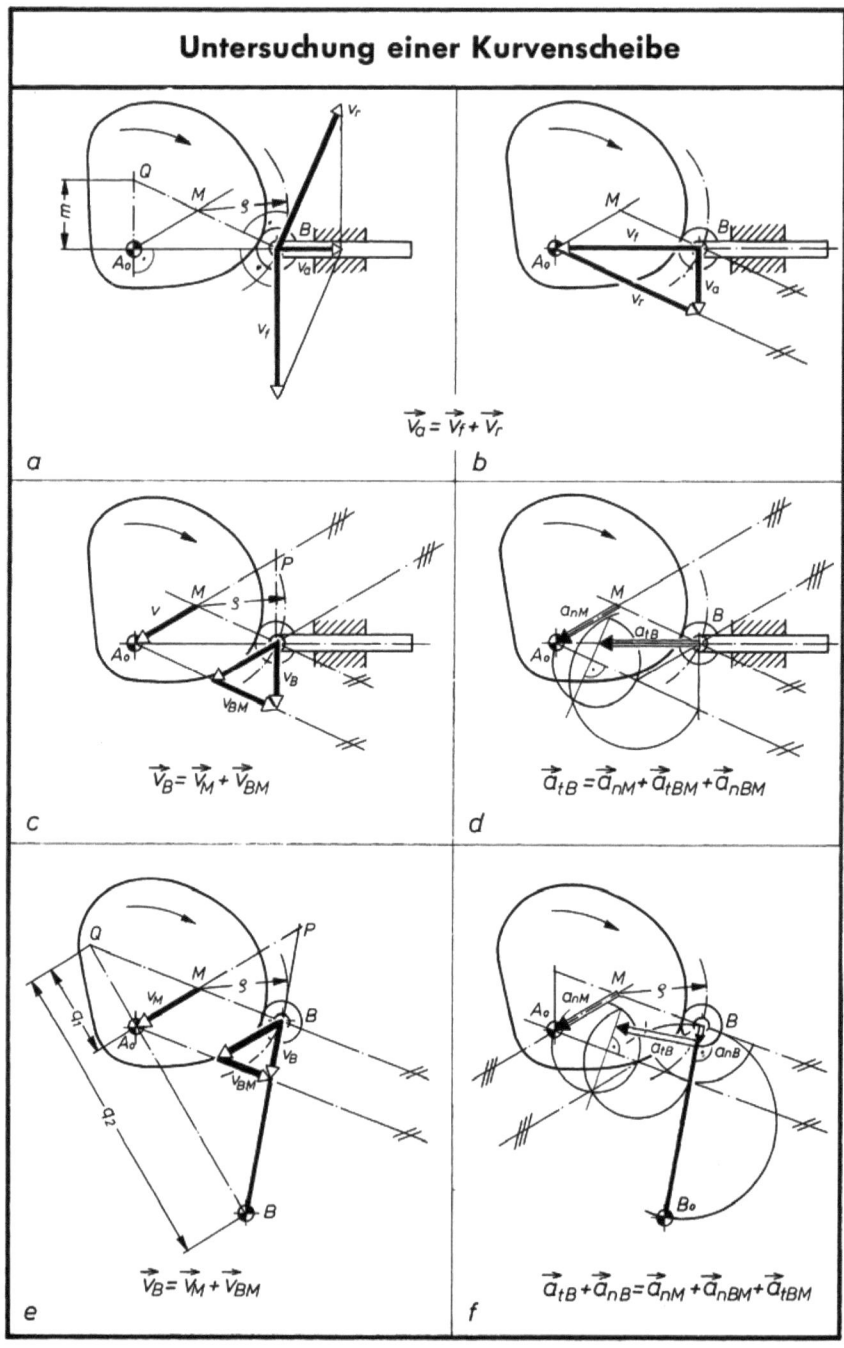

zustande kommen, gehen über den Rahmen dieses kurz gefassten Lehrbuches hinaus. Aus diesem Grunde wird im Abschnitt 7 hierzu auf spezielle Fachliteratur verwiesen.

5.2.1 Trigonometrische Gesetze

Die Sinuskurve ist wegen ihrer einfachen Konstruktion eine beliebte Hubkurve. Auch ihre Ableitungen sind einfach. Von konstanten Faktoren abgesehen gilt:

$$s \stackrel{\wedge}{=} \sin\varphi \qquad v \stackrel{\wedge}{=} \cos\varphi \qquad a \stackrel{\wedge}{=} -\sin\varphi$$

Solange eine Sinuide nicht durch Rasten unterbrochen wird, ist sie in jeder Weise eine einwandfreie Hubkurve. Lässt man aber die Bewegung bei den Extremwerten in eine Rast übergehen (Tafel 5.4.a), die im rechtwinkligen Koordinatensystem durch je eine horizontale Tangente dargestellt wird, so wird eine Gerade - Krümmungshalbmesser ∞ - an derjenigen Stelle an die Sinuskurve angeschlossen, an der diese ihren kleinsten Krümmungshalbmesser hat. Der Geschwindigkeitsverlauf zeigt daher Knickstellen, der Beschleunigungsverlauf Sprungstellen. Eine solche Ausführung ergibt sprunghaft auftretende Massenkräfte von begrenzter Größe; die Kurve ist nicht ruckfrei. Von der Größe der bewegten Massen und von der Drehzahl hängt es ab, ob solche Beschleunigungssprünge tragbar sind.

Diese Überlegungen gelten grundsätzlich für jedes Koordinatensystem, da zwei unterschiedliche Krümmungen an einer Übergangsstelle im rechtwinkligen Koordinatensystem bei der Übertragung in jedes andere Koordinatensystem unterschiedlich bleiben.

Die Entwicklung einer ruckfrei arbeitenden Hubkurve kann an einem Beispiel im rechtwinkligen Koordinatensystem - abgewickelte Kurventrommel - durchgeführt werden; sie gilt dann ebenso für andere Koordinatensysteme.

Da in den üblichen Darstellungen eine Rast durch eine Gerade dargestellt ist, sind bei der Sinuskurve die Wendepunkte die geeigneten Anschlussstellen, da die Sinuskurve nur an diesen Stellen die Krümmung "Null" hat. Liegt vor und hinter der Hubbewegung je eine Rast, so ergeben sich zwei um den Hub versetzte parallele Geraden (Tafel 5.4.a). Zwei parallele Wendetangenten ergeben sich bei der Sinuskurve erst nach einer vollen Schwingung; man muss also die Kurve über den Bereich 2π betrachten (Tafel 5.4.b).

Bei der *Reuleaux*schen Sinuide (Tafel 5.4.a) wird der Abstand zwischen den beiden Rasttangenten in Amplitudenrichtung gemessen. Es ergibt sich für den Halbmesser des Amplitudenkreises für die *Reuleaux*'sche Sinuide:

$$r = \frac{h_0}{2} \qquad (5.1)$$

Tafel 5.4

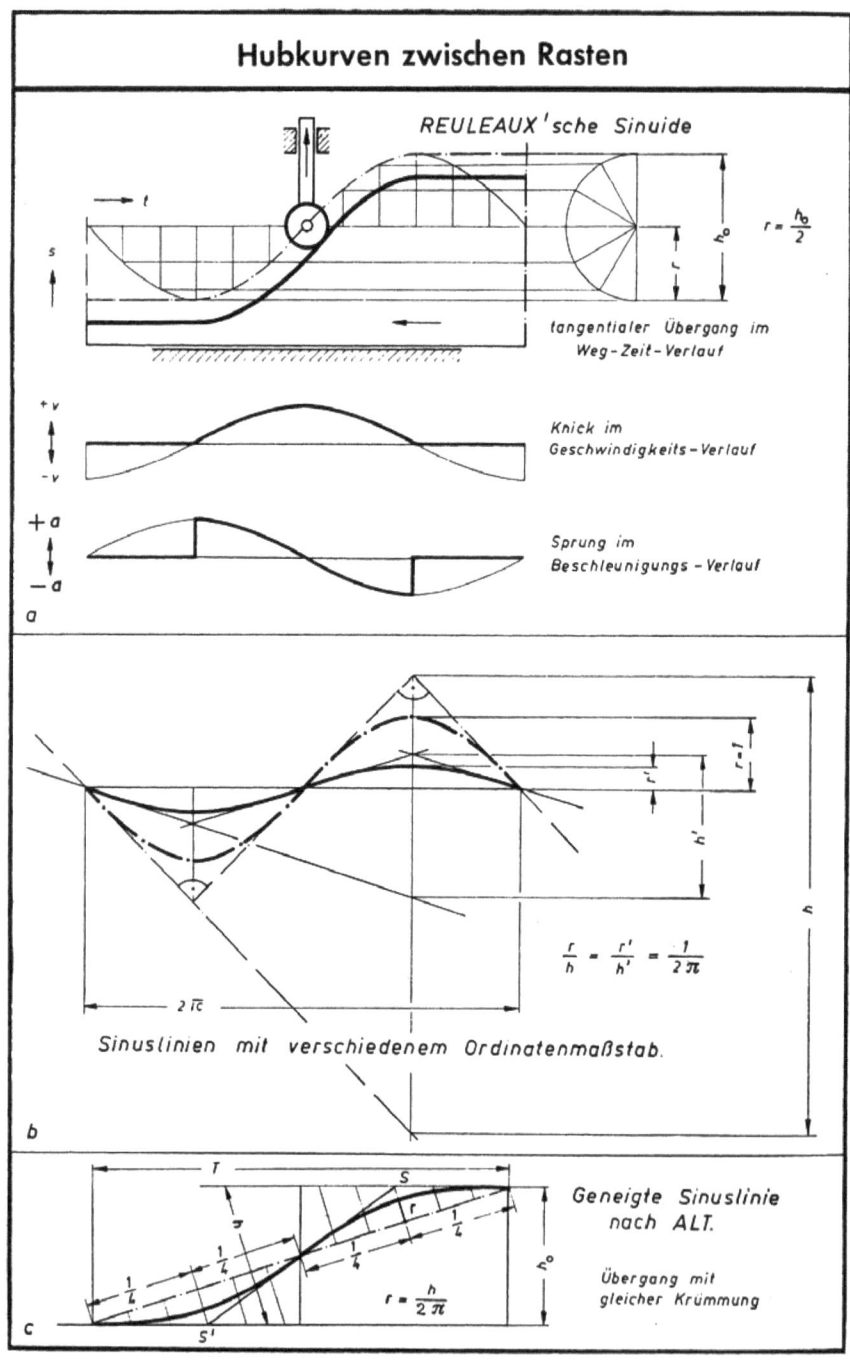

Misst man bei der vollen Sinusschwingung den Abstand zwischen zwei parallelen Wendetangenten ebenfalls in Amplitudenrichtung, so erhält man bei den üblichen Koordinatenmaßstäben h = 2π.

Die mittlere Wendetangente schneidet sich mit den beiden äußeren Tangenten unter 90°. Dies ergebe einen senkrechten Anstieg in Kurvenmitte, so dass das Getriebe nicht übertragungsfähig wäre. Abhilfe schafft eine Verkleinerung des Ordinatenmaßstabes, da hierdurch alle Steigungen flacher werden. Es ergibt sich (Tafel 5.4.b) für den Amplitudenkreis ein Halbmesser r´ und für den in Amplitudenrichtung gemessenen Abstand zwischen den parallelen Wendetangenten das reduzierte Maß h'. Die Proportionen in Ordinatenrichtung bleiben jedoch dabei erhalten:

$$\frac{r}{h} = \frac{r'}{h'} = \frac{1}{2\pi} \tag{5.2}$$

Ordnet man die Sinuslinie so an, dass die parallelen Wendetangenten horizontal liegen, so erhält nunmehr die Grundlinie eine geneigte Lage. Die Konstruktion ist bekannt als geneigte Sinuslinie nach Alt [25].

Aus Formel (5.2) folgt der Halbmesser des Amplitudenkreises der geneigten Sinuslinie:

$$r = \frac{h}{2\pi} \tag{5.3}$$

Dabei wird die Größe h grundsätzlich in Amplitudenrichtung gemessen. Bei gegebener Hubhöhe h_0 und gegebener Hubzeit T liegen Länge und Neigung der Grundlinie fest. Die Steigung der mittleren Wendetangente ergibt sich aus der geradlinigen Verbindung der Schnittpunkte S und S', die man erhält, wenn man die Richtungen der maximalen Amplituden beim Intervall 1/4 und 3/4 mit den horizontalen Wendetangenten zum Schnitt bringt.

Stellt man die Sinusschwingung in einem schiefwinkligen Koordinatensystem dar, gibt man z.B. der Amplitudenrichtung eine von 90° abweichende Neigung gegen die Grundlinie, so bleiben die Proportionen nach Formel (5.2) weiterhin erhalten. Es liegen auch die Schnittpunkte S und S' zweier benachbarter Wendetangenten stets auf der Verlängerung der größten Amplitude.

Nach *Helling-Bestehorn*, (Tafel 5.5.a) wird die Amplitudenrichtung in Hubrichtung, also senkrecht zur Zeitachse angenommen. Bei der Berechnung des Amplitudenkreises geht man dann vom Originalhub h_0 aus. Für den Steigungswinkel der mittleren Wendetangente (größte Kurvensteigung) ergibt sich nach *Helling-Bestehorn*:

$$\tan\tau = \frac{2\,h_0}{T} \tag{5.4}$$

128 5 Kurvengetriebe

Tafel 5.5

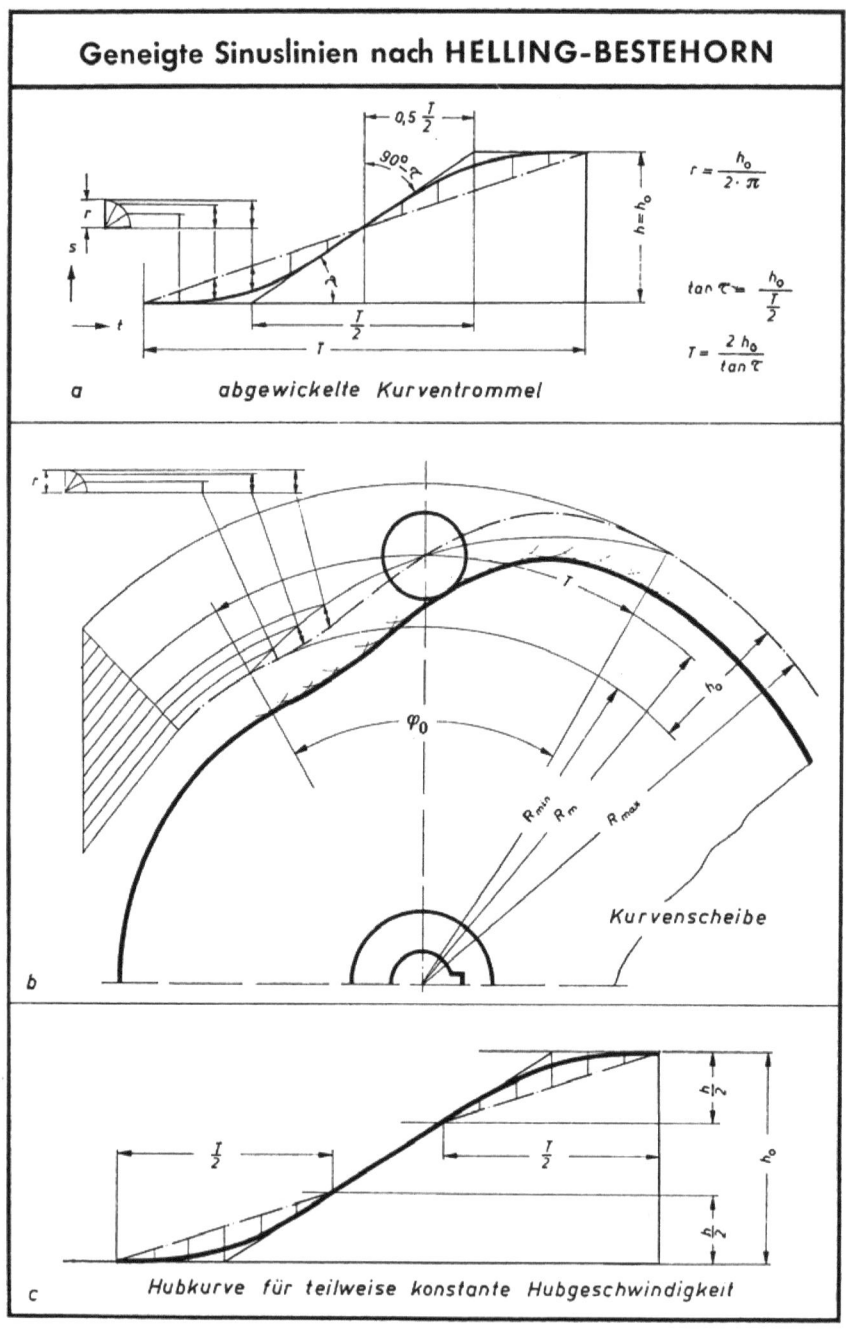

Im allgemeinen wird die Richtung der Abtriebsbewegung in die Ordinatenrichtung gelegt. Der Winkel zwischen der Hubrichtung und der steilsten Kurventangente ist entscheidend für die Güte der Bewegungsübertragung. Wenn der Winkel τ und der Hub h_0 vorgeschrieben sind, so ergibt sich die erforderliche Länge der Kurve mit

$$T = \frac{2 h_0}{\tan\tau} \tag{5.5}$$

Die Konstruktion nach *Helling-Bestehorn* ist für die Übertragung in Polarkoordinaten besonders geeignet, da Hubrichtung und Amplitudenrichtung beide radial liegen. In Tafel 5.5.b ist eine Kurvenscheibenkonstruktion für gegebene Bedingungen durchgeführt. Zugrunde liegt eine 12-fache Intervallteilung für die Hubhöhe und für die Amplitudenermittlung. Die einzelnen Punkte der Rollenmittelpunktsbahn können in einer tabellarisch aufgegliederten Rechnung bestimmt und als Abstände vom Scheibenmittelpunkt angegeben werden (Tafel 8.8.a). Damit wird unabhängig von der Möglichkeit des Rechnereinsatzes die zeichnerische Darstellung der Kurvenscheibe mit genügender Genauigkeit möglich.

Bezieht man die Kurvenlänge T auf die Umfangslänge U_m eines der Hubmitte zugeordneten Kreises vom Halbmesser R_m, so kann der erforderliche Mindesthalbmesser an dieser Stelle ermittelt werden, wenn der für die Hubbewegung vorgeschriebene Drehwinkel φ_0 bekannt ist. Aus den Proportionen

$$\frac{U_m}{T} = \frac{2 \cdot R_m \cdot \pi}{T} = \frac{360°}{\varphi_0°}$$

folgt der erforderliche Mindesthalbmesser in Hubmitte bei Konstruktion nach *Helling-Bestehorn*:

$$R_m = \frac{360° \cdot T}{\varphi_0° \cdot 2\pi} \tag{5.6}$$

und unter Benutzung von Formel (5.5)

$$R_m = \frac{360° \cdot h_0}{\varphi_0° \cdot \pi \cdot \tan\tau} \tag{5.7}$$

Die Richtung der Amplituden bei der geneigten Sinuslinie beeinflusst die Richtung der steilsten Kurventangente und damit den Verlauf der Geschwindigkeit und der Beschleunigung am Abtrieb. Der Konstrukteur kann also die Größtwerte von v und a in bestimmten Grenzen beeinflussen. In einer von *Wildt* [25] durchgeführten Untersuchung hat sich ergeben, dass optimale Beschleunigungswerte, d.h. "kleinste Maximalwerte" dann auftreten, wenn der Schnittpunkt S bzw. S' der

Tafel 5.6

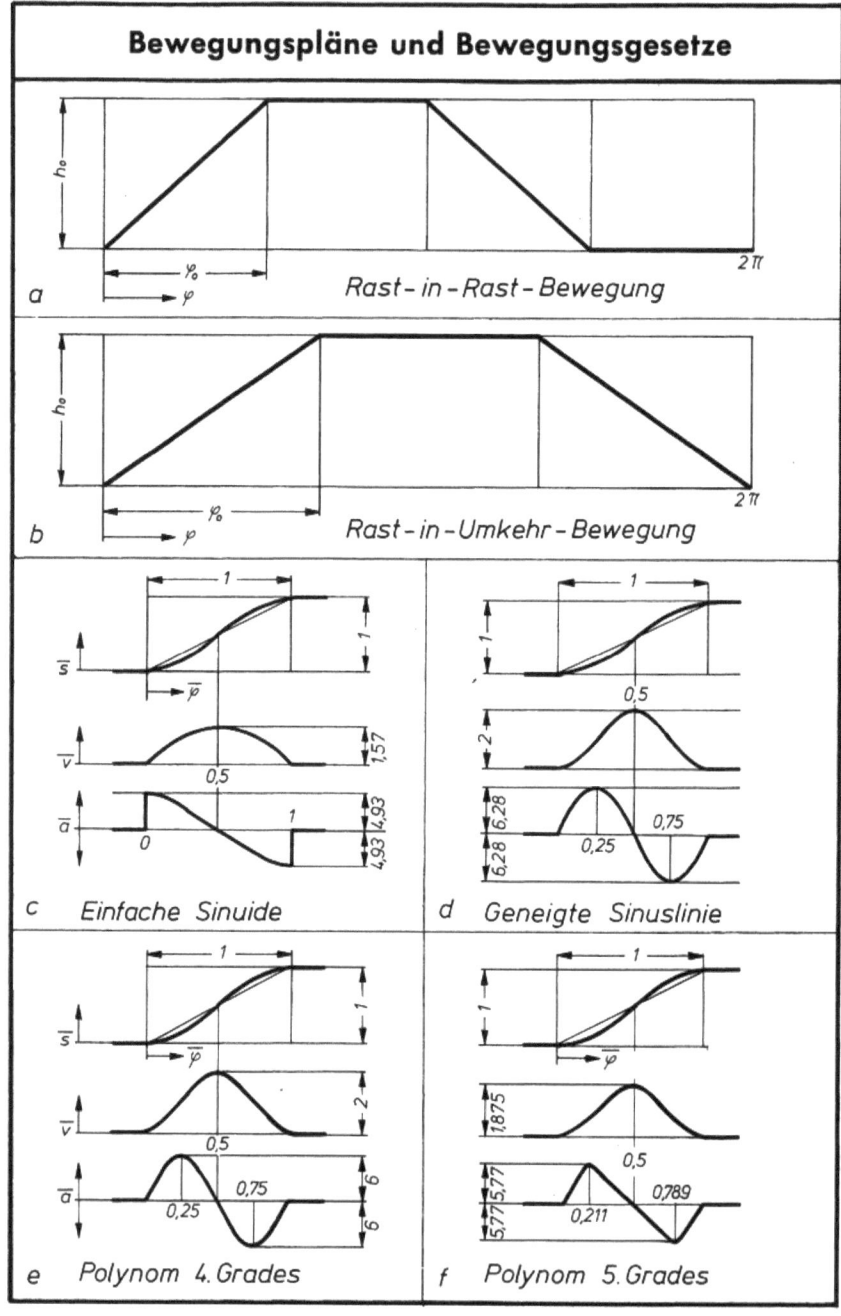

mittleren Wendetangente mit der oberen oder der unteren horizontalen Wendetangente um den Betrag 0,57·T/2 von der Zeitmitte entfernt ist. Die Konstruktion nach *Helling-Bestehorn* kommt mit dem Wert 0,5·T/2 (Tafel 5.5.a) diesem günstigsten Fall sehr nahe.

Wird für einen bestimmten Teil der Hubbewegung eine konstante Geschwindigkeit verlangt, so kann man die geneigte Sinuslinie in zwei Halbschwingungen trennen und entlang der mittleren Wendetangente auseinander ziehen (Tafel 5.5.c). Für die Berechnung des Amplitudenkreises ist dann nur eine entsprechende Teilhöhe h maßgebend [17].

Für den Einsatz von CAD-CAM in Konstruktion und Fertigung werden die Übergangsfunktionen zwischen den Endlagen des Hubgliedes in der Form von Gleichungen benötigt. Wenn in beiden Endlagen eine Rast vorgeschrieben ist, so spricht man von *Rast-in-Rast*-Bewegungen (Tafel 5.6.a). Für einen ruckfreien Verlauf müssen die Werte der Übergangsfunktion für die Geschwindigkeit und für die Beschleunigung an beiden Anschlussstellen den Wert "Null" haben.

Bei einseitiger Rast und unmittelbarer Umkehr in der anderen Endlage spricht man von *Rast-in-Umkehr*-Bewegung (Tafel 5.6.b). Für einen ruckfreien Verlauf muss die Geschwindigkeit auch hier an allen Anschlussstellen den Wert "Null" aufweisen. Für die Beschleunigung wird dies allerdings nur noch beim Anschluss an die Rast verlangt. In der Umkehrlage darf die Beschleunigung einen endlichen Wert haben. Dieser muss jedoch für beide Übergangsfunktionen gelten, und zwar auch bei nicht symmetrischen Verläufen [26].

Die folgenden Ausführungen beziehen sich auf Rast-in-Rast-Bewegungen. Unter Hinweis auf Abschnitt 4.3 gilt für die Übergangsfunktion der einfachen Sinuslinie mit der Randbedingung $0 \leq \overline{\varphi} \leq 1$ das bezogene Weggesetz:

$$\overline{s} = 0{,}5\,(1 - \cos \pi\, \overline{\varphi}) \tag{5.8}$$

Für die Ableitungen gilt die bezogene Geschwindigkeit für einfache Sinuslinie:

$$\overline{v} = 0{,}5\,\pi \sin \pi\, \overline{\varphi} \tag{5.9}$$

und die bezogene Beschleunigung für die einfache Sinuslinie:

$$\overline{a} = 0{,}5\,\pi^2 \cos \pi\, \overline{\varphi} \tag{5.10}$$

Ein Vergleich mit anderen Hubgesetzen ist möglich, wenn die Extremwerte für $\overline{v}$ und $\overline{a}$ bekannt sind. Diese Werte sind als Geschwindigkeitsbeiwert C_v und Beschleunigungsbeiwert C_a definiert.

Es ist die Geschwindigkeitsbeiwert der einfachen Sinuslinie bei $\overline{\varphi} = 0{,}5$:

$$C_v = \overline{v}_{extr.} = \frac{\pi}{2} = 1{,}57 \tag{5.11}$$

und der Beschleunigungsbeiwert der einfachen Sinuslinie bei $\bar{\varphi} = 0$ und $\bar{\varphi} = 1$:

$$C_a = \bar{a}_{extr.} = \frac{\pi^2}{2} = 4{,}93 \qquad (5.12)$$

Damit lassen sich die absoluten Extremwerte für v und a bestimmen, und zwar für eine vorgeschriebene Drehzahl n, einen vorgeschriebenen Hub h_0 und einen der Übergangsfunktion zugeordneten Drehwinkel φ_0. Unter Benutzung der Formeln (4.13) und (4.14) ergibt sich nach entsprechender Umstellung der Größtwert der Geschwindigkeit der einfachen Sinuslinie für gegebene Bedingungen:

$$v_{extr.} = \frac{h_0 \cdot \omega}{\varphi_0} C_v \qquad (5.13)$$

und der Größtwert der Beschleunigung der einfachen Sinuslinie für gegebene Bedingungen:

$$a_{extr.} = \frac{h_0 \cdot \omega^2}{\varphi_0^2} C_a \qquad (5.14)$$

Während der Größtwert der Geschwindigkeit in der Mitte der Übertragungsfunktion auftritt, ergibt sich der Größtwert der Beschleunigung sprunghaft an den Anschlussstellen zur Rast. Hiermit bestätigt die Rechnung den bereits in Tafel 5.4.a festgestellten Ruck.

Für die geneigte Sinuslinie lauten die entsprechenden Formeln für den bezogenen Weg:

$$\bar{s} = -\frac{1}{2\pi} \sin 2\pi \bar{\varphi} \qquad (5.15)$$

die bezogene Geschwindigkeit:

$$\bar{v} = 1 - \cos 2\pi \bar{\varphi} \qquad (5.16)$$

für die bezogene Beschleunigung:

$$\bar{a} = 2\pi \sin 2\pi \bar{\varphi} \qquad (5.17)$$

Auch hier gilt wieder die Randbedingung $0 \leq \bar{\varphi} \leq 1$. Die Kennwerte lauten $C_v = 2$ bei $\bar{\varphi} = 0{,}5$ und $C_a = 2\pi$ bei $\bar{\varphi} = 0{,}25$ und $\bar{\varphi} = 0{,}75$

5.2.2 Potenzgesetze

Nachdem alle wesentlichen Zusammenhänge am Beispiel der trigonometrischen Übergangsfunktionen erläutert wurden, kann die Behandlung der Potenzgesetze auf die Angabe der Formeln und der zugehörigen Kennwerte beschränkt werden.

Ein Vergleich mit den trigonometrischen Funktionen ist dann leicht möglich. Bekannt sind unter anderen Übergangsfunktionen der 2., 3., 4. und 5. Potenz. Im Vergleich mit der geneigten Sinuslinie erweisen sich die Übergangsfunktionen der 4. und 5. Potenz als besonders günstig.

Beim Polynom 4. Ordnung werden je zwei Formeln angegeben, und zwar getrennt für die Bereiche $0 \leq \bar{\varphi} \leq 0{,}5$ und $0{,}5 \leq \bar{\varphi} \leq 1$ für den bezogener Weg für Übergangsfunktionen nach 4. Potenz:

$$\bar{s} = 8\,\bar{\varphi}^3 - 8\,\bar{\varphi}^4 \qquad \text{für } 0 \leq \bar{\varphi} \leq 0{,}5 \tag{5.18}$$

$$\bar{s} = 1 - 8\,\bar{\varphi} + 24\,\bar{\varphi}^2 - 24\,\bar{\varphi}^3 + 8\,\bar{\varphi}^4 \qquad \text{für } 0{,}5 \leq \bar{\varphi} \leq 1 \tag{5.19}$$

für die bezogene Geschwindigkeit für die 4. Potenz:

$$\bar{v} = 24\,\bar{\varphi}^2 - 32\,\bar{\varphi}^3 \qquad \text{für } 0 \leq \bar{\varphi} \leq 0{,}5 \tag{5.20}$$

$$\bar{v} = -8 + 48\,\bar{\varphi} - 72\,\bar{\varphi}^2 + 32\,\bar{\varphi}^3 \qquad \text{für } 0{,}5 \leq \bar{\varphi} \leq 1 \tag{5.21}$$

für die bezogene Beschleunigung für 4. Potenz:

$$\bar{a} = 48\,\bar{\varphi} - 96\,\bar{\varphi}^2 \qquad \text{für } 0 \leq \bar{\varphi} \leq 0{,}5 \tag{5.22}$$

$$\bar{a} = 48 - 144\,\bar{\varphi} + 96\,\bar{\varphi}^2 \qquad \text{für } 0{,}5 \leq \bar{\varphi} \leq 1 \tag{5.23}$$

Die zugehörigen Kennwerte lauten:
$C_v = 2$ bei $\bar{\varphi} = 0{,}5$ und $C_a = 6$ bei $\bar{\varphi} = 0{,}25$ und $\bar{\varphi} = 0{,}75$

Beim Polynom 5. Ordnung gelten einheitliche Formeln für den gesamten Bewegungsbereich, also für $0 \leq \bar{\varphi} \leq 1$:
für den bezogenen Weg für Übergangsfunktion nach der 5. Potenz

$$\bar{s} = 10\,\bar{\varphi}^3 - 15\,\bar{\varphi}^4 + 6\,\bar{\varphi}^5 \tag{5.24}$$

für die bezogene Geschwindigkeit nach der 5. Potenz

$$\bar{v} = 30\,\bar{\varphi}^2\,(1-\bar{\varphi})^2 \tag{5.25}$$

für die bezogene Beschleunigung nach der 5. Potenz

$$\bar{a} = 60\,\bar{\varphi}\,(\bar{\varphi}-1) \cdot (2\,\bar{\varphi}-1) \tag{5.26}$$

Die zugehörigen Kennwerte lauten:
$C_v = 1{.}875$ bei $\bar{\varphi} = 0{,}5$ und $C_a = 5{,}7735$ bei $\bar{\varphi} = 0{,}211$ und bei $\bar{\varphi} = 0{,}789$

Tafel 5.7

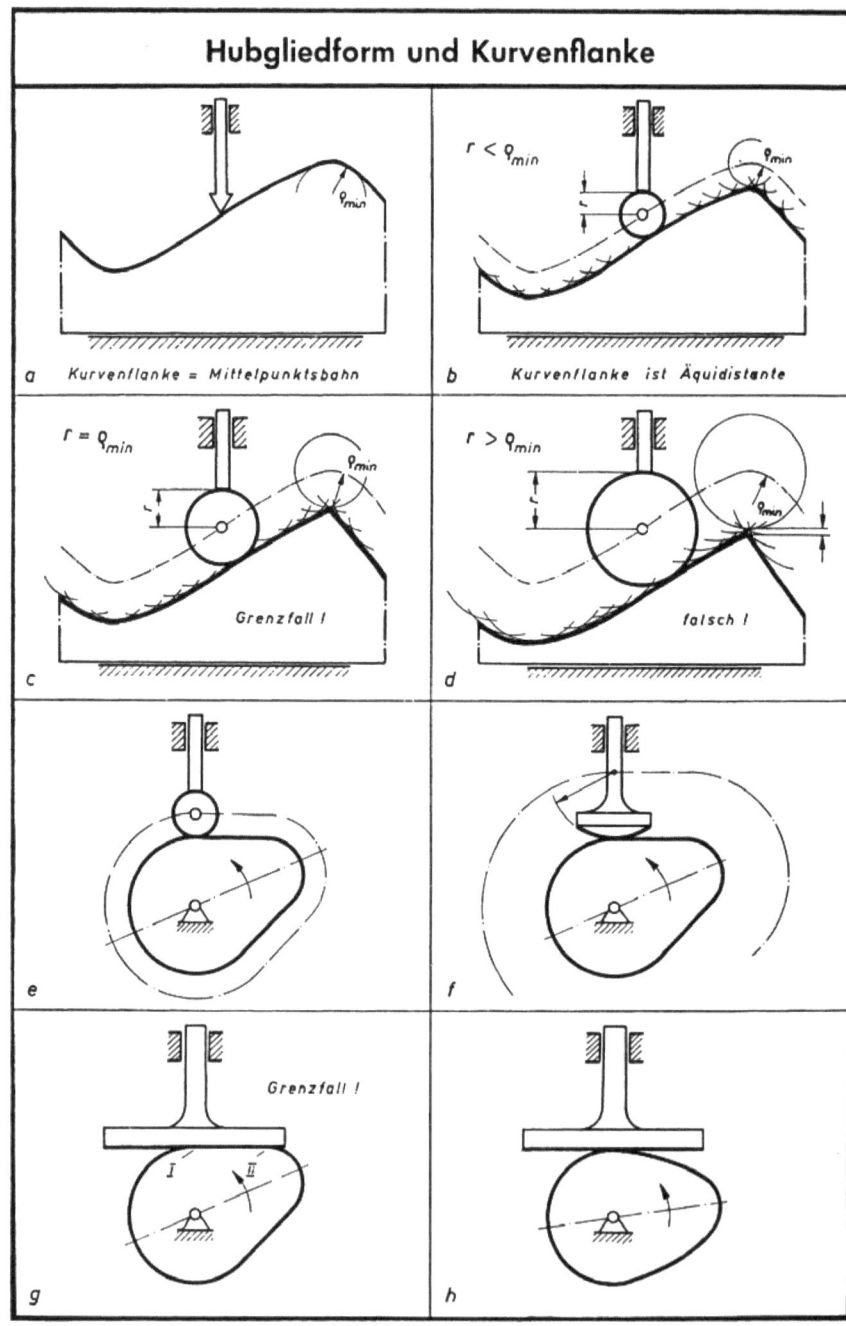

Die Tafel 5.6.c bis f zeigt den Vergleich der 4 verschiedenen Übergangsfunktionen nach den Formeln (5.8) bis (5.26). Die einfache Sinuslinie hat zwar die niedrigsten Kennwerte für v und a; es darf aber nicht übersehen werden, dass der Wert C_a sprunghaft auftritt. Diese Funktion zeigt also jeweils beim Übergang in die Rast einen Ruck.

Bei den übrigen Funktionen sind die Bedingungen v = 0 und a = 0 an den Anschlüssen zu den Rasten erfüllt. Die Extremwerte der Beschleunigung liegen innerhalb der Übergangsfunktionen. Die geringsten Extremwerte ergeben sich bei der Funktion nach der 5. Potenz. Die geneigte Sinuslinie liegt beim Wert C_v um 6,7% und beim Wert C_a um 8,8% ungünstiger als die 5. Potenz. Man kann daher bei der Konstruktion alle übrigen Entscheidungen unter Verwendung der konstruktiv besonders anschaulich erfassbaren, geneigten Sinuslinie treffen. Wenn man später bei der Fertigung - bei unveränderten Werten für φ_0 und h_0 - das Programm der Übergangsfunktion nach der 5. Potenz zugrunde legt, so kann man damit die Laufeigenschaften des Getriebes nur günstig beeinflussen.

5.3 Hubgliedform und Kurvenflanke

Die Form der Kurvenflanke für eine gegebene Mittelpunktsbahn hängt von der Form des Hubgliedes ab, also von konstruktiven Einflüssen. In Tafel 2.5 wurde bereits darauf hingewiesen, dass verschiedenen Kurvenflanken durchaus das gleiche Bewegungsgesetz zugrunde liegen kann. Die Mittelpunktsbahn ist nur dann gleichzeitig die Kurvenflanke, wenn das Hubglied eine Schneide trägt (Tafel 5.7 a). Von dieser Möglichkeit wird bei den Konstruktionen der Feinwerktechnik Gebrauch gemacht, bei denen vielfach nicht die Übertragung von Kräften sondern die Präzision der Bewegung entscheidend ist.

Wird dagegen die im allgemeinen übliche Kurvenrolle verwendet, so ist die Kurvenflanke eine Äquidistante, eine Linie gleichen Abstandes zur Mittelpunktsbahn, die bei der Fertigung zustande kommt, wenn Fräser- bzw. Schleifscheibendurchmesser mit dem Durchmesser der späteren Kurvenrolle übereinstimmen. Zeichnerisch wird die Kurvenflanke als Hüllkurve ermittelt, in dem man mit dem Rollenhalbmesser Kreise schlägt um eine Anzahl frei gewählter Punkte auf der Mittelpunktsbahn (Tafel 5.7.b). Ein Grenzfall tritt ein, wenn der Halbmesser r der Rolle gleich dem kleinsten Krümmungshalbmesser ρ_{min} der Mittelpunktsbahn wird. An der Kurvenflanke bildet sich dann eine unzulässige Spitze aus (Tafel 5.7.c). Wird der Rollenhalbmesser r größer als der kleinste Krümmungshalbmesser ρ_{min} der Mittelpunktsbahn, so ergibt sich ein unzulässiger Abstand zwischen Rolle und Kurvenflanke (Tafel 5.7.d). Praktisch bedeutet dies ein Abweichen der Kurvenrolle von der Mittelpunktsbahn.

136 5 Kurvengetriebe

Tafel 5.8

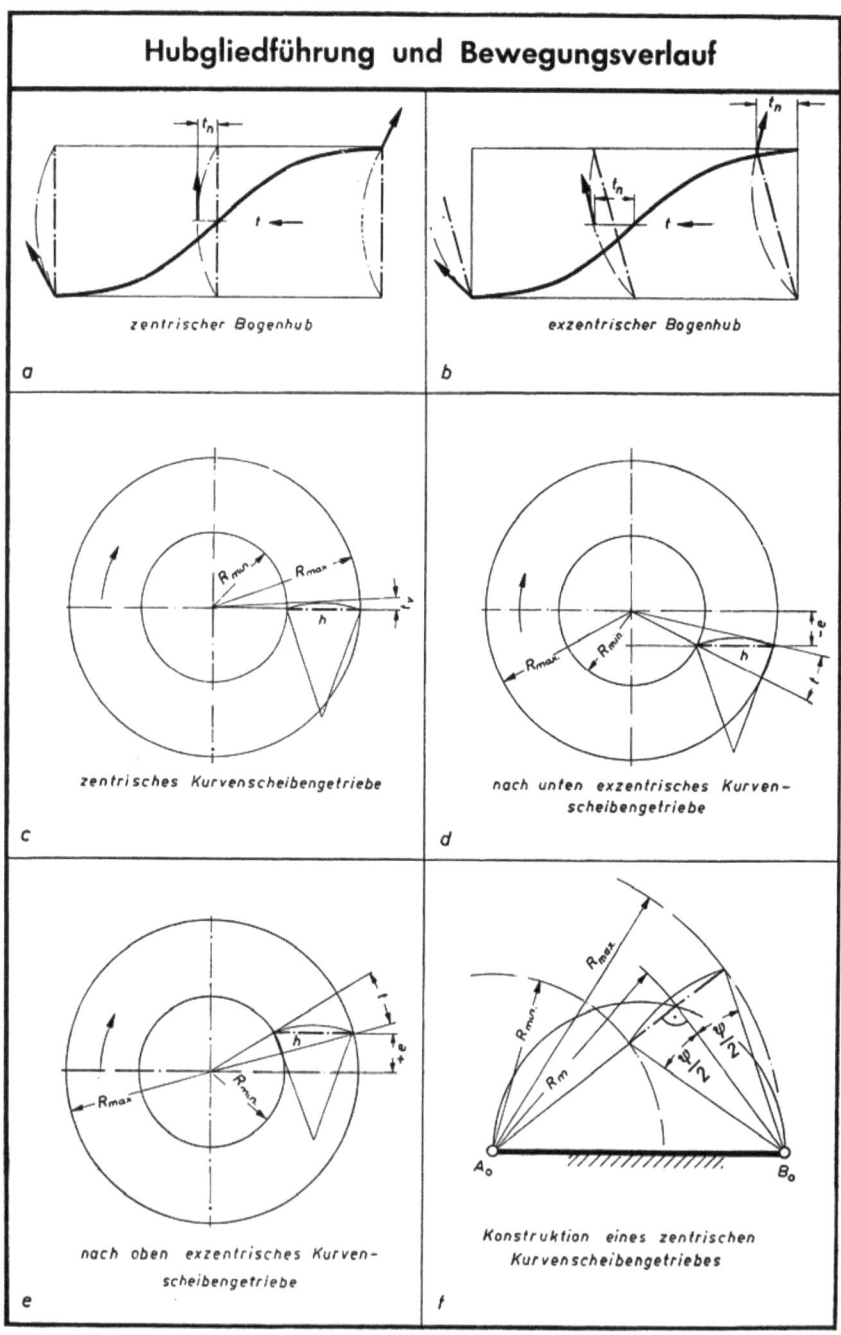

Für die Wahl des Rollenhalbmessers r im Verhältnis zum kleinsten Krümmungshalbmesser ρ_{min} der Mittelpunktskurve gilt aus diesem Grunde

$$r \leq 0,7\rho_{min} \tag{5.27}$$

Treibt man von einer gegebenen Kurve Hubglieder an, die sich durch den Krümmungsradius ihrer Berührungsfläche voneinander unterscheiden (Tafel 5.7.e-f), so werden unterschiedliche Mittelpunktskurven wirksam. Ob das Hubglied an der Berührungsstelle eine Rolle trägt, oder ob die gekrümmte Berührungsfläche des Hubgliedes mit diesem starr verbunden ist, macht kinematisch keinen Unterschied. Die Rolle verbessert lediglich die Laufeigenschaften, indem aus dem Gleiten ein Rollen wird.

Ein Grenzfall liegt vor, wenn die Krümmungen der Berührungsflächen von Hubglied und Kurvenflanke übereinstimmen. In Tafel 5.7.g berührt ein Plattenstößel einen Kreis-Tangenten-Nocken in seinem geradlinigen Teil. Der Berührungspunkt springt dabei von I nach II, d.h. dass die bei II wirksame Geschwindigkeit plötzlich auf das Hubglied übergeht; die Folge ist ein Stoß. Ein kontinuierliches Wandern des Berührungspunktes ergibt sich hier nur bei konvexer Krümmung des Nockens (Tafel 5.7.h), wenn gleich auch dann noch ein Ruck vorhanden ist.

5.4 Einfluss der Hubgliedführung auf den Bewegungsverlauf

Das Hubglied kann auf geradliniger oder auf gekrümmter Bahn geführt werden; es kann zentrisch oder exzentrisch laufen. Die Art der Führung beeinflusst in jedem Fall den Bewegungsverlauf. Es gelten hier die gleichen Überlegungen, die auch für die Schubkurbel und für die Kurbelschwinge zutreffen (Tafel 3.6). Beim Übergang von der Geradführung zur Bogenführung (Tafel 5.8.a) wachsen infolge Verlängerung des Weges alle Geschwindigkeitswerte. Bei der Führung des Hubgliedes auf einem Bogen ändert sich außerdem von Stellung zu Stellung die Richtung der abgeleiteten Hubbewegung. Hierdurch werden die Übertragungsverhältnisse zusätzlich beeinflusst.

Die Schränkung des Hubweges erscheint in rechtwinkligen Koordinaten (Tafel 5.8.b) als Abweichung von der Senkrechten. Es ergibt sich dabei in jedem Falle eine Wegvergrößerung und damit wiederum ein Anwachsen der Geschwindigkeitswerte.

Eine zusätzliche Veränderung des zeitlichen Bewegungsablaufes ergibt sich also:
    1. durch die Schränkung,
    2. durch die Bogenhöhe (bei schwingendem Abtrieb).

138 5 Kurvengetriebe

Tafel 5.9

Hubkurven mit zusätzlichen Bedingungen

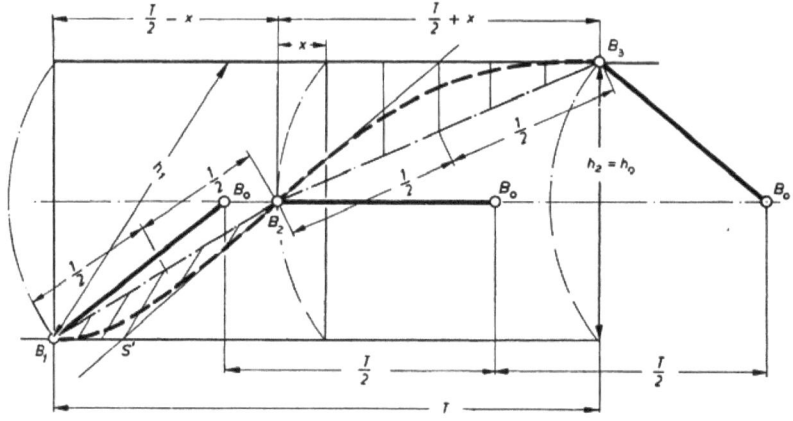

Hubmitte = Zeitmitte (Ausgleich der Bogenhöhe). Gemeinsame mittlere Tangente für zwei verschiedene Hubgesetze mit

$$r_1 = \frac{h_1}{2\cdot\pi} \quad \text{und} \quad r_2 = \frac{h_2}{2\cdot\pi}$$

a

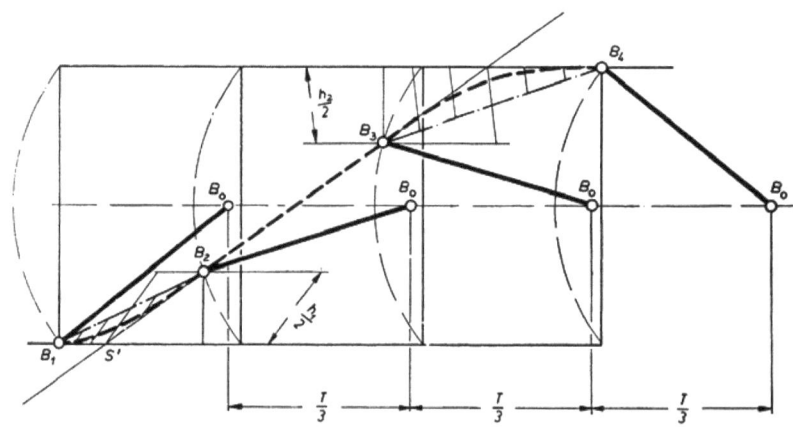

Innerhalb der Abtriebsbewegung sind zwei Lagen der Rolle B_2 und B_3 vorgeschrieben. Die Verbindungsgerade ist gemeinsame mittlere Tangente.

b

Bei zentrischer Anordnung weicht im Falle der Bogenführung das Hubglied um die Bogenhöhe in Zeitrichtung aus. Im Beispiel Tafel 5.8.a wirkt sich dies als Nacheilung t_n aus; d.h. die Hubmitte wird später erreicht. Bei umgekehrter Lage der Bogenkrümmung würde sie früher erreicht, es läge also eine Voreilung vor.

Durch die Schränkung (Tafel 5.8.b) ergibt sich eine weitere Beeinflussung der Abtriebsbewegung. Betrachtet man die untere Hubstellung als Ausgangslage so hat die im vorliegenden Beispiel angenommene Schränkung eine zum oberen Hubende hin zunehmende Nacheilung zur Folge.

Bei der Kurvenscheibe (Tafel 5.8.c) sind die Endlagen des Hubgliedes bestimmt durch die Mittelpunktsabstände R_{min} und R_{max} des Kurvenrollenmittelpunktes. Es kann - ebenso wie bei der Kurbelschwinge - von einer Exzentrizität nach unten (Tafel 5.8.d) bzw. nach oben (Tafel 5.8.e) gesprochen werden.

Die Auswanderung der Rolle infolge der Bogenhöhe und die ungleiche Zeitaufteilung der Kurvenscheibendrehung infolge der Schränkung werden einander überlagert. Auch hier lassen sich die entsprechenden Überlegungen von der Untersuchung der Kurbelschwinge sinngemäß anwenden.

Die Konstruktion eines Kurvenscheibengetriebes mit zentrisch im Bogen geführter Rolle erfolgt auf der Grundlage des *Thales*-Kreises (Tafel 5.8.f). Über dem Abstand des Schwingenlagers B_0 vom Scheibendrehpunkt A_0 wird der Halbkreis geschlagen. Ein weiterer Kreisbogen mit dem Scheibenhalbmesser R_m, der der Hubmitte entspricht ergibt als Schnittpunkt mit dem *Thales*-Kreis die Mitte der Sehne zwischen den Totpunkten des Schwingenbogens für den Rollenmittelpunkt. Die Verbindung dieses Punktes mit dem Schwingenlager B_0 ist die Winkelhalbierende des Schwingenwinkels ψ. Die Konstruktion ist für vorgeschriebene Winkel ψ umkehrbar.

5.5 Konstruktion von Hubkurven für zusätzliche Bedingungen

Die Veränderung der Hubbewegung durch die Abweichung der schwingenden Rolle von der senkrechten Hubrichtung kann beim Entwurf der Kurve berücksichtigt und ausgeglichen werden. Soll die Rolle z.B. die Mitte ihres Hubweges genau bei halber Hubzeit durchlaufen (Tafel 5.9.a), so muss der mittlere Wendepunkt B_2 um die Bogenhöhe x in "Zeitrichtung" verschoben werden. Man erhält zwei unterschiedliche Halbschwingungen mit gemeinsamer mittlerer Wendetangente. Nimmt man an, dass beim ausgeführten Getriebe die Kurve von rechts nach links unter der Rolle durchläuft und diese dabei eine Aufwärtsbewegung ausführt, so werden die Verhältnisse beim Entwurf

Tafel 5.10

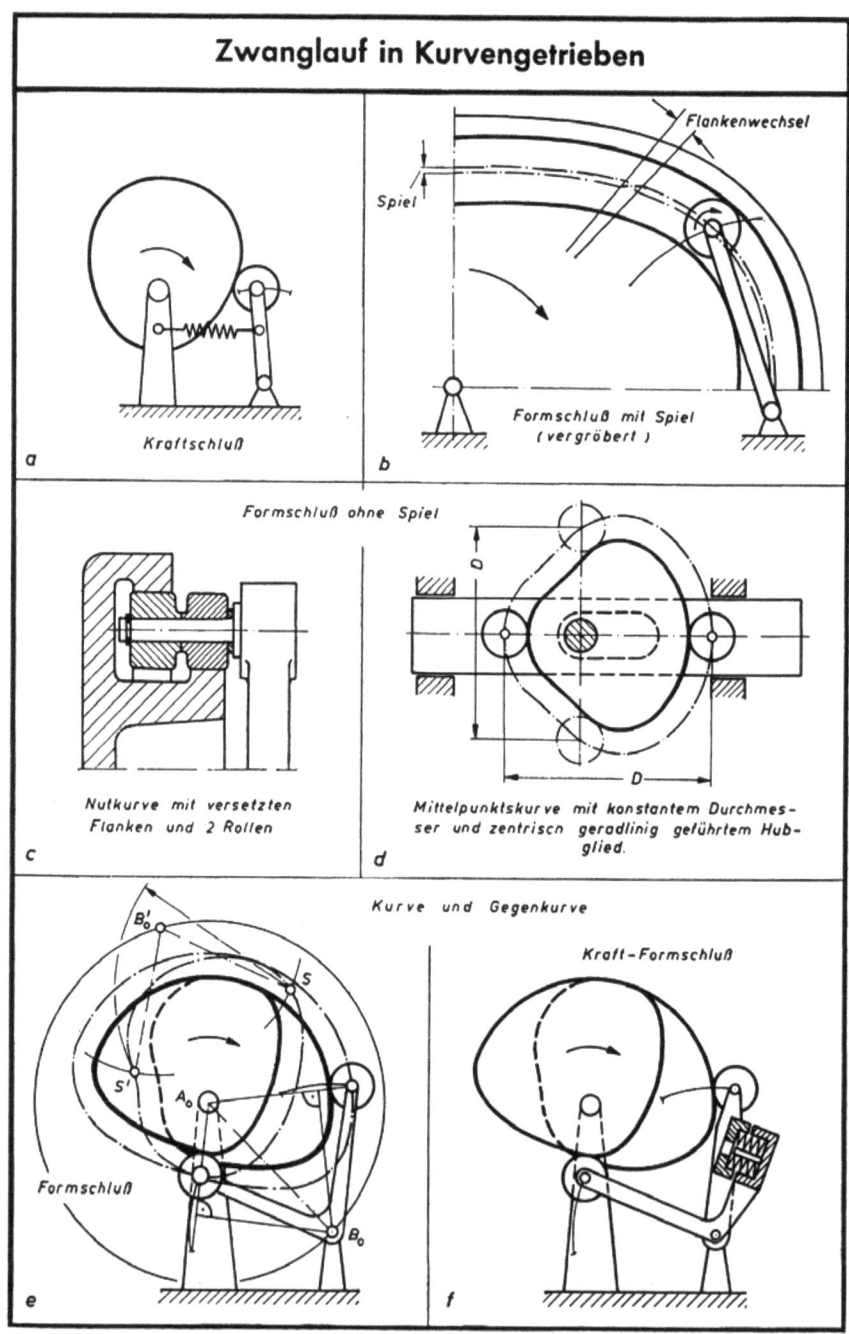

kinematisch umgekehrt; d.h. die Kurve liegt in der Zeichenebene fast, während der Anlenkpunkt B_0 des Rollenhebels von links nach rechts wandert. Die Rollenmitte
nimmt dabei nacheinander die Lagen B_1, B_2 und B_3 an, die in senkrechter Richtung um den Betrag $h_0/2$ übereinander liegen.

Man kann eine der beiden Kurvenhälften - in Tafel 5.9.a die obere Hubhälfte - nach *Helling-Bestehorn* entwerfen, d.h. mit Amplituden in Ordinatenrichtung. Für die andere Hubhälfte muss man dann diejenige Richtung und Größe der Amplitude nehmen, die sich ergibt, wenn man die Mitte der halben Grundlinie mit dem Punkt S' verbindet, in dem sich die mittlere Wendetangente mit der unteren horizontalen Tangente schneidet. Den Halbmesser des Amplitudenkreises erhält man in jedem Falle nach Formel (5.3).

In Tafel 5.9.b ist angenommen, dass innerhalb der Hubbewegung zwei Lagen B_2 und B_3 für die Kurvenrolle vorgeschrieben sind, beispielsweise bezogen auf 1/3 und 2/3 der Hubzeit. Der Entwurf ist dann ebenso einfach wie im vorhergehenden Beispiel. Die Punkte B_2 und B_3 werden beide als Wendepunkte je einer Halbschwingung aufgefasst. Ihre Verbindungsgerade ist die gemeinsame mittlere Tangente. Jede der beiden Halbschwingungen hat ihre eigene Amplitudenrichtung und -größe [27][28].

5.6 Zwanglauf in Kurvengetrieben

Der Zwanglauf in Kurvengetrieben kann konstruktiv in verschiedener Weise erreicht werden.

5.6.1 Kraftschluss

Zur kraftschlüssigen Rückführung können Gewichte oder Federn dienen. Häufig angewendet wird die federnde Rückführung. Bei der üblichen Anordnung (Tafel 5.10.a) muss der gesamte Arbeitshub in elastische Formänderungsarbeit umgesetzt werden. Hierbei kann der Fall eintreten, dass die bei der periodischen Bewegung auftretenden Massenkräfte die Federkraft unwirksam machen, so dass Schwingungen auftreten und die Rolle sich von der Kurvenflanke abhebt. Diese Gefahr besteht vor allem dann, wenn die Feder mit Rücksicht auf einen großen Hubweg eine weiche Charakteristik hat.

5.6.2 Formschluss

Bei der Führung der Rolle in einer Nutkurve besteht in beiden Hubrichtungen zwangläufige Bewegungsübertragung. Die Rolle muss jedoch grundsätzlich in der Nut mit Spiel laufen (Tafel 5.10.b), da sie beim Abrollen an der einen Kurvenflanke eine Drehung um die eigene Achse macht, die gegenüber der anderen Kurvenflanke die falsche Richtung hat. Aus dem Spiel ergibt sich bei jedem Wechsel in der Beschleunigungsrichtung ein Flankenwechsel und damit ein Stoß, der grundsätzlich auch bei noch so engem Spiel vorhanden ist. Außerdem wird die Drehrichtung der Rolle um ihre Achse bei jedem Flankenwechsel umgekehrt.

Vermeidbar ist dieses Spiel, wenn man die beiden Flanken der Nutkurve gegeneinander versetzt (Tafel 5.10.c) und für jede Flanke eine eigene Rolle auf dem gleichen Bolzen vorsieht [22]. Die Rollen laufen dann mit gegenläufigem Drehsinn und können dauernd auf Anlage gehalten werden.

Bei symmetrischem Bewegungsgesetz ergeben sich - bezogen auf die Mittelpunktsbahn der Rolle - in Sonderfällen Kurven mit konstantem Durchmesser (Tafel 5.10.d). Wenn das Hubglied in einem solchen Falle zentrisch geradgeführt wird - aber auch nur in diesem Falle! - können zwei Rollen an gegenüberliegenden Stellen auf einem Hubglied angeordnet werden.

Wird die Rolle dagegen auf einer Schwinge geführt, so ist in jedem Falle für die zweite Rolle eine eigene Kurve erforderlich, selbst bei symmetrischem Hubgesetz und zentrisch geführter Rolle (Tafel 5.10.e) [29]. Die Bogenhöhe des Rollenweges liegt bezogen auf den Drehsinn der Kurvenscheibe bei beiden Rollen entgegengesetzt. Während die *eine* der beiden Rollen in Hubmitte der Scheibendrehung entgegenkommt, also eine Voreilung bewirkt, zeigt die *andere* Rolle eine Nacheilung. Hieraus ergibt sich die Notwendigkeit für eine gegebene Kurve der ersten Rolle unter Berücksichtigung der Konstruktionsmaße des

Abtriebs die für die zweite Rolle erforderliche Gegenkurve besonders zu entwerfen.

Bei der punktweisen Konstruktion wird der Drehpunkt B_0 des Rollenhebels nacheinander in verschiedenen Lagen B'_0 auf einem Kreis um den Scheibendrehpunkt A_0 angeordnet. Ein Kreisbogen um diesen Punkt B'_0 mit der Länge eines Rollenhebels als Halbmesser trifft die gegebene Kurve für die erste Rolle in einem Punkt S. Der zugehörige Punkt S' der Gegenkurve wird durch zwei Zirkelschläge ermittelt. Man schlägt einen Kreisbogen um B'_0 mit der Länge des Rollenhebels und außerdem einen zweiten mit dem Mittenabstand der beiden Rollen als Halbmesser um den Punkt S. Hat man die erste Kurve punktweise ermittelt (vgl. Aufgabe 34), so ist es zweckmäßiger, von den einzelnen Punkten (S) der ersten Kurve auszugehen und durch Zirkelschläge mit der Länge des Rollenhebels die zugehörigen Lagen des Gestelldrehpunktes (B'_0) zu ermitteln. Im übrigen ist die Konstruktion die gleiche.

5.6.3 Kraft-Formschluss

Die formschlüssige spielfreie Ausführung eines Kurvengetriebes nach Tafel 5.10.e ist nur möglich, wenn die Fertigung der Einzelteile, vor allem der Kurvenscheiben sowie außerdem die Montage mit höchster Präzision erfolgt. Wichtig ist dabei die zwangläufige Fertigung der Gegenkurve für eine gegebene Steuerkurve. Fertigungsungenauigkeiten führen zu Spiel oder zum Klemmen des Kurvengetriebes. Die Notwendigkeit höchster Präzision entfällt, wenn man, wie in Tafel 5.10.f dargestellt, die beiden Rollenhebel gegeneinander federnd anordnet. Eine solche Feder hat nur die Aufgabe, Ungenauigkeiten auszugleichen. Der Federweg ist also außerordentlich gering, was bedeutet, dass die Feder sehr steif ausgeführt werden kann. Die Gefahr, dass die elastischen Eigenschaften die Laufsicherheit des Getriebes gefährden wie beim Kraftschluss (Tafel 5.10.a), besteht hierbei nicht.

5.7 Arbeitshilfen Kurvengetriebe

Mit dieser Problematik hat sich der Ausschuss "Ebene Kurvengetriebe" im Fachbereich "Getriebetechnik" der VDI-GKE in mehr als 10-jähriger Arbeit befasst. Es entstand eine zweiteilige Richtlinie zum Thema: "Bewegungsgesetze für Kurvengetriebe" [38].

5.7.1 Theoretische Grundlagen

Die endgültige Fassung - der sogenannte Weißdruck - erschien im Jahr 1980 (Umfang 27 Seiten). Diese Richtlinie enthält unter anderem eine Zusammenstellung von 10 normierten Bewegungsgesetzen sowie 64 Literaturhinweisen.

144 5 Kurvengetriebe

Hinzu kommt ein Anhang mit Wertetabellen für folgende, normierte Rast in Rast Bewegungsgesetze:
- Polynom 5. Grades
- Geneigte Sinuslinie (*Helling-Bestehorn*)
- Modifiziertes Beschleunigungstrapez
- Modifizierte Sinuslinie (*Neklutin*)

5.7.2 Praktische Anwendung

Diese Richtlinie erschien 1987 (Umfang 60 Seiten). In Zusammenhang mit dem Rechnereinsatz ist gerade diese Richtlinie von besonderem Wert. Sie enthält unter anderem Ausführungen zu folgenden Begriffen:
- Bewegungsplan
- Rechenplan
- Programmablaufplan
- Auswahlkriterien für Bewegungsgesetze
- Randwertanpassung

Ergänzt wird diese Richtlinie mit 16 Rechenbeispielen für die verschiedensten Bewegungsgesetze, Anwendungsbeispiele für die Kombination unterschiedlicher Bewegungsgesetze sowie Anwendungsbeispiele aus der Praxis und 21 Literaturhinweise.

5.7.3 Belastbarkeit von Kurvenflanken

Die Frage der Belastbarkeit von Elementenpaaren ist an sich eine Angelegenheit der Maschinenelemente. Trotzdem sei hier ein kurzer Hinweis gegeben, da die Angaben zu dieser Frage in der Fachliteratur nicht sehr zahlreich sind *Volmer* [21] gibt in Bezug auf Untersuchungen von *Nerge* [59] und *Hugh* [60] folgende Werte an:

Tabelle 7.4. Zulässige Wälzpressungen einiger Werkstoffpaarungen

Werkstoffe für		Zulässige Wälzpressung p_{zul}
Kurvenkörper	Rolle	N/mm^2
GGL-25	St gehärtet	3...4
GG nickellegiert	St gehärtet	4...7
GS-50	St gehärtet	3
St 70	St gehärtet	6
St gehärtet	St gehärtet	35...55
20 MnCr5 einsatzgehärtet	20 MnCr5 einsatzgehärtet	55
Baumwollfeingewebe mit Phenolharz	St gehärtet	3,5

6 Güte der Bewegungsübertragung

Der Lauf eines Getriebes wird von äußeren und von inneren Kräften beeinflusst. Betrachtet man ein Getriebe als *Bewegungsumformer*, so genügt die Untersuchung der äußeren Kräfte nach den Regeln der Statik. Vom Kraftbedarf am Abtrieb ausgehend, lässt sich der Kraftfluss im Getriebe bestimmen; hinzu kommen die Reibungskräfte, die durch konstruktive Maßnahmen beeinflusst werden können, und die im übrigen von den Arbeitskräften abhängig sind.

Betrachtet man das Getriebe jedoch als *Leistungsumformer* und setzt damit höhere Drehzahlen voraus, so sind für die Laufeigenschaften neben den oben genannten äußeren Kräften auch noch innere Kräfte maßgebend, die mit der periodischen Änderung des Bewegungszustandes in Zusammenhang stehen, insbesondere die Massenkräfte und die durch Schwingungen verursachten Kräfte. Massenkräfte und Schwingungen sind Probleme der Dynamik [30][31]. Die Ermittlung der im Getriebe auftretenden Beschleunigungen als Voraussetzung dieser Kräfte kann mit den in den Abschnitten 3 und 5 beschriebenen Verfahren erfolgen. Die Bestimmung der Arbeitskräfte und der Reibungskräfte in Abhängigkeit von kinematischen und konstruktiven Einflüssen ist Sache der Getriebelehre.

6.1 Kraftfluss im Getriebe

Es sei angenommen, dass am Abtrieb B_0 einer Kurbelschwinge (Tafel 6.1.a) ein bestimmtes Drehmoment M_2 benötigt wird. Das bei reibungsfreier Übertragung hierfür erforderliche Antriebsdrehmoment beträgt dann

$$M_1 = M_2 \frac{q_1}{q_2} \tag{6.1}$$

Das Moment M_2 setzt am Abtriebsgelenk B eine Tangentialkraft F_{t2} voraus, die ihrerseits wiederum durch eine Koppelkraft F_k erzeugt werden muss. Die in Richtung der Koppelmittellinie wirkende Kraft F_k muss um so größer sein, je größer die Ablenkung der Kraft aus der Koppelrichtung in die Tangentialrichtung ist. Unter Benutzung des Ablenkwinkels α ergibt sich

$$F_k = \frac{F_{t2}}{\cos \alpha} \tag{6.2}$$

Die vom Abtriebslager aufzunehmende Komponente (Normalkraft am Abtrieb)

6 Güte der Bewegungsübertragung

Tafel 6.1

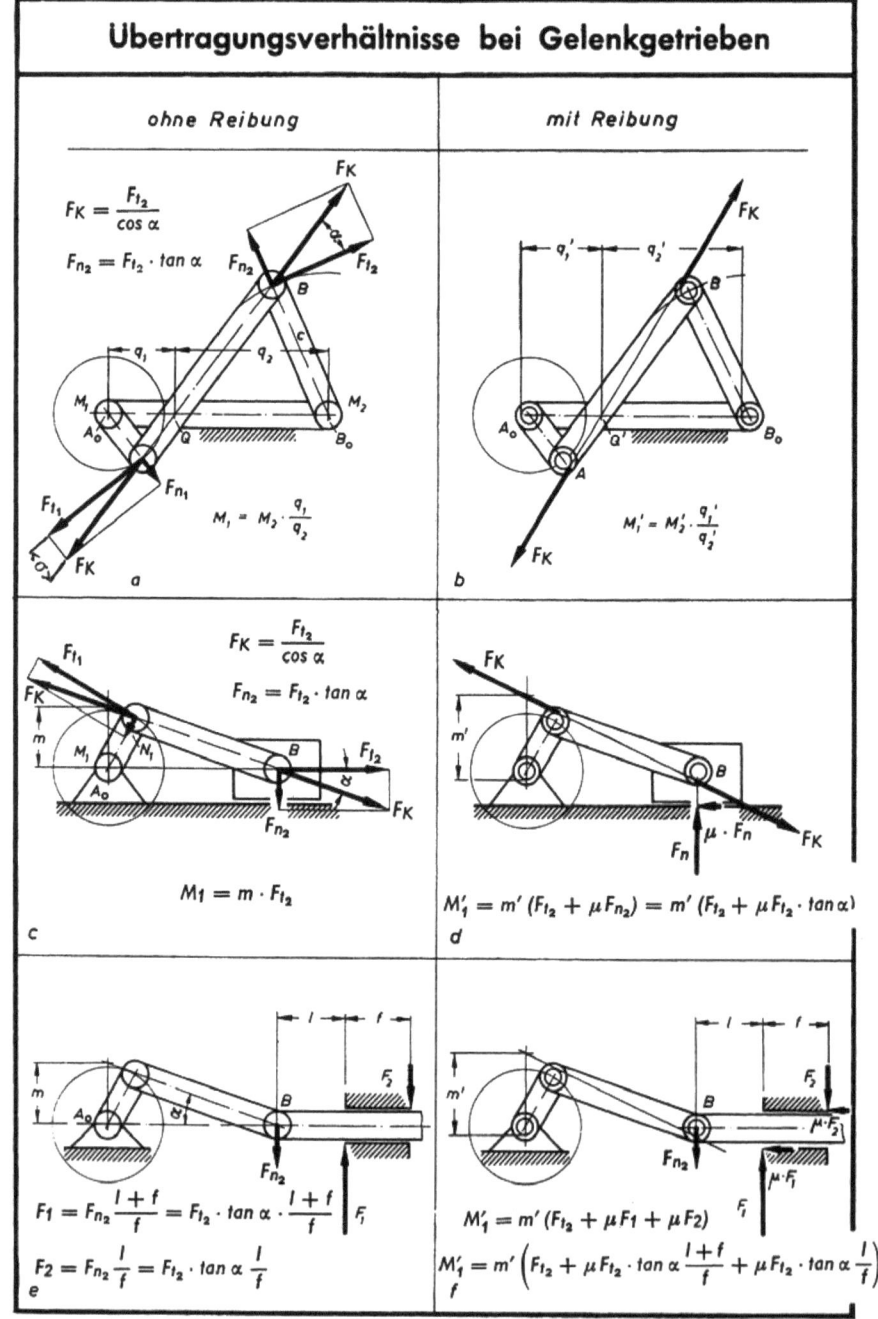

ist:

$$F_{n2} = F_{t2} \cdot \tan\alpha \tag{6.3}$$

Koppelkraft F_k und Normalkraft F_{n2} wachsen bei unveränderter Tangentialkraft F_{t2} mit zunehmendem Ablenkwinkel und erreichen bei $\alpha = 90°$ den Wert "unendlich". Die Koppel liegt dann mit dem Abtriebslenker in Deck- oder Strecklage. Es liegt also eine unsichere Getriebelage vor, die man auch als Verzweigungslage bezeichnet.

Bezeichnet man den Winkel zwischen der Koppelrichtung und der Tangentialrichtung am Antriebsgelenk A mit σ, so erhält man die Tangentialkraft am Antriebsgelenk

$$F_{t1} = F_k \cdot \cos\sigma \tag{6.4}$$

und die Normalkraft am Antriebsgelenk

$$F_{n1} = F_k \cdot \sin\sigma \tag{6.5}$$

Die Kraftkomponenten am Antriebsgelenk sind also stets $\leq F_k$. Entscheidend für die Güte der Bewegungsübertragung ist somit nur der Ablenkwinkel α am Abtrieb. Bereits bei $\alpha = 45°$ entsteht nach Formel (6.3) im Abtriebslager ein Normaldruck, der ebenso groß ist wie die im Abtriebsgelenk wirkende Tangentialkraft.

Die Formeln (6.2) bis (6.5) gelten grundsätzlich, was sich am Beispiel der Schubkurbel (Tafel 6.1.c) bestätigt. Die Tangentialkraft ist als Kolbenkraft bekannt, während die Normalkraft als Druck auf die Gleitbahn wirkt. Wird die Geradführung nicht unmittelbar am Gelenk angeordnet, sondern das Gelenk an einem frei tragenden Schieber befestigt Tafel 6.1.e), so ergeben sich in Abhängigkeit von den Konstruktionsmaßen Kantenpressungen in den Führungen.

$$F_1 = F_{n2} \frac{l+f}{f} \qquad F_2 = F_{n2} \frac{l}{f} \tag{6.6}$$

Die Führungslänge f wird bei der Konstruktion festgelegt, während die freie Länge l sich mit der Kurbelstellung ändert, ebenso wie der Ablenkwinkel α.

Der Ablenkwinkel α ist eine entscheidende Größe zur Beurteilung der Übertragungsgüte eines Getriebes. Er wird gemessen zwischen der Kraftrichtung der Koppel und der absoluten Bewegungsrichtung t_a des Abtriebes [32].

Vielfach wird als Kriterium für die Übertragungsgüte der von *Alt* eingeführte Übertragungswinkel μ [33]. Dieser ist definiert als der Winkel zwischen der absoluten und der relativen Bewegungsrichtung des Abtriebsgelenkes der Koppel. Bei der Kurbelschwinge wird er z.B. gemessen zwischen den Mittellinien von Koppel und Schwinge; er kann also größer oder kleiner sein als 90°. Die Bewegungsübertragung wird um so ungünstiger, je mehr der Übertragungswinkel μ von 90° abweicht. Diese Abweichung liegt der Definition des Ablenkwinkels nach *Bock* zugrunde. Die für den *Alt*schen

Übertragungswinkel übliche Bezeichnung μ kann zudem insofern zu Irrtümern führen, als im Zusammenhang mit der Bewegungsübertragung, wie bereits erwähnt, auch die Reibungskräfte von Bedeutung sind, so dass auch der Reibungsbeiwert μ in die Betrachtung einbezogen werden muss.

6.2 Einfluss der Reibungskräfte

In den Gelenken und Führungen eines Getriebes treten Reibungskräfte auf, deren Überwindung ein zusätzliches Drehmoment am Antrieb erfordert. Nach einem Vorschlag von *Lenk* [34] lässt sich die Wirkung der Reibungsmomente dadurch veranschaulichen, dass man an Gelenken und Lagern im Getriebeschema "Reibungskreise" darstellt und alle für die Bestimmung des Übersetzungsverhältnisses maßgeblichen Geraden tangential auf diese Kreise bezieht. Die Richtung der wirksamen Koppelkraft weicht dadurch von der Koppelgeraden ab, so dass sich der Relativpol von Q nach Q' verschiebt (Tafel 6.1.b). Seine Abstände q'_1 und q'_2 werden nach *Lenk* auf Maßlinien bezogen, die ebenfalls tangential verlaufen. So ergibt sich das Antriebsdrehmoment einschließlich des Reibungsmomentes mit:

$$M'_1 = M_2 \cdot \frac{q'_1}{q'_2} \qquad (6.7)$$

Bei der Schubkurbel kann man sinngemäß die Reibungsmomente in den Gelenken berücksichtigen und erhält die in Tafel 6.1.d dargestellte geänderte Drehschubstrecke m' (Tafel 3.21.f). Die Berücksichtigung der Reibungsverluste an der Gleitbahn ergibt sich durch ein Zusatzglied $\mu \cdot F_n$ zur Tangentialkraft F_t. Somit folgt für das Antriebsmoment einschließlich des Reibungsmomentes für die Schubkurbel

$$M'_1 = m' (F_{t2} + \mu F_{n2}) \qquad (6.8)$$

Liegt die Gleitbahn nicht unmittelbar unter dem Abtriebsgelenk B, so ergibt sich für das frei tragende Schubglied

$$M'_1 = m' (F_t + \mu F_1 + \mu F_2) \qquad (6.9)$$

Tafel 6.2

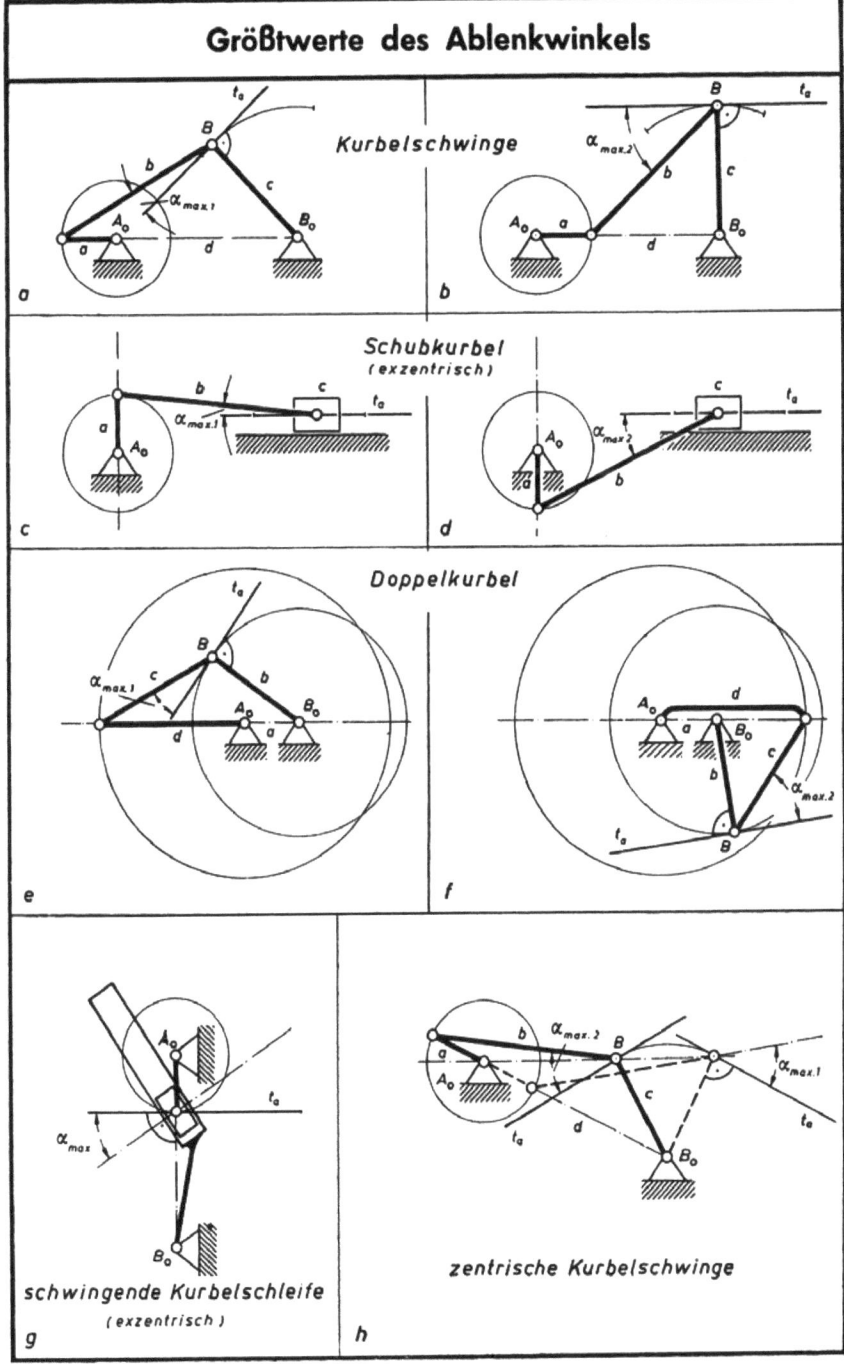

6.3 Der Wirkungsgrad

In gleicher Weise wie bei den gleichförmig übersetzenden Getrieben lässt sich auch hier der Wirkungsgrad als Verhältniswert zwischen Nutzleistung und aufgewandter Leistung definieren oder als Verhältnis der entsprechenden Drehmomente Diese Betrachtungsweise nach *Lenk* dient zunächst zur Veranschaulichung des Begriffes "Wirkungsgrad" bei Gelenkgetrieben. Allgemeingültige Werte für den Wirkungsgrad lassen sich hiervon noch nicht ableiten, da das dynamische Verhalten eines Getriebes von Fall zu Fall sehr verschieden sein kann.

Man erhält so z.B. für die Kurbelschwinge:

$$\eta = \frac{M_1}{M_1'} = \frac{q_1}{q_2} \cdot \frac{q_2'}{q_1'} \tag{6.10}$$

Für die Schubkurbel mit aufliegendem Schubglied

$$\eta = \frac{m}{m'} \cdot \frac{F_{t2}}{F_{t2} + \mu \, F_{t2} \tan\alpha} = \frac{m}{m'} \cdot \frac{1}{1 + \mu \, \tan\alpha} \tag{6.11}$$

und für die Schubkurbel mit frei tragendem Schubglied

$$\eta = \frac{m}{m'} \cdot \frac{1}{1 + \mu \, \tan\alpha \, (1 + 2 \, \frac{1}{f})} \tag{6.12}$$

6.4 Größtwerte des Ablenkwinkels α

Im Normalfall tritt der Ablenkwinkel α an solchen Gelenken auf, in denen nur schwingende Bewegungen entstehen. Von besonderem Interesse sind daher seine Größtwerte.

6.4.1 Größtwerte von α bei Gelenkgetrieben

Getriebelagen mit Größtwerten von α sind stets solche, in denen das Antriebsglied sich in einer sogenannten Steglage befindet, d.h. in denen es auf der Gestellgeraden liegt. Bei der Kurbelschwinge (Tafel 6.2.a und b) ergeben sich bei den vorliegenden Abmessungen sehr unterschiedliche Grenzwerte, gemessen zwischen der absoluten Bewegungsrichtung t_a und der Koppelgeraden. Bei der Schubkurbel (Tafel 6.2.c und d) sind die Steglagen der Kurbel stets die senkrechten Stellungen zur Schubrichtung. Die Verhältnisse bei der Doppelkurbel zeigt die Tafel 6.2.e und f. Bei der schwingenden Kurbelschleife tritt ein Ablenkwinkel nur auf, wenn das Getriebe exzentrisch ausgeführt wird (Tafel 6.2).

Tafel 6.3

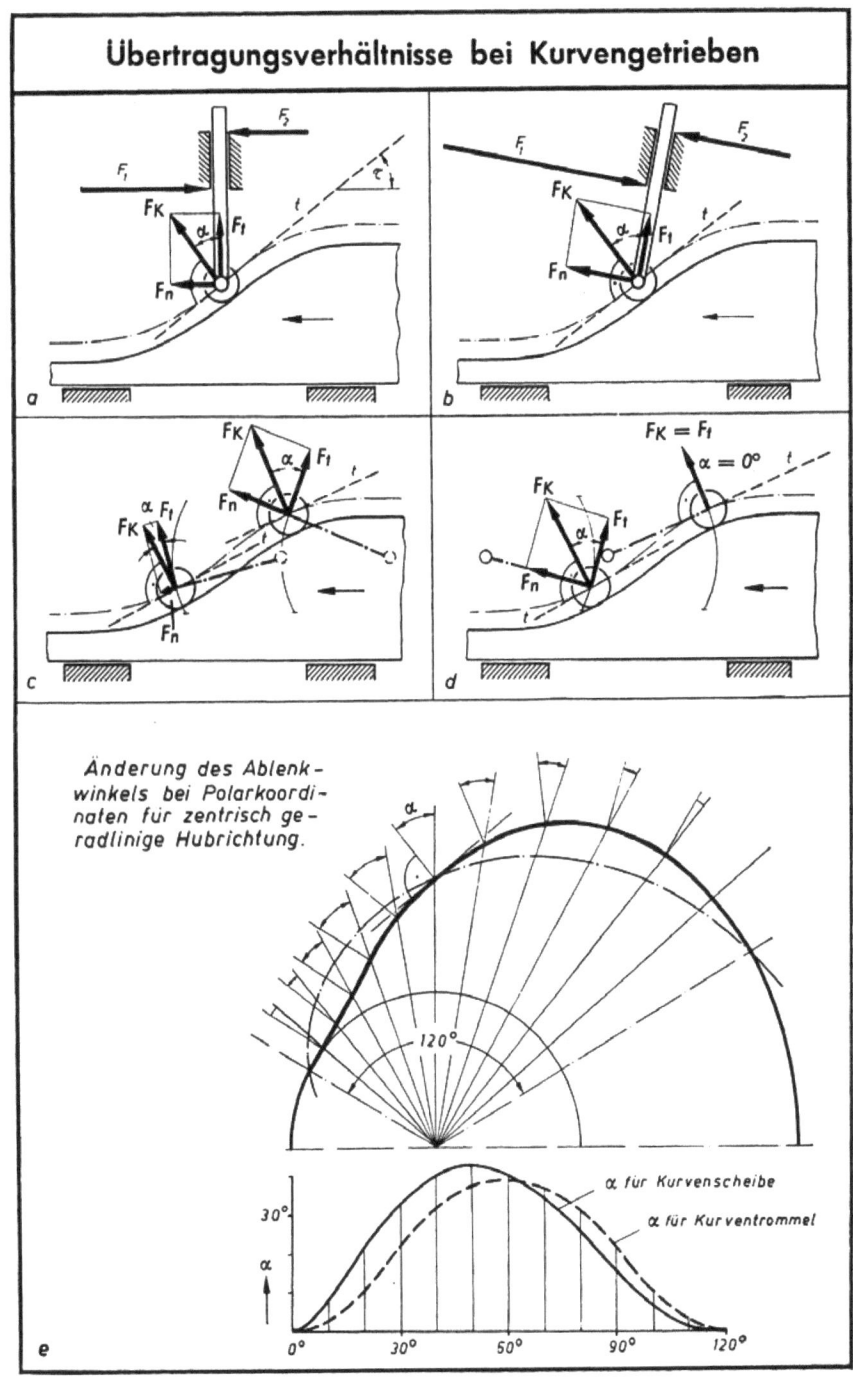

Von den beiden Steglagen der Kurbel ergibt die innere Lage den größeren Wert für α.

Nach *Alt* sind bei den Viergelenkgetrieben die Gliederlagen mit Größtwert des Ablenkwinkels näherungsweise diejenigen, in denen die auftretenden Beschleunigungen ihre Größtwerte besitzen. Aus diesem Grunde dürfen die Werte für α_{max} bestimmte Grenzwerte nicht übersteigen. Günstig wirkt es sich aus, wenn die Werte α_{max1} und α_{max2} annähernd gleich groß werden. Man spricht dann von übertragungsgünstigen Getrieben. Bei der Kurbelschwinge liegt dieser Fall vor, wenn das Getriebe zentrisch ausgeführt wird. (Tafel 6.2.h). Verwendet man die gleichen Abmessungen als Doppelkurbel und macht den Lenker d zum Antrieb, so ist das Antriebslager A_0 das gleiche wie bei der Kurbelschwinge. Das Abtriebsgelenk B der Koppel bleibt auch bei der Doppelkurbel das Abtriebsgelenk. Dies bedeutet, dass dann die gleichen Größtwerte des Ablenkwinkels α für die Doppelkurbel, wie auch für die Kurbelschwinge gelten.

6.4.2 Größtwerte von α bei Kurvengetrieben

Bei der Untersuchung der Bewegungsverhältnisse an Kurvengetrieben wurden Ersatz-Gelenkgetriebe verwendet (Tafel 5.1 und Tafel 5.2). Die für Gelenkgetriebe entwickelten Untersuchungsmethoden sind damit auch auf Kurvengetriebe anwendbar. Dies gilt auch für den Begriff des Ablenkwinkels. Er ist auch hier definiert als der Winkel zwischen der absoluten Bewegungsrichtung des Abtriebes und der Richtung der auf das Abtriebsglied wirkenden Kraft. Diese Kraft F_k steht in Richtung der Kurvennormalen im Berührungspunkt bzw. im Rollenmittelpunkt. Bei einer Schubkurve und zentrisch gerade geführtem Stößel (Tafel 6.3.a) ergeben sich ähnliche Verhältnisse wie bei der Schubkurbel mit frei tragendem Schubglied (Tafel 6.1.e). Der Ablenkwinkel α ist dann gleich dem Steigungswinkel τ der Kurve.

Bei geschränkter Schubrichtung stimmen α und τ nicht mehr überein; sie unterscheiden sich um den Neigungswinkel der Hubrichtung bezogen auf die zentrische Richtung (Tafel 6.3.b). Die Schränkung hat starken Einfluss auf die Kraftverhältnisse, vor allem auf die Größen der Führungskräfte F_1 und F_2. Bei geradlinig geführtem Hubglied ändert sich der Ablenkwinkel α nur in Abhängigkeit von der Hubkurve. Wird das Hubglied dagegen als Schwinghebel ausgebildet (Tafel 6.3.c und d), so ergibt sich eine zusätzliche Änderung von α infolge der Richtungsänderung des Rollenweges. Dabei macht es einen Unterschied, ob die Krümmung des Schwingenbogens zur Schubrichtung der Kurve konkav (Tafel 6.3.c) oder konvex (Tafel 6.3.d) verläuft. Zusätzlich wirkt auch hier die zentrische oder exzentrische Anordnung des Rollenweges [35].

Bei der Schubkurve fällt ebenso, wie bei der Trommelkurve der Größtwert von τ mit der größten Hubgeschwindigkeit zusammen, sofern das Hubgesetz symmetrisch ist. Wird ein symmetrisches Hubgesetz - z.B. eine geneigte Sinuslinie nach *Helling-Bestehorn* - in Polarkoordinaten übertragen, so erhält man eine Kurvenscheibe (Tafel 6.3.e). Infolge der zum Scheibenmittelpunkt zunehmenden Krümmung der als Spirale erscheinenden geneigten Grundlinie ergibt sich dabei eine zusätzliche Veränderung der Kurvensteigung τ, die ihrerseits den Ablenkwinkel α beeinflusst. Der Größtwert von α = τ nimmt zu und verschiebt sich außerdem zum Grundkreis hin (Tafel 6.3.e). Diese Änderung im Verlauf des Ablenkwinkels ist stark abhängig vom Hub-Zeit-Verhältnis und vom gewählten Grundkreishalbmesser [36]. Wird bei Kurvenscheiben die Rolle auf einem Schwinghebel geführt, so wird hierdurch der Größtwert des Ablenkwinkels α nochmals nach Lage und Größe verändert.

Je nach Krümmungsrichtung des Schwingenbogens wird der Einfluss der Polarkoordinaten entweder verstärkt (Tafel 6.3.d) oder abgeschwächt (Tafel 6.3.c).

Die erforderliche Mindestgröße des Halbmessers R_m ergibt sich nach Formel (5.7) aus dem zulässigen, größten Steigungswinkel τ. Dieser hängt ab:

1. von der Art der Rollenführung und
2. vom größtzulässigen Ablenkwinkel α.

Bei der Formel (5.7) wurde vorausgesetzt, dass die Hubkurve nach *Helling-Bestehorn* entworfen wird und die größte Steigung in Hubmitte auftritt. Letzteres gilt für Schubkurven und Trommelkurven. Für Kurvenscheiben muss die zulässige Steigung in Hubmitte um etwa 10% niedriger angenommen werden als Ausgleich für die Steigungszunahme durch den Übergang auf Polarkoordinaten.

6.5 Zulässige Größtwerte des Ablenkwinkels

Von *Alt* und *Sieker* wurden unter anderem Angaben über die zulässigen Werte des Übertragungswinkels gemacht [37]. In Anwendung auf den hier benutzten Ablenkwinkel α ergeben sich folgende Richtwerte:

Tabelle 6.1. Zulässige Größtwerte des Ablenkwinkels

Getriebeart	Zulässiger größter Ablenkwinkel
Gelenkgetriebe	50°
Kurvengetriebe mit $n < 0,5\ s^{-1}$	45°
Kurvengetriebe mit $n > 0,5\ s^{-1}$	30°

Für Kurvengetriebe ergibt sich hieraus bei zentrisch geradlinig geführter Rolle unter Einbeziehung der Richtwerte für *C* der erforderliche Trommelhalbmesser bzw. Scheibenhalbmesser in der Hubmitte (Tafel 5.6.a und b).

$$R_m = \frac{360°}{\pi \tan\alpha} \cdot \frac{h_0}{\varphi_0°} = C\frac{h_0}{\varphi_0°} \qquad (6.12)$$

Unter Beachtung der obigen Grenzwerte für α und bei Berücksichtigung der Tatsache, dass die Steigung in Hubmitte bei Kurvenscheiben mit Rücksicht auf Polarkoordinaten kleiner zu wählen ist als bei Kurventrommeln ergeben sich für C die folgenden Richtwerte:

Tabelle 6.2. Richtwerte für C

für	bei Drehzahlen	
	$n < 0{,}5\ s^{-1}$	$n > 0{,}5\ s^{-1}$
Kurventrommeln	115°	198°
Kurvenscheiben	137°	225°

7 Synthese, Analyse und Optimierung von Gelenkgetrieben

Die zunehmende Automatisierung von Arbeitsabläufen stellt auch die Getriebelehre sowie ihre Anwendung, die Mechanismentechnik, immer wieder vor neue Aufgaben. Dies zeigt auch das Angebot einer umfangreichen Fachliteratur auf diesem Gebiet. In diesem Kapitel wird der Entwurf, die Analyse und die Optimierung von Gelenkgetrieben besprochen.

Für das erste Eindringen in die Probleme und Lösungsmöglichkeiten der ungleichmäßig übersetzenden Getriebe sind zeichnerische Methoden schon wegen ihrer Anschaulichkeit unverzichtbare Hilfsmittel. Durch den Einzug von CAD-Programmen im Konstruktionsprozess werden wesentlich höhere Genauigkeiten erzielt und wird der Lösungsraum vergrößert. Ein sehr gutes Hilfsmittel im Zusammenwirken mit CAD-Programmen stellt das Programm SAM dar. Eine Jahreslizenz SAM-Light (Kinematik) für das Selbststudium und zur privaten Benutzung kann über www.konstruktivegetriebelehre.de angefordert werden.

7.1 Synthese

Bei der Getriebesynthese besteht die Aufgabe darin, den Getriebetyp und dessen kinematische Parameter zu bestimmen, so dass eine vorgegebenen Bewegungsaufgabe erfüllt wird. Nach VDI-Richtlinie 2727 [39] kann man für die möglichen Getriebefunktionen die folgende Grobeinteilung machen, wobei die Einteilung sich nach der Bewegung des Abtriebs richtet.

Tabelle 7.1. Grobeinteilung der Getriebefunktionen

Abtrieb					
Drehen		Schieben		Führen	
gleichsinnig	wechselsinnig	gleichsinnig	wechselsinnig	gleichsinnig	wechselsinnig

Bei der Besprechung der Getriebesynthese ist es wichtig zu bedenken, dass es neben den verschiedenen oben erwähnten Getriebefunktionen auch verschiedene Syntheseaufgaben bestehen, zwischen denen man unterscheiden muss.

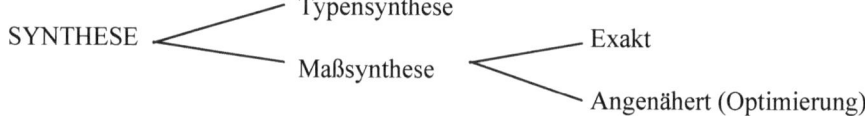

Bei der *Typensynthese* besteht die Aufgabe darin, diejenigen Getriebetypen zu selektieren, die grundsätzlich in der Lage sind die gewünschte Getriebefunktion zu realisieren. Die *Maßsynthese* dahingegen beschränkt sich auf das Finden der kinematischen Parameter, z.B. Längen, Koordinaten der Gestellpunkte u.s.w., die die gestellte Aufgabe exakt bzw. so gut wie möglich erfüllen. Ist die Anzahl der Bedingungen (= diskret vorgegebene Werte) kleiner oder gleich der Anzahl Unbekannten (= kinematische Parameter), dann kann man für einige Getriebe eine *exakte* Maßsynthese durchführen. Ist die Anzahl Bedingungen geringer als die Anzahl Parameter, müssen extra Bedingungen eingeführt oder einige Parameterwerte vorgewählt werden. Ist die Anzahl Bedingungen dahingegen größer als die Anzahl der kinematischen Parameter, dann muss die Synthese mit Hilfe von *numerischer Optimierung* durchgeführt werden. Das Getriebe, dessen Abmessungen mit dieser Methode bestimmt worden sind, erfüllt im allgemeinen die gestellte Aufgabe nur näherungsweise.

Die Maßsynthese eines Getriebes kann man auf zweierlei Wegen lösen, nämlich graphisch oder analytisch - numerisch z.B. mit Rechneranwendung. Die *graphischen* Methoden bieten dem Konstrukteur einen relativ schnellen und vor allem übersichtlichen Lösungsansatz. Die graphischen Methoden sind aber in der Genauigkeit eingeschränkt (Zeichengenauigkeit!). Außerdem ist das Lösen komplexer Aufgaben, wobei die graphische Konstruktion mehrmals wiederholt werden muss, ein Problem.

Die *analytischen* Methoden eignen sich zur Rechneranwendung und haben den Vorteil der Genauigkeit und können unbeschränkt wiederholt werden. Eine Zwischenform ist die sogenannte *Zeichnungsfolge-Rechenmethode*, bei der die Rechnung den zeichnerischen Schritten folgt und auf dem Rechner numerisch nachvollzieht.

Im Folgenden wird erst das Verhältnis zwischen der Anzahl Bedingungen und der Anzahl Parameter behandelt, wonach die graphische Methode für die Syntheseaufgabe der Zwei- und Dreilagenzuordnung besprochen wird. Diese Besprechung beschränkt sich inhärent auf die exakte Maßsynthese. Bei der Besprechung der rechnerunterstützten Synthese wird auf die exakte Maßsynthese eines Funktionsgenerators mit Hilfe der Matrixrechnung, die exakte Lagensynthese auf Basis der *Burmester* Theorie und die angenäherte Typen- und Maßsynthese von Getrieben zur Erzeugung von periodischen Funktionen durch harmonische Analyse eingegangen.

Tafel 7.1

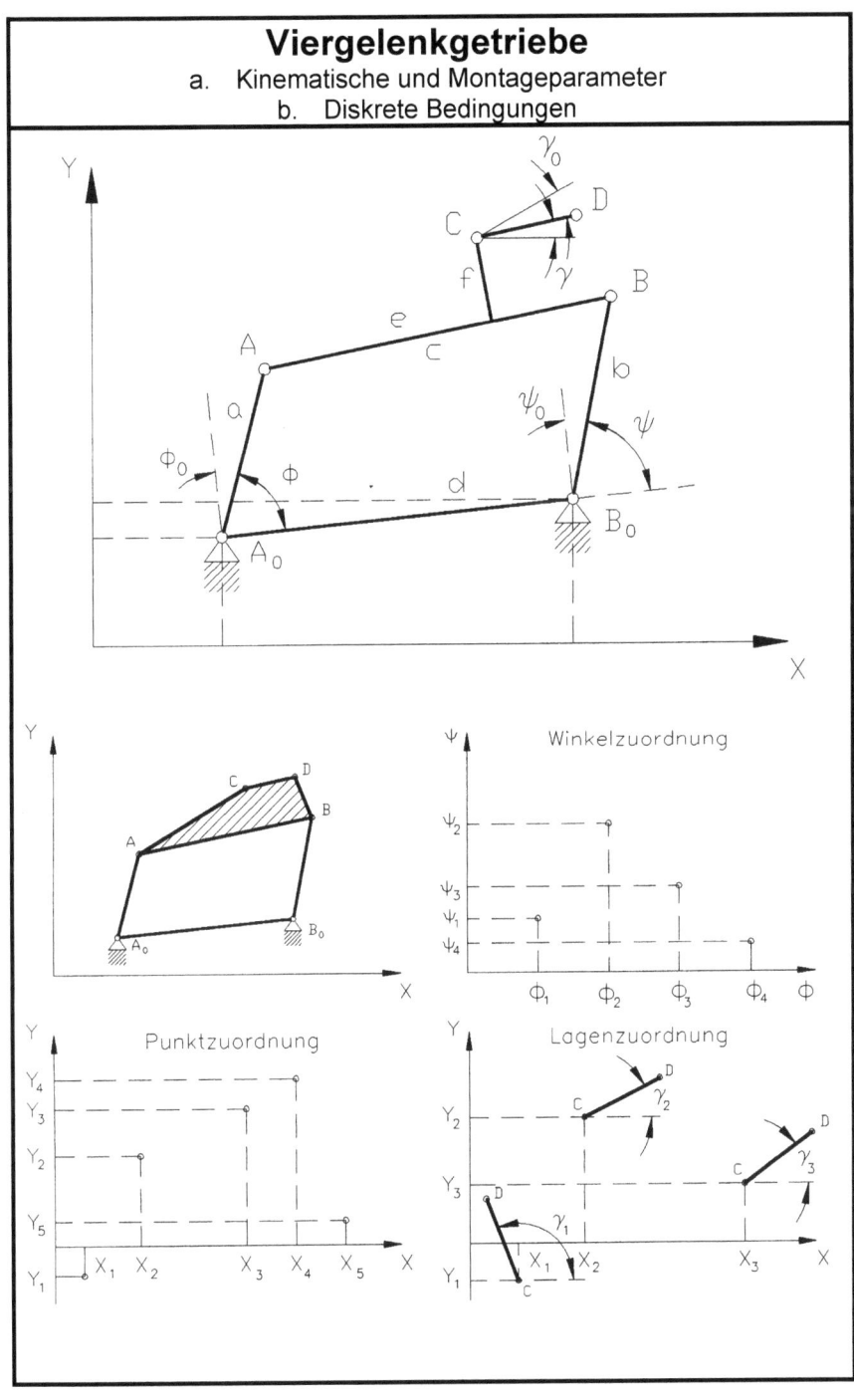

7.1.1 Diskrete Bedingungen

Bevor die Synthesemethoden besprochen werden können, ist es notwendig sich Klarheit darüber zu verschaffen, wie viele diskrete Bedingungen (Winkel, Punkt oder Lage) man bei einem Viergelenkgetriebe überhaupt vorschreiben kann. Diese Anzahl ist abhängig vom Typ der Bedingung. Man unterscheidet:

- *Präzisionspunkte* (X_i, Y_i) *auf Koppelkurve*

Wie viele Präzisionspunkte (X_i, Y_i) auf der Bahnkurve des Koppelpunktes C kann man maximal vorschreiben (Tafel 7.1). Um diese Frage zu beantworten, muss man die Summe der Parameter mit der Anzahl der vorgeschriebenen Bedingungen in Einklang bringen. Die *kinematischen Parameter* des Getriebes sind die Koordinaten der zwei Gestellpunkte $(X_{A0}, Y_{A0}, X_{B0}, Y_{B0})$, die drei Gelenklängen (a,b,c) und zwei Abstände, die die Position des Koppelpunktes festlegen (e,f). Geht man von N Präzisionspunkten aus, dann bedeutet das, dass man für alle N Präzisionspunkte schreiben kann:

$$X_i = X(X_{A0}, Y_{A0}, X_{B0}, Y_{B0}, a, b, c, e, f, (\phi_0 + \phi_i))$$
$$Y_i = Y(X_{A0}, Y_{A0}, X_{B0}, Y_{B0}, a, b, c, e, f, (\phi_0 + \phi_i))$$

$i = 1,..N$ (7.1)

Hierin ist $(\phi_0 + \phi_i)$ der Wert des Antriebswinkels wobei der Koppelpunkt *C* die Position (X_i, Y_i) einnimmt. Der Phasenwinkel ϕ_0 ist hierbei ein extra Freiheitsgrad. Dieser *Montageparameter* bestimmt den relativen Winkel zwischen dem Antriebsglied und der Antriebswelle.

Besteht die Bewegungsaufgabe darin, die gegebenen Präzisionspunkte zu durchlaufen ohne dass auch der korrespondierende Antriebswinkel vorgeschrieben ist (also ohne "timing") dann gehören die Werte $(\phi_0 + \phi_i)$ (i = 1,..N) zu den Unbekannten, so dass die Zahl der Unbekannten 9+N ist während 2N Gleichungen vorgeschrieben werden müssen. Dies bedeutet, dass eine eindeutige Lösung besteht wenn gilt:

$2N = 9+N \rightarrow N = 9$ (Präzisionspunkte ohne Winkelzuordnung)
(7.2)

Maximal können also 9 Präzisionspunkte vorgeschrieben werden, wobei das Getriebe dann vollständig definiert ist.

Sind die Präzisionspunkte dahingegen bei vorgeschriebenen Antriebswinkel $(\phi_0 + \phi_i)$ zu durchlaufen, dann beträgt die Anzahl unbekannter Parameter 10, nämlich die bereits genannten 9 plus der konstante Phasenwinkel ϕ_0. Die N Werte für ϕ_i zählen nun nicht zu den Unbekannten, so dass es 10 Unbekannte und 2N Gleichungen gibt.

$2N = 10 \rightarrow N=5$ (Präzisionspunkte mit vorgeschriebenen Antriebswinkel)

(7.3)

- *Lagenzuordnung* (X_i, Y_i, γ_i)

Auch die maximale Anzahl Lagen die vorgeschrieben werden können lässt sich aus Tafel 7.1 ableiten. Die Linie CD muss N Lagen (X_i, Y_i, γ_i) einnehmen oder anders gesagt der Punkt C muss N Positionen (X_i, Y_i) durchlaufen, während gleichzeitig die Linie CD den Winkel, γ_i einnimmt. Auch bei dieser Betrachtung muss wiederum ein Montageparameter eingeführt werden, nämlich der Phasenwinkel γ_0.

(7.4)
$$X_i = X(X_{A0}, Y_{A0}, X_{B0}, Y_{B0}, a, b, c, e, f, \gamma_0, (\phi_0+\phi_i))$$
$$Y_i = Y(X_{A0}, Y_{A0}, X_{B0}, Y_{B0}, a, b, c, e, f, \gamma_0, (\phi_0+\phi_i)) \qquad i=1,...N$$
$$\gamma_i = \gamma(X_{A0}, Y_{A0}, X_{B0}, Y_{B0}, a, b, c, e, f, \gamma_0, (\phi_0+\phi_i))$$

Bei der Lagenzuordnung ohne Antriebswinkel gibt es also 3N Gleichungen und 10+N Unbekannte:

$$3N = 10 + N \rightarrow N=5 \quad \text{(Lagenzuordnung ohne Antriebswinkel)} \qquad (7.5)$$

Maximal können also fünf Lagen vorgeschrieben werden. Müssen die Lagen außerdem bei einem bestimmten Antriebswinkel eingenommen werden, dann besteht das Problem aus 3N Gleichungen und 11 Parametern. Dies bedeutet dass maximal 3 Lagen mit Antriebswinkel vorzuschreiben sind, wobei dann aber noch 2 Parameter frei wählbar sind.

- *Winkelzuordnung*

Zum Schluss ist noch die Frage zu beantworten, wie viele Winkelzuordnungen maximal zwischen Antriebs- und Abtriebsgelenk definieren kann. Da es sich um Winkelbeziehungen handelt ist verständlicherweise nicht die absolute Abmessung des Getriebes sondern nur die drei relativen Längenverhältnisse $\lambda = a/d$, $\sigma = b/d$ und $k = c/d$ von Bedeutung. Auch die Koordinaten der Gestellpunkte spielen keine Rolle. Wohl aber die Montagewinkel ϕ_0 und ψ_0. Somit gilt:

$$\psi_i = \psi(\lambda, \sigma, k, \psi_0, (\phi_0+\phi_i)) \qquad (7.6)$$

Bei N Gleichungen und 5 unbekannten Parametern $(\phi_0+\phi_i)$ ist die maximale Anzahl vorgeschriebenen Bedingungen:

$$N = 5 \quad \text{(Winkelzuordnung)}$$

Zusammenfassend gilt für die Anzahl der Gleichungen und Parameter eines Viergelenkgetriebes als Funktion der Bewegungsaufgabe Tabelle 7.2.

Tabelle 7.2. Anzahl Gleichungen (* Zwei Parameter sind frei zu wählen)

Bewegungs-aufgabe	Anzahl der Gleichungen bei N Präzisionspunkten	Anzahl der Parameter bei N Präzisionspunkten	Maximal mögliche Anzahl von Präzisionspunkten
Punkt	2N	N + 9	9
Punkt mit Antriebswinkel	2N	10	5
Lage	3N	N + 10	5
Lage mit Antriebswinkel	3N	11	3*
Winkelzuordnung	N	5	5

Beim Betrachten dieser Tabelle fällt auf, dass für jede der drei Bewegungsaufgaben: Punkt mit Antriebswinkel, Lage, Winkelzuordnung maximal 5 Bedingungen gestellt werden können. Dies ist kein Zufall, denn die drei Fälle sind im Grunde unterschiedliche Formulierungen desselben Problems wie sich mit Hilfe von Tafel 7.2 zeigen lässt. Eine Punktlagen Synthese mit Antriebswinkel kann einfach in eine Lagen Synthese überführt werden. Die Position des Koppelpunktes K des Viergelenkgetriebes A_0ABB_0 ist identisch mit der Position der Ebene A'K die parallel zur Kurbel A_0A ist und somit unter demselben Winkel ϕ steht (Tafel 7.2.a). Aus der Winkelzuordnung wird eine Lagen Synthese wenn anstelle von A_0B_0 das Getriebeglied A_0A zum Gestell gewählt wird (Tafel 7.2.b).

7.1.2 Richtlinien und Nomogramme

Das VDI-Handbuch "Getriebetechnik" ist eine laufend ergänzte Sammlung von Arbeitsblättern, die einzeln bezogen werden können. Sie sind das Ergebnis der Arbeit von Ausschüssen der VDI-Gesellschaft "Entwicklung, Konstruktion, Vertrieb (VDI-EKV). Als Beispiele seien erwähnt:
- VDI-2123 "Ebene Kurbelgetriebe - Konstruktion übertragungsgünstiger viergliedriger Gelenkgetriebe für gleichläufige Schwingbewegung"
- VDI-2130 "Getriebe- für Hub- und Schwingbewegungen; Konstruktion und Berechnung viergliedriger ebener Gelenkgetriebe für gegebene Totlagen"
- VDI-2145 "Ebene viergliedrige Getriebe mit Dreh- und Schubgelenken; Begriffserklärungen und Systematik"

Einen erschöpfenden Überblick in Form von Nomogrammen vermitteln ferner einige Werke von *Hain*.

Tafel 7.2

Verwandtschaft zwischen Lagenzuordnung und
a. Punktabstand mit Antriebswinkel
b. Winkelzuordnung

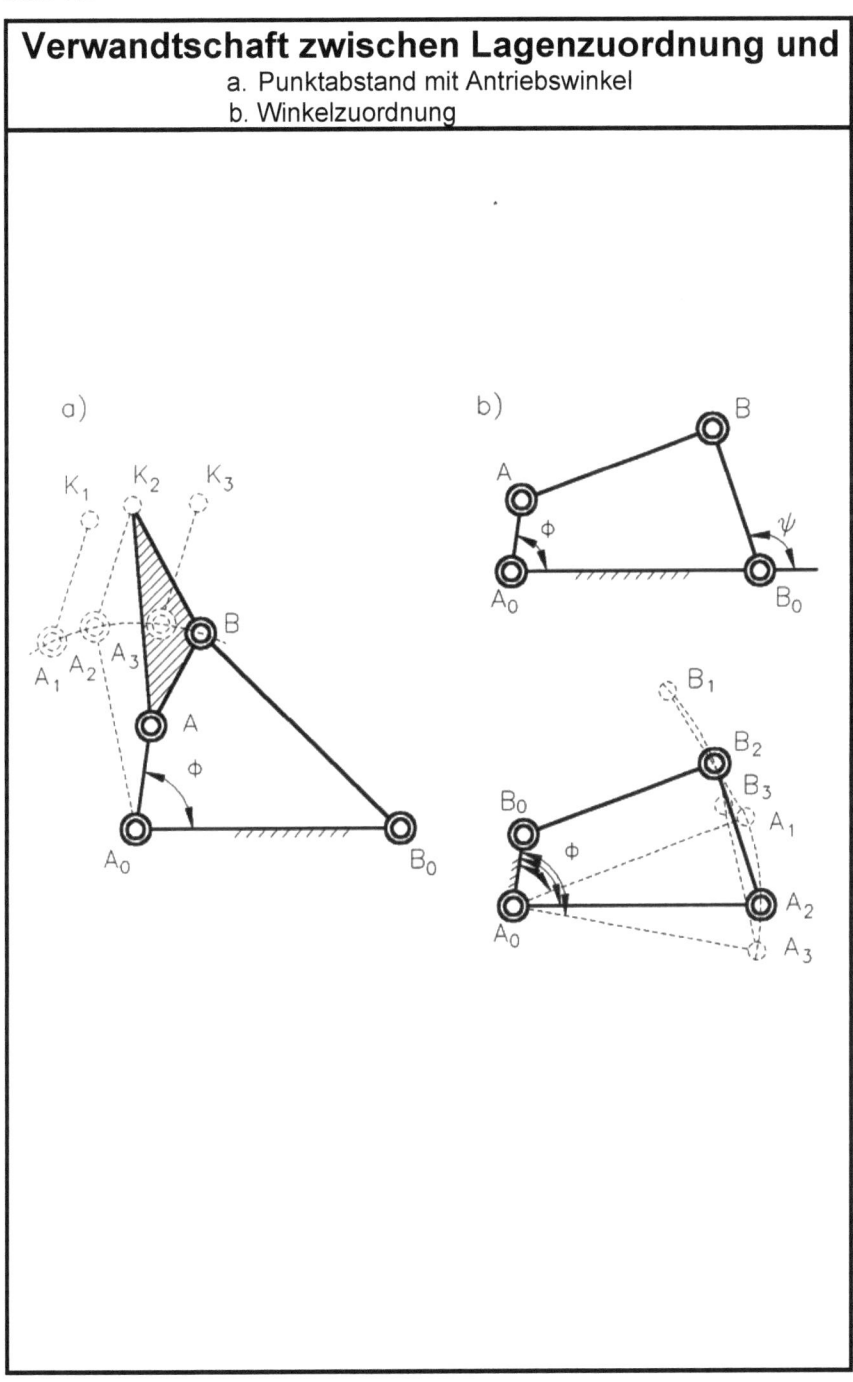

7.1.3 Graphische Methoden

Alle zeichnerische Verfahren gehen von der Vorgabe von Präzisionspunkten aus. Den Punkten einer Übertragungsfunktion oder einer Führungsaufgabe entsprechen bestimmte Stellungen des Koppelgetriebes bzw. Lagen seiner Glieder. Beschränkt die Anzahl Präzisionspunkte sich auf 3, dann ist die zeichnerische Konstruktion nicht all zu kompliziert, wie in diesem Abschnitt an Hand der 2 Lagen- bzw. 3 Lagenzuordnung deutlich gemacht wird. *Burmester* [40] hat für die geometrischen Beziehungen zwischen den Gliedern allgemeingültige Grundlagen geschaffen (*Theorie von Burmester*), mit deren Hilfe auch die Syntheseaufgabe bei 4 und eventuell 5 Präzisionspunkten gelöst werden kann. Da die graphische Ausarbeitung dieser Theorie recht komplex und arbeitsintensiv ist, wird die Anwendung dieser Theorie erst durch den Einsatz der Rechentechnik realistisch und wirtschaftlich.

- *Mehrere Lagen eines eben bewegten Getriebegliedes*

Die Mehrlagenzuordnung eines Viergelenkgetriebes läßt sich wie folgt formulieren:

Ausgehend von den vorgegebenen Lagen einer Ebene E *sind diejenigen Punkte der Ebene zu bestimmen die bei der Bewegung der Ebene auf einem Kreis liegen. Zwei dieser Punkte werden gewählt als* A *und* B *des Viergelenkgetriebes. Die dazugehörenden Kreismittelpunkte sind die Gestellpunkte* A_0 *und* B_0.

Wie bereits im vorigen Kapitel besprochen führt die Mehrlagenzuordnung zu $3N$ Gleichungen mit (N+10) Parametern, woraus die Anzahl frei wählbarer Parameter in Abhängigkeit von der Anzahl vorgeschriebenen Lagen folgt (Tabelle 7.3).

Tabelle 7.3. Anzahl frei wählbarer Parameter

Lagen (N)	Bedingungen (3 N)	Parameter (10 + N)	Frei wählbare Parameter
2	6	12	6
3	9	13	4
4	12	14	2
5	15	15	0

- *Zwei vorgeschriebene Lagen*

Besteht die Bewegungsaufgabe darin, dass die Lage einer Ebene von einer Ausgangslage 1 in eine Lage 2 überführt werden soll, dann kann dies erreicht werden durch eine einzige Drehung um einen festen Punkt. Dazu wählt man zwei Punkte A und B in dieser Ebene und bestimmt die Mittelsenkrechten a_{12} zu A_1A_2 und b_{12} zu B_1B_2. Bei Drehung um den Pol P_{12}, der als Schnittpunkt der Mittelsenkrechten a_{12} und b_{12} bestimmt wird, wird der Übergang aus Lage 1 in Lage 2 erreicht (Tafel 7.3.a).

Tafel 7.3

Zwei Lagen Synthese
a. Drehung um Pol P_{12}
b. Viergelenkgetriebe ausgehend von A und B
c. Viergelenkgetriebe ausgehend von A_0 und B_0

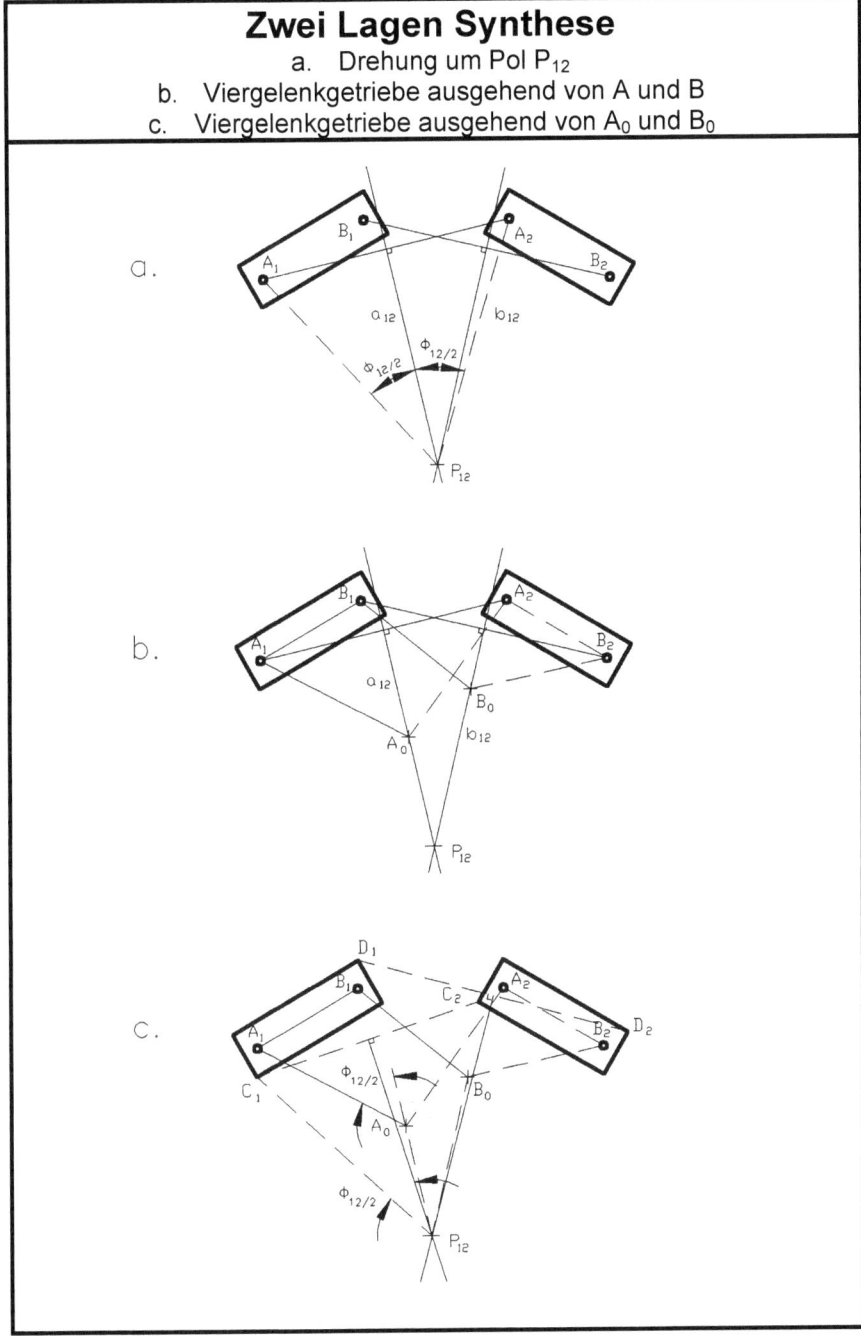

Dieselbe Aufgabe wird auch von einem Viergelenkgetriebe erfüllt, wenn die Gestellpunkte A_0 und B_0 auf den Mittelsenkrechten a_{12} bzw. b_{12} gewählt wird (Tafel 7.3.b). Außer der Entwurfsfreiheit um die Gestellpunkte irgendwo auf den Mittelsenkrechten zu lokalisieren, besteht auch noch die freie Wahl der Punkte A und B. Die Wahl dieser Punkte bestimmt nämlich die Lage der Mittelsenkrechten (der Pol P_{12} bleibt unverändert) und somit den Lösungsraum der Gestellpunkte. Findet man also ausgehend von gewählten Punkte A und B keinen zufriedenstellenden Gestellpunkt auf a_{12} oder b_{12} dann kann man A oder B ändern.

Die freie Wahl der Punkte A und B bedeutet, dass pro Punkt 2 Koordinaten frei gewählt werden können. Außerdem können A_0 und B_0 irgendwo auf den Mittelsenkrechten gewählt werden, so dass insgesamt 6 Parameter frei wählbar sind (siehe auch Tabelle 7.3).

Sind die zwei Stellungen der Ebene und die Gestellpunkte A_0 und B_0 gegeben und ist die Wahl der Punkte A und B in der Ebene noch frei, dann verläuft die Konstruktion folgendermaßen (Tafel 7.3.c):

Zuerst werden zwei willkürliche Hilfspunkte C und D in der bewegten Ebene gewählt und aus den homologen Punkten C_1 und C_2 bzw. D_1 und D_2 die Lage des Poles P_{12} bestimmt (die Lage von P_{12} ist unabhängig von der Wahl der Hilfspunkte). Der Pol P_{12} ergibt sich als Schnittpunkt der Mittelsenkrechten zu C_1C_2 und D_1D_2. Die Verbindungslinie A_0P_{12} ist die Mittelsenkrechte a_{12} und A_1 kann auf dem Winkel $\phi_{12}/2$ gewählt werden, wobei ϕ_{12} der Drehwinkel aller Punkte der Ebene ist. Die entsprechende Konstruktion gilt auch für die Bestimmung des Punktes B.

- *Drei Lagen und das Poldreieck*

Laut vorheriger Tabelle können 4 Parameter frei gewählt werden, wenn drei Lagen der Ebene vorgeschrieben sind. Dies können entweder die 4 Koordinaten der Punkte A und B sein, oder die Koordinaten der Gestellpunkte A_0 und B_0. Zuerst wird die Konstruktion diskutiert, die ausgehend von den drei Lagen der Ebene E_1, E_2 und E_3 und den Punkten A und B, die Drehpunkte A_0 und B_0 bestimmt. Danach bestimmt die Konstruktion, ausgehend von den Maschinengestellpunkten A_0 und B_0 und den drei Lagen der Ebene, die Gelenkpunkte A und B.

Betrachtet man drei Lagen der Ebene (Tafel 7.4), die durch A_1B_1, A_2B_2 und A_3B_3 bestimmt sind, dann können drei Pole P_{ij} (P_{12}, P_{23}, P_{31}) bestimmt werden, die mit dem Übergang von Lage i in Lage j korrespondieren. Um die vorgeschriebenen Lagen zu durchlaufen, kann wiederum ein Viergelenkgetriebe benutzt werden. Im Gegensatz zu der Zwei-Lagen-Synthese besteht aber, wenn die Punkte A und B festgelegt sind, keine freie Wahl mehr der Gestellpunkte A_0 und B_0. Diese sind eindeutig bestimmt durch den Schnittpunkt der Mittelsenkrechten a_{12}, a_{23} und a_{13} bzw. der Mittelsenkrechten b_{12}, b_{23} und b_{13}.

Tafel 7.4

Drei Lagensynthese eines Viergelenkgetriebes

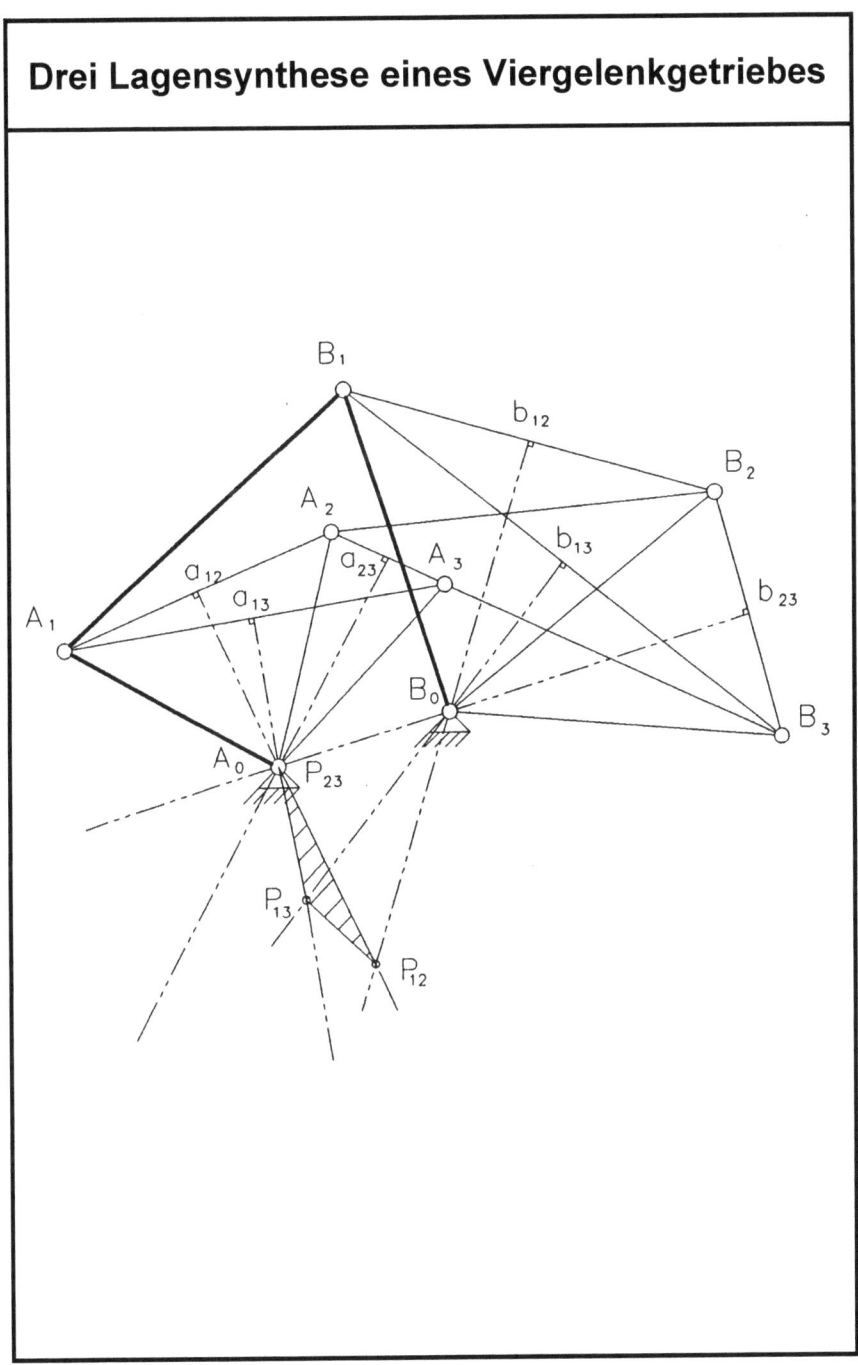

166 7 Synthese, Analyse und Optimierung

Tafel 7.5

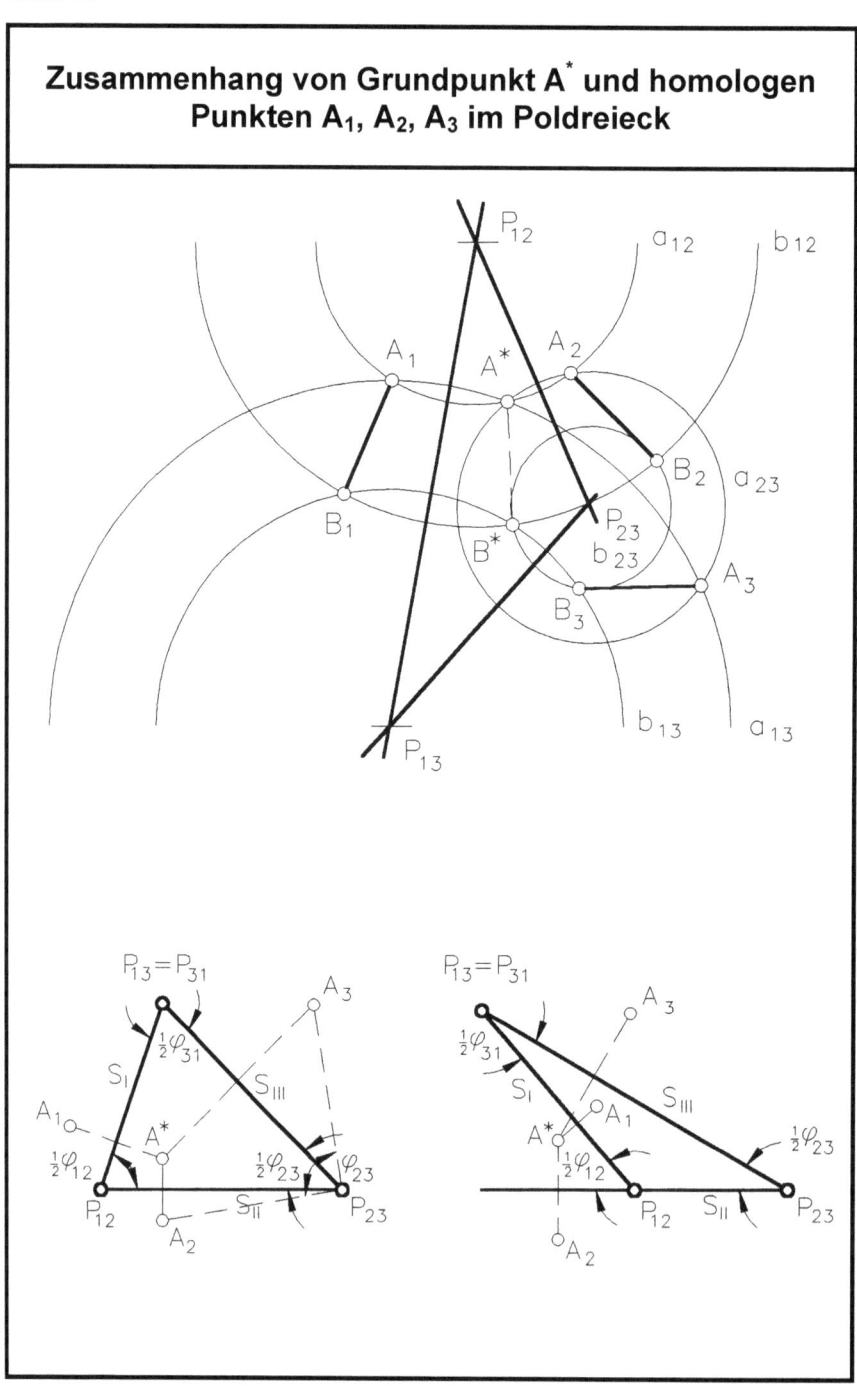

Liegen die Punkte A und B in der bewegten Ebene fest, dann folgt aus der oben beschriebenen Konstruktion eindeutig die Position von A_0 und B_0. Häufig stellt sich die Syntheseaufgabe aber andersherum. Der Konstrukteur kennt die drei Lagen der bewegten Ebene und möchte die Gestellpunkte A_0 und B_0 im Voraus auf einer günstigen Position in der Maschine wählen. Nun müssen also die Punkte A und B bestimmt werden und zwar so, dass A_1, A_2, A_3 und B_1, B_2, B_3 auf einem Kreis liegen mit dem Mittelpunkt A_0 bzw. B_0. Dazu werden zuerst in der bewegten Ebene wiederum zwei Hilfspunkte C und D gewählt. Die Mittelsenkrechten zu C_1C_2 und D_1D_2 schneiden sich in P_{12}, die Mittelsenkrechten zu C_2C_3 und D_2D_3 schneiden sich in P_{23} und die Mittelsenkrechten zu C_1C_3 und D_1D_3 schneiden sich in P_{31} (=P_{13}). Durch die drei Pole P_{12}, P_{23} und P_{13} ist das *Poldreieck* der Lagen E_1, E_2 und E_3 bestimmt. Dieses Poldreieck legt eindeutig die drei Lagen der bewegten Ebene fest und beinhaltet alle Information, die für die weitere Konstruktion benötigt wird (Tafel 7.5).

A_1 und A_2 müssen auf einem Kreis um P_{12} liegen, denn P_{12} liegt auf der Mittelsenkrechten zu A_1A_2. Entsprechend liegen A_2 und A_3 auf einem Kreis um P_{23} und A_3 und A_1 auf einem Kreis um P_{31}. Diese Kreise schneiden sich in einem Punkt A*, der *Grundpunkt* zu den homologen Punkten A_1, A_2 und A_3 genannt wird. Ebenso gibt es einen Grundpunkt B* zu den homologen Punkten B_1, B_2 und B_3. Der Grundpunkt A* ist der Symmetriepunkt zu A_1 gegenüber der Polgeraden $P_{12}P_{13}$ (die "1" ist gemeinsam), zu A_2 gegenüber der Polgeraden $P_{12}P_{23}$ und zu A_3 gegenüber der Polgeraden $P_{13}P_{23}$. Bei gegebenem Poldreieck und Grundpunkt A* können also die homologen Punkte bestimmt werden. Für B* gilt die entsprechende Beziehung zu B_1, B_2 und B_3.

Die geometrische Konstruktion der homologen Punkte, ausgehend von den Maschinengestellpunkten basiert weiter auf der isogonalen Verwandtschaft zwischen dem Grundpunkt A* und dem Gestellpunkt A_0 (Tafel 7.6), die lautet:

Die Verbindungslinie des Grundpunktes A und des zugehörigen Mittelpunktes A_0 mit den Polen eines Poldreieckes schließen mit den Poldreiecksseiten gleiche Winkel ein.*

Ausgehend von diesem Satz, kann bei gegebenem Poldreieck und Maschinengestellpunkt A_0 der Grundpunkt A* konstruiert werden. A_0 ist mit zwei Polen, z.B. P_{12} und P_{23} zu verbinden. Die Winkel, die diese Verbindungsgraden mit den Poldreiecksseiten $P_{12}P_{23}$ einschließen werden im Gegensinn an die Poldreiecksseiten $P_{12}P_{13}$ und $P_{23}P_{13}$ angetragen. Der Schnittpunkt der freien Schenkel ist nun der gesuchte Grundpunkt A*.

Zusammenfassend besteht also eine eindeutige Beziehung zwischen den homologen Punkten A_1, A_2 und A_3 und dem Grundpunkt A* und eine eindeutige Beziehung zwischen dem Grundpunkt A* und dem Gestellpunkt A_0. Homologe Punkte, Grundpunkt A* und Gestellpunkt A_0 sind eindeutig miteinander verknüpft und egal "was" als Startpunkt gewählt wird "die Anderen" können konstruiert werden. So ist es also auch möglich, ausgehend von dem Poldreieck und dem

Tafel 7.6

Geometrische Konstruktion homologer Punkte

Isogonale Verwandschaft zwischen Grundpunkt A^* und Gestellpunkt A_0

$$\alpha + \beta = \frac{1}{2}\varphi_{12}$$

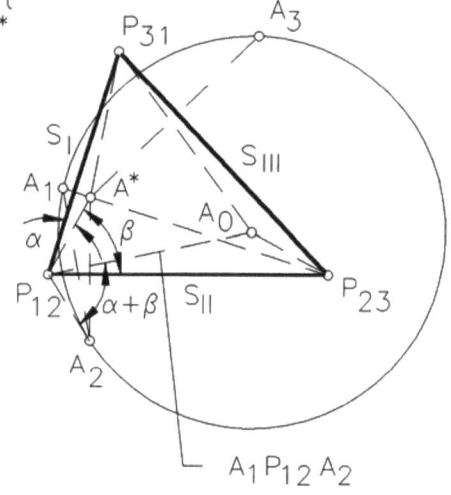

$A_1 P_{12} A_2$

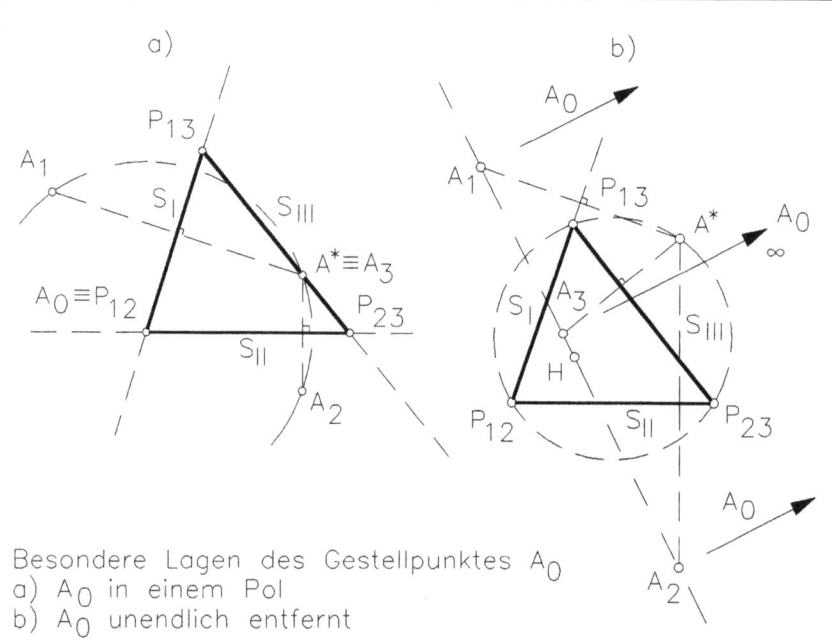

Besondere Lagen des Gestellpunktes A_0
a) A_0 in einem Pol
b) A_0 unendlich entfernt

Punkt A_0 den Grundpunkt A^* zu bestimmen, der dann wiederum die Lage der homologen Punkte festlegt. Der Gestellpunkt A_0 kann im Grunde überall gewählt werden, aber einige spezielle Möglichkeiten sollen hier gesondert genannt werden:

a. A_0 liegt in einem Pol
Mittels der isogonalen Verwandtschaft lässt sich zeigen, dass der Grundpunkt A^* auf jedem Punkt der gegenüberliegenden Polgeraden (und deren Verlängerung) liegen kann. Es gibt also unendlich viele Grundpunkte und damit unendlich viele homologe Punkte A_1, A_2 und A_3.

b. A_0 auf einer Seite des Poldreiecks
Dies ist der umgekehrte Fall von a. Nun liegt A^* auf dem gegenüberliegenden Pol des Poldreiecks. Es gibt genau eine Lösung wobei zwei homologe Punkte zusammenfallen (und zwar mit dem Grundpunkt A^* und dem Pol auf dem der Grundpunkt liegt).

c. A_0 unendlich entfernt
Der geometrische Platz von Grundpunkten die isogonal verwandt sind mit unendlich entfernten Gestellpunkten, ist der "umschreibende" Kreis des Poldreiecks.

Wenn sich der Grundpunkt auf dem "umschreibenden" Kreis des Poldreiecks befindet, liegen die homologen Punkte auf einer Geraden durch den Höhenschnittpunkt des Poldreieckes (der Höhenschnittpunkt ist der Schnittpunkt der drei Senkrechten durch die Pole auf die jeweilige gegenüberliegende Poldreieckseite).

Diese Situation stimmt mit der Geradführung eines Schubkurbelgetriebes überein.

d. A_0 liegt auf dem umschreibenden Kreis des Poldreiecks
Dies ist der umgekehrte Fall von c. Nun liegt der Grundpunkt und demnach auch die homologen Punkte unendlich entfernt. Diese Situation tritt zum Beispiel beim Gestellpunkt der Schleife eines Kurbelschleifengetriebes auf.

Bis jetzt ist die Reihenfolge, in der die homologen Punkte durchlaufen werden, noch nicht berücksichtigt. Bei drei vorgeschriebenen Lagen ist dies im allgemeinen auch kein Problem, wenn das geplante Vierstangengetriebe mit einer umlaufenden Kurbel angetrieben wird. Eine unerwünschte Reihenfolge 1-3-2 wird beim Umkehren der Drehrichtung der Kurbel automatisch 1-2-3. Die Reihenfolge in der die homologen Punkte durchlaufen werden hängt also von der Reihenfolge der Spiegellinien S_I-S_{II}-S_{III} und der Lage des Gestellpunktes mit Bezug auf das Poldreieck ab (Tafel 7.7).

Man kann zwischen einem *positiven Poldreieck* und einem *negativen Poldreieck* unterscheiden. Das Poldreieck ist positiv, wenn die Spiegellinien S_I-S_{II}-S_{III} *gegen* den Uhrzeigersinn durchlaufen werden und negativ, wenn diese *im* Uhrzeigersinn durchlaufen werden.

Tafel 7.7

Konstruktion zur Bestimmung der Reihenfolge der homologen Punkte

a) Reihenfolge in der die homologen Punkte durchlaufen werden

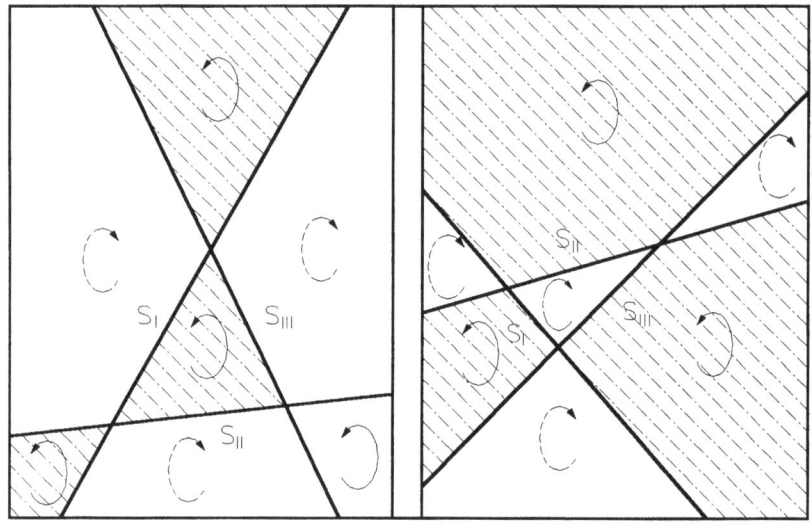

positives Poldreieck   negatives Poldreieck

b) Gestellpunkt für Schwinge

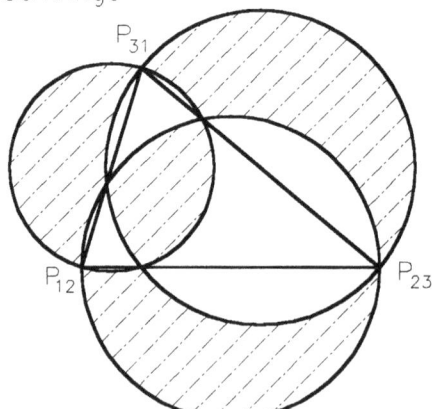

Die schraffierten Gebiete sind nicht geeignet.

Es gilt die folgende These:

Die Reihenfolge in der die homologen Punkte durchlaufen werden, ist dieselbe wie die Reihenfolge in der die Spiegellinien bei gleichem Drehsinn durchlaufen werden, wenn der Gestellpunkt in einem der folgenden Gebiete gewählt wird:
- *Innerhalb des Poldreiecks*
- *In einem der sektorförmigen Gebiete analog Tafel 7.7.a*

Die Reihenfolge in der die homologen Punkte durchlaufen werden, ist im allgemeinen nur wichtig, wenn festgelegt werden soll, welches Glied das Antriebsglied des viergliedrigen Getriebes sein soll. Beim Abtriebsglied gilt allerdings eine andere Einschränkung. Ein Gestellpunkt kann nur Drehpunkt des Abtriebsgliedes sein, wenn die korrespondierenden homologen Punkte auf einem Bogen < 180° liegen. In Tafel 7.7 wird die Konstruktion gezeigt mit deren Hilfe bestimmt werden kann, ob diese Bedingung erfüllt wird. Ein Gestellpunkt, der in keinem oder in zwei Kreisen liegt, erfüllt die Bedingung, dass alle homologen Punkte an einer Seite einer Geraden durch den gewählten Gestellpunkt gehen. Gestellpunkte in den "schraffierten" Gebieten erfüllen diese Bedingung nicht.

An Hand eines Beispiels (Tafel 7.8) soll die komplette 3-Lagen Synthese eines Viergelenkgetriebes dargestellt werden. In Tafel 7.8.a sind drei Lagen C_1D_1, C_2D_2, C_3D_3 gezeichnet, die nacheinander durchlaufen werden sollen. Es soll ein Kurbelschwingengetriebe entworfen werden, das die vorgeschriebenen Lagen in der angegebenen Reihenfolge, bei positivem Drehsinn der Kurbel (entgegen der Uhrzeigerrichtung), durchläuft. Zuerst wird das Poldreieck $P_{12} P_{23} P_{31}$ konstruiert (Tafel 7.8.b), wonach die Gestellpunkte A_0 und B_0 gewählt werden. Die Anforderung des positiven Drehsinnes der Kurbel bedeutet, dass A_0 nicht in den schraffierten Gebieten gewählt werden kann (Tafel 7.8.c), da in diesen Gebieten der Drehsinn des Poldreieckes gilt und dieser negativ ist (S_I S_{II} S_{III} werden im Uhrzeigersinn durchlaufen). Um eine Schwingbewegung zu ermöglichen muss der Gestellpunkt B_0 konform der Bedingung aus Tafel 7.7.b gewählt werden. Es lässt sich einfach kontrollieren, dass der Punkt B_0 in Tafel 7.8.d in der Tat dieser Anforderung entspricht. Ausgehend von den Gestellpunkten A_0 und B_0 und dem Poldreieck $P_{12} P_{23} P_{31}$ werden nun die Grundpunkte A^* und B^* konstruiert, wie in Tafel 7.8.c für A^* gezeigt wird. Dazu werden die Winkel α und β bestimmt und im Dreieck $P_{31} P_{23} A_0$ an S_I bzw. S_{II} angetragen, woraus sich der Schnittpunkt A^* ergibt. Nachdem auf dieselbe Weise der Grundpunkt B^* gefunden ist, werden durch Spiegelung der Grundpunkte um S_I, S_{II} und S_{III} die homologen Punkte A_1, A_2, A_3 und B_1, B_2, B_3 konstruiert. Eine der Lagen, zum Beispiel Lage 2, wird als Ausgangslage gewählt womit alle Koordinaten des Getriebes festliegen. Das Getriebe muss nun weiter analysiert werden (Tafel 7.8.e) zeigt zum Beispiel die Koppelkurven der Punkte K und L), da nicht im vorhinein deutlich ist ob das Getriebe auch von einer Lage in die andere gelangen kann und ob die *Grashof*sche Bedingung erfüllt ist. Wird das Getriebe aus diesem oder einem anderen Grund verworfen, dann kann durch eine andere Wahl der Gestellpunkte ein anderes Getriebe entworfen werden, das dieselben Lagen durchläuft.

172   7 Synthese, Analyse und Optimierung

Tafel 7.8

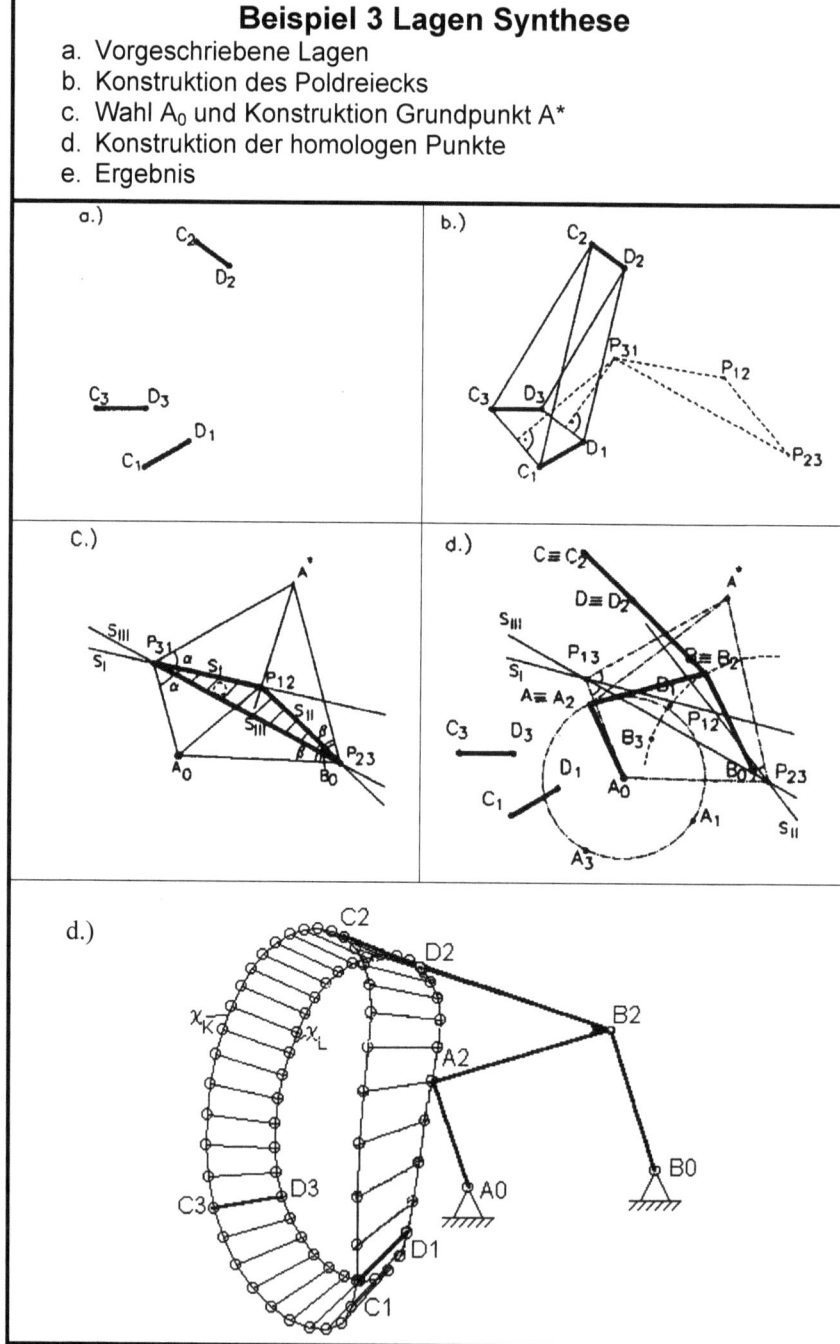

Beispiel 3 Lagen Synthese
a. Vorgeschriebene Lagen
b. Konstruktion des Poldreiecks
c. Wahl A_0 und Konstruktion Grundpunkt A^*
d. Konstruktion der homologen Punkte
e. Ergebnis

- *Vier Lagen und die Mittel- und Kreispunktkurve*

Werden vier Lagen E_1, E_2, E_3 und E_4 einer Ebene vorgeschrieben, so ergeben sich als Schnittpunkte der Mittelsenkrechten zu den homologen Punkten sechs Pole, und zwar P_{12}, P_{13}, P_{14}, P_{23}, P_{24} und P_{34} mit denen vier Poldreiecke zusammengestellt werden können:

P_{12}, P_{13}, P_{23}
P_{12}, P_{14}, P_{23}
P_{13}, P_{14}, P_{34}
P_{23}, P_{24}, P_{34}

Ausgehend von diesen Poldreiecken ist es möglich, die geometrischen Orte der Punkte zu konstruieren, die Mittelpunkte von Kreisen durch vier homologe Lagen eines Punktes sind. Der geometrische Ort wird *Mittelpunktskurve* genannt und ist eine zirkulare Kurve dritter Ordnung. Auf dieser Kurve müssen die Gestellpunkte A_0 und B_0 gewählt werden. Pro Gestellpunkt ist damit nur die Koordinate entlang der Mittelpunktskurve frei wählbar, so dass insgesamt 2 Parameter frei gewählt werden können (siehe Tabelle 7.3 im Abschnitt 7.1.3 Graphische Methoden). Neben dieser Mittelpunktskurve ist noch eine weiter Kurve von Bedeutung. Alle Punkte mit dem Index 1, die also zur Lage E_1 der bewegten Ebene E gehören und mit ihren homologen Lagen in den Ebenenlagen E_2, E_3 und E_4 auf einem Kreise liegen, bilden eine Kurve, die *Kreispunktkurve* genannt wird. Auf dieser Kurve liegen die Gelenkpunkte A und B. Jedem Gestellpunkt auf der Mittelpunktskurve entspricht genau ein Gelenkpunkt auf der Kreispunktkurve. Es kann also entweder der Gestellpunkt A_0 auf der Mittelpunktskurve oder der Gelenkpunkt A auf der Kreispunktkurve (bzw. Gestellpunkt B_0 oder Gelenkpunkt B) gewählt werden.

Eine ausführlichere Besprechung der 4-Lagen Synthese kann z.B. *Lohse* [41] und *Lichtenheldt* [42] gefunden werden. Es ist ersichtlich, dass diese Konstruktion sehr aufwendig ist und eigentlich erst mit dem Einsatz des Computers schnell zu Resultaten führen kann.

- *Fünf Lagen und die Burmesterschen Punkte*

Wird bei einem Vierstangengetriebe die maximale Anzahl von fünf Lagen vorgeschrieben, dann sind keine Parameter des Getriebes mehr frei wählbar. Für die zwei Gestellpunkte dieses Getriebes muss gelten, dass die fünf homologen Punkte auf einem Kreis liegen.

Die Aufgabe des Durchlaufen der fünf Lagen E_1 E_2 E_3 E_4 E_5 kann in zwei Vier-Lagen Probleme E_1 E_2 E_3 E_4 und E_2 E_3 E_4 E_5 aufgeteilt werden, die beide zu einer Mittelpunktskurve führen (m_1 und m_2). Es ist einzusehen, dass ein Gestellpunkt mit fünf homologen Punkten sowohl auf m_1 als auch auf m_2 liegen muss. Abgesehen von den (nicht brauchbaren) gemeinsamen Polen schneiden diese zwei Mittelpunktskurven einander in null, zwei oder vier Punkten, die die *Burmesterschen Punkte* genannt werden. Abhängig von der Anzahl Burmesterschen Punkte werden null, eins oder sechs viergliedrige Getriebe gefunden, die die gestellte Aufgabe erfüllen.

Das hiermit verwandte Problem der 5 vorgeschriebenen Punktlagen mit Antriebswinkel ist übrigens vollständig analytisch gelöst durch *Sandor* und *Freudenstein* [43].

7.1.4 Numerische Methoden und Rechneranwendung

Die Anzahl unterschiedlicher (numerischer) Methoden auf dem Gebiet der Getriebesynthese ist sehr zahlreich. Es können verschiedene (Sonder)fälle von Bewegungsaufgaben, besondere Viergelenkgetriebe (z.B. Schubkurbel, Schubschleife) und außerdem mehrere numerische Lösungsmethoden unterschieden werden. Aus diesem großen Themenbereich sollen hier einige Methoden erläutert werden um den Leser in die rechnergestützte Getriebesynthese einzuführen.

Die folgenden Methoden werden behandelt:
- Winkelzuordnung des Viergelenkgetriebes unter Benutzung der Matrixrechnung
- Lagensynthese von Viergelenkgetrieben mit Hilfe von Mittel- und Kreispunktkurve
- Typen- und Maßsynthese von periodischen Funktionsgeneratoren durch harmonische Analyse
- Optimierung

7.1.4.1 Winkelzuordnung des Viergelenkgetriebes unter Benutzung der Matrixrechnung

Eine häufig wiederkehrende Syntheseaufgabe besteht aus der Winkelzuordnung des Antriebs- und Abtriebswinkels eines Viergelenkgetriebes. In Kapitel 7.1.2 wird gezeigt, dass bei der Winkelzuordnung 3 kinematische Parameter und 2 Montageparameter zu bestimmen sind. Werden die Montageparameter im voraus gleich Null gesetzt, dann können noch 3 Winkelbeziehungen vorgegeben werden, aus denen die kinematischen Parameter berechnet werden können. Diese Aufgabe lässt sich sehr elegant mit Hilfe der Matrixrechnung lösen, wenn von der *Freudenstein* Gleichung ausgegangen wird um die Antriebs/Abtriebswinkel Beziehung zu formulieren.

Ausgangspunkt ist das in Tafel 7.9.a dargestellte Viergelenkgetriebe. Ausgehend von dem Gestellpunkt A_0 gelangt man sowohl über die beiden Glieder a und b im Punkt B als auch über die Glieder c und d. Gleichsetzen der horizontalen bzw. vertikalen Projektionen dieser beiden Wege ergibt:

$$a \cos(\phi) + c \cos(\theta) = b \cos(\psi) + d$$
$$a \sin(\phi) + c \sin(\theta) = b \sin(\psi) \qquad (7.7)$$

Tafel 7.9

Beispiel für den Entwurf eines Viergelenkgetriebes
a. Viergelenkgetriebe 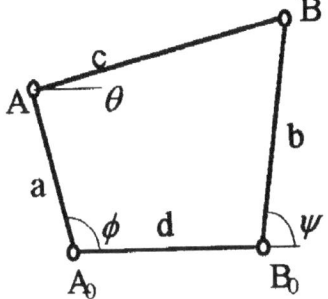
b. Zahlenbeispiel   EINGABE DER WINKELPAARE PHI; PSI (IN GRAD)   Jeweils zwei Werte getrennt durch ein Leerzeichen Winkelpaar 1: 30 15 Winkelpaar 2: 45 40 Winkelpaar 3: 60 65   AUSGABE DER FREUDENSTEIN PARAMETER K1, K2, K3   K1 = 4.756E-01 K2 = 7.887E-01 K3 = 1.189E+00   AUSGABE DER GLIEDABMESSUNGEN AUSGEHEND VON d = 1   a = 2.102E+00 b = 1.267E+00 c = 8.282E-01
| c. Programm <br><br>`******************************************************` <br>`*****` <br>Entwurf eines Viergelenkgetriebes fuer die Synthese der Winkelzuordnung bei drei vorgeschriebenen Winkelpaaren (phi, psi) ausgehend von der Freudenstein Gleichung <br>`******************************************************` <br>`*****` <br><br>program winkelzuordnung; <br><br>```
var i            : integer;           {Zaehler}
    phi, psi     : array[1...3] of real;  {An- bzw. Abtriebswinkel}
    K            : array[1...3] of real;  {Freudensteinparameter K1, K2, K3}
``` |
```

```pascal
  a, b, c, d         : real;         {Getriebeabmessungen}
  a1, a2, a3, a4, a5, a6 : real;     {Hilfsgroessen}


begin
  writeln ('EINGABE DER WINKELPAARE PHI,PSI (IN GRAD)')
  writeln ('======================================')
  writeln ('Jeweils zwei Werte getrennt durch leerzeichen')
  for i:=to 3 do
  begin
    write('Winkelpaar',i,':');
    readln(phi[i], psi[i];
    phi[i]:=phi[i]*2*pi/360;   {Umrechnung}
    psi[i]:=psi[i]*2*pi/360;   {Umrechnung}
  end;
{Berechnung von Hilfsgroessen fuer die Loesung des linearen Gleichungssystems}
  a1:=cos(psi[1])-cos(psi[2]);
  a2:=cos(phi[1])-cos(phi[2]);
  a3:=cos(psi[1]-phi[1])-cos(psi[2]-phi[2]);


  a4:=cos(psi[1])-cos(psi[3]);
  a5:=cos(phi[1])-cos(phi[3]);
  a6:=cos(psi[1]-phi[1])-cos(psi[3]-phi[3]);

  K[1]:=(a2*a6-a3*a5)/(a2*a4-a1*a5);
  K[2]:=(a3*a4-a1*a6)/(a2*a4-a1*a5);
  K[3]:=cos(psi[1]-phi[1])-K[1]*cos(psi[1])+K[2]*cos(phi[1]);
  writeln;
  writeln(ÁUSGABE DER FREUDENSTEINPARAMETER K1, K2, K3');
  writeln('=========================================');
  for i:=1 to 3do writeln('K',I,'=',K[1]);

  {Berechnung der Gliedabmessungen ausgehend von d=1}
  a:=1/K[1];
  b:=1/K[2];
  c:=sqrt(1+b*b+a*a-2*a+b*K[3]);

  writeln;
  writeln(ÁUSGABE DER GLIEDABMESSUNGEN AUSGEHEND VON d=1');
  writeln('==============================================');
  writeln('a=',a);
  writeln('b=',b);
  writeln('c=',c);
end
```

Der Winkel θ lässt sich eliminieren indem die Gleichungen zuerst umgeformt werden:

$$+ c \cos(\psi) = d + b \cos(\psi) - a \cos(\phi)$$
$$+ c \sin(\psi) = + b \sin(\psi) - a \sin(\phi) \quad (7.8)$$

Quadrieren und addieren dieser Gleichungen ergibt:

$$c^2 = d^2 + b^2 + a^2 + 2bd \cdot \cos(\psi) - 2ab \cdot \cos(\psi-\phi) - 2ad \cdot \cos(\phi) \quad (7.9)$$

Durch weitere Bearbeitung dieser Gleichung entsteht die *Freudenstein Gleichung*:

$$K_1 \cdot \cos(\psi) - K_2 \cdot \cos(\phi) + K_3 = \cos(\psi-\phi) \quad (7.10)$$

mit $\quad K_1 = d/a$
$\quad\quad K_2 = d/b$
$\quad\quad K_3 = (d^2 + b^2 + a^2 - c^2)/2ac$

Da die Freudenstein Gleichung in den Koeffizienten K_1, K_2 und K_3 linear ist, entsteht bei der Winkelzuordnung von 3 Antriebswinkeln ϕ_1, ϕ_2, ϕ_3 mit den Abtriebswinkeln ψ_1, ψ_2, ψ_3 ein System von linearen Gleichungen:

$$K_1 \cdot \cos(\psi_1) + K_2 \cdot \cos(\phi_1) + K_3 = \cos(\psi_1-\phi_1)$$
$$K_1 \cdot \cos(\psi_2) + K_2 \cdot \cos(\phi_2) + K_3 = \cos(\psi_2-\phi_2)$$
$$K_1 \cdot \cos(\psi_3) + K_2 \cdot \cos(\phi_3) + K_3 = \cos(\psi_3-\phi_3) \quad (7.11)$$

oder in Matrixnotation :

$$A \underline{x} = \underline{b} \quad (7.12)$$

mit

$$A = \begin{vmatrix} \cos(\psi_1) & \cos(\Phi_1) & 1 \\ \cos(\psi_2) & \cos(\Phi_2) & 1 \\ \cos(\psi_3) & \cos(\Phi_3) & 1 \end{vmatrix} \quad \underline{x} = \begin{vmatrix} K_1 \\ K_2 \\ K_3 \end{vmatrix} \quad \underline{b} = \begin{vmatrix} \cos(\psi_1-\Phi_1) \\ \cos(\psi_2-\Phi_2) \\ \cos(\psi_3-\Phi_3) \end{vmatrix}$$

Dieses Gleichungssystem kann nun mittels der bekannten *Gauß-Elimination* oder mit einer anderen Methode, z.B. *Cramer-Regel*, gelöst werden. Nachdem auf diese Weise die Koeffizienten K_1, K_2 und K_3 berechnet sind, können die kinematischen Abmessungen des Getriebes bestimmt werden.

$$K_1 = d/a \rightarrow a = d/K_1$$
$$K_2 = d/b \rightarrow b = d/K_2$$
$$c = \sqrt{d^2 + b^2 + a^2 - 2acK_3} \quad (7.13)$$

Bekanntlich sind für die Winkelzuordnung nicht die absoluten Abmessungen des Getriebes, sondern nur die drei relativen Längenverhältnisse a/d, b/d und c/d von Bedeutung. Es ist zu empfehlen, Anfangs von d = 1 auszugehen und damit die anderen Glieder zu berechnen. Nachdem auf diese Weise die Gliedlängen bestimmt sind, können im nachhinein alle Getriebeabmessungen mit einem gewünschten Faktor multipliziert werden um das Getriebe in den zur Verfügung stehenden Raum einzupassen.

Das hier beschriebene Verfahren kann ohne großen Aufwand in einem kurzen Programm zusammengefasst werden (Tafel 7.9.c). Das in der Programmiersprache *PASCAL* geschriebene Programm macht bei der Lösung des Gleichungssystems von der *Cramer-Regel* Gebrauch. Tafel 7.9.b zeigt das Ergebnis einer Beispielrechnung.

7.1.4.2 Lagensynthese von Viergelenkgetrieben mit Hilfe von Mittel- und Kreispunktkurve

Bei der Besprechung der graphischen Synthese Methoden wurde bereits auf den Einsatz der *Mittel-* und *Kreispunktkurve* bei der Bestimmung von Viergelenkgetrieben hingewiesen, wenn die Einhaltung von vier oder mehr Lagen der Koppelebene gefordert wird. Während die zeichnerische Konstruktion dieser Kurven recht arbeitsintensiv ist und deren Einsatz dadurch beschränkt ist, bestehen heutzutage verschiedene (kommerzielle) Rechneranwendungen, die den Einsatz der *Mittel-* und *Kreispunktkurve* unterstützen. Diese Programme ermöglichen es um interaktiv im Dialog mit dem Computer ein Viergelenkgetriebe zu entwerfen. Nachdem die gewünschten Lagen der Koppelebene definiert sind, berechnen diese Programme automatisch die Pole P_{ij}, sowie auch die Mittel- und Kreispunktkurve. Wahlweise kann der Konstrukteur danach interaktiv entweder die Gestellpunkte A_0 und B_0 entlang der *Mittelpunktkurve* wählen oder die Punkte A und B entlang der *Kreispunktkurve*. Auf dem Bildschirm werden die Abmessungen des Getriebes dann automatisch angepasst und die Bewegung der Koppelebene dargestellt.

7.1.4.3 Typen- und Maßsynthese von periodischen Funktionsgeneratoren

Die meisten Arbeiten auf dem Gebiet der Synthese richten sich auf die Maßsynthese, also die Bestimmung der kinematischen Abmessungen eines Getriebes nachdem der Getriebetyp bereits festliegt. Eine interessante Ausnahme ist die von *Rankers* [44][45] stammende angenäherte Typen- und Maßsynthese von Getrieben zur Erzeugung von periodischen Funktionen $f(\phi)=f(\phi+2\pi)$ durch harmonische Analyse der vorgegebenen periodischen Bewegungsverhältnisse. Die Abtriebsbewegung kann bei dieser Methode sowohl eine Drehbewegung $\psi(\phi)$ als auch eine Schubbewegung $s(\phi)$ sein.

Ausgangspunkt bei dieser Methode ist eine gewünschte Ziel-Übertragungsfunktion. Der Kern der Methode ist die Einbindung dieser Ziel-Übertragungsfunktion in *Fourier-Koeffizienten* und der Vergleich mit den Fourier-Koeffizienten der Übertragungsfunktionen von verschiedenen Getrieben, die in einem Katalog enthalten sind.

Tafel 7.10

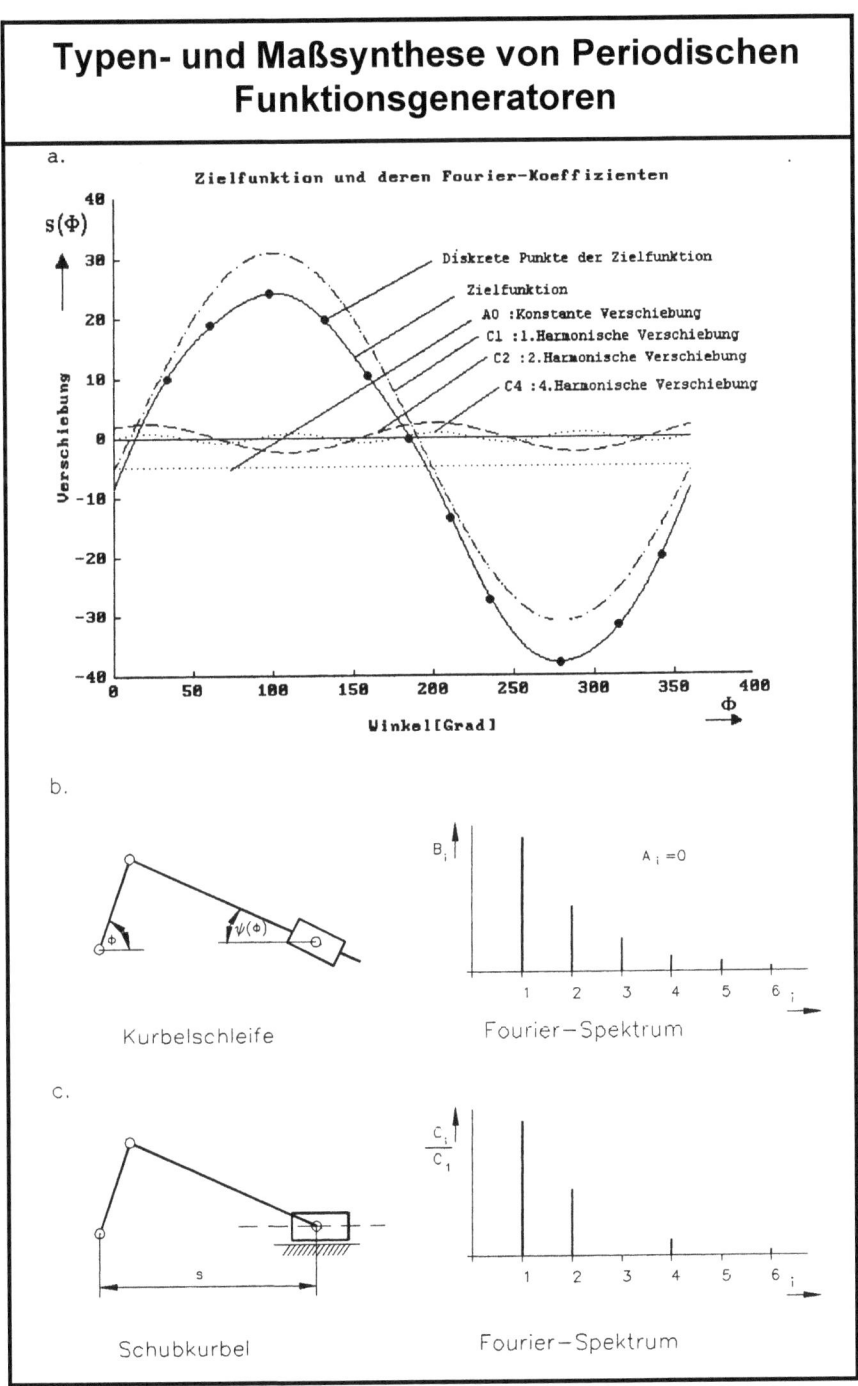

Die Amplituden-Phasen-Relation der periodischen Funktion f(φ) lautet:

$$f(\Phi) = C_0 + \sum_{i=1}^{n}\left[C_i \cdot \sin(i \cdot \Phi + \theta_i)\right] \qquad (7.14)$$

während die Kosinus-Sinus-Relation die folgende Form hat:

$$f(\Phi) = A_0 + \sum_{i=1}^{n} A_i \cdot \cos(i \cdot \Phi) + \sum_{i=1}^{n} B_i \cdot \sin(i \cdot \Phi) \qquad (7.15)$$

Es hat sich in der Praxis erwiesen, dass die Übertragungsfunktionen von Getrieben sehr schnell konvergieren, so dass die *Fourier-Entwicklung* nach 6 Koeffizienten abgebrochen werden kann. Die Restterme sind dann vernachlässigbar klein. Tafel 7.10.a zeigt eine Ziel-Übertragungsfunktion und deren Fourier-Entwicklung.

Wichtig bei dieser Methode ist die Erkenntnis, dass die verschiedenen Getriebe unabhängig von deren kinematischen Parametern nur ganz bestimmte Fourier-Koeffizienten erzeugen können. Für die Kurbelschleife (Tafel 7.10.b) gilt zum Beispiel, dass in der Kosinus-Sinus-Relation der Fourier-Koeffizienten nur die Sinus Terme vorhanden sind. Alle A_i Koeffizienten sind null. So gilt bei einem Schubkurbelgetriebe (Tafel 7.10.c), dass in der Amplitude-Phase-Widergabe der Übertragungsfunktion die dritte und fünfte Harmonischen fehlen ($C_3 = C_5 = 0$).

Nachdem die Koeffizienten der Zielfunktion bestimmt sind, werden diese systematisch mit den Koeffizienten der verschiedenen Getriebe verglichen. Wenn Fourier-Koeffizienten ähnlich sind, dann ist es möglich, dass das untersuchte Getriebe die gewünschte Zielfunktion, bei korrekter Wahl der kinematischen Abmessungen, angenähert erfüllen kann (dies ist eine notwendige aber nicht ausreichende Bedingung). Sind dahingegen die Koeffizienten der Zielfunktion und die des Getriebes sehr unterschiedlich, dann ist es sicher, dass dieses Getriebe unabhängig von den gewählten Abmessungen, die gewünschte Zielfunktion nicht erfüllen kann.

Ist ein Getriebe auf Grund seiner Fourier-Koeffizienten selektiert, dann können aus den Koeffizienten der Ziel-Übertragungsfunktion die kinematischen Parameter des betreffenden Getriebes bestimmt werden. In manchen Fällen gelingt dieses analytisch und es kann ein expliziter Zusammenhang gefunden werden. Ist dies nicht möglich, dann werden iterative Verfahren angewendet.

Da die beschriebene Theorie recht komplex und arbeitsintensiv, aber gleichzeitig sehr strukturiert ist, eignet sich diese Methode sehr gut zur Rechneranwendung. Der Arbeitsweise bei Benutzung des Computers ist dann folgendermaßen. Der Konstrukteur definiert im Dialog mit dem Computer die Ziel-Übertragungsfunktion und hiervon werden automatisch die Fourier-Koeffizienten bestimmt. Die Eigenschaften der Fourier-Koeffizienten werden vom Computer mit den verschiedenen Getrieben des vorprogrammierten Kataloges verglichen. Bei ausreichender Übereinstimmung wird das untersuchte Getriebe der Menge "möglicher Getriebe" hinzugefügt. Danach wird von allen

selektierten Getrieben die Abmessungen bestimmt. Nicht für jedes Getriebe aus dieser Menge
werden immer Parameter gefunden, mit denen das Getriebe die Ziel-Übertragungsfunktion ausreichend annähert. Einige Getriebe werden auf Grund der unzureichenden Übereinstimmung im nachhinein noch verworfen. Das Endergebnis der Synthese ist eine Liste von geeigneten Getrieben, deren Abmessungen und die realisierte Übertragungsfunktion. Aus dieser Liste kann dann mit Rücksicht auf die übrigen Randbedingungen das am besten geeignete Getriebe gewählt werden.

7.2 Analyse

7.2.1. Vorrichtung zum Zeichnen von Koppelkurven

Dieses einfache Hilfsmittel (Tafel 7.11) besteht aus durchsichtigen Kunststoffplatten und -streifen von etwa 0,5 bis 1 mm Dicke. Als Antrieb und Abtrieb dienen zwei schmalere Streifen. Die Tafel selbst wird als Koppelebene verwendet. Als Unterlage dient eine Tischplatte (ca. DIN A3) mit aufgespannten Zeichenkarton. Reißbrettstifte dienen als Gelenke. Die Anordnung (Stift nach oben oder unten) ergibt sich aus Tafel 7.11.a. Ein Radiergummi dient als Kurbelgriff. Diese "handwerkliche" Art Koppelkurven zu zeichnen war schon vor mehr als 50 Jahren üblich und bewährt sich immer wieder. Ein besonderer Vorteil bei der Benutzung dieser selbstgebauten Vorrichtung liegt in der Anschaulichkeit des Verfahrens. Es vermittelt sehr schnell einen Überblick und gibt dem Konstrukteur erste Erfahrungen zur Beurteilung des ungleichförmigen Bewegungsablaufes am Koppelpunkt.

7.2.2 Numerische Methoden und Rechneranwendung

Bei der Rechneranwendung kann man grundsätzlich zwischen:
- typenspezifischen Programmen
- allgemeinen Programmen

unterscheiden, wobei letztere in der Lage sind willkürliche Getriebe zu beschreiben und zu analysieren, während die typenspezifischen Programme speziell für bestimmte Mechanismentypen, z.B. Kurbelschwinge, Schubkurbel usw. entwickelt sind. Da diese typenspezifischen Programme speziell für bestimmte Anwendungen entwickelt und optimiert sind, ist die Berechnungsdauer im allgemeinen kürzer. Dafür fehlt ihnen aber die breite Einsatzmöglichkeit, die die universellen Programme besitzen. Im weiteren werden die allgemeinen Programme näher betrachtet, wobei die folgenden drei Lösungsansätze besprochen werden:
- Modulare Getriebeanalyse
- Vektor Analyse
- Finite Elemente Methode

Tafel 7.11

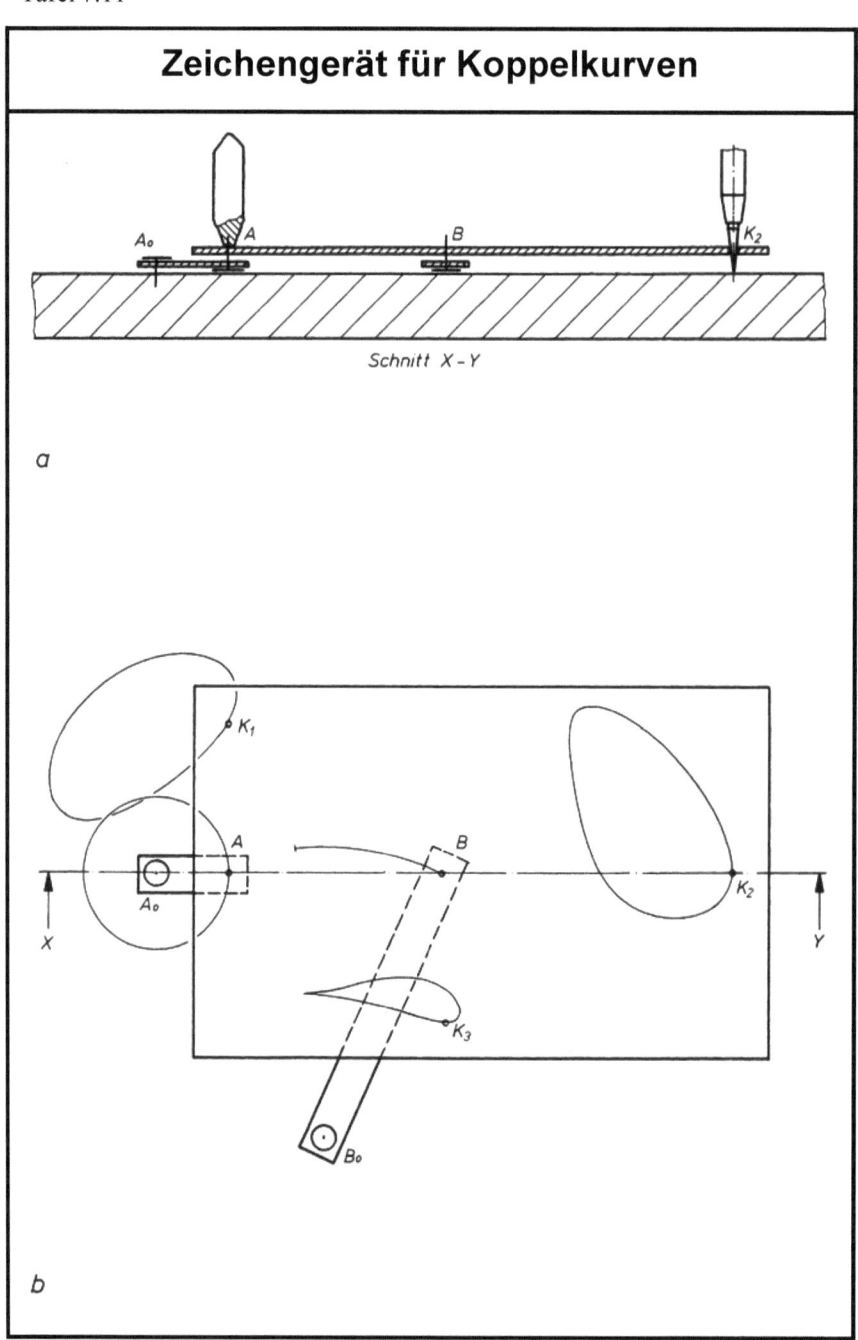

7.2.2.1 Modulare Getriebeanalyse

Die modulare Getriebeanalyse, die auch der VDI-Richtlinie 2729 [47] zugrunde liegt, geht davon aus, dass der Rechengang bei den meisten Getrieben die kinematische Analyse in eine reine Abfolge einzelner relativ einfacher Rechenschritte aufgeteilt werden kann. Dazu wird das Getriebe in eine begrenzte Anzahl einfacher Grundbaugruppen unterteilt, für die bestimmte trigonometrische Zusammenhänge zwischen den (bekannten) Anschlussgelenken und den zu berechnenden Gliederbewegungen gelten. Verfügt man einmal über diese Berechnungsmodule, dann kann bei einer konkreten Aufgabenstellung der problemspezifische Rechengang durch eine geeignete Abfolge der entsprechenden Berechnungsmodule zusammengesetzt werden. Bei dieser Methode werden schrittweise, aus bekannten Gelenkbewegungen noch unbekannte Gelenkbewegungen errechnet, die dann wieder als Eingangsgrößen für den nächsten Berechnungsschritt benutzt werden.

Die Methode soll an Hand des Beispieles eines sechsgliedrigen Drehgelenkgetriebes mit koppelkurvengesteuertem Zweischlag illustriert werden, wobei der Abtriebswinkel ψ als Funktion des Antriebswinkels ϕ berechnet werden soll (Tafel 7.12.a). Die Berechnungsmodule, die für die Analyse dieses Getriebes benötigt werden, sind in Tafel 7.12.b gezeigt, während der Rechengang in Tafel 7.12.c zusammengefasst ist. Zunächst wird bei gegebenem Antriebswinkel ϕ und Kurbellänge a die Position des Punktes A berechnet. Bei konstanter Gliederlänge b und c und bekannten Koordinaten der Punkte A und B_0 lässt sich nun B errechnen. Damit liegt das Koppelglied AB fest und kann für gegebene Werte von a und d die Koordinaten von C bestimmt werden. Um die Bewegung von D zu berechnen wird wiederum der Berechnungsmodul "Zweischlag" benutzt, womit ausgehend von den konstanten Werten e und f und den festen bzw. berechneten Koordinaten von C und C_0 die Position von D folgt. Schließlich findet noch eine Umrechnung statt um den Abtriebswinkel ψ zu bestimmen.

In diesem Beispiel sind vier verschiedene Berechnungsmodule verwendet worden. Die VDI-Richtlinie 2729 definiert insgesamt elf Einzelmodule unterteilt in Antriebe und Gliedführungen, Zweischläge und Hilfsoperationen und beschreibt auch in Detail die Rechengänge zu den einzelnen Modulen.

Die modulare Getriebeanalyse eignet sich durch die deutlich strukturierte Arbeitsweise sehr gut um selbständig eine Rechneranwendung zu programmieren. Dabei könnten die verschiedenen Module in Form von Unterprogrammen ausgeführt werden, wobei zur Lösung eines konkreten Problems die benötigten Unterprogramme in der richtigen Reihenfolge zu einem Hauptprogramm zusammengefasst werden können. Es ist natürlich auch möglich, um noch einen Schritt weiter zu gehen, das Programm so zu gestalten, dass der Anwender mittels einer speziellen problemorientierten "Sprache" bzw. interaktiv mit dem Programm kommuniziert, während im Hintergrund die verschiedenen Module angerufen

Tafel 7.12

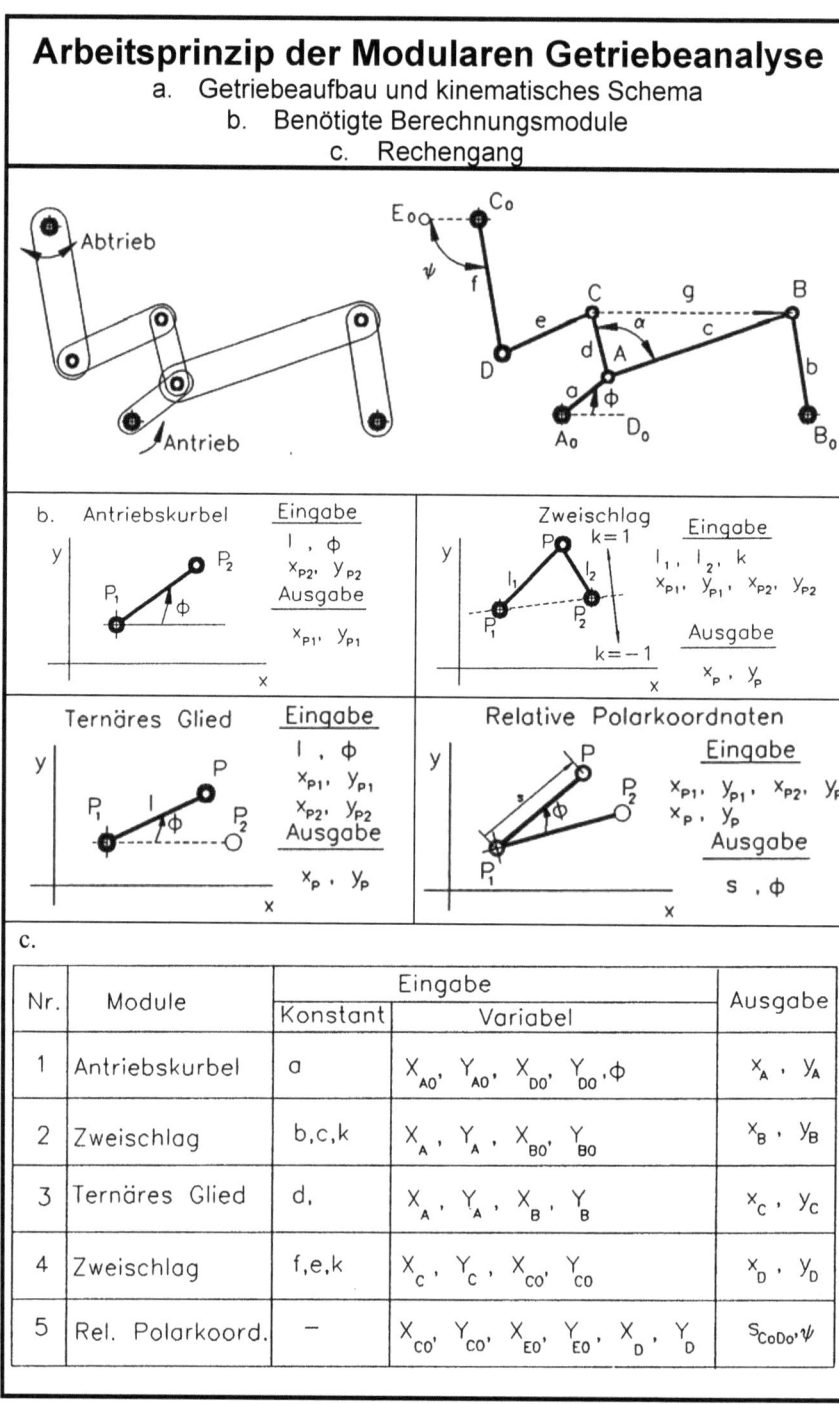

Tafel 7.13

Modularen Getriebeanalyse
a. zwangsläufige Anschlussgruppen
b. Getriebebauformen mit viergliedrigen Anschlussgruppen
c. Antrieb zwischen zwei bewegten Gliedern

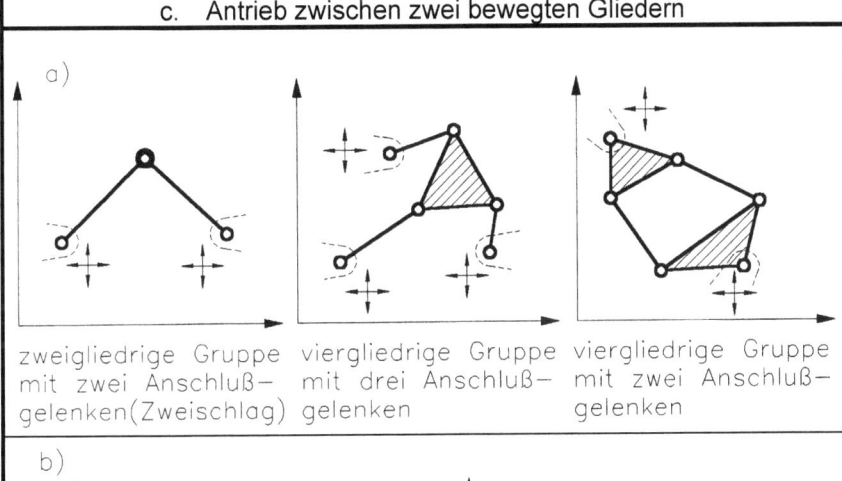

zweigliedrige Gruppe mit zwei Anschlußgelenken (Zweischlag)   viergliedrige Gruppe mit drei Anschlußgelenken   viergliedrige Gruppe mit zwei Anschlußgelenken

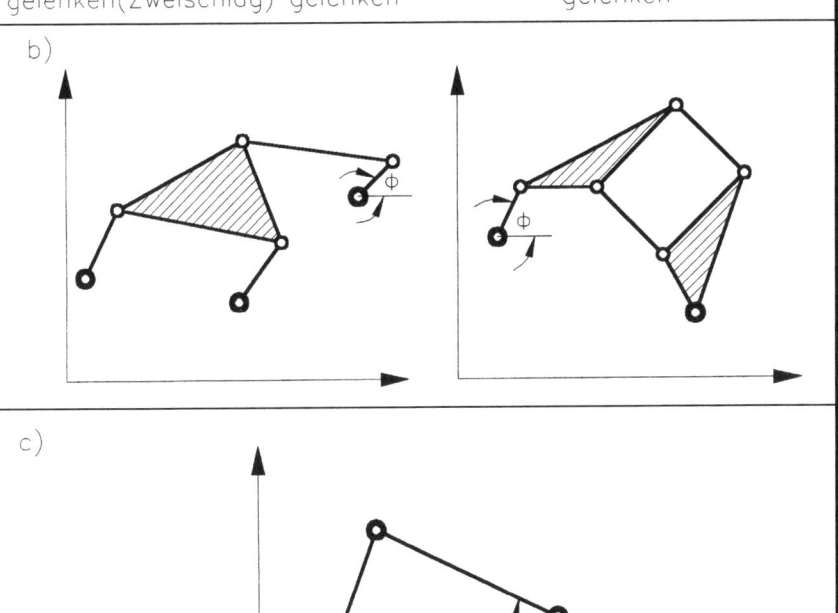

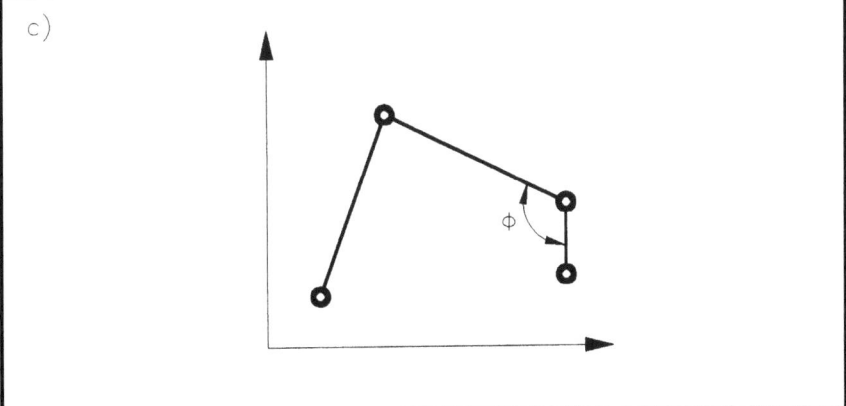

werden. Ein solches integriertes Programm wird von *Lütgert* und *Braune* [48] vorgestellt.

Es ist wichtig auch die Einschränkungen der beschriebenen Methode zu kennen. Die Methode beschränkt sich auf solche Aufgabenstellungen für die sich mit Hilfe geschlossener Algorithmen exakte Lösungen angeben lassen. Dies bedeutet, dass in der Getriebestruktur als zwangsläufige Anschlussgruppen (Tafel 7.13.a) nur Zweischläge vorkommen dürfen. Kommt in der Getriebestruktur eine der nächsthöheren Bauformen vor, dann lässt sich das Getriebe nicht mehr in geschlossener Form lösen und der Einsatz von iterativen Verfahren ist notwendig. Tafel 7.13.b zeigt zwei Getriebebauformen, die nur mit Hilfe von iterativen Methoden gelöst werden können. Eine weitere Einschränkung bezieht sich auf die Antriebsgrößen. Die Eigenbewegung eines Bezugsgliedes muss unabhängig von dem Antrieb sein, der relativ zu diesem Bezugsglied eingeleitet wird. In dem behandelten Beispiel (Tafel 7.12) wird der Antriebswinkel an dem festen Bezugsglied A_0D_0 beschrieben, so dass die obige Bedingung erfüllt ist. Dies ist aber nicht der Fall in dem Getriebe nach Tafel 7.13.c, bei dem der Antrieb zwischen zwei bewegten Gliedern abläuft, wobei die Bewegung beider Glieder beeinflusst wird.

7.2.2.2 Vektoranalyse

Die weitverbreitete Vektoranalyse [21] [49] [50] [51] [52] beruht auf dem Prinzip, dass der Zusammenhang zwischen den Gliedern eines Getriebes mit Hilfe von Vektoren beschrieben werden kann, wie in Tafel 7.14.a am Beispiel des 4-Gelenkgetriebes veranschaulicht ist.

Jedes Getriebeglied wird dabei ersetzt durch einen Vektor. Betrachtet man diese Vektoren, dann stellt man fest, dass in jeder Stellung des Getriebes die vektorielle Summe der Vektoren Null ergibt. Im Beispiel des 4-Gelenkgetriebes gilt die *Geschlossenheitsbedingung* oder *Maschengleichung*:

$$\overline{v}_{A_0A} + \overline{v}_{AB} + \overline{v}_{BB_0} + \overline{v}_{B_0A_0} = 0 \tag{7.16}$$

Ändert man den Winkel ϕ der Kurbel, dann ändern sich die Koordinaten des Punktes A und müssen der Orientierung (Lage + Richtung) der übrigen Vektoren angepasst werden, so dass die Schleife wieder geschlossen werden kann. Zwangsläufige ebene Koppelgetriebe mit n Gliedern können durch (n-2)/2 Maschengleichungen beschrieben werden. Für jedes dieser geschlossenen Gliederpolygone, das aus m Vektoren gebildet wird, gilt:

$$\sum_{i=1}^{m} \overline{v}_i = 0 \tag{7.17}$$

Wird diese Vektorgleichung in x- bzw. y-Richtung entbunden, ergeben sich pro Gliederpolygon zwei algebraische Gleichungen aus denen die unbekannten Größen berechnet werden können:

Tafel 7.14

Vektor - Methode
a. Viergelenkgetriebe
b. Sechsgliedriges Getriebe

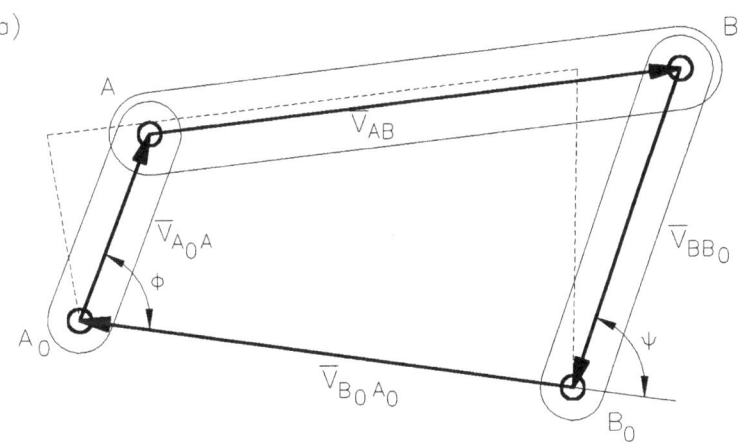

Geschlossenheitsbedingung: $\overline{V}_{A_0A} + \overline{V}_{AB} + \overline{V}_{BB_0} + \overline{V}_{B_0A_0} = 0$

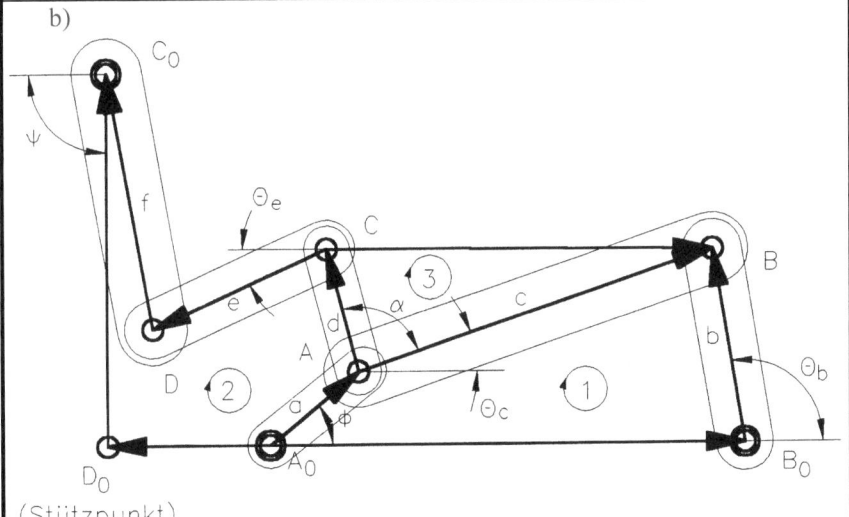

(Stützpunkt)

Geschlossenheitsbedingung:
1. $\overline{V}_{A_0A} + \overline{V}_{AB} + \overline{V}_{BB_0} + \overline{V}_{A_0B_0} = 0$
2. $\overline{V}_{A_0A} + \overline{V}_{AC} + \overline{V}_{CD} + \overline{V}_{DC_0} + \overline{V}_{C_0D_0} + \overline{V}_{B_0A_0} = 0$
3. $\overline{V}_{AC} + \overline{V}_{CB} + \overline{V}_{BA} = 0$

188 7 Synthese, Analyse und Optimierung

und
$$\sum_{i=1}^{m} v_i \cos(\Phi_i) = 0 \qquad (7.18)$$

$$\sum_{i=1}^{m} v_i \sin(\Phi_i) = 0 \qquad (7.19)$$

Durch die Sinus und Kosinus Terme sind diese Gleichungen nicht-linear und deren Lösung ist nur bei einfachen Getrieben explizit möglich. Im Allgemeinen ist der Einsatz von iterativen Methoden, wie z.B. die *Newton-Raphson* Methode, notwendig um das Gleichungssystem zu lösen.

Tafel 7.14.b zeigt das 6-gliedrige Getriebe, das bereits im vorigen Abschnitt behandelt wurde. Bezieht man den starren Winkel α in den Gleichungen ein, dann sind die zwei Gliederpolygone I und II zur Beschreibung der geometrischen Zusammenhänge ausreichend (es ist aber auch möglich, den Winkel α nicht in den Gleichungen aufzunehmen und anstelle dessen die Maschengleichung für Polygon III hinzuzufügen). Entbindung der Maschengleichung I und II in x- bzw. y-Richtung führt zu den folgenden vier Gleichungen:

$$a \cdot \cos(j) + c \cdot \cos(\theta_C) - b \cdot \cos(\theta_b) - x_{B_0} = 0 \qquad (7.20)$$
$$a \cdot \sin(\Phi) + c \cdot \sin(\theta_C) - b \cdot \sin(\theta_b) - y_{B_0} = 0 \qquad (7.21)$$
$$a \cdot \cos(\Phi) + d \cdot \cos(\theta_C + \alpha) - e \cdot \cos(\theta_e) + f \cdot \cos(\psi) - x_{C_0} = 0 \qquad (7.22)$$
$$a \cdot \sin(\Phi) + d \cdot \sin(\theta_C + \alpha) - e \cdot \sin(\theta_e) + f \cdot \sin(\psi) - y_{C_0} = 0 \qquad (7.23)$$

aus denen die vier Unbekannten θ_C, θ_b, θ_e und ψ berechnet werden können.

7.2.2.3 Finite Elemente Methode

Obwohl die Anwendung der Finiten Elemente Methode auf dem Gebiet der Getriebeanalyse bereits von 1976 datiert, ist deren Anwendung, trotz einer Großzahl von Veröffentlichungen z.B. von *Werff* [53] [54] und *Klein-Breteler* [55] [56] noch sehr beschränkt und nur eine kommerzielle Anwendung bekannt [57].

Ausgangspunkt dieser Methode ist der Ansatz, dass ein Getriebe eine Zusammenstellung von elementaren Getriebegliedern oder -elementen ist. Bei der Beschreibung eines Getriebes kann im allgemeinen davon ausgegangen werden, dass jedes Glied durch ein Element modelliert werden kann, wobei der Zusammenhang des Getriebes erreicht wird, indem verschiedene benachbarte Elemente gemeinsame Gelenkpunkte haben.

Im Gegensatz zu der bekannten Finite Elemente Methode bei der es historisch um die Berechnung statischer und dynamischer Verformungen und Spannungen ging, dienen die Verformungen (= Formänderungen) bei der Anwendung der Finiten Elemente Methode auf die kinematische Analyse dazu, kinematische Bedingungen, wie z.B. konstante Länge eines Getriebegliedes oder die Verlängerung einer linearen Bewegung, zu fordern. Die Längen und anderen

Zustandsgrößen der Elemente werden als *Formparameter* ε bezeichnet. Die Änderungen dieser Formparameter werden Verformung Δε genannt.

Die Zustandsparameter jedes individuellen Elementes werden vollständig durch die *Koordinaten* der Gelenkpunkte dieses Elementes festgelegt - die Änderungen der Koordinaten bestimmen vollständig die Bewegung des Elementes. Dieser Zusammenhang wird an Hand des ebenen *Stabelementes* erklärt. Der Koordinatenvektor des Stabelementes (Tafel 7.15.a) zum Beispiel lautet:

$$\overline{x}^T = [x_p, y_p, x_q, y_q] \tag{7.24}$$

Diese Koordinaten bestimmen eindeutig den Zustand des Elementes, der durch die Länge l und dem Winkel β ausgedrückt wird. Diese lassen sich folgendermaßen aus den Koordinaten errechnen:

$$l^2 = (x_q - y_p)^2 + (y_q - y_p)^2 \tag{7.25}$$

$$\beta = \arctan[(y_q - y_p)/(x_q - x_p)] \tag{7.26}$$

Die kinematischen Verformungen $\Delta l(\overline{x})$ und $\Delta\beta(\overline{x})$ können aus dem Vergleich der aktuellen mit den vorgeschriebenen Werten l_0 bzw. β_0 berechnet werden:

$$\Delta l(\overline{x}) = l(\overline{x}) - l_0 \tag{7.27}$$

$$\Delta\beta(\overline{x}) = \beta(\overline{x}) - \beta_0 \tag{7.28}$$

Die Verformungen können in die folgenden Kategorien eingeteilt werden:

- frei
- vorgeschrieben $\begin{cases} = 0 \Rightarrow \textit{starr} \\ \neq 0 \Rightarrow \textit{Antrieb} \end{cases}$

Wichtig für den Zusammenhang und den Bewegungsablauf des Getriebes sind vor allem die vorgeschriebene Verformungen Δε. Aus der Bedingung Δε = 0 (z.B. Länge eines Elements ist konstant) oder Δε = Δε$_{vorgeschrieben}$ (z.B. Winkeländerung einer Kurbel) ergeben sich die Zwangsgleichungen für die Koordinaten der Elemente. Diese Bedingungen werden auch *Kontinuitätsbedingungen* genannt. Die nichtlinearen Kontinuitätsbedingungen aller Elemente können zusammengefasst werden in einem Gleichungssystem für alle Koordinaten des Getriebes, aus denen der Bewegungsverlauf des Getriebes berechnet werden kann. Um von einer Ausgangsstellung des Getriebes in die nächste Stellung zu gelangen, werden in einem numerischen Iterationsverfahren (z.B. *Newton-Raphson*) diejenigen Koordinaten der Gelenkpunkte berechnet, die den Kontinuitätsgleichungen aller individueller Elemente entsprechen.

190 7 Synthese, Analyse und Optimierung

Tafel 7.15

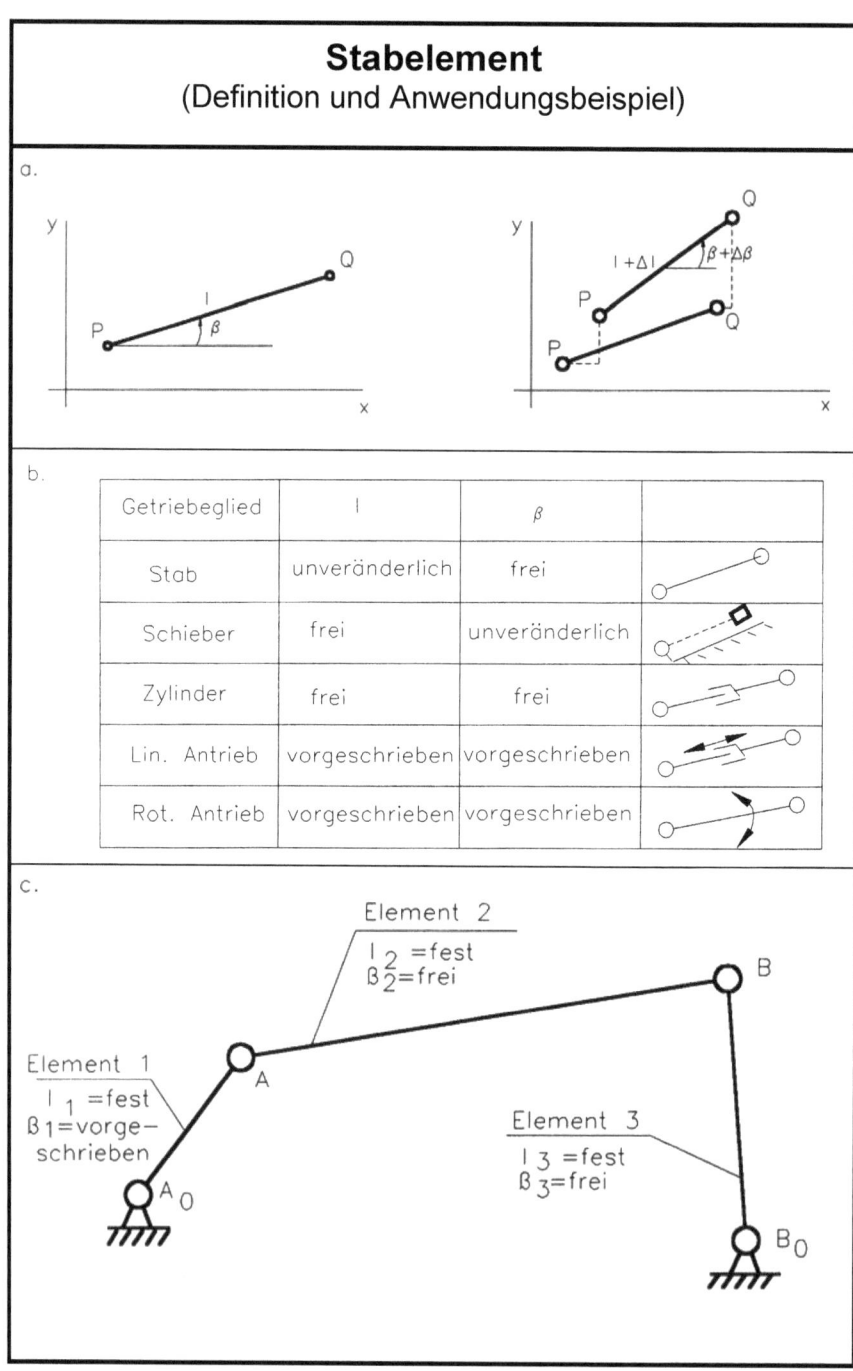

Für das Stabelement lassen sich durch Kombination der Bedingungen, die man an l und β stellt, verschiedenen Anwendungen ableiten (Tafel 7.15.b). Das Viergelenkgetriebe in Tafel 7.15.c kann mit nur drei Stabelementen mitverschiedenen Bedingungen für l_i und $β_i$ beschrieben werden. Zum Vergleich mit den vorherigen Methoden soll hier auch das Gleichungssystem für das 6-gliedrige Getriebe konform Tafel 7.16 vorgestellt werden. Wird das starre Koppelglied durch drei Stabelemente modelliert, werden insgesamt sieben Elemente benötigt um das Getriebe zu beschreiben. Für jedes Element gilt die Anforderung, dass die Länge unveränderlich ist. Außerdem gilt für die Kurbel auch noch die Kontinuitätsgleichungen für den Antriebswinkel φ, so dass insgesamt ein System von acht nichtlinearen Gleichungen für die acht unbekannten Koordinaten $(x_3, y_3), (x_4, y_4), (x_5, y_5)$ und (x_6, y_6) entsteht.

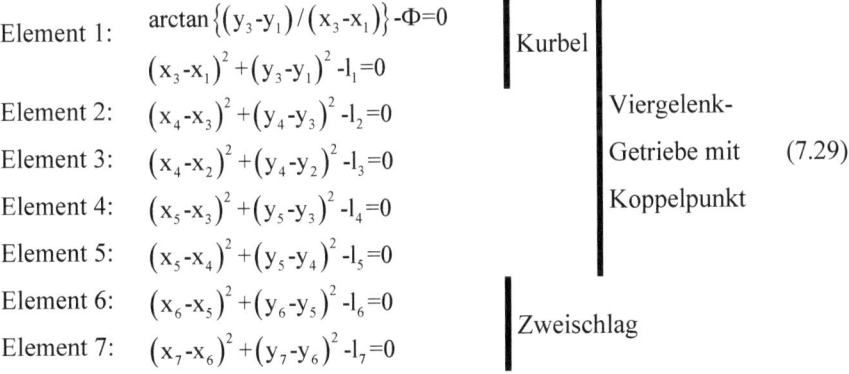

$$\text{Element 1:} \quad \arctan\{(y_3-y_1)/(x_3-x_1)\}-\Phi=0 \quad \Big| \text{Kurbel}$$
$$(x_3-x_1)^2+(y_3-y_1)^2-l_1=0$$
$$\text{Element 2:} \quad (x_4-x_3)^2+(y_4-y_3)^2-l_2=0 \quad \Big| \text{Viergelenk-}$$
$$\text{Element 3:} \quad (x_4-x_2)^2+(y_4-y_2)^2-l_3=0 \quad \Big| \text{Getriebe mit} \quad (7.29)$$
$$\text{Element 4:} \quad (x_5-x_3)^2+(y_5-y_3)^2-l_4=0 \quad \Big| \text{Koppelpunkt}$$
$$\text{Element 5:} \quad (x_5-x_4)^2+(y_5-y_4)^2-l_5=0$$
$$\text{Element 6:} \quad (x_6-x_5)^2+(y_6-y_5)^2-l_6=0 \quad \Big| \text{Zweischlag}$$
$$\text{Element 7:} \quad (x_7-x_6)^2+(y_7-y_6)^2-l_7=0$$

Nachdem die Koordinaten berechnet sind, folgen für jedes Element i auch der Winkel $β_i$, wobei $β_7$ mit dem gesuchten Abtriebswinkel übereinstimmt.

Vergleicht man die Vektor Methode mit der Finiten Elemente Methode, dann stellt man fest, dass bei beiden Methoden bestimmte Bedingungen erfüllt sein müssen, wodurch der Zusammenhang des Getriebes in jeder Stellung erreicht wird. Der große Unterschied liegt in der Tatsache, dass bei der Vektor Methode auf *Getriebeniveau* die Anforderung der Geschlossenheitsbedingung gestellt wird um zu erreichen, dass die Getriebeglieder zusammen passen. Bei der Finiten Elemente Methode wird explizit davon ausgegangen, dass verschiedene Elemente gemeinsame Gelenkpunkte haben und daher mit einander verbunden sind. Dafür muss aber auf *Elementniveau* geprüft werden ob die Formparameter jedes Elementes mit den vorgeschriebenen Werten übereinstimmen. Diese Bedingung auf Elementniveau ist ein wichtiger Vorteil der Finiten Elemente Methode, da es den Lösungsalgorithmus vollständig getriebeunabhängig macht. Außerdem können, ausgehend von demselben Formalismus, außer Stangengliedern auch willkürliche andere Getriebeelemente, wie zum Beispiel Zahnradpaare, Zahnriemen oder sogar Kurvengetriebe [58] definiert werden. Die Analyse des Hypocycloiden - Rastgetriebes (Tafel 7.17) ist ein Beispiel für die Möglichkeiten dieser Methode.

Tafel 7.16

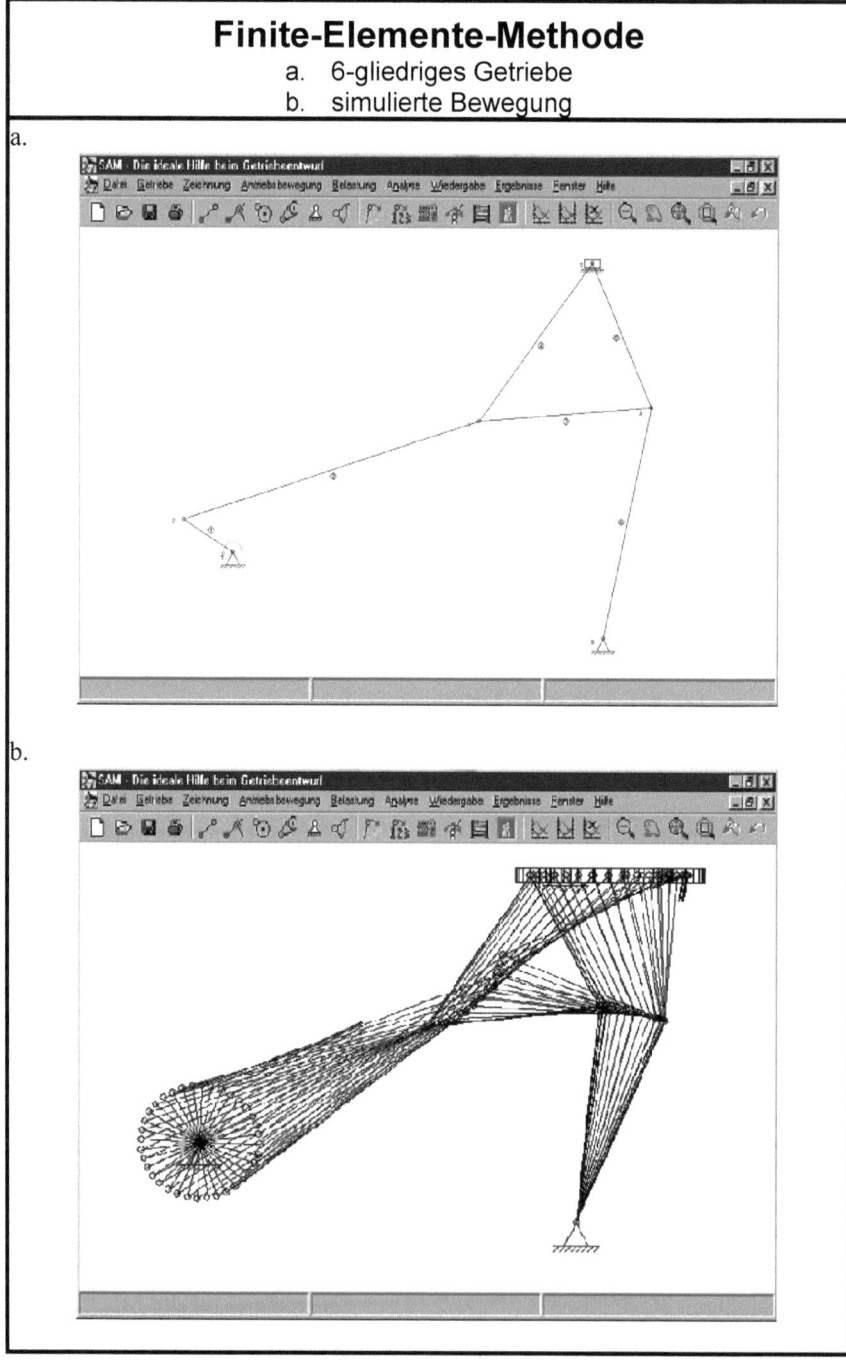

Tafel 7.17

Hypocycloiden Rastgetriebe
a. Getriebeaufbau
b. Verschiebung Ux(α) und Geschwindigkeit Vx(α)

a. Hypozykloides Getriebe

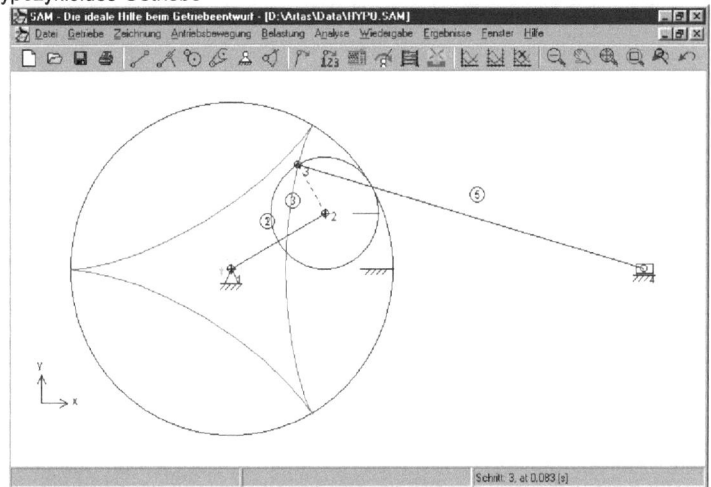

b. Ausgangsverschiebung und Geschwindigkeit des Hypozykloiden Getriebes

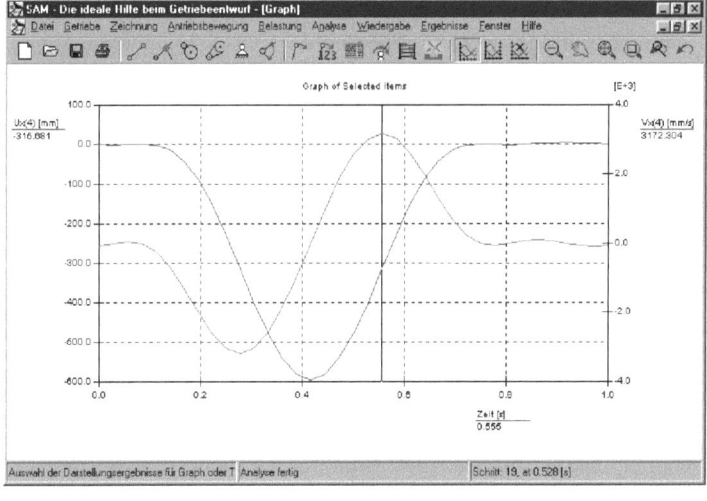

7.3 Optimierung

Durch den wachsenden Einsatz von Rechnern rücken auch die Optimierungsmethoden immer mehr in den Einsatzbereich des Konstrukteurs. Es kann sich dabei um eine rein kinematische Optimierung handeln, aber auch um das Minimieren der Antriebs- oder Lagerkräfte durch Änderung der Massenverteilung oder Hinzufügen von Kompensationsmassen oder -federn.

Bei der kinematischen Optimierung geht es im Gegensatz zu der exakten Maßsynthese nicht darum wenige Sollpunkte ohne Abweichung zu verwirklichen, sondern einen kontinuierlichen Sollverlauf bei möglichst geringer Abweichung durch einen ebenfalls kontinuierlichen Istverlauf nachzubilden. Bei der digitalen Behandlung dieser Problematik ist wieder eine endliche - aber praktische beliebig große - Anzahl Sollpunkte zu verwenden.

Bei den Optimierungsmethoden werden die kinematischen Parameter eines vorgegebenen Getriebeentwurfes iterativ angepasst. Ausgangspunkt für den vorgegebenen Getriebeentwurf sind häufig Lösungen aus Getriebeatlanten, bestehenden Getrieben oder von dem Resultat einer Genaulagensynthese auf Basis einer reduzierten Anzahl vorgegebenen (Punkt)Lagen. Man kann noch unterscheiden zwischen den kinematischen Parametern, die im voraus festgelegt werden und während des Iterationsprozesses unverändert bleiben und den übrigen Parametern, die in jedem Iterationsschritt angepasst werden um den Entwurf zu optimieren. Letztere nennt man die *Entwurf-Parameter*. Der mehrdimensionale Raum, der von den Entwurf-Parametern aufgespannt wird, nennt man den *Lösungsraum*. Häufig ist dieser Raum noch durch Randbedingungen und Restriktionen beschränkt (z.B. maximale Getriebegliedabmessungen oder Umlaufbedingung der Kurbel). In diesem Lösungsraum den Ort zu bestimmen, der den Forderungen am besten gerecht ist, ist das Problem der Optimierung. Wie gut diese Forderungen erfüllt werden, wird durch das gewählte Gütekriterium charakterisiert, welches zum Ausdruck bringt, wie groß die Abweichung ist. Das Gütekriterium definiert die zu minimierende *Zielfunktion*, die eine (nicht)lineare Funktion der Entwurf-Parameter ist.

Als Beispiel wird ein Viergelenkgetriebe betrachtet, das N Punktlagen (x^*_i, y^*_i) bei vorgeschriebenem Antriebswinkel ϕ_i durchlaufen soll. Aus Abschnitt 7.1.1 ist bekannt, dass die kinematischen Parameter exakt bestimmt werden können solange die Anzahl Punktlagen N maximal 5 beträgt. Ist N größer als 5, dann kann die Aufgabe nur angenähert mit Hilfe von Optimierung gelöst werden.

Die Koppelpunktkoordinaten des aktuellen Getriebes, angedeutet mit (x_i, y_i), sind Funktionen der kinematischen Parametern und dem vorgeschriebenen Antriebswinkel ϕ_i:

$$x_i = x[\ x_{A_0}, y_{A_0}, x_{B_0}, y_{B_0}, a, b, c, e, f, (\Phi_0 + \Phi_i)\ ]$$
$$y_i = y[\ x_{A_0}, y_{A_0}, x_{B_0}, y_{B_0}, a, b, c, e, f, (\Phi_0 + \Phi_i)\ ] \qquad (7.30)$$

Die kinematische Optimierungsaufgabe besteht nun darin, die kinematischen Parameter so zu bestimmen, dass die aktuellen Koppelpunkte (x_i, y_i) so gut wie möglich mit den gewünschten Stützpunkten (x^*_i, y^*_i) zusammenfallen. Als Zielfunktion kann z.B. die Summe der quadrierten Differenzen zwischen Ist- und Sollwert genommen werden (auch könnte man die quadrierte Maximaldifferenz wählen):

$$F\left[x_{A_0}, y_{A_0}, x_{B_0}, y_{B_0}, a,b,c,e,f,(\Phi_0 + \Phi_i)\right] = \sum_{i=1}^{N}\left\{(x_i - x^*_i)^2 + (y_i - y^*_i)^2\right\} \quad (7.31)$$

Es existiert im allgemeinen im Lösungsraum kein Ort, wo die Zielfunktion gleich Null ist (es müssten dann alle Sollpunkte exakt durchlaufen werden), aber es gibt wohl mehrere Orte an denen die Zielfunktion verglichen mit der unmittelbaren Umgebung im Lösungsraum einen minimalen Wert annimmt (lokales Minimum). Bei der Minimierung kommt es nun darauf an, das möglichst tiefe Minimum (globales Minimum) zu finden.

In der Literatur findet man unzählige unterschiedliche Optimierungsmethoden, wobei keine die einzig richtige ist, sondern abhängig von der spezifischen Anwendung die eine oder andere Methode sich besser eignet. Wohl hat sich gezeigt, dass die Optimierungsmethoden die auch die partiellen Ableitungen der Zielfunktion benutzen im allgemeinen schneller zum Ergebnis führen. Bei der Anwendung der Optimierungsmethoden auf die kinematische Maßsynthese wird beinahe ausschließlich die Zielfunktion in Form eines analytischen Ausdruckes formuliert. Dies bedeutet zwar eine Erleichterung der Softwareentwicklung und einen wichtigen Geschwindigkeitsvorteil, gleichzeitig muss aber für jeden Getriebetyp und jede Art Bewegungsaufgabe diese Zielfunktion und alle eventuell bei der Optimierung benötigten partiellen Ableitungen erneut aufgestellt werden. Man findet dann auch verschiedene (kommerzielle) Rechneranwendungen, die sich auf spezielle Getriebetypen richten, z.B. Vier- und Sechsgelenkgetriebe.

Eine Methode, die sowohl für den Getriebetyp als auch für die Bewegungsaufgabe allgemein gültig ist, wird von *Klein Breteler* [46] beschrieben. Diese Methode geht von der in Kapitel 7.2.2 beschriebenen Getriebeanalyse auf Basis *Finiter Elemente* beim automatisch Aufstellen der Zielfunktion und der Berechnung der partiellen Ableitungen aus. Auch die Software *SAM Professional* bietet eine getriebetyp-unabhängige Optimierung und zwar basierend auf einer Kombination Evolutionärer Algorithmen (globale Optimierung) und der Simplex Methode (lokale Optimierung). Ausgehend von dem aktuellen Entwurf kann ein Getriebe optimiert werden hinsichtlich der Bahn, die ein Punkt beschreiben soll, oder hinsichtlich des Funktionsverlaufs einer selektierten Variablen. Tafel 7.18 zeigt das Beispiel eines Getriebes dessen Koppelpunkt so gut wie möglich eine durch 8 Stützpunkte definierte Bezierkurve durchlaufen soll. Bei der Optimierung dürfen die Gestellpunkte 4 und 5 in den angedeuteten Bereichen verschoben werden. Ein zweites Beispiel zeigt Tafel 7.19. Es handelt sich hier um ein massenbehaftetes 4-Gelenkgetriebe, dessen Antriebsmoment durch Hinzufügung einer Masse in

Tafel 7.18

Getriebeoptimierung I

a. Manuell via Trial&Error erstellte Lösung + Optimierungsgrenzen der Gestellpunktkoordinaten

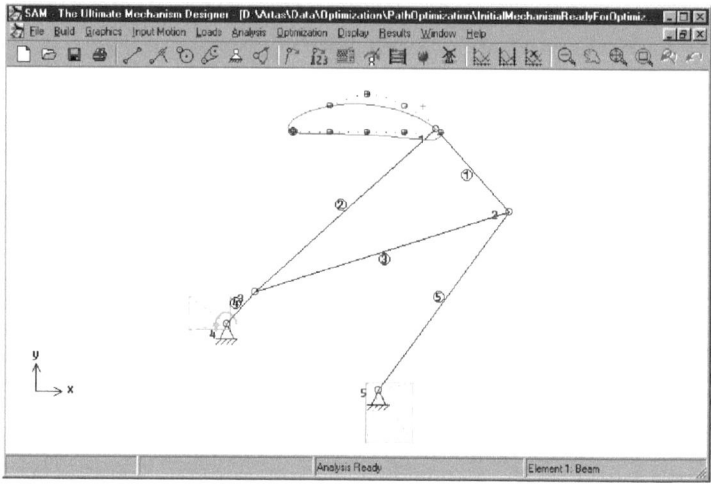

b. Optimierte Lösung

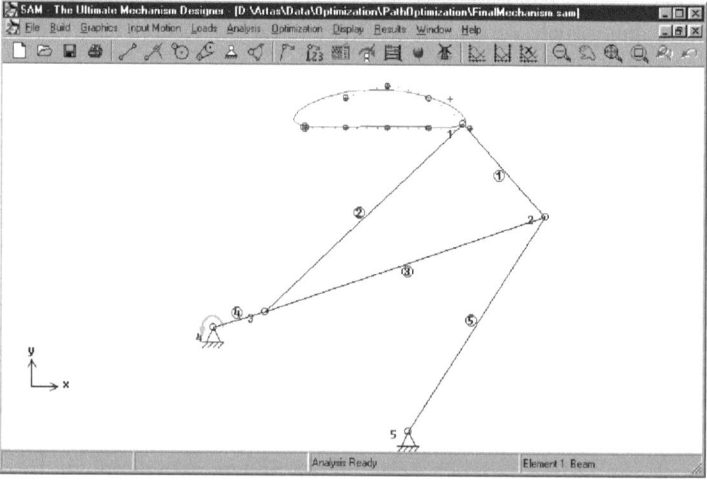

Tafel 7.19

Getriebeoptimierung II

a. Ausgangssituation (Antriebsmoment und Getriebe)

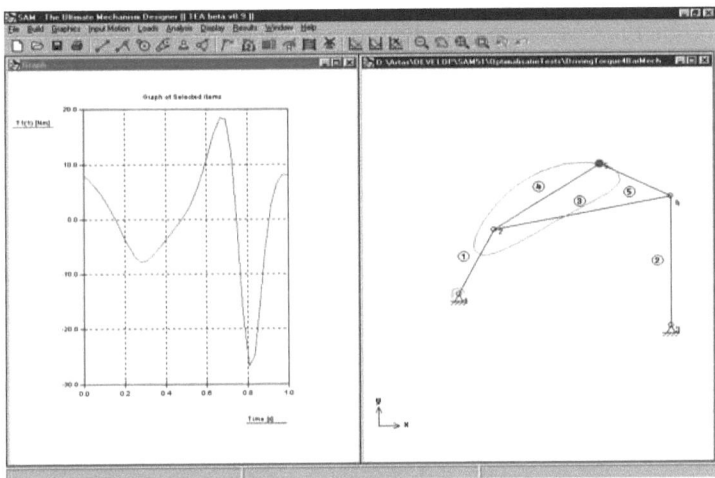

b. Optimierte Lösung (Antriebsmoment und Getriebe+extra Masse)

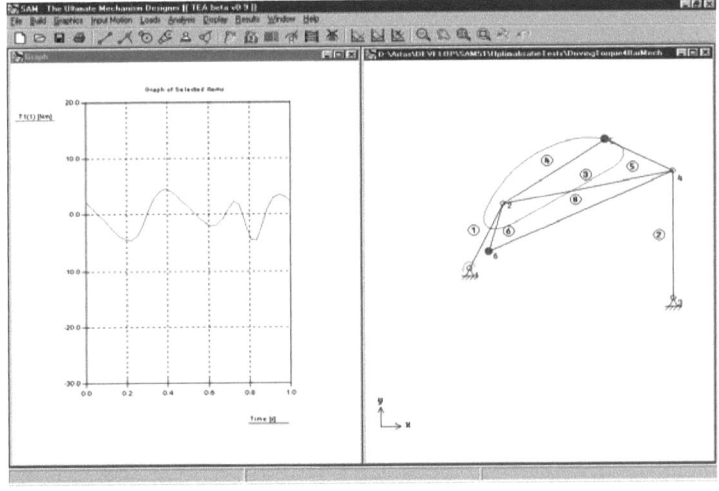

der Koppelebene reduziert werden soll. Die Größe und der Ort der Masse sind zu bestimmen.

Zum Schluss sei noch darauf hingewiesen, dass die Optimierungsstrategien zwar enorme Möglichkeiten bieten aber trotzdem nicht als das alles lösende Wundermittel werden sehen sollten. Einerseits ist die Formulierung der eigentlichen Bewegungsaufgabe, ohne hierbei unnötige Einschränkungen des Lösungsraumes zu machen, häufig nicht so einfach, anderseits werden befriedigende Ergebnisse nur erreicht, wenn geeignete Startwerte für den Entwurf Parameter gewählt werden. Um dieses Problem zu umgehen werden bei manchen Anwendungen dem deterministischen Suchprozess eine stochastische Suche vorangestellt, indem dem gesamten zulässigen Lösungsraum Stichproben entnommen werden, deren Auswertung Hinweise darüber geben, wo sich Gebiete befinden, in denen günstige Entwürfe zu erwarten sind.

7.4. Kurzbeschreibung Software SAM

SAM unterstützt den Entwurf, die Bewegungs- und Kraftanalyse und die Optimierung ebener Getriebe. Die Software läuft unter Microsoft Windows und integriert Preprocessing, Synthese, Analyse, Optimierung und Postprocessing, wie z.B. Animation und Diagramme. Durch die Benutzerfreundlichkeit und konsequente Bedienung erfordert der Einsatz keine spezifischen Kenntnisse.

Die Analyse basiert auf einer einzigartigen mathematischen Formulierung, die an der Technischen Universität Delft (Niederlande) entwickelt wurde und von der bekannten Finiten Elemente Methode abgeleitet ist.

Die Getriebe werden entweder mittels *Design Wizards* (z.B. Vorlagen zur einfachen Definition von 4-Gelenkgetrieben aber auch Vorlagen für exakte oder angenäherte Geradführungsmechanismen) automatisch erstellt oder aus Balken Zylindern, Riemen, Zahnradpaaren, Federn, Dämpfern und Reibungselementen am Bildschirm aufgebaut, wobei die Kombinationsmöglichkeiten beinahe unbegrenzt sind. Offene, geschlossene oder mehrfache Strukturen, aber auch komplexe Planetengetriebe werden auf dieselbe Weise behandelt und innerhalb kürzester Zeit liegen Ergebnisse vor.

Mehrere unabhängige Antriebe lassen sich definieren und verschiedene viel benutzte Standart - Bewegungsabläufe sind vorprogrammiert und können beliebig kombiniert werden, um so komplexe Bewegungsabläufe zu beschreiben.

Die folgenden Daten lassen sich errechnen:
- Verschiebung
- Geschwindigkeit,
- Beschleunigung,
- Winkel,
- Winkelgeschwindigkeit und Beschleunigung,
- Antriebskraft oder -moment,
- Reaktionskräfte in Gestellpunkten,
- benötigte Antriebsleistung.

Die Resultate können sowohl tabellarisch als auch in Diagrammen dargestellt werden. Selbstverständlich kann die Bewegung des Getriebes auf dem Bildschirm animiert werden und die Bahn, der Geschwindigkeitshodograph und die Krümmungsmittelpunktsbahn beliebiger Punkte dargestellt werden. Auch ist es möglich die Rast- und Gangpolbahn jedes Getriebegliedes darzustellen.

Die Optimierungsmodule in *SAM Professional* bieten eine sogenannte *unconstrained single-function multi-parameter* Optimierung basierend auf einer Kombination von evolutionären Algorithmen (globale Optimierung) und Simplex Methode (lokale Optimierung). Dabei kann ein Getriebe optimiert werden hinsichtlich der Bahn, die ein Punkt beschreiben soll, oder hinsichtlich des

Funktionsverlaufs einer selektierten Variablen. Als Optimierungsparameter gelten neben den Gelenkpunktkoordinaten auch die Elementeigenschaften, wie z.B. Masse, Federkonstante, ...

SAM wird bereits bei einer Großzahl europäischer Betriebe von der Textilindustrie, über den Maschinenbau bis zur Automobilindustrie eingesetzt. Die Software wird weiterhin an über 60 Universitäten und Hochschulen eingesetzt.

Dem Leser dieses Buches wird die Möglichkeit geboten kostenlos eine Jahreslizenz *SAM Light* (Kinematik) für das Selbststudium und zur privaten Benutzung über www.konstruktivegetriebelehre.de anzufordern.

8 Übungsaufgaben

Die nachfolgenden Übungsaufgaben sind nicht nach Getriebegruppen geordnet, sondern nach der Art der Aufgabenstellung in der Praxis. Die Aufteilung ergibt sich aus den beigefügten Bildseiten. Durch Abwandlung der Abmessungen, der Drehzahlen und anderer Konstruktionsbedingungen lassen sich aus diesen Musterbeispielen beliebige, weitere Aufgaben entwickeln. Am Schluss der einzelnen Aufgabentexte befinden sich in Klammern gesetzte Hinweise auf die Bildseiten der zugehörigen, vorausgegangenen Abschnitte des Buches, und zwar in der Reihenfolge, die der Bearbeitung der Aufgabe entspricht.

8.1 Ermittlung von Geschwindigkeiten und Beschleunigungen

Aufgabe 1

Gegeben ist eine zentrische Schubkurbel (Tafel 8.1.a) mit den Längen a = 50 mm und b = 200 mm. Zu bestimmen sind:

1. Die Geschwindigkeit v_B am Gleitsteinzapfen (Kolbenbolzen) für die Getriebelagen mit folgenden Kurbelstellungen: $\varphi = 0°$ (innere Totlage), 30°, 60°, 90°, 120°, 150° und 180°.
2. Die Getriebelagen mit v_{Bmax} und mit $v_B = v_A$.
3. Der Verlauf von v über t (abgerollter Kurbelkreis).
4. Der Verlauf von a über t durch zeichnerisches Differenzieren der v-Kurve.
5. Die Größtwerte von v und a für n = 0,5, n = 4 und n = 20 s^{-1}
   (Tafel 3.10 – Tafel 3.11)

Aufgabe 2

Gegeben sind 3 zentrische Schubkurbeln mit 120 mm Hub und folgenden Schubstangenverhältnissen:
$\quad \lambda_1 = 0,33; \lambda_2 = 0,25; \lambda_3 = 0,2$.
Zu ermitteln sind zeichnerisch die Größen der Beschleunigung am Gleitstein für folgende Kurbelstellungen:
$\quad \varphi = 0°$ (innere Totlage), 45°,135°,180°
Die entsprechenden Beschleunigungswerte sind festzustellen für $n_1 = 2$ s^{-1} und $n_2 = 2$ s^{-1}.
(Tafel 3.7 – Tafel 3.13)

Tafel 8.1

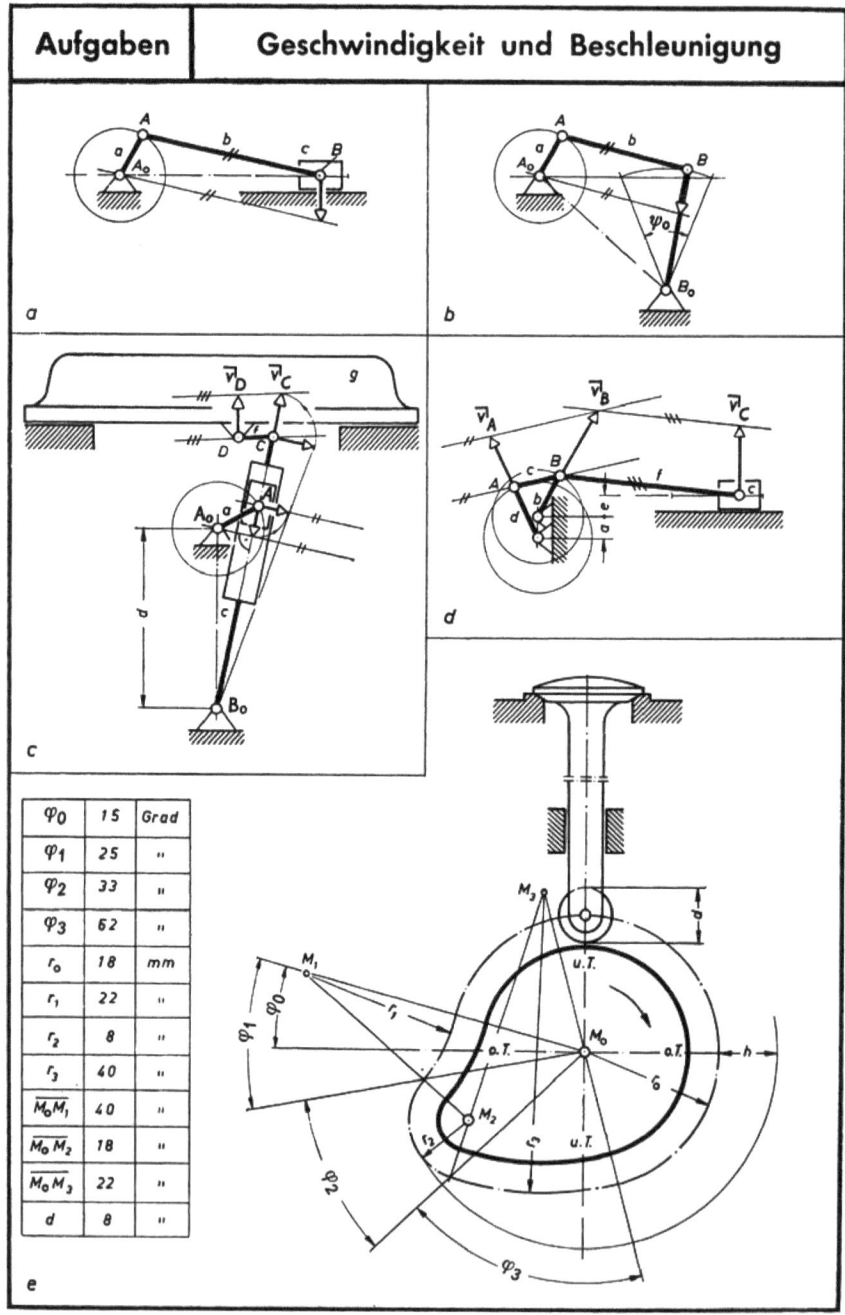

Aufgabe 3

Eine zentrische Kurbelschwinge (Tafel 8.1.b) ist zu entwerfen mit: a = 30 mm, b = 75 mm und einem Schwingenwinkel ψ_0 = 30° zwischen den Totlagen.
Zu ermitteln ist:

1. Der Verlauf der Geschwindigkeit am Schwingenzapfen für 12 gleichmäßig verteilte Kurbelstellungen.
2. Der Verlauf von *v* über *t* (abgerollter Kurbelkreis).
3. Der Verlauf von *a* über *t* (zeichnerisch differenziert).
4. v_{max} und a_{max} für n = 2,5 s^{-1} und Ausführung des Getriebes in der 2,5 -fachen Größe.
5. Die Größtwerte des Ablenkwinkels α.
(Tafel 3.10 – Tafel 3.3 – Tafel 6.2)

Aufgabe 4

Gegeben ist eine Kurbelschwinge mit folgenden Maßen:
a = 40 mm, *b* = 100 mm, *c* = 70 mm, *d* = 90 mm

1. In welchen Grenzen kann die Gestellänge d unter Beachtung der *Grashof*schen Bedingung verändert werden ?
2. Die Beschleunigung am Schwingenzapfen ist für folgende Kurbelstellungen zu konstruieren:
   φ = 0° (innere Totlage), 30°, 90°, 210°
3. Wie groß sind die ermittelten Beschleunigungen, wenn das Getriebe im Zeichnungsmaßstab ausgeführt und mit $n = 4\ s^{-1}$ angetrieben wird ?
(Tafel 3.5 – Tafel 3.13)

Aufgabe 5

Gegeben ist eine schwingende Kurbelschleife (Tafel 8.1.c) als Antrieb für einen Kurzhobler mit folgenden Maßen:
a = 100 mm, c = 600 mm, d = 386 mm, f = 100 mm

1. Zwischen der oberen und der unteren Steglage der Kurbel ist in Intervallen von 15° Kurbelwinkel die tangentiale Geschwindigkeitskomponente des Gelenkes A bezogen auf das Lager B_0 zu ermitteln.
2. Die Geschwindigkeiten der Punkte C und D sind für die gleichen Lagen zu bestimmen.
3. Die Geschwindigkeit des Werkzeugschlittens g ist über der Zeit aufzutragen und zu differenzieren.
4. Die Größtwerte der Beschleunigung sind zu bestimmen für $n = 1,5\ s^{-1}$
(Tafel 3.10 – Tafel 3,3)

204   8 Übungsaufgaben

Tafel 8.2

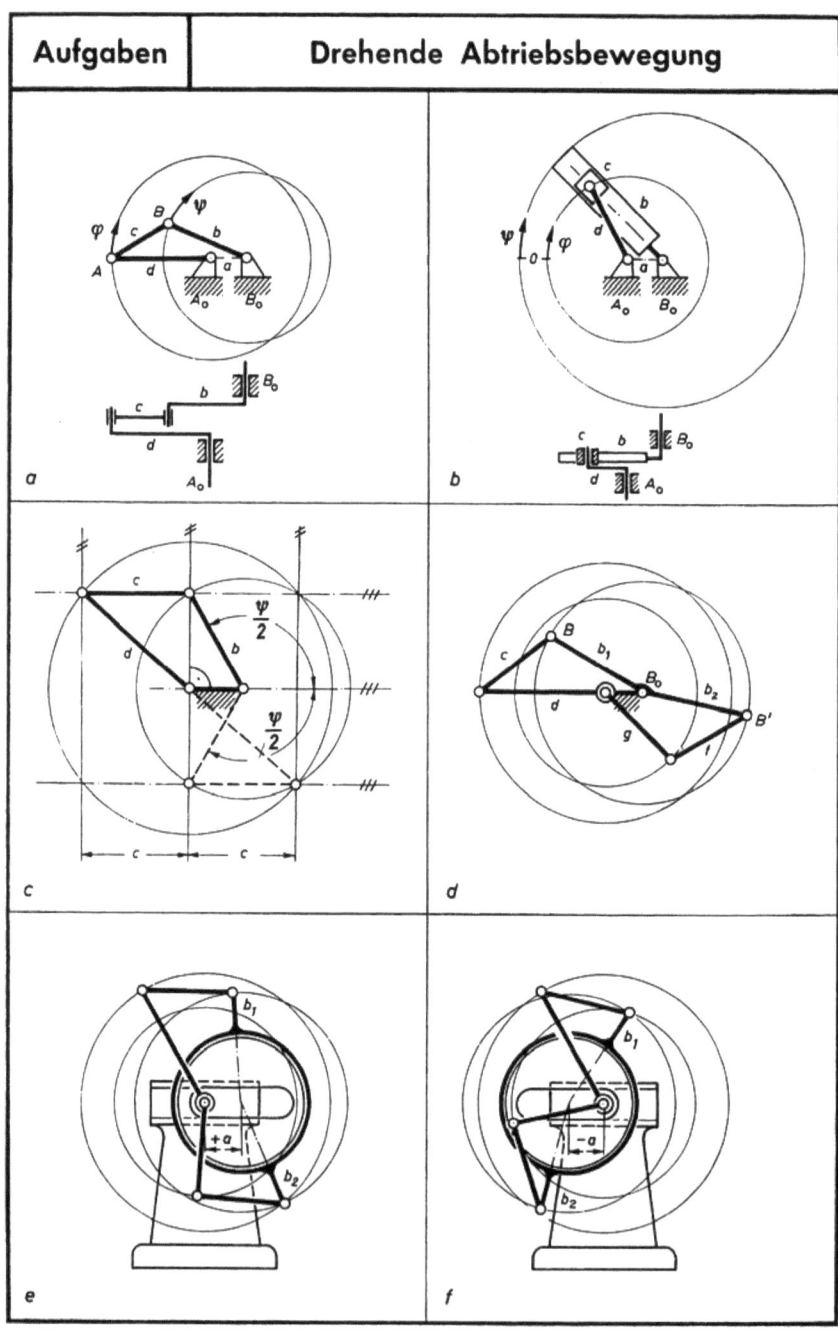

Aufgabe 6

Für die in Aufgabe 5 verwendete schwingende Kurbelschleife ist die Coriolisbeschleunigung des Gleitsteins für die in Tafel 8.1.c dargestellte Getriebelage zu bestimmen. In welchen Getriebelagen nimmt die Coriolisbeschleunigung den Wert "Null" an? (Tafel 3.15)

Aufgabe 7

Eine Schubkurbel wird durch eine vorgeschaltete Doppelkurbel ungleichförmig angetrieben (Tafel 8.1.d). Die Geschwindigkeit des Gleitsteinzapfens über dem Weg soll zeichnerisch ermittelt werden. Die Getriebemaße sind:
a = 200 mm, b = 500 mm, c = 500 mm, d = 600 mm, e = 200 mm, f =1250 mm
Zeichnungsmaßstab 1 : 5.
Die gleichförmige Geschwindigkeit des Antriebsgelenkes A soll durch einen nach außen gerichteten Vektor von der Länge der Antriebskurbel d dargestellt werden.
Die Größtwerte von v sind zu bestimmen für $n = 0,5 \ s^{-1}$.
(Tafel 3.10)

Aufgabe 8

Für die im Tafel 8.1.e dargestellte Nockensteuerung ist der Bewegungsverlauf des Ventilstößels zu untersuchen. Zu ermitteln sind:

1. Die Ersatz-Gelenkgetriebe für die verschiedenen Krümmungsbereiche des Nockens.
2. Das Weg-Zeit-Schaubild der Ventilbewegung.
3. Das Geschwindigkeitsschaubild.
4. Das Beschleunigungsschaubild.
5. Die Größtwerte von v und a für eine Drehzahl der Nockenwelle von
   $n = 40 \ s^{-1}$.

Alle Untersuchungen sollen unter Benutzung der Ersatz-Gelenkgetriebe durchgeführt werden. Dabei sollen die Überschneidungen in den einzelnen Bereichen der Schaubilder dadurch berücksichtigt werden, dass die einzelnen Ersatzgetriebe über die Anschlußstellen hinaus untersucht werden. Wie wirkt sich das erforderliche Spiel zwischen Rolle und Grundkreis bei geschlossenem Ventil aus?
(Tafel 5.1 – Tafel 5.2 – Tafel 3.10 – Tafel 3.13)

8.2 Getriebe für drehende Abtriebsbewegung

Aufgabe 9

Gegeben ist eine Doppelkurbel (Tafel 8.2.a) mit den Maßen a = 30 mm, b = 70 mm, c = 60 mm, d = 80 mm.

Zu ermitteln sind:

1. Der Verlauf der Abtriebsbewegung ψ über φ (φ von 30° zu 30°).
2. Der Verlauf des Übersetzungsverhältnisses ω_2/ω_1 über φ.
3. Der Verlauf der Winkelbeschleunigung α und ihre Größtwerte bei $n = 2\ s^{-1}$.
4. Die Getriebelagen mit $1/i = 1, 1/i_{max}$ und $1/i_{min}$.
5. Die Größtwerte des Ablenkwinkels α.
   (Tafel 3.26 – Tafel 3.21 – Tafel 3.23 – Tafel 3.25 – Tafel 6.2)

Aufgabe 10

Gegeben ist eine umlaufende Kurbelschleife (Tafel 8.2.b) mit den Maßen $a = 30$ mm und $d = 80$ mm.
Es ist die gleiche Untersuchung durchzuführen wie bei Aufgabe 9; die Ergebnisse sind zu vergleichen.

Aufgabe 11

Es ist eine Doppelkurbel zu entwerfen für vorgeschriebene Voreilung (Tafel 8.2.c). Während einer halben Umdrehung der Antriebskurbel d (φ = 180°) soll die Abtriebskurbel b eine größte Voreilung von 60° erhalten (ψ = 240°).
Gestellänge a und Koppellänge c ist frei wählbar. Die Getriebelagen mit $1/i = 1$ bilden die Grenzen zwischen den Bereichen der Voreilung ($\omega_2 > \omega_1$) und der Nacheilung ($\omega_2 < \omega_1$). Der Abtriebswinkel ψ = 240° wird je zur Hälfte oberhalb und unterhalb der Gestellgeraden angeordnet. Das Abtriebsgelenk B liegt im Schnittpunkt des freien Schenkels von ψ/2 mit der Senkrechten, die man auf der Gestellgeraden im Antriebslager A_0 errichtet.

Das Antriebsgelenk A liegt im Schnittpunkt der gestellparallelen Koppelgeraden mit einer Senkrechten zur Gestellgeraden im Abstand c vom Antriebslager A_0.

Die Größtwerte des Ablenkwinkels α sind zu kontrollieren. Diese Werte können durch Änderung von c beeinflußt werden.
(Tafel 3.23 – Tafel 6.2)

Aufgabe 12

Für eine Zwillingsdoppelkurbel (Tafel 8.2.d) ist der Verlauf der Abtriebsbewegung und des Gesamtübersetzungsverhältnisses über 12 Stellungen der Antriebskurbel (φ von 30° zu 30°) zu ermitteln ($1/i_{ges} = 1/i_I \cdot 1/i_{II}$).

Die Getriebemaße sind:
$a = 20$ mm, $b_1 = b_2 = 60$ mm, $c = 50$ mm, $d = 70$ mm, $f = 50$ mm, $g = 50$ mm
$\angle B\ B_0\ B' = 150°$ [61]. (Tafel 3.21)

Tafel 8.3

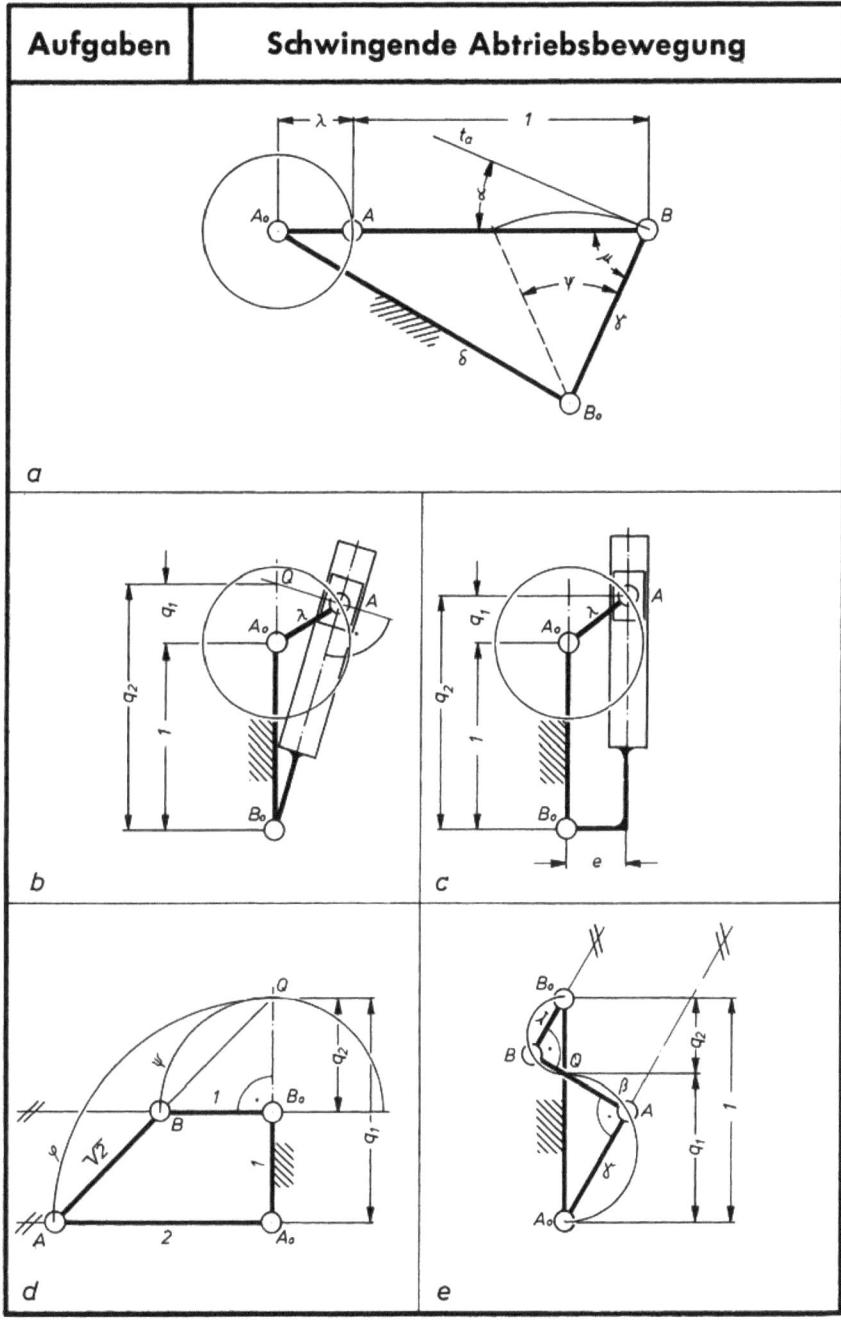

Aufgabe 13

Bei der in Aufgabe 12 untersuchten Zwillingsdoppelkurbel soll die Lagerung der zweiarmigen Zwischenkurbel b_1/b_2 als Zapfenerweiterung ausgebildet und diese verstellbar gelagert werden (Tafel 8.2.e und f). Hierdurch entsteht die Möglichkeit, die bei A_0 gelagerten Wellen (Voll- und Hohlwelle) durchzuführen und außerdem
den Bewegungsablauf bei laufendem Getriebe durch Verändern der Gestellgröße a zu beeinflussen (bei a = 0 herrscht Gleichförmigkeit!).

Der Verlauf der Abtriebsbewegung und des Übersetzungsverhältnisses für das in Tafel 8.2.f dargestellte Getriebe mit nach links verschobener Zwischenkurbel ist zu ermitteln und mit den entsprechenden Kurven des Getriebes von Aufgabe 12 zu vergleichen. Die Darstellung in gemeinsamen Schaubildern läßt den gesamten Verstellbereich erkennen.

8.3 Getriebe für schwingende Abtriebsbewegung

Aufgabe 14

Eine zentrische Kurbelschwinge nach Tafel 8.4.a ist zu untersuchen. Bezogen auf die Koppel als Einheit ist die Kurbel mit $\lambda = 0,3$ gegeben, sowie außerdem der Winkel ψ zwischen den beiden Totlagen der Schwinge mit 40°. Zu berechnen sind die Längen γ und δ. Außerdem sind die Grenzwerte des Übertragungswinkels μ und des Ablenkwinkels α zu bestimmen.
(Tafel 3.6 – Tafel 6.2)

Aufgabe 15

Eine zentrische, schwingende Kurbelschleife (Tafel 8.3.b) ist zu untersuchen, und zwar für die Kurbellängen $\lambda = 0,2$, 0,3, 0,4 und 0,5. Zu ermitteln sind die Grenzwerte des Übersetzungsverhältnisses $1/i = q_1/q_2$ und das Verhältnis der Kurbeldrehwinkel für den Hin- und Rückhub der Kulisse.
(Tafel 3.21 – Tafel 6.2)

Aufgabe 16

Eine versetzte, schwingende Kurbelschleife nach Tafel 8.3.c ist in gleicher Weise zu untersuchen wie das Getriebe der Aufgabe 15. In diesem Falle ist jedoch der Verlauf des Übersetzungsverhältnisses für einen vollen Umlauf der Kurbel von 30° zu 30° zu ermitteln und in Diagrammform darzustellen. $e = 0,8\,\lambda$.
(Tafel 3.21 – Tafel 6.2)

Aufgabe 17

Das in Tafel 8.3.d dargestellte Gelenkviereck hat in der Ausgangsstellung das Übersetzungsverhältnis $1/i = 2$. Der weitere Verlauf dieses Übersetzungsverhält-

8.4 Exakte und angenäherte Geradführung 209

Tafel 8.4

| Aufgaben | Geradführungen |

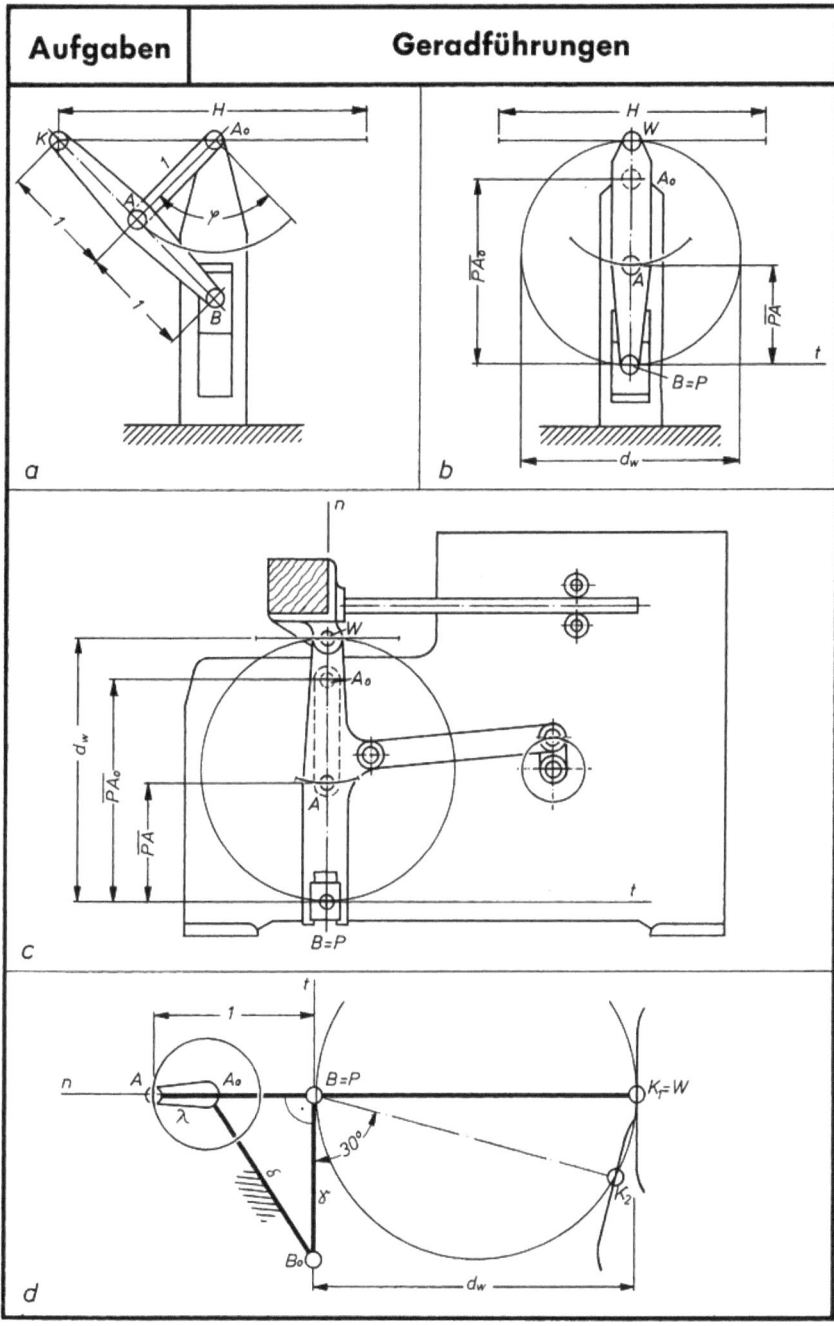

nisses ist zeichnerisch zu ermitteln und in Diagrammform darzustellen für folgende Stellungen der Antriebskurbel $\varphi = 0°, 15°, 30°...90°$.
(Tafel 3.21)

Aufgabe 18

Das in Tafel 8.3.e dargestellte Gelenkviereck hat in der abgebildeten Getriebelage das Übersetzungsverhältnis $1/i = 2$. Im Gegensatz zum Getriebe der Aufgabe 17 wird in diesem Falle die Schwingbewegung nicht gleichsinnig, sondern gegensinnig übertragen. Es ist zu untersuchen, innerhalb welcher Bewegungsbereiche für φ und ψ übertragungsgünstige Verhältnisse vorliegen. Die Längen von a und c können dabei unter Berücksichtigung der eingezeichneten *Thales*-Kreise frei gewählt werden. Das Ergebnis ist in Diagrammform darzustellen.
(Tafel 3.21)

8.4 Exakte und angenäherte Geradführungen

Aufgabe 19

In Tafel 8.4.a wird eine gleichschenklige Schubkurbel benutzt, um einen Koppelpunkt K exakt geradlinig zu führen. Es ist zu untersuchen wie groß der maximale Hub H bezogen auf die Kurbellänge wird, wenn zwischen Koppelmittellinie und der Schubrichtung des Gleitsteinzapfens B ein maximaler Ablenkwinkel von 45° für die rechte und für die linke Endlage zugelassen wird.
(Tafel 3.30)

Aufgabe 20

Eine zentrische Schubkurbel (Tafel 8.4.b) dient zur angenäherten Geradführung eines Koppelpunktes. Im Gegensatz zu der Getriebeanordnung der Aufgabe 19 verläuft die Bahn des Koppelpunktes dabei oberhalb des Kurbellagers A_0, was aus konstruktiven Gründen vorteilhaft ist. In der dargestellten Mittellage liegt der Gleitsteinzapfen B im Pol P. Die Koppelmittellinie fällt mit der Polbahnnormale zusammen, so dass der gewünschte Koppelpunkt sich in dieser Lage im Wendepol W befindet. Bei der Anwendung der *Euler-Savary*-Formel ist die Strecke PA_0 mit dem Wert 2 einzusetzen. Dies ermöglicht hinsichtlich der Baugröße einen Vergleich mit dem Getriebe der Abbildung Tafel 8.4.a. Die Strecke PA ist zu berechnen. Die Bahn des Koppelpunktes ist zur Überprüfung der Krümmungsverhältnisse zu zeichnen, und zwar zwischen den Endlagen, die einem Kurbelwinkel von jeweils ±45° entsprechen.

Aufgabe 21

Der Ladenbaum eines Webstuhls soll unter Verwendung einer schwingenden Kurbelschleife (Tafel 8.4.c) angenähert, geradlinig geführt werden. Er wird zu diesem Zweck auf einem Bolzen geführt, der in der dargestellten Entwurfslage des Getriebes auf der Mittellinie der Kulisse so angeordnet ist, dass er im Wendepol W liegt. Mit Rücksicht auf die Baumaße der Maschine gelten folgende Werte für die weitere Berechnung:

d_w = 700 mm; $\overline{PA_0}$ = 600 mm;

Die Strecke PA ist zu berechnen. Als Ergebnis ist das Stichmaß der Kurbel anzugeben. Es ist zeichnerisch zu prüfen wie groß die Abweichung des Koppelpunktes von der Geraden ist, wenn sein Hub aus der dargestellten Mittelstellung mit ±150 mm angenommen wird.
(Tafel 3.34)

Aufgabe 22

Eine Kurbelschwinge (Tafel 8.4.d) soll für die angenähert geradlinige Führung eines Koppelpunktes benutzt werden. Die Kurbelschwinge befindet sich in der inneren Totlage. Die Kurbellänge beträgt λ = 0,33. Laut Abbildung soll die Schwinge γ in der Totlage rechtwinklig zur Koppel stehen. Sie ist in der weiteren Untersuchung mit γ =1,2 bzw. 1,6 anzunehmen. Die zugehörige Gestellänge δ ist zu bestimmen. Zu berechnen ist außerdem der Wendekreisdurchmesser d_w. Die Bahnen der Koppelpunkte K_1 und K_2 sind zeichnerisch darzustellen zur Kontrolle ihrer Übereinstimmung mit jeweils gewünschten Geraden.
(Tafel 3.34)

Aufgabe 23

Der Pflugschar einer Kartoffelerntemaschine ist in zwei Lenkern geführt, und zwar so, dass er zusammen mit diesen Lenkern und dem zugehörigen Drehpunktabstand im Maschinengestell ein Gelenkdreieck bildet (Tafel 8.5 a). Das Gelenkviereck wird am Gelenk A_1 schwingend angetrieben. In der hier dargestellten Entwurfslage stehen die beiden Lenker parallel. Die Spitze des Pflugschares soll eine gegen die Horizontale geneigte, angenähert geradlinige Bewegung nach Art einer Meißelspitze machen. Durch diese Bewegung wird die Aufnahme des Erddammes mit dem Erntegut erleichtert. Es sind folgende Maße gegeben:

a =180 mm; b = 480 mm; c = 400 mm; d = 530 mm

Das Gelenkviereck ist in der Vierecklage mit parallelen Polstrahlen zu zeichnen. Der Relativpol Q ist zu bestimmen, ebenso die Lage der Polbahntangente t. Diese Tangente stellt in dieser Getriebelage ein Stück des hier unendlich großen Wendekreises dar. Sie ist also der geometrische Ort aller angenähert geradlinig laufenden Koppelpunkte. Aus diesem Grunde wird sie auch als "Wendegerade" bezeichnet [62]. (Tafel 3.36)

Tafel 8.5

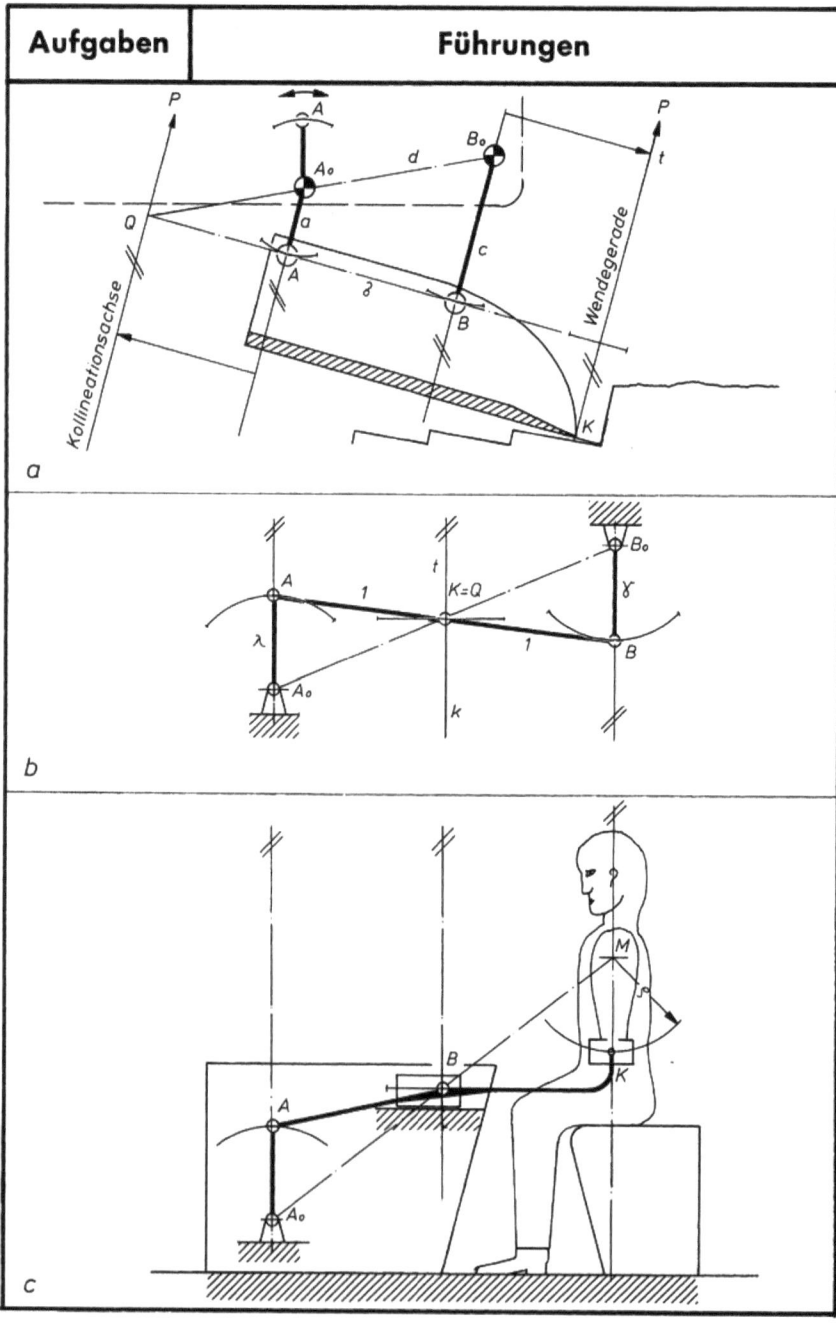

Aufgabe 24

Im Gegensatz zur Aufgabe 23 wird hier ein Gelenkviereck in Überkreuzlage zur angenäherten Geradführung eines Koppelpunktes benutzt. Das kinematische Schema in Tafel 8.5.b ist zu dem im Relativpol liegenden Koppelpunkt K symmetrisch. Einziges veränderliches Maß bei der nachfolgenden Untersuchung ist die Länge der beiden im Gestell gelagerten Lenker $\lambda = \gamma = 0{,}75$, 1 und 1,25. Bezogen auf die halbe Koppellänge 1 ist festzustellen, wieweit die Koppelpunktbahn mit einer Geraden übereinstimmt. Der Abstand der Lagerpunkte A_0 und B_0 ist so zu wählen, dass die Koppel mit den Lenkern λ und γ in der dargestellten Lage einen rechten Winkel bildet, wenn diese mit der Bezugseinheit (halbe Koppellänge) übereinstimmen.
(Tafel 3.36)

Aufgabe 25

Hier handelt es sich um eine kinematische Umkehrung der Aufgabe 24. An Stelle des Koppelpunktes K, der angenähert geradlinig geführt wurde, ist hier der exakt geradlinig geführte Gleitsteinzapfen B angeordnet. An Stelle des in Tafel 8.5.b auf einem Kreisbogen geführten Schwingenzapfens B befindet sich hier ein Koppelpunkt K, dessen Bahn einem Kreisbogen nur angenähert ist. Die Anordnung kann benutzt werden zur Erzeugung von Schwenkbewegungen um einen konstruktiv nicht realisierbaren Drehpunkt. Ein solcher Fall liegt vor, wenn bei der Gestaltung eines Arbeitsplatzes für Körperbehinderte die Schwenkbewegung eines Oberarmstumpfes benutzt werden soll, um innerhalb des Arbeitsgerätes eine schiebende oder schwingende Bewegung zu erzeugen. Bei dieser Aufgabe sollen die Stichmaße in Anlehnung an körperliche und räumliche Gegebenheiten frei gewählt werden. Zu überprüfen ist die Frage wie weit die Bahn des Koppelpunktes K in guter Näherung einem Kreisbogen um das Schultergelenk entspricht.
(Tafel 3.36)

Aufgabe 26

Die Gelenkabstände eines Wippkranes (Tafel 8.6.a) sind zu bestimmen. Die Schnabelrolle soll horizontal angenähert geradlinig geführt werden. Es ist vorteilhaft die Rolle auf der Polbahnnormalen n, also im Wendepol W anzuordnen. Der Wendekreisdurchmesser d_w kann frei gewählt werden, ebenso die beiden Polstrahlwinkel β_{A_0} und β_{B_0}. Die Lagerpunkte A_0 und B_0 werden auf den Polstrahlen b und d so angeordnet, dass sie für die Gestaltung des Kranportales günstig liegen. Die Polentfernungen der entsprechenden Koppelpunkte A und B werden nach der *Euler-Savary*-Formel berechnet. Zweckmäßig ist es, diese Berechnung für verschiedene Polstrahlwinkel β und verschiedene Wendekreisdurchmesser d_w durchzuführen. Die Beurteilung der Ergebnisse und die Auswahl der geeignetsten Längenverhältnisse erfolgt nach den Aufzeichnungen

214 8 Übungsaufgaben

Tafel 8.6

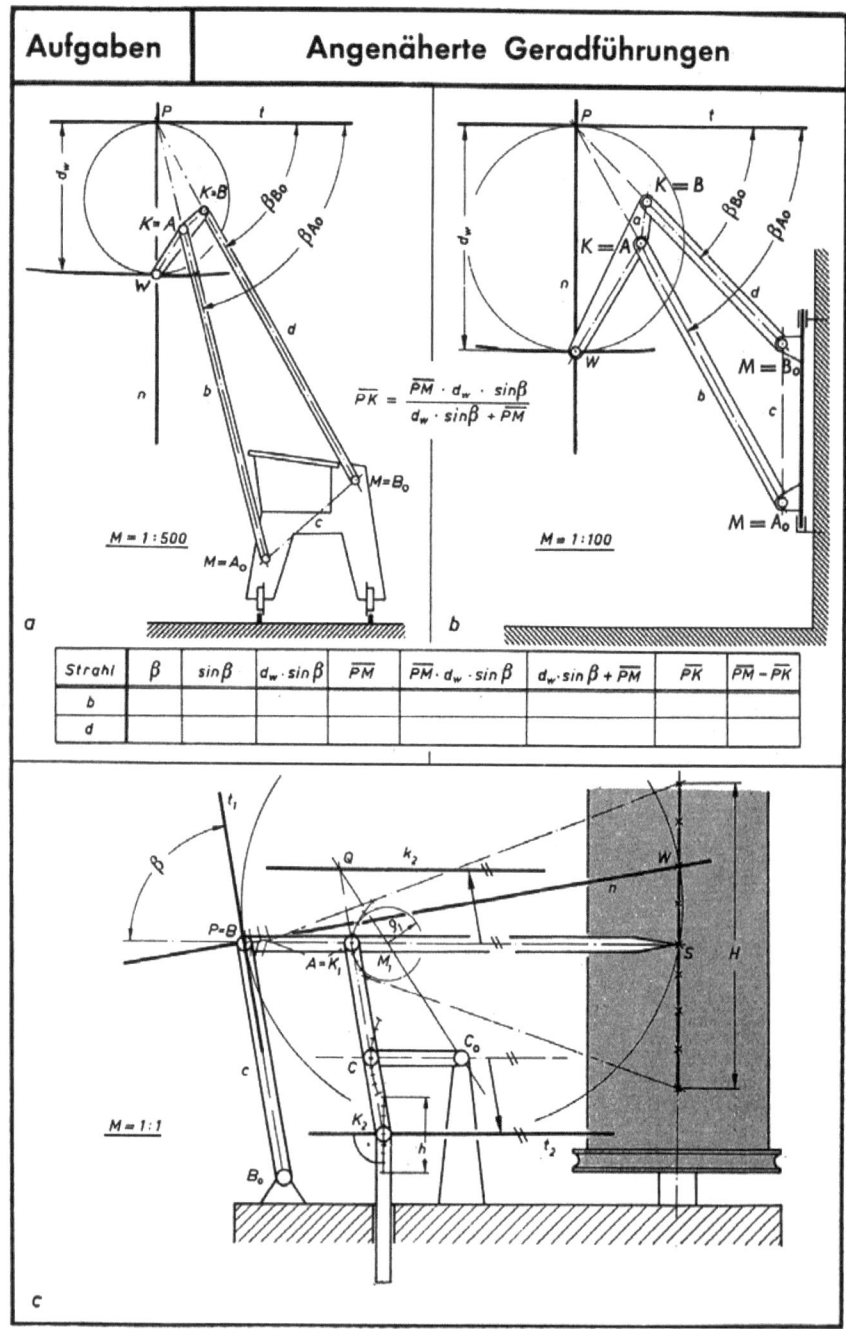

der verschiedenen Koppelkurven mit Hilfe von einfachen Modellen. Ein einfaches Zeichengerät für Koppelkurven wurde im Abschnitt 7.1.3 beschrieben.

Da hier der gleiche Rechengang öfter wiederholt werden muss, ist es zweckmäßig, die Berechnung in Tabellenform durchzuführen. Die Polabstände können auch der Tafel 3.35 entnommen werden [63].
(Tafel 3.34 – Tafel 3.35)

Aufgabe 27

In gleicher Weise wie in Aufgabe 26 sind die Abmessungen für einen Werkstattkran zu ermitteln
(Tafel 8.6 b).

Aufgabe 28

Das Schreibgestänge eines Indikators ist zu entwerfen (Tafel 8.6.c). Der Antrieb erfolgt über das geradlinig auf- und abgeführte Gelenk K_2. Der Schreibstift S soll einen parallel verlaufenden, vergrößerten, angenähert geradlinigen Hub mit möglichst linearer Charakteristik machen.

Das gesamte Gestänge kann aufgefaßt werden als Verbindung zweier Kurbelschwingen. Da K_1 und M_1 in der hier dargestellten Entwurfslage des Getriebes auf der Mittellinie der Schreibstiftkoppel liegen, fällt der Pol P in den Schwingenzapfen B (äußere Totlage). Die Schwingenmittellinie ist Polbahntangente t_1. Die Baugröße des Indikators hängt von der frei wählbaren Länge der Strecke BS ab. Diese wird zur Wendekreissehne $d_w \cdot \sin\beta$. Auf der Koppelgeraden wird der Punkt K_1 so gewählt, dass das Streckenverhältnis BS/BK_1 dem gewünschten Übersetzungsverhältnis der Hübe H/h entspricht. Aus der *Euler-Savary*-Formel ergibt sich dann die Strecke PM_1 und damit der Krümmungsradius ρ_1 der Koppelkurve bei K_1.

Die zweite Kurbelschwinge liegt in der Vierecklage mit parallelen Polstrahlen. Die Lage des Schwingengelenkes C kann auf der Koppelgeraden frei gewählt werden. Sie ist maßgebend für die Lage des Relativpoles Q, da $\overline{K_1Q} = \overline{K_2C}$ sein muss. Das Schwingenlager C_0 ergibt sich als Schnittpunkt einer von Q durch M_1 gezogenen Geraden mit dem parallelen Polstrahl durch C.

Im Beispiel Tafel 8.6.c sind für 8 gleichmäßig verteilte Intervalle von h die entsprechenden Stellungen von S eingezeichnet.
(Tafel 3.34 – Tafel 3.35 – Tafel 3.36)

216 8 Übungsaufgaben

Tafel 8.7

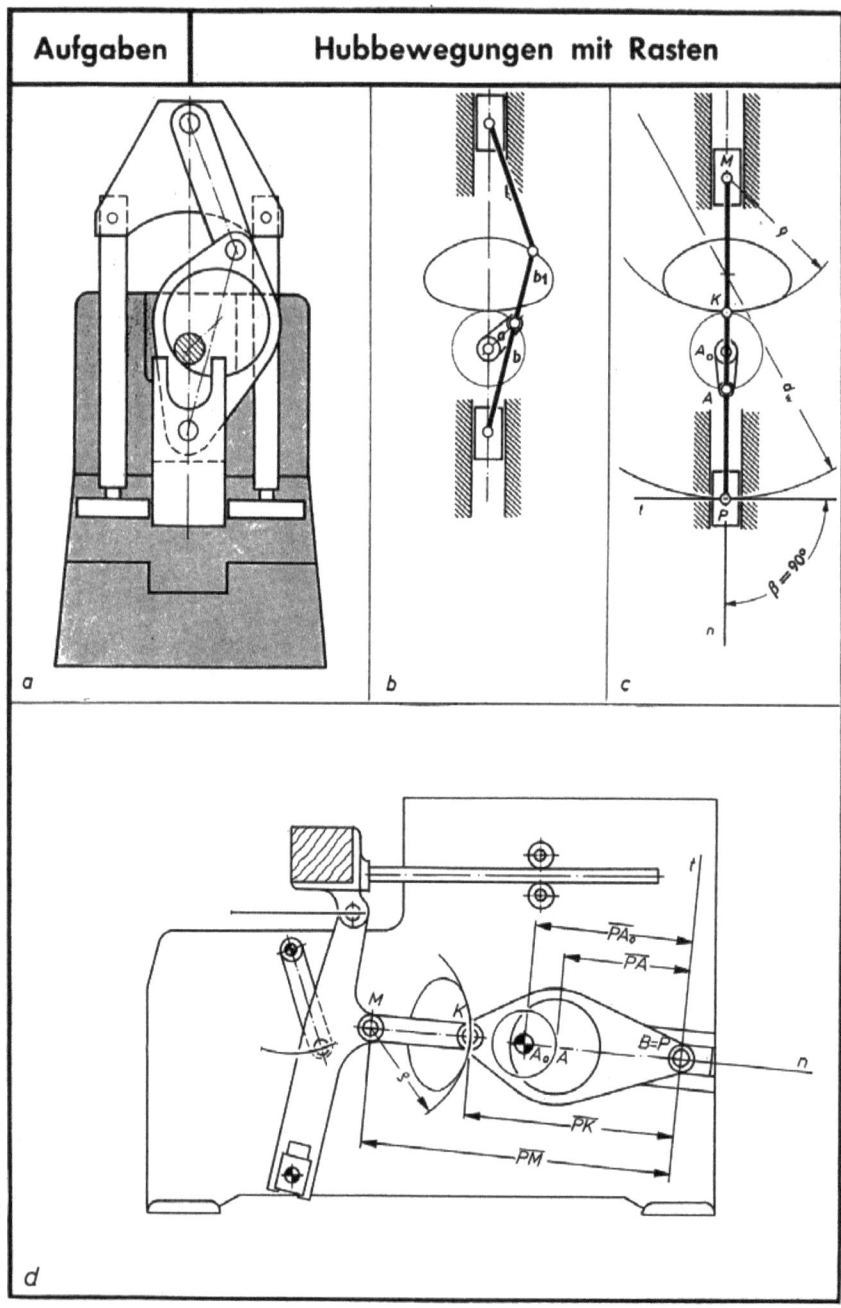

8.5 Hubbewegungen mit Rasten

Aufgabe 29

Für eine Kurbelpresse sind die Abmessungen für den Antrieb des Pressenstempels und eines Niederhalters zu bestimmen. Der letztere soll von einem Koppelpunkt so gesteuert werden, dass seine Bewegung in der unteren Totlage eine Rast aufweist (B 213.a und b). Entwurfsstellung ist die untere Totlage des Getriebes (Tafel 8.13.c). Die Längen von a und b können frei gewählt werden, mit Rücksicht auf Pressenhub und Baugröße. Auch die Koppellänge b_l und damit die Strecke PK ist frei wählbar.

Zur Berechnung des entsprechenden Krümmungsmittelpunktes M wird der Wendekreisdurchmesser d_w benötigt. Diesen erhält man, indem man zunächst die Euler-Savary-Formel auf den Kurbelkreis anwendet. In der Totlage liegt die Koppel auf der Polbahnnormalen, d.h. der Polstrahlwinkel β beträgt 90° und damit wird sinβ =1.

Man erhält d_w nach Formel (3.63) und später die Strecke PM nach Formel (3.65) bzw. aus der Tafel 3.35.
(Tafel 3.34 – Tafel 3.35)

Aufgabe 30

Für das in Aufgabe 29 entworfene Getriebe ist das Zeit-Weg-Schaubild für Stempel und Niederhalter zu ermitteln. Der Niederhalter soll sich auf das Werkstück aufsetzen, wenn der Koppelpunkt K von seiner unteren Totlage in senkrechter Richtung den Abstand 0,2·a hat. Ein Zehntel der Hubbewegung soll also von der Klemmplattenfederung des Niederhalters aufgenommen werden. Die Zeit-Weg-Kurven von Stempel und Niederhalter sind im gleichen Schaubild darzustellen. Eine Parallele zur Abszisse im Abstand 0,2·a schneidet die Hubkurve des Niederhalters in 2 Punkten. Der Abstand dieser Punkte voneinander bestimmt - in Kurbelwinkel gemessen - die Dauer der Werkstückklemmung.

Aufgabe 31

Für Stempel und Niederhalter der Presse nach den Aufgaben 29 und 30 sind für Stempel und Niederhalter die Verläufe von v und a einschließlich der Maximalwerte zu bestimmen für einen Pressenhub von 200 mm und eine Drehzahl von $n = 0{,}75\ s^{-1}$.
(Tafel 3.10 - Tafel 3.3)

Aufgabe 32

In Aufgabe 21 wurde eine angenähert geradlinig geführte Weblade über einen Kurbeltrieb angetrieben. Dabei wird eine hin- und herschwingende Bewegung ohne Rasten erzeugt. Bei gleichen Baumaßen der Webmaschine ist in Tafel 8.7.d

Tafel 8.8

Aufgaben	Hubbewegungen mit Rasten

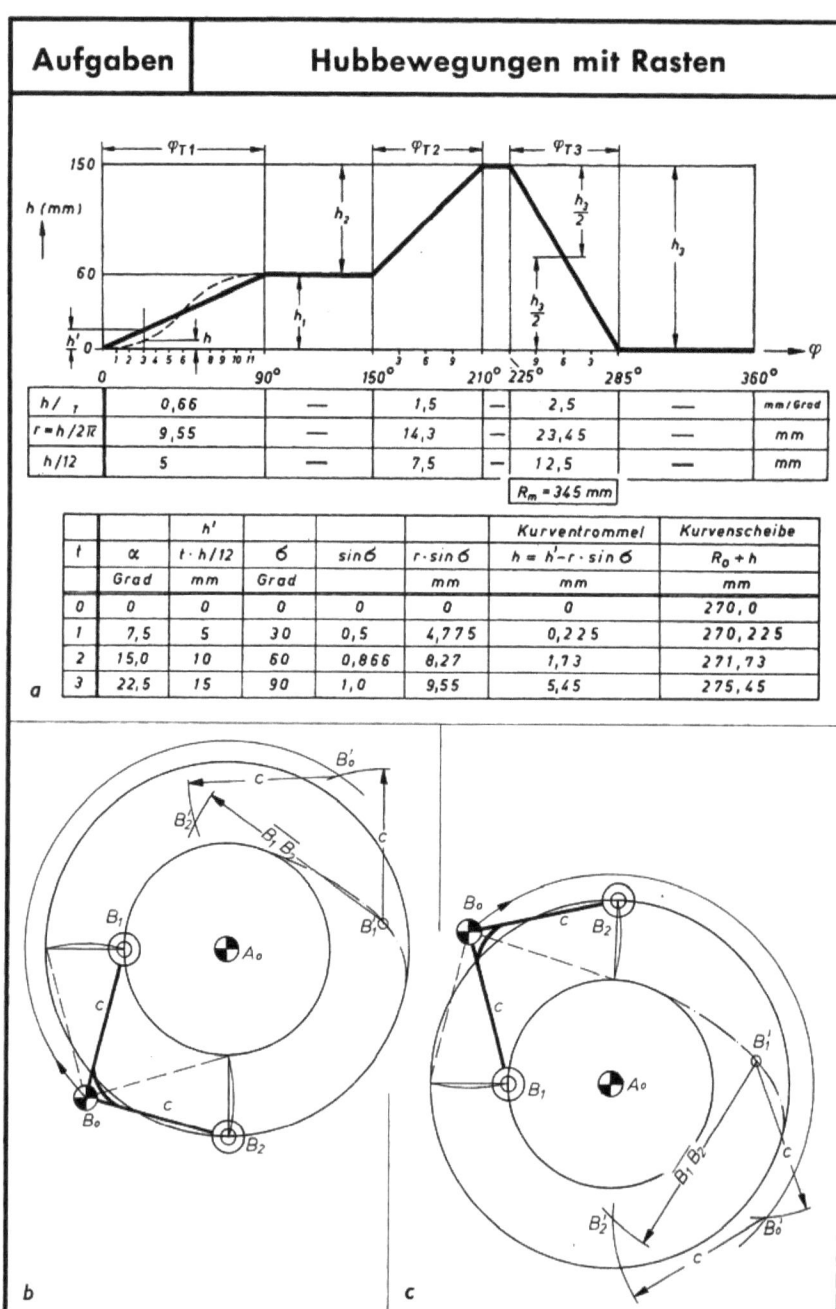

dieser einfache Antrieb durch eine Schubkurbel ersetzt, bei der ein Koppelpunkt K so geführt wird, dass durch Ausnutzung einer Scheitelkrümmung der betreffenden Koppelkurve die Weblade in ihrer inneren Endlage eine Rast aufweist. Es soll eine zentrische Schubkurbel verwendet werden. Der Durchmesser des Wendekreises ist zu berechnen für folgende Maße:
Kurbellänge 80 mm; Koppellänge 340 mm.

Für die Berechnung des Krümmungshalbmessers ρ der Koppelkurve ist in diesem Falle der Abstand des Krümmungsmittelpunktes M vom Pol P mit 850 mm anzunehmen. Dies folgt aus der Bedingung, dass die beiden Antriebe von Tafel 8.7 c und Tafel 8.7.d gegeneinander austauschbar sein sollen. Die Strecke PK ist zu berechnen. Die Bewegungsverläufe für die Weblade sind zu ermitteln und zu vergleichen. Dabei ist die Kurbel für den Antrieb in Tafel 8.8.c mit 80 mm und die zugehörige Koppel mit 500 mm anzunehmen. Das Gelenk M an der Kulisse kann frei gewählt werden.
(Tafel 3.34)

Aufgabe 33

Für den in Tafel 8.8.a schematisch dargestellten Bewegungsverlauf ist die Mittelpunktskurve einer Kurventrommel zu berechnen und zu entwerfen, unter Zugrundelegung einer geneigten Sinuslinie nach *Helling-Bestehorn*. Die Kurvenrolle soll einen Durchmesser von 50 mm haben. Die Kurvenflanke ist zu zeichnen.

Für die verschiedenen Hubbereiche werden zunächst berechnet: h_0/φ_0, $r = h/2\pi$ und $h/12$ sowie der erforderliche Mindesthalbmesser für den steilsten Kurvenbereich nach Formel (6.12).

Für jede Sinuslinie kann man in beliebig dichter Intervallfolge die Hubhöhen berechnen. Diese Berechnung wird zweckmäßigerweise in tabellarischer Form durchgeführt. Die Anlage einer solchen Tabelle für den Bereich 1 ist als Muster dargestellt mit einer angenommenen Teilung in 12 Intervalle. φ ist der Winkel der Intervallteilung und σ der Winkel des Amplitudenkreises, der für jede Hubbewegung volle 360° durchläuft.

Die beiden letzten Spalten ergeben die Konstruktionsmaße für die Kurventrommel bzw. für die Kurvenscheibe.
(Tafel 5.5 – Tafel 6.3)

Aufgabe 34

Für den in Aufgabe 33 gegebenen Bewegungsverlauf ist eine Kurvenscheibe zu entwerfen. Rollenhalbmesser 40 mm.

Aufgabe 35

Für die Kurvenscheibe nach Aufgabe 34 ist die Gegenkurve entsprechend Tafel 8.8.b zu entwerfen und zwar für folgende Bedingungen: Beide Rollen sollen auf

Schwinghebeln zentrisch geführt werden. Der Schwingenwinkel zwischen den Totlagen soll $\psi_0 = 30°$ betragen. Die Ablenkwinkel an den beiden Kurvenscheiben sind zu prüfen für $\varphi = 0°$, $10°$, $20°$ und $30°$.
(Tafel 5.10 – Tafel 5.5 – Tafel 6.3)

Aufgabe 36

Für die Kurvenscheibe nach Aufgabe 34 ist die Gegenkurve unter den gleichen Bedingungen wie bei Aufgabe 35 zu entwerfen, jedoch mit dem Unterschied, dass die Anordnung des zweiarmigen Schwinghebels entsprechend Tafel 8.8.c vorgeschrieben ist. Durch Übereinanderdecken der beiden transparenten Zeichnungen der Aufgaben 35 und 36 sind die beiden Kurvenverläufe (Mittelpunktskurven) zu vergleichen. Eventuelle Abweichungen sind zu erklären.
(Tafel 5.10)

Aufgabe 37

Für den in Aufgabe 33 mit Hilfe geneigter Sinuslinien berechneten Kurvenverlauf ist unter Verwendung des Polynoms 4. Grades die maximale Geschwindigkeit und die maximale Beschleunigung der Rolle in allen drei Übergangsfunktionen zu ermitteln. Die Werte sind mit den entsprechenden Werten der geneigten Sinuslinie zu vergleichen.
(Tafel 5.6)

Aufgabe 38

Für den in Aufgabe 33 mit Hilfe geneigter Sinuslinien berechneten Kurvenverlauf ist unter Verwendung des Polynoms 5. Grades die maximale Geschwindigkeit und die maximale Beschleunigung der Rolle in allen drei Übergangsfunktionen zu ermitteln. Die Werte sind mit den entsprechenden Werten der geneigten Sinuslinien zu vergleichen.
(Tafel 5.6)

8.6 Getriebe für Schrittbewegungen

Aufgabe 39

Für eine schwingende Kurbelschleife mit $\psi_0 = 60°$ Schwingenwinkel ist der Verlauf der Winkelgeschwindigkeit ω_2 und der Winkelbeschleunigung ε_2 am Abtrieb zu bestimmen und als Schaubild darzustellen.
Achsabstand $A_0B_0 = 150$ mm; Antriebsdrehzahl $n = 1{,}5$ s^{-1}.
(Tafel 3.21 – Tafel 3.26)

Tafel 8.9

Aufgaben	Schrittgetriebe

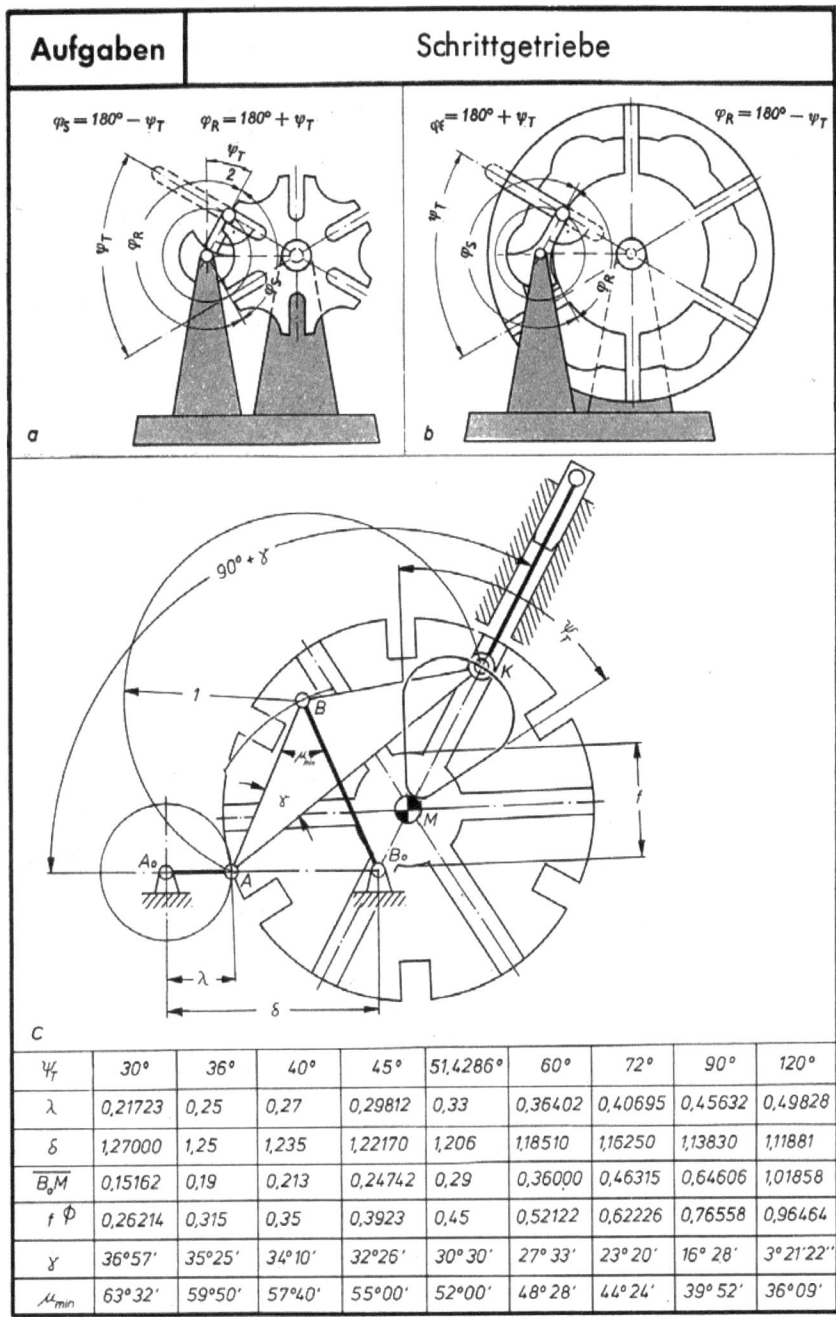

ψ_T	30°	36°	40°	45°	51,4286°	60°	72°	90°	120°
λ	0,21723	0,25	0,27	0,29812	0,33	0,36402	0,40695	0,45632	0,49828
δ	1,27000	1,25	1,235	1,22170	1,206	1,18510	1,16250	1,13830	1,11881
$\overline{B_0 M}$	0,15162	0,19	0,213	0,24742	0,29	0,36000	0,46315	0,64606	1,01858
$f\,\varphi$	0,26214	0,315	0,35	0,3923	0,45	0,52122	0,62226	0,76558	0,96464
γ	36°57'	35°25'	34°10'	32°26'	30°30'	27°33'	23°20'	16°28'	3°21'22''
μ_{min}	63°32'	59°50'	57°40'	55°00'	52°00'	48°28'	44°24'	39°52'	36°09'

222   8 Übungsaufgaben

Aufgabe 40

Für ein sechsteiliges Malteserkreuzgetriebe (Tafel 8.9.a) ist der Verlauf von ω und ε am Abtrieb unter Benutzung der Ergebnisse von Aufgabe 39 darzustellen. Die Sicherung des Schaltrades erfolgt durch ein Sperrsegment, dessen Bogenlänge sich aus dem Ruhewinkel ergibt. Aus den geometrischen Verhältnissen im Augenblick des Bolzeneingriffes ergibt sich in Abhängigkeit von der Teilung ein festes Schaltzeitverhältnis nach Tabelle 8.1.

Tabelle 8.1 Geometrische Verhältnisse am Schrittgetriebe

Schaltzahl	ψ_T	Malteserkreuz	
		Schaltwinkel	Ruhewinkel
3	120°	60°	300°
4	90°	90°	270°
5	72°	108°	252°
6	60°	120°	240°
8	45°	135°	225°
10	36°	144°	216°
12	30°	150°	210°
Schaltzahl	ψ_T	Ruhewinkel	Schaltwinkel
		Malteserkreuz	

Bei den Getrieben in Tafel 8.9.a und b ist zusätzlich die Kulisse einer schwingenden Kurbelschleife zum Vergleich mit Aufgabe 39 eingezeichnet.

Aufgabe 41

Für ein Malteserhohlradgetriebe (Tafel 8.9.b) ist der Verlauf von ω und α am Abtrieb unter Benutzung der Ergebnisse von Aufgabe 39 als Schaubild darzustellen. Die Ergebnisse sind mit den Ergebnissen von Aufgabe 40 zu vergleichen (siehe dazu Anmerkungen 1 und 2 auf dieser Seite).

Aufgabe 42

Tafel 8.9.c zeigt in bezogenen Maßen das Schema einer Kurbelschwinge, bei der ein Koppelpunkt K eine symmetrische Koppelkurve mit zwei angenähert geradlinigen Bahnstücken durchläuft. Die beiden geradlinigen Bahnstücke schließen einen Winkel miteinander ein, der als ganzzahliger Teil von 360° mit dem Teilungswinkel ψ_T eines Schrittgetriebes übereinstimmt. Die auf der vorhergehenden Seite dargestellte Tabelle gibt für 9 verschiedene Teilungswinkel die entsprechenden, bezogenen Maße an. Die Angaben für $\psi_T = 30°$, 45°, 60°, 72°, 90° und 120° sind [64] entnommen. Die Werte für $\psi_T = 36°$, 40° und 51,4286 wurden durch Interpolation gewonnen. Für einen beliebig angenommenen Fall aus dieser Tabelle ist die Koppelkurve zu ermitteln. Der Eingriffskreis entspricht der Lage des Koppelpunktes in der inneren Totlage der Kurbelschwinge.

Der Sperriegel für die Schaltpause wird im vorliegenden Beispiel vom gleichen Koppelpunkt aus angetrieben. Die Länge des hierfür benötigten Lenkers ist so zu bestimmen, dass sein Ablenkwinkel zur Hubrichtung des Gleitsteines einen Wert von ±30 nicht überschreitet. (Tafel 6.2)

Aufgabe 43

Für das Schrittgetriebe nach Aufgabe 42 ist der Verlauf von ψ, ω und α für die Schrittscheibe zu ermitteln, und zwar für 12 gleichmäßig verteilte Kurbelstellungen. Die Drehzahl der Antriebskurbel soll n = 2 s^{-1} betragen. Die Länge der geradlinigen Bahnstücke ergibt praktisch eine Vergrößerung des Ruhewinkels. Wenn dieser vergrößerte Ruhewinkel ausgenutzt werden soll, empfiehlt es sich, den inneren Begrenzungskreis der Eingriffsnuten entsprechend größer zu wählen und die Länge des Sperrschiebers den geänderten Eingriffsverhältnissen anzupassen.
(Tafel 3.21 – Tafel 3.26)

Aufgabe 44

Die in Tafel 8.9.c zum Antrieb eines Schrittgetriebes benutzte Kurbelschwinge ist in den beiden Stellungen mit Steglage der Kurbel zu zeichnen. Die beiden Koppelkreise schneiden sich im Schwingenlager B_0 und in einem zweiten Punkt, der als Koppelpunkt für den Hub "Null" bekannt ist. Rechts und links von diesem Schnittpunkt ergeben sich Koppelpunkte, die in Richtung der Symmetrieachsen ihrer Bahnen nur geringe Hübe aufweisen. Es ist zu untersuchen, ob sich hier Kurvenformen ergeben, die für die Bewegung eines entsprechend angeordneten Sperrschiebers geeignet sind. Dies hätte den Vorteil, dass der Schieber nur noch geringen Hub macht.
(Tafel 4.1)

Aufgabe 45

In Tafel 8.10.a dient eine zentrische Schubkurbel zum Antrieb eines Schrittgetriebes, dass koaxial ausgebildet werden kann [65]. Es fallen also Antriebswelle und Abtriebswelle in einen Punkt. Die geometrischen Zusammenhänge gehen aus der Abbildung und den Formeln hervor. In Abhängigkeit vom Schrittwinkel sind zu ermitteln und in Diagrammform darzustellen:

1. die Kurbellänge λ,
2. der Halbmesser ρ_E des Eingriffskreises,
3. die beiden Kurbelwinkel für die Schrittbewegung und für die Bewegungspause φ_S und φ_R.

Eine besondere Verriegelung ist nicht erforderlich, da der Gleitsteinbolzen B diese Funktion übernehmen kann, wenn man ihn mit einer Rolle ausstattet, deren Größe mit der Schaltrolle am Koppelpunkt übereinstimmt.

224   8 Übungsaufgaben

Tafel 8.10

Aufgaben	Koaxiales Schrittgetriebe

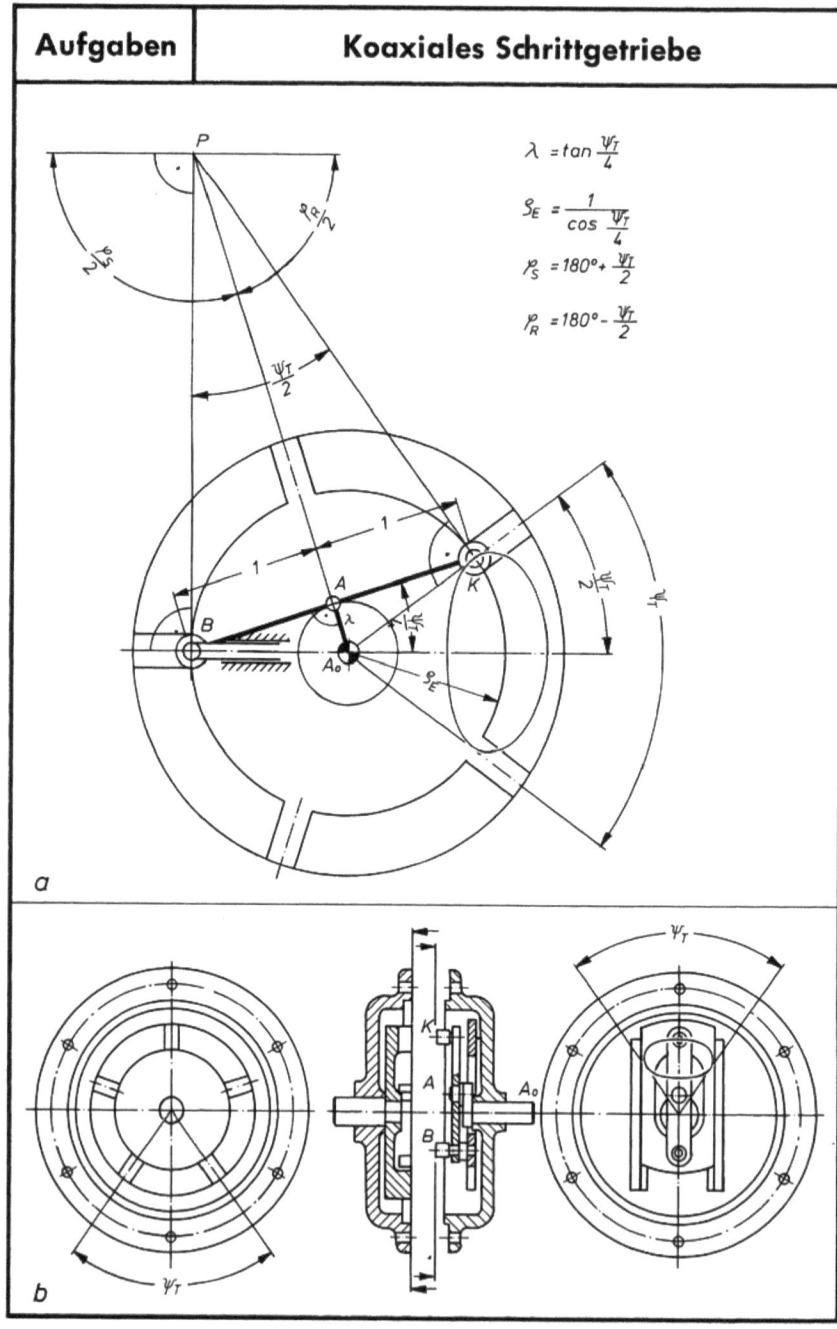

Aufgabe 46

Für das Schrittgetriebe der Aufgabe 45 ist der Wert der maximalen Winkelgeschwindigkeit des Schlitzrades $\omega_{2\,max}$ als bezogene Größe im Verhältnis zur konstanten Winkelgeschwindigkeit ω_1 der Abtriebskurbel zu ermitteln. Zu diesem Zweck ist zunächst die Geschwindigkeit v_K des schaltenden Koppelpunktes vektoriell zu ermitteln. Die Berechnung ist durchzuführen für alle Teilungswinkel zwischen 30° und 120°. Hinsichtlich der jeweiligen Kurbellänge siehe Tafel 8.10.a. Das Ergebnis soll in Diagrammform über dem Teilungswinkel ψ_T aufgetragen werden.
(Tafel 3.8)

Aufgabe 47

Für das Schrittgetriebe in Tafel 8.10.a ist der Verlauf der Abtriebsgeschwindigkeit des Schlitzrades zu ermitteln, und zwar für einen Bewegungsbereich, der nach beiden Seiten um je eine Getriebelage in den Ruhebereich hinein reicht. Theoretisch wird dabei die Annahme gemacht, dass der Koppelpunkt im Eingriff bleibt, so dass er kurzzeitig eine gegenläufige Bewegung des Schlitzrades verursachen würde. Nur so ist es möglich festzustellen, welche Neigung die ω_2-Kurve beim Durchgang durch die Abszissenachse hat. Für die Untersuchung genügt eine Anzahl von Getriebestellungen von 15° zu 15° Kurbeldrehung für die Hälfte des Bewegungsbereiches. Die Untersuchung ist für ein sechsteilig schaltendes Getriebe durchzuführen. Das Ergebnis ist mit den Ergebnissen der Aufgaben 39 bis 41 zu vergleichen. Der Vergleich bezieht sich vor allem auf die Größe des Beschleunigungssprunges im Augenblick des Eingriffs. Der Beschleunigungsverlauf ist mittels zeichnerischer Differentiation zu bestimmen.
(Tafel 3.26)

Aufgabe 48

Für ein Schrittgetriebe nach Tafel 8.10.a ist für die dargestellte Eingriffslage die Größe der Beschleunigung a_K am Koppelpunkt und ihre auf das Schlitzrad wirkende tangentiale Komponente a_{Kt} vektoriell zu bestimmen. Zu diesem Zweck soll vorher die Lage des Beschleunigungspoles für die antreibende Schubkurbel bestimmt werden. Die Untersuchung ist für einen Teilungswinkel durchzuführen, aus der Tabelle in Tafel 8.9.c entnommen wird.
(B 99)

Aufgabe 49

Für das in Tafel 8.10.a dargestellte 5-teilige Schrittgetriebe ist ein Konstruktionsentwurf entsprechend dem Schema der Tafel 8.10.b auszuführen. Der Durchmesser des Schlitzrades soll mit 300 mm am Eingriffskreis angenommen werden. Die beiden rotationssymmetrischen Gehäusehälften sollen so gestaltet werden, dass für ihre Herstellung als Gußteil nur ein einziges Modell benötigt wird. Hinsichtlich der Materialstärken kann das Getriebe frei gestaltet

226 8 Übungsaufgaben

Tafel 8.11

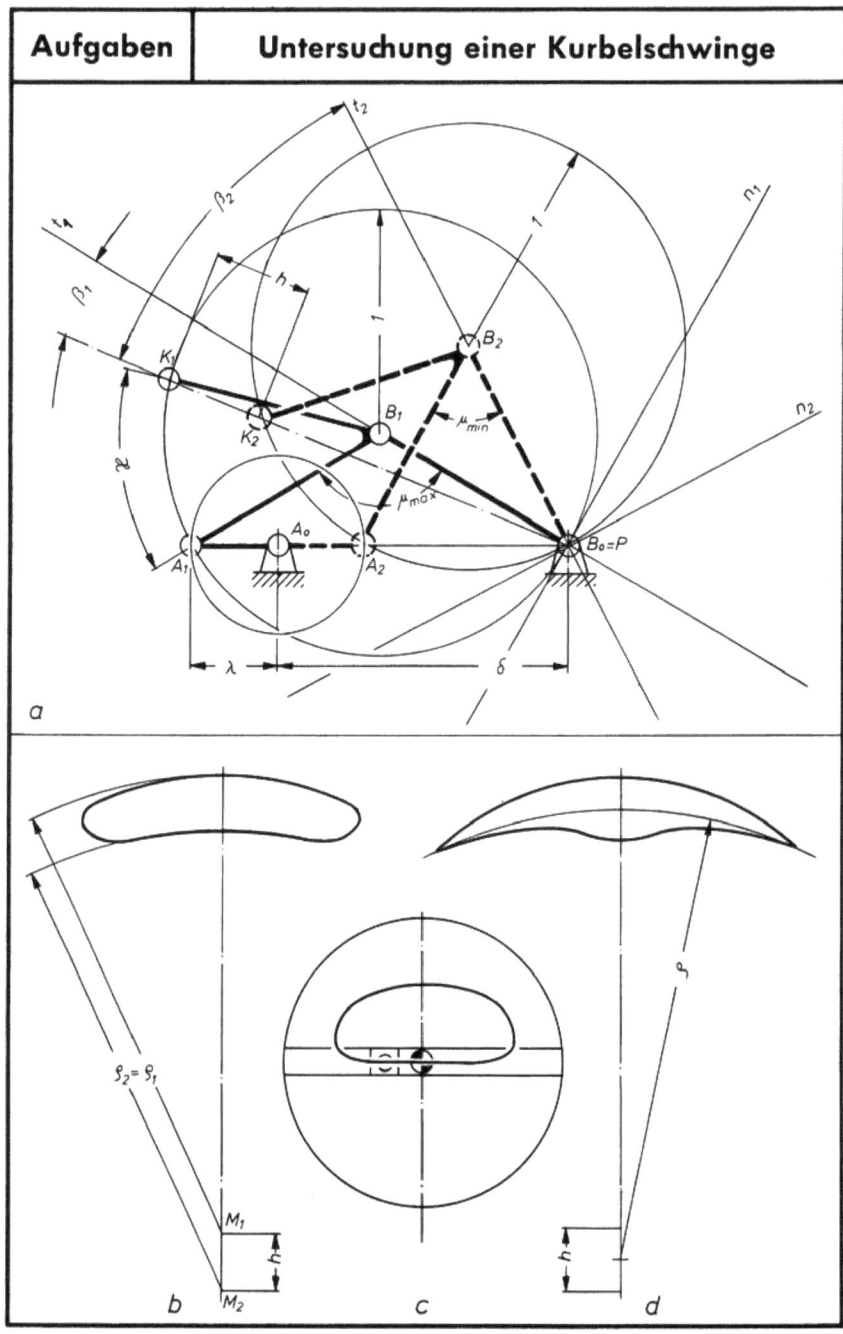

werden. Abschließend soll in einem Spannungsnachweis das übertragbare Drehmoment ermittelt werden.

8.7 Steuerung verschiedenartiger Bewegungen von einer Koppelebene

Aufgabe 50

Für eine gleichschenklige Kurbelschwinge (Tafel 8.11.a) mit bezogenen Maßen ist eine Untersuchung durchzuführen, aus der hervorgeht zwischen welchen Grenzen die Längen der Kurbel λ und des Gestelles δ verändert werden darf. Dabei ist zu bedenken, dass die Kurbel stets das kleinste der 4 Glieder bleiben muss, und dass nach *Grashof* die Gliedersumme der Kurbel und des längsten der 4 Glieder die Summe der beiden andern Gliederlängen nicht überschreiten darf. Das Ergebnis ist in Diagrammform darzustellen. Dabei soll δ der Abszisse und λ der Ordinate zugeordnet sein. Außerdem ist festzustellen, welche Werte sich für δ ergeben, wenn λ in bestimmten Stufen vorgegeben wird und das Getriebe zentrisch sein soll. Die entsprechende Kurve ist einzuzeichnen.
(Tafel 3.5 – Tafel 3.6 – Tafel 4.1)

Aufgabe 51

Eine gleichschenklige Kurbelschwinge ist in Tafel 8.11.a in den beiden Steglagen der Kurbel dargestellt. Ein Kreis um den Schwingenzapfen B mit der Koppellänge (Bezugseinheit 1) ist der geometrische Ort für alle Koppelpunkte deren Koppelkurven symmetrisch laufen. In den beiden dargestellten Getriebelagen liegen solche Koppelpunkte stets auf ihrer Symmetrieachse. Diese verläuft durch das Schwingenlager $B_0 = P$. Der in Richtung der Symmetrieachse wirksame Hub h ergibt sich als Abschnitt auf der Symmetrieachse zwischen den beiden Kreisen, die man mit der Koppellänge als Halbmesser um die beiden Stellungen des Schwingenzapfens B_1 und B_2 schlägt. Die Lage des Koppelpunktes soll auf dem Koppelkreis beginnend beim Kurbelzapfen A von 30° zu 30° verändert werden. Für die Berechnung von h ergeben sich einfache trigonometrische Beziehungen. Das Ergebnis ist in Diagrammform darzustellen und zwar für $\lambda = 0,3$ und $\delta = 1,2$.

Aufgabe 52

Für die gleichschenklige Kurbelschwinge der Tafel 8.11.a mit $\lambda = 0,3$ und $\delta = 1,2$ sind die Wendekreisdurchmesser für die beiden dargestellten Getriebelagen zu ermitteln. Anschließend sind für beide Getriebelagen für je 12 Koppelpunkte auf dem Koppelkreis im Abstand von je 30° bezogen auf den Koppelwinkel x die zugehörigen Werte der Krümmungshalbmesser für die Scheitelkrümmungen der symmetrischen Koppelkurven zu berechnen. Die Ergebnisse sind in zwei Kurven ρ_1 über x und ρ_2 über x in einem gemeinsamen Diagramm darzustellen [66] [67].
(Tafel 3.34)

Aufgabe 53

Aus dem Diagramm, das in Aufgabe 52 ermittelt wurde, ist ein Koppelpunkt auszuwählen, dessen Bahnkrümmung in der in Tafel 8.11.a gestrichelt dargestellten Getriebelage 2 einen Krümmungshalbmesser $\rho_2 = 2$ aufweist. Ein Lenker von dieser Länge, am Koppelpunkt angeschlossen, soll einen Gleitstein zwischen zwei Endlagen bewegen, der auf der Symmetrieachse der Koppelkurve nach außen angeordnet ist. Für diesen Abtrieb sind zu ermitteln:

1. der Verlauf des Weges in Abhängigkeit vom Kurbeldrehwinkel über 12 Kurbelstellungen,
2. der Verlauf der Geschwindigkeit am Gleitstein für die gleichen Stellungen, und zwar vektoriell,
3. die maximale Beschleunigung des Gleitsteinzapfens. Diese ist in der äußeren Umkehrlage zu erwarten.

Die Maßstäbe für v und a sind für eine angenommene Baugröße des Getriebes und für eine angenommene Drehzahl zu bestimmen und die Extremwerte für v und a zu errechnen.
(Tafel 4.1)

Aufgabe 54

Aus dem Diagramm der Aufgabe 52 ist derjenige Koppelpunkt zu bestimmen, der eine symmetrische Kurve mit zwei gleich großen und gleichgerichteten Krümmungen entsprechend Tafel 8.11.b beschreibt (Schnittpunkt der Kurven für ρ_1 und ρ_2 in Aufgabe 53).

Unter Verwendung eines Lenkers von der Länge des zugehörigen Krümmungshalbmessers $\rho_1 = \rho_2$ ist von dieser Koppelkurve eine Hubbewegung mit zwei Rasten abzuleiten. Die Untersuchung ist in der gleichen Weise durchzuführen wie in Aufgabe 53 beschrieben, jedoch mit der Ausnahme, dass auf die Berechnung der maximalen Beschleunigung am Gleitstein verzichtet wird.

Aufgabe 55

Für den Antrieb einer Schrittbewegung um 180° entsprechend Tafel 8.11.c wird eine Koppelkurve mit einem geradlinigen Bahnstück benötigt, die zur Führung eines Gleitsteinzapfens dienen soll. Besonders geeignet hierfür ist bei den gleichschenkligen Kurbelschwingen nach Tafel 8.11.a derjenige Koppelpunkt auf dem Koppelkreis, der in der Getriebestellung 2 (innere Kurbelsteglage) auf dem Wendekreis liegt. Unter Abwandlung der Werte für die Kurbel λ und das Gestell δ ist zu untersuchen, welches Getriebe sich hierfür besonders eignet. Es kommt dabei darauf an, dass die in Tafel 8.11.e dargestellte Kurve in senkrechter Richtung nicht zu flach ausfällt. Dieses Maß entspricht dem in Aufgabe 51 ermittelten Hub h in Richtung der jeweiligen Symmetrieachse.

Aufgabe 56

Bei jeder gleichschenkligen Kurbelschwinge z.B. beim Getriebe der Tafel 8.11.a gibt es einen Punkt auf dem Koppelkreis, der eine symmetrische Kurve mit 2 Spitzen entsprechend Tafel 8.11.d beschreibt [68]. Von einer solchen Kurve kann man in Richtung der Symmetrieachse Bewegungen ableiten, die an der gleichen Stelle in beiden Hubrichtungen eine kurze Zwischenrast aufweisen. Die Lage dieser Rast kann durch die Länge des zwischen Koppelpunkt und Gleitstein vorgesehenen Lenkers beeinflußt werden. In Tafel 8.11.d ist angenommen, dass die Zwischenrast in Hubmitte liegen soll. Die Lenkerlänge ρ ist dann so zu bestimmen, dass ein Kreisbogen mit ρ als Halbmesser durch die beiden Spitzen der Koppelkurve gleichzeitig die Hubstrecke innerhalb der Kurve halbiert. Die Untersuchung ist durchzuführen für eine Kurbellänge $\lambda = 0,6$ und eine Gestellänge $\delta = 1,2$. Für die Lage des gesuchten Koppelpunktes auf dem Koppelkreis (vgl. Tafel 8.11.a) wird der Koppelwinkel x aus folgender Beziehung berechnet:

$$\cos \frac{x}{2} = \frac{\lambda}{2} \tan\varphi \quad \text{wobei } \varphi \text{ aus der Beziehung } \cos\varphi = \frac{\lambda}{\delta} \text{ bestimmt wird.}$$

Das Weg-Zeit-Schaubild dieser Bewegung, also der Hub in Abhängigkeit vom Kurbeldrehwinkel ist zu ermitteln und in Diagrammform darzustellen.

Aufgabe 57

Die Untersuchung bezieht sich auf das gleiche Getriebe und auf die gleiche Koppelkurve, die bereits der Aufgabe 56 zugrunde lagen. Es soll wiederum am Koppelpunkt ein Lenker angeschlossen werden, der einen Gleitstein in Richtung der Symmetrieachse bewegt, jedoch in entgegengesetzter Richtung, d.h. mit Bezug auf Tafel 8.11.d nach oben. Die Länge des Lenkers soll mit dem Krümmungshalbmesser des unteren Koppelkurvenscheitels auf der Symmetrieachse übereinstimmen. Dieser Krümmungshalbmesser ist für die betreffende Getriebelage nach *Euler-Savary* zu berechnen. Das Bewegungsdiagramm für den Gleitstein in Abhängigkeit vom Kurbeldrehwinkel ist zu bestimmen.
(Tafel 3.34)

Tafel 8.12

Aufgaben	Spanngetriebe

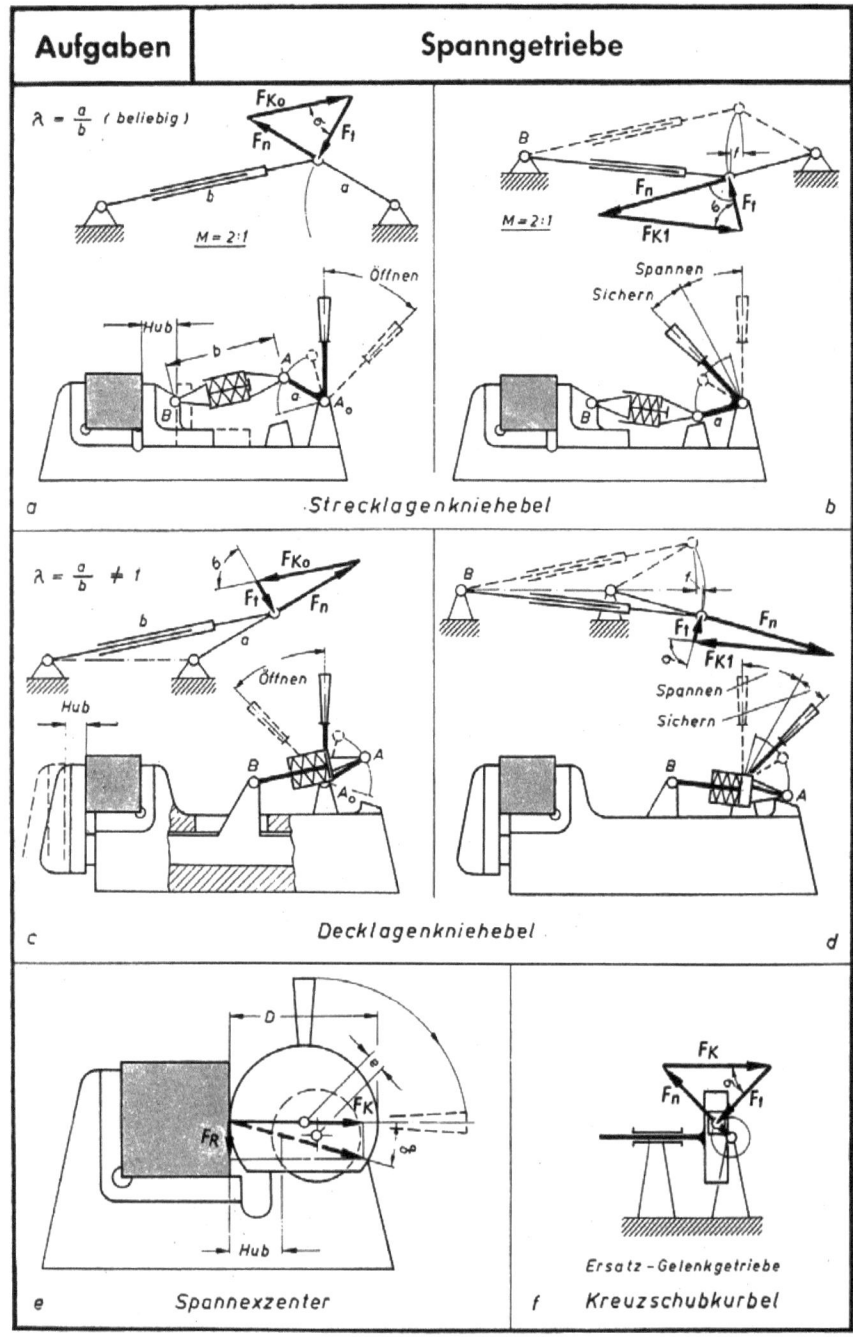

8.8 Spanngetriebe für den Vorrichtungsbau

Aufgabe 58

Für den Entwurf eines Werkstückspanners (Tafel 8.12.a und b) sollen die Abmessungen a und b eines Kniehebels bestimmt werden, der in Strecklage wirksam sein soll. Zu untersuchen sind folgende Längenverhältnisse:

1. a = 30 mm; b = 90 mm
2. a = 50 mm; b = 70 mm
3. a = 60 mm; b = 60 mm

Die Schwenkbewegung des Hebels a beträgt 90° und ist unterteilt in:

45° für das Öffnen
30° für das Spannen
15° für das Sichern
Zu vergleichen sind:

1. Die Öffnungshübe
2. Die Federwege beim Spannen (f)
3. Die Kraftkomponenten F_t und F_n zu Beginn der Spannbewegung und in gesicherter Lage des Kniehebels, und zwar in % der Klemmkraft F_K.

Jedes Krafteck stellt den Gleichgewichtszustand am Kniegelenk dar, also die Koppelkraft F_K und die beiden Komponenten F_t und F_n ihrer Gegenkraft. Für die Kraftzerlegung gelten die Gleichungen (6.4) und (6.5) [69].

Bei den Nebenfiguren im Maßstab 2:1 ist das Gelenk an der beweglichen Klemmbacke als festes Lager dargestellt, da es sich während des Spannens und Sicherns nicht mehr verschiebt. Es ist ferner angenommen, dass die Klemmkraft F_K im gespannten Zustand des Kniehebels um 33 % über dem Wert der Vorspannung liegt. Die im gesicherten Zustand, d.h. bei durchgedrücktem Kniehebel, ermittelte Kraft F_t muss beim Öffnen überwunden werden.
(Tafel 3.6 – Tafel 3.7 – Tafel 6.1)

Aufgabe 59

Für einen in Decklage wirksamen Kniehebel (B 227.c und d) sind die gleichen Untersuchungen durchzuführen wie bei Aufgabe 58, und zwar für folgende Abmessungen:

1. *a* = 30 mm; *b* = 90 mm
2. *a* = 40 mm; *b* = 80 mm

Die Ergebnisse sind mit den Ergebnissen von Aufgabe 58 zu vergleichen.
(Tafel 3.6 – Tafel 3.7 – Tafel 6.1)

Aufgabe 60

Wie groß ist der Durchmesser D eines Spannexzenters (Tafel 8.12.e und f) im Verhältnis zur Exzentrizität e zu wählen, damit in jeder Spannstellung Selbsthemmung herrscht? Der Reibungsbeiwert ist mit $\mu = 0,1$ anzunehmen. Die Größe der Tangentialkraft F_t in % der Klemmkraft F_K ist für verschiedene Winkellagen der Exzentrizität e an Hand des Ersatzgetriebes (Tafel 8.12.f) zu ermitteln [70] [71] [72] [73] [74] [75] [76].

9 Einstieg in das Getriebeentwurfsprogramm SAM

Über www.konstruktivegetriebelehre.de kann der Leser kostenlos eine Jahreslizenz SAM-Light (Kinematik) für Selbststudium oder privaten Gebrauch anfordern. Für den Schnelleinstieg soll das folgende Kapitel dienen.

9.1 Analyse eines Beispielprojektes

Das Laden und Analysieren eines Beispielprojektes erfordert die folgenden Schritte :

- **Laden eines bestehenden Getriebeprojektes**

Zuerst wählt man Datei/Laden im Menu oder klickt das entsprechende Symbol in der Symbolleiste. Danach soll im Dialogfenster eine Beispieldatei selektiert werden und schließlich OK geklickt werden.

- **Animation des Getriebes**

Mittels der Menüauswahl Wiedergabe/Animation oder dem Windmühle Symbols in der Symbolleiste wird die Animation des Getriebes auf dem Bildschirm gestartet.

- **Wiedergabe der Analyseresultate**

Über Resultate/Auswahl können Analyseresultate selektiert werden und danach entweder graphisch oder in Tabellenform dargestellt werden.

Wählt man Resultate/Liste, dann werden die selektierten Daten im Notepad in Tabellenform dargestellt, während Resultate/Graph die graphische Wiedergabe der Daten startet. Sind mehrere Daten selektiert und dargestellt, sollte man einmal in dem Graphen auf den Namen einer Variablen klicken und die auftretenden Veränderungen wahrnehmen.

Beispiel

Die verschiedenen Schritte werden nun anhand des Beispiels eines Schubkurbel-Getriebes dargestellt.

Wählen Sie "Laden" im Datei-Menü oder klicke

Ein Dialogfenster erscheint nun (Tafel 9.1.a).

234 9 Einstieg in das Getriebeentwurfsprogramm SAM

Tafel 9.1

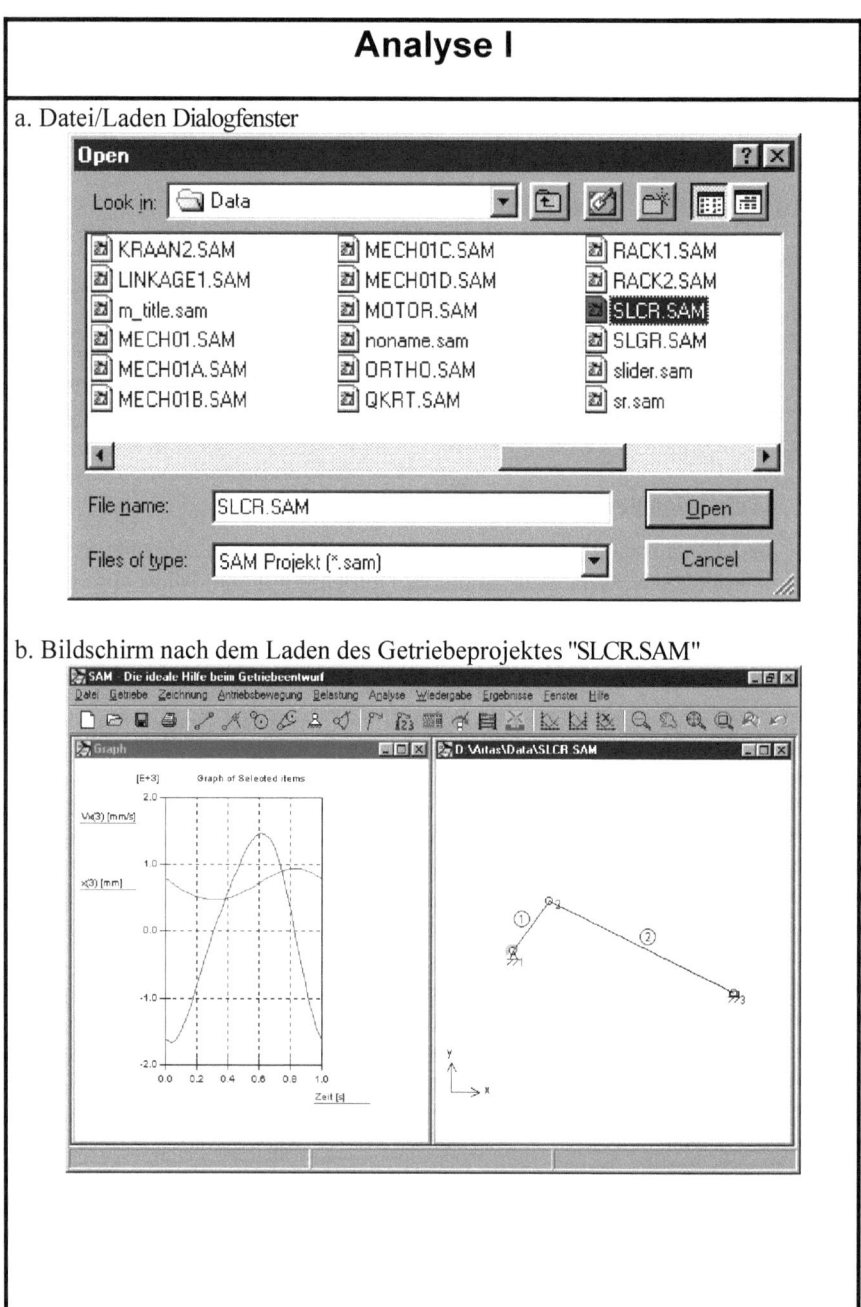

Auswahl der Datei "SLCR.DAT" durch einfaches Anklicken und Laden mittels OK. Schneller geht es, wenn man anstelle dieser zwei Schritte einfach den Dateinamen doppelt anklickt.

Das Getriebeprojekt wird nun geladen und der Bildschirm sollte wie Tafel 9.1.b aussehen. Im rechten Fenster erscheint das Getriebe, während im linken Fenster die X- Position und X-Geschwindigkeit des Gelenkpunktes 3 dargestellt wird.

Wählen Sie "Animation" im Anzeige-Menü oder klicken Sie auf

Nun werden Sie die Animation des Getriebes sehen.

Wählen Sie "Auswählen" im Ergebnis-Menü oder klicken Sie auf. Klicken sie danach auf das Schubgelenk.

Jetzt erscheint eine Dialog-Box (Tafel 9.2.a), die alle Eigenschaften dieses Gelenkes anzeigt. Die selektierten Größen werden im Graph dargestellt.

Wenn Sie mehr Ergebnisse benötigen, müssen Sie die entsprechenden Größen anklicken.

Selektieren Sie auch die X-Beschleunigung Ax und dann OK

Automatisch wird der Graph erneuert und wird auch die X-Beschleunigung dargestellt (Tafel 9.3.a).

Wie Sie sehen, wird es immer schwieriger die verschiedenen Größen deutlich darzustellen, da der Min/Max-Bereich stark unterschiedlich ist. Daher gibt es in SAM die Möglichkeit zwei unterschiedliche Y-Achsen (mit unterschiedlicher Skalierung) zu benutzen. Die eine Skalierung wird links dargestellt, während die andere an der rechten Seite des Graphen wiedergegeben wird.

Wählen Sie nun "Kurve links/rechts" im Ergebnis-Menü (oder) und klicken Sie dann auf die Beschriftung "X(3) [mm]" im Graphfenster.

Die Beschriftung ist jetzt auf die rechte Seite verschoben und die X-Verschiebung ist neu skaliert und die Kurve ist nun besser sichtbar (Tafel 9.3.b).

Tafel 9.2

Analyse II

a. Dialog-Box der Gelenkeigenschaften

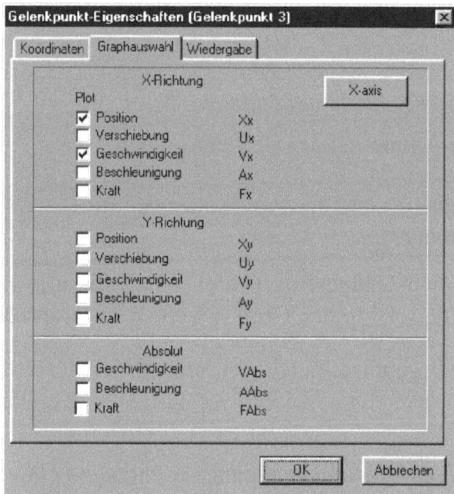

b. Dialog-Box der Gelenkeigenschaften, nachdem auch die X-Beschleunigung selektiert ist.

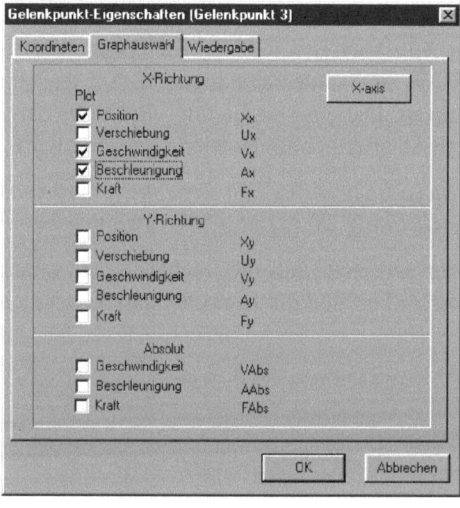

Tafel 9.3

Analyse III
a. X-Position, X-Geschwindigkeit und X-Beschleunigung des Schubgelenks in Abhängigkeit von der Zeit. 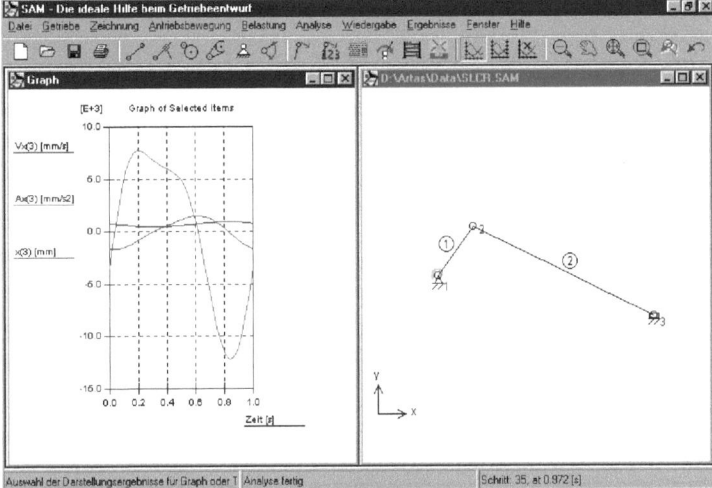
b. Verschiedene Skalierung der X-Position, X-Geschwindigkeit und X-Beschleunigung 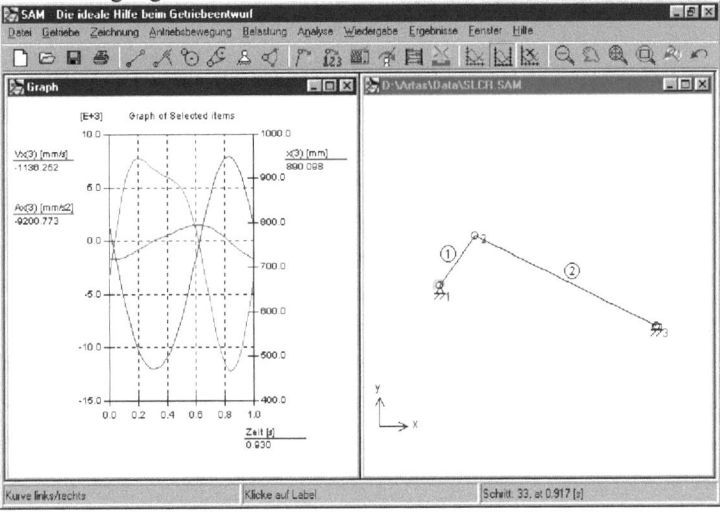

Wählen Sie "DXF Importieren" im Datei-Menü und selektieren Sie die Datei "SL.DXF"

Die DXF-Datei wird nun importiert und alle graphischen Elemente dieser Datei werden automatisch als eine Gruppe behandelt. Um es Ihnen einfach zu machen, sind die Koordinaten so gewählt, dass keine Verschiebung mehr notwendig ist. Der Bildschirm sollte nun wie in Tafel 9.4 aussehen.

Wählen Sie "Kupplung" im Zeichnung-Menü.

Um die importierte Zeichnung an ein Getriebeglied zu kuppeln werden Sie zunächst gebeten die Gruppe graphischer Elemente zu selektieren (in diesem Fall also die DXF-Daten, die Sie gerade importiert haben). Danach müssen Sie das entsprechend Getriebeglied anklicken (Element Nr.2).

Wählen Sie "Animation" im Anzeige-Menü oder klicken Sie auf

Nun werden Sie wiederum die Animation des Getriebes sehen, wobei nun die importierte DXF-Zeichnung zusammen mit dem Getriebeglied Nr.2 bewegt.
Das ist das Ende Ihrer ersten Erfahrung mit SAM; die Grundlage war ein existierendes Getriebeprojekt.

Tabelle 9.4

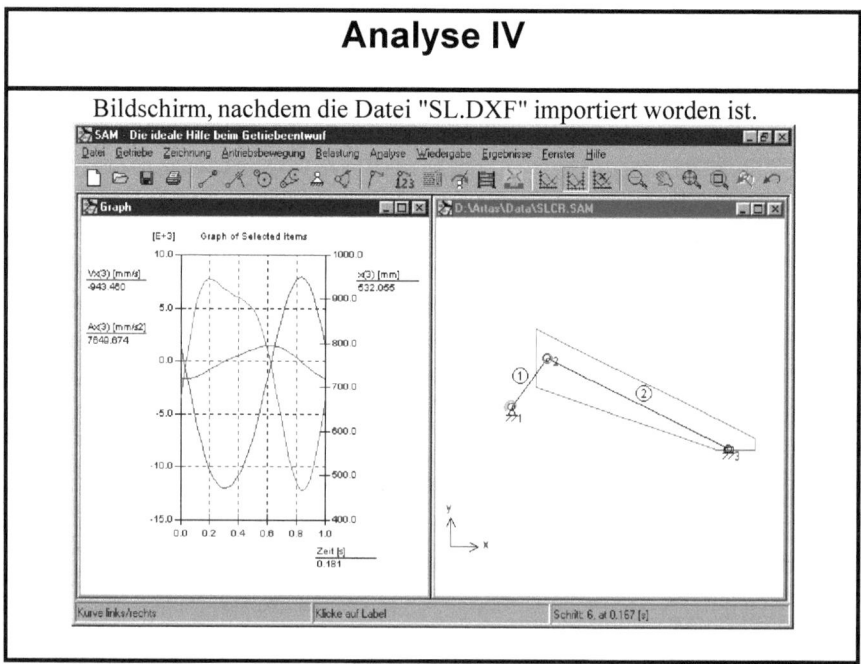

9.2 Entwurf eines Getriebes mit dem Design Wizard

In SAM ist eine Anzahl Design Wizards für bestimmte Bewegungsaufgaben implementiert. An dieser Stelle wird als Beispiel der Design Wizard "3-Lagen- Synthese" vorgestellt mit dessen Hilfe ein 4-Gelenkgetriebe entworfen werden kann, das die Koppelebene in 3 vorgeschriebene Lagen bewegen kann.

Wählen Sie Datei/Wizard/4-Gelenkgetriebe

Es erscheint nun ein Dialog mit 5 verschiedenen Entwurfsaufgaben für ein 4-Gelenkgetriebe (Tafel 9.5).

Wählen Sie "3-Lagen-Synthese (I)

In diesem Dialog können Sie die 3 Lagen der Koppelebene definieren (Position des Koppelpunktes und die entsprechenden Winkel) und die Position der Gestellpunkte Ao und Bo. Für diese erste Einführung sollten Sie die Standardwerte übernehmen (Tafel 9.6.a).
Tafel 9.5

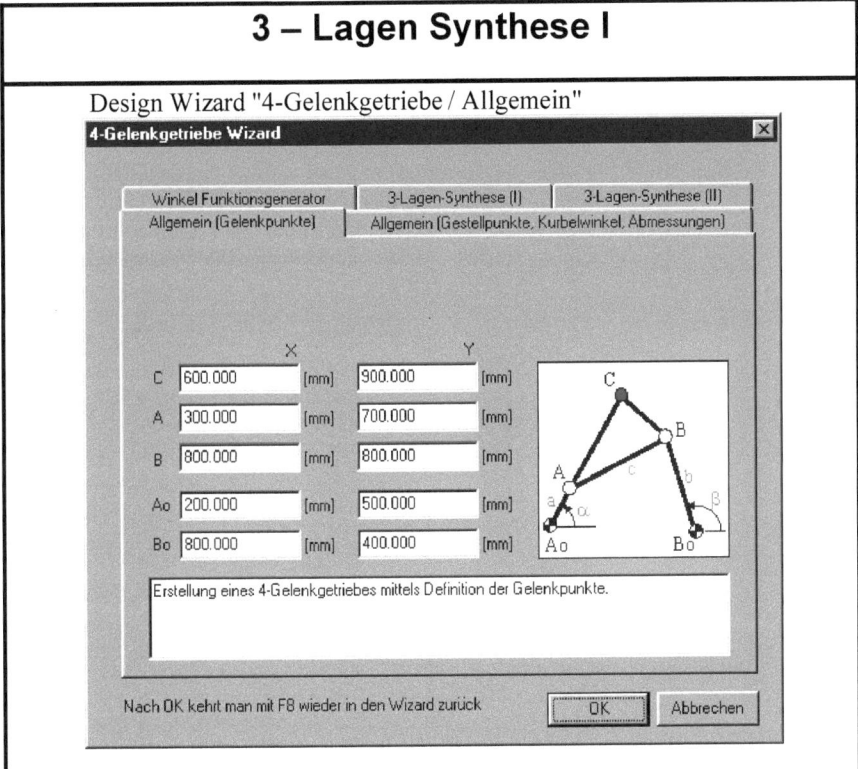

Tafel 9.6

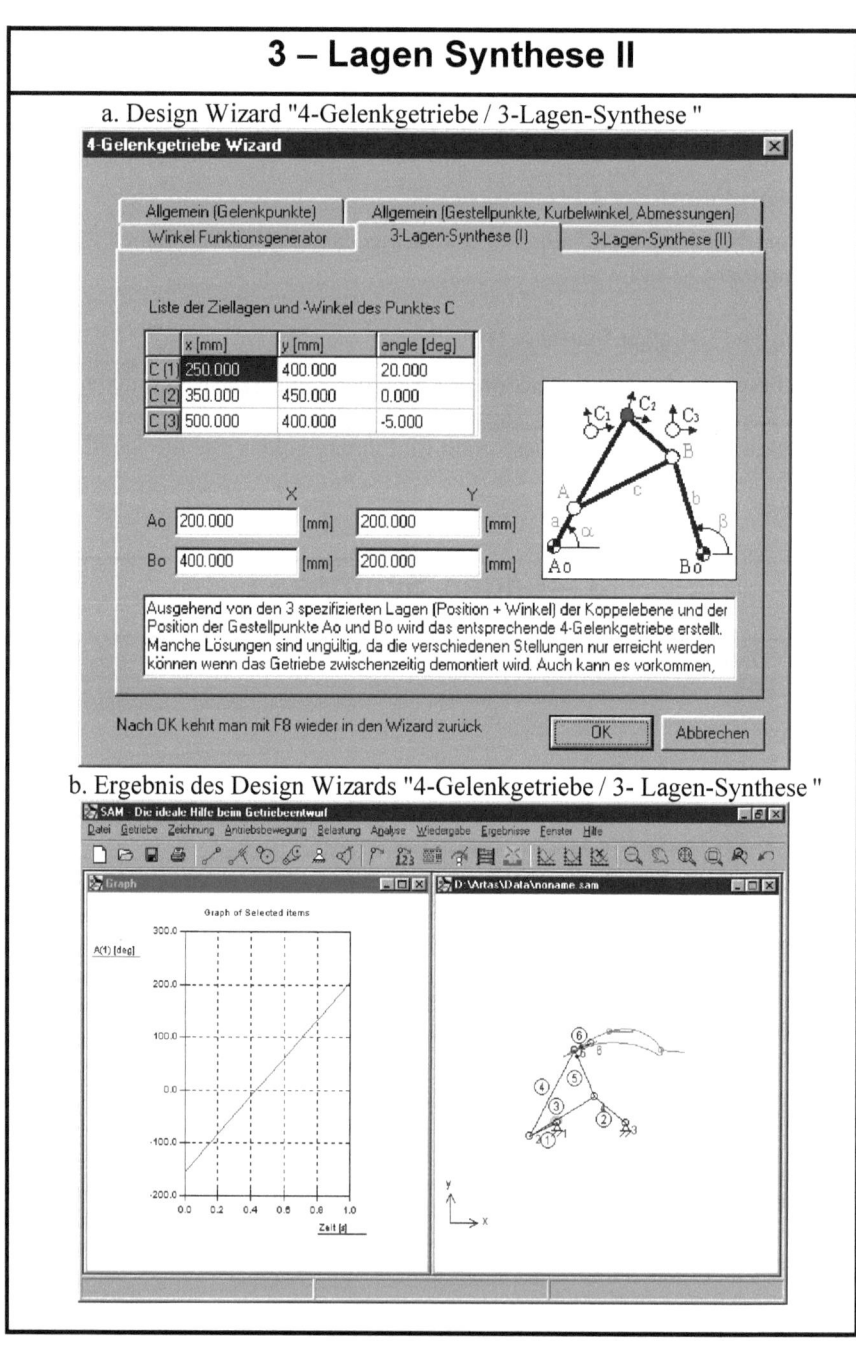

9.2 Entwurf eines Getriebes mit dem Design Wizard

Klicken Sie auf OK um die Standartwerte zu akzeptieren

Es wird nun das 4-Gelenkgetriebe synthetisiert, das die spezifische Aufgabe erfüllt, und ausgehend von einer 360 Grad Kurbelrotation wird auch die Bewegung der Koppelebene zusammen mit den 3 spezifizierten Ziellagen dargestellt. Bei den Standardeinstellungen wird außerdem der Verlauf des Kurbelwinkels als Funktion der Zeit wiedergegeben. (Tafel 9.6.b).

Für eine bessere Darstellung des Getriebes klicken Sie auf *(Zoom Max) (Tafel 9.7.a)*

Starten/Beenden Sie die Animation mittels wiederholtem Klicken auf

Beenden Sie nun die Animation und bewegen Sie die Maus über das Graphfenster

Wenn Sie die Maus horizontal über das Graphfenster bewegen wird das Getriebe in die entsprechende Stellung bewegt. Auf diese Weise können Sie die Ergebnisse und die damit korrespondierenden Stellung des Getriebes im Detail untersuchen.

Sollte das Getriebe sich nicht bewegen, müssen Sie auf F4 (Datei/ Einstellungen) drücken und im Tab "Wiedergabe" bei Animation" die "Kupplung mit XY-Graph" einschalten.

Mit <F8> kommen Sie zurück im ursprünglichen Design Wizard

Wenn Ihnen das Resultat der Synthese nicht gefällt, können Sie mit <F8> zurückkehren in den ursprünglichen Design Wizard Dialog. Bei der 3-Lagen- Synthese könnten Sie z.B. die Gestellpunkte ändern oder die mittlere Ziellage der Koppelebene anpassen (häufig sind die äußeren Ziellagen fest spezifiziert und der Entwurfsraum ist bei der mittleren Ziellage etwas größer).

Tafel 9.7

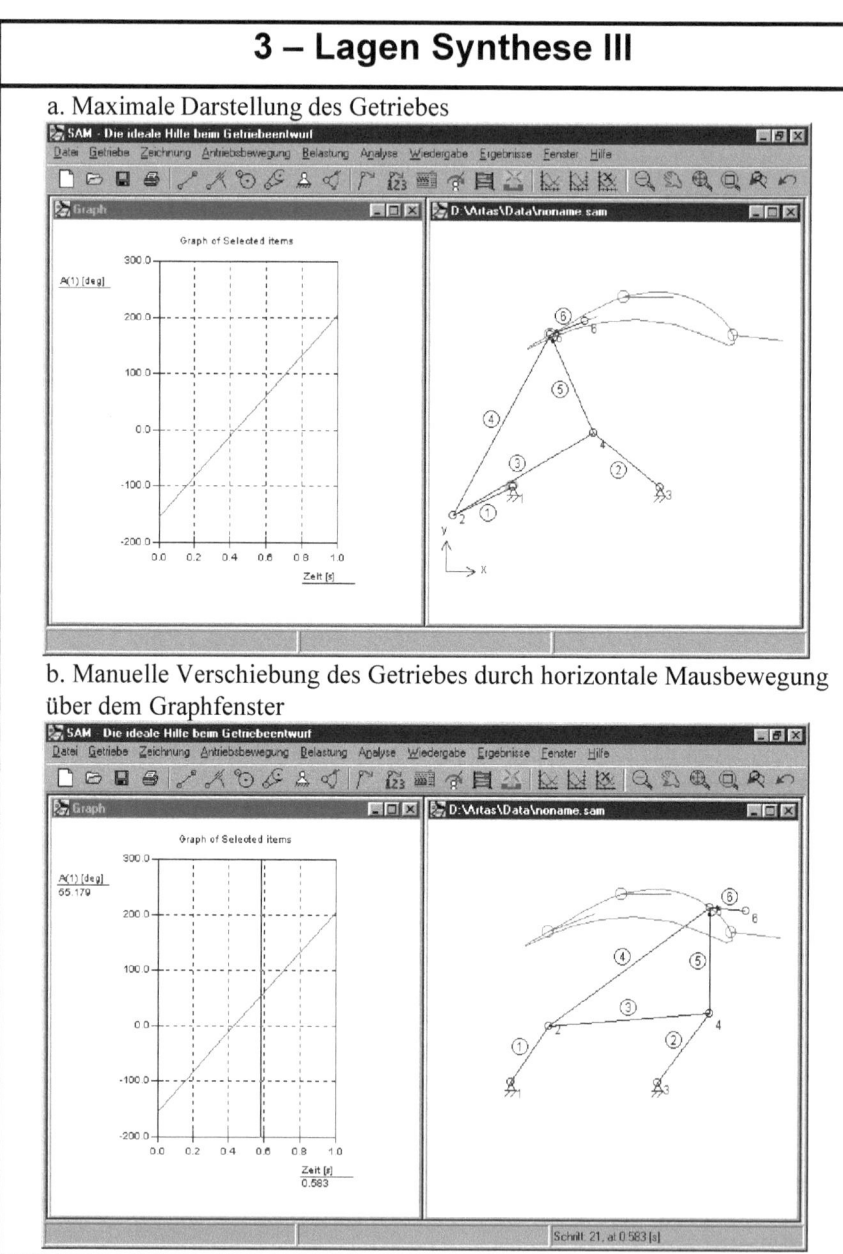

9.3 Entwurf eines Getriebes (ohne Design Wizard)

Diese kurzen Erläuterungen sollen Ihnen einen Überblick verschaffen, wie man beim Erstellen und Analysieren eines neuen Getriebes mit SAM vorgeht. Die Schritte hängen vom Getriebe- und Analysetyp ab. Die wichtigsten Schritte sind:

- **Öffnen eines neuen Projektes**

Wählen Sie "Neu" aus dem Datei-Menü, um ein neues Projekt zu öffnen oder das Ikon . Sie werden aufgefordert, die Größe des "Arbeitsfeldes" anzugeben.

- **Zusammensetzen des Getriebes aus Grund-Elementen** ...

Sie können mit den verschiedenen Menüpunkten oder Werkzeugen der Symbolleiste ein Getriebe aus Elementen zusammensetzen. Mit einem Doppelklick auf ein Element können Sie seine Eigenschaften ändern oder das Element löschen (aus dem Menü "Getriebe"). Um ein Gelenk zu löschen, müssen sie die Funktion "Element löschen" aus dem Menü "Getriebe" wählen. Um einen Gelenkpunkt zu verschieben können Sie im Getriebe-Menü die Option "Gelenkpunkt Verschieben" oder "Gelenkpunktkoordinaten" benutzen. Schneller geht's mit den Ikonen oder .

- **Definition der Gelenkpunkt-Fixierungen**

Die Definition der Gelenkpunkt-Fixierungen kann entweder über das Menü "Getriebe" oder über das entsprechende Werkzeug in der Symbolleiste erfolgen. Wählen Sie den entsprechenden Gelenkpunkt aus, indem Sie ihn anklicken. Nun bewegen Sie den Cursor um den Gelenk herum. Sie sehen, wie sich die Einspannstelle verändert (feste Einspannung in x-Richtung, in xy-Richtung, in y- Richtung etc.). Wenn Sie bei der gewünschten Gelenkpunkt-Fixierung angelangt sind, drücken Sie nur die linke Maustaste, um die Einspannung auszuwählen.

- **Definition der Trägheitskräfte, äußere Kräfte, Gravitation ....**

Definieren Sie Trägheitskräfte, äußere Kräfte und Gravitation mit dem Menü "Belastung".

- **Auswahl der Antriebsbewegung(en)**

Antriebsbewegungen können entweder mit dem Menü "Antriebsbewegung" oder durch Anklicken des entsprechenden Werkzeuges definiert werden. Sie können verschiedene Arten der Antriebsbewegung wählen: z.B. x-Verschiebung, y-Verschiebung, Winkel (Drehbewegung), Relativwinkel und Verlängerung (Hub). Nach der Auswahl des betreffenden Gelenkes oder Elementes wird ein Eingabefenster geöffnet, in welchem Sie die Antriebsbewegung aus Grundbewegungen kombinieren können, wie z.B. aus konstanter, linearer, sinusförmiger oder polynominaler Bewegung.

- **Analyse**

Abhängig von der gewählten Einstellung von AUTO-ANALYSE (siehe Datei/ Einstellungen/Analyse) wird die Analyse automatisch durchgeführt oder muss diese manuell gestartet werden (wählen Sie "Analyse" aus dem Hauptmenü oder klicken Sie auf die Rechentafeln in der Symbolleiste.

- **Animation des Getriebes**

Wählen Sie "Animation" aus dem Menüpunkt "Anzeige" oder klicken Sie auf die Windmühle in der Symbolleiste, um die Animation zu starten.

- **Darstellung der Analyseergebnisse**

Wählen Sie "Auswählen" aus dem Menü "Ergebnisse", um die Ergebnisse für eine weitere Ergebnisaufbereitung (Post-Processing) auszuwählen. Wählen Sie danach "Tabelle", um die ausgewählten Daten in tabellarischer Form, oder "Graph", um die Daten als x/y-Plot darzustellen. Klicken Sie auf die y-Achse des Graphen und beobachten Sie, was geschieht.

- **Speichern des Projektes**

Wählen Sie "Speichern" aus dem Datei-Menü, um das Projekt zu speichern.

Beispiel: Viergelenkgetriebe (Bewegungsanalyse)

Wählen Sie "Neu" aus dem Menü Datei.

Eine Dialogbox erscheint, in welcher Sie die Größe Ihres "Arbeitsfeldes" definieren müssen. (Tafel 9.8.a). Die Zahlen, die in der abgebildeten Dialogbox stehen, sind willkürliche Größen. Sie können von den Voreinstellungen im Programm abweichen.

Klicken Sie auf OK, um die eingestellten Werte des Arbeitsfeldes zu übernehmen.

Sie werden nun ein leeres Arbeitsblatt sehen.

Stellen Sie die Fensterdarstellung auf Manuell und danach das Fenster auf maximal.

Während des Erstellen eines Getriebes hat das Graphfenster noch keine Bedeutung und es ist praktischer nur das Getriebefenster darzustellen (Tafel 9.8.b).

Tafel 9.8

Entwurf eines Getriebes I

a. Dialogbox Arbeitsfeld

b. Datei/Einstellungen/Fenster Dialog

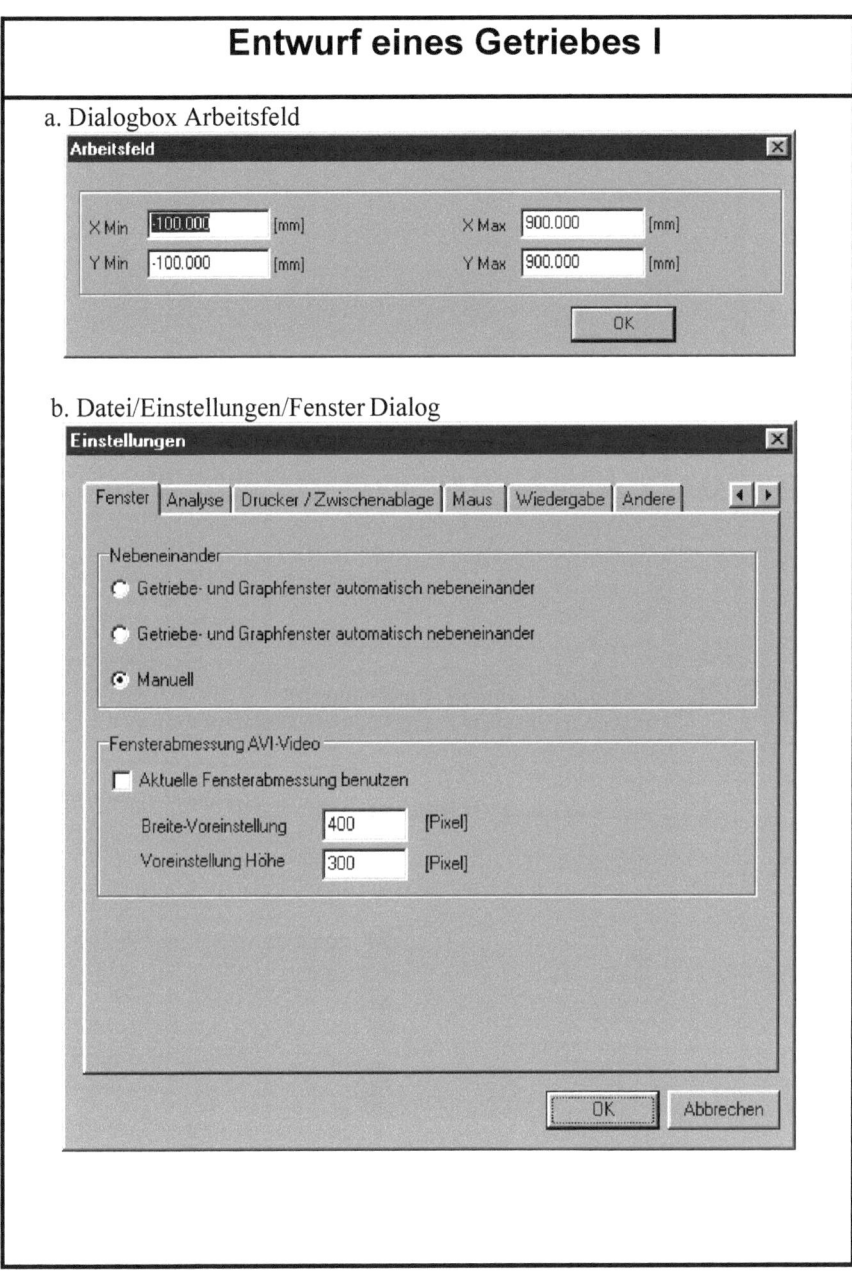

Tafel 9.9

Entwurf eines Getriebes II

a. Datei/Einstellungen/Wiedergabe Dialog

b. Wiedergabe Optionen „Farbe und Stil"

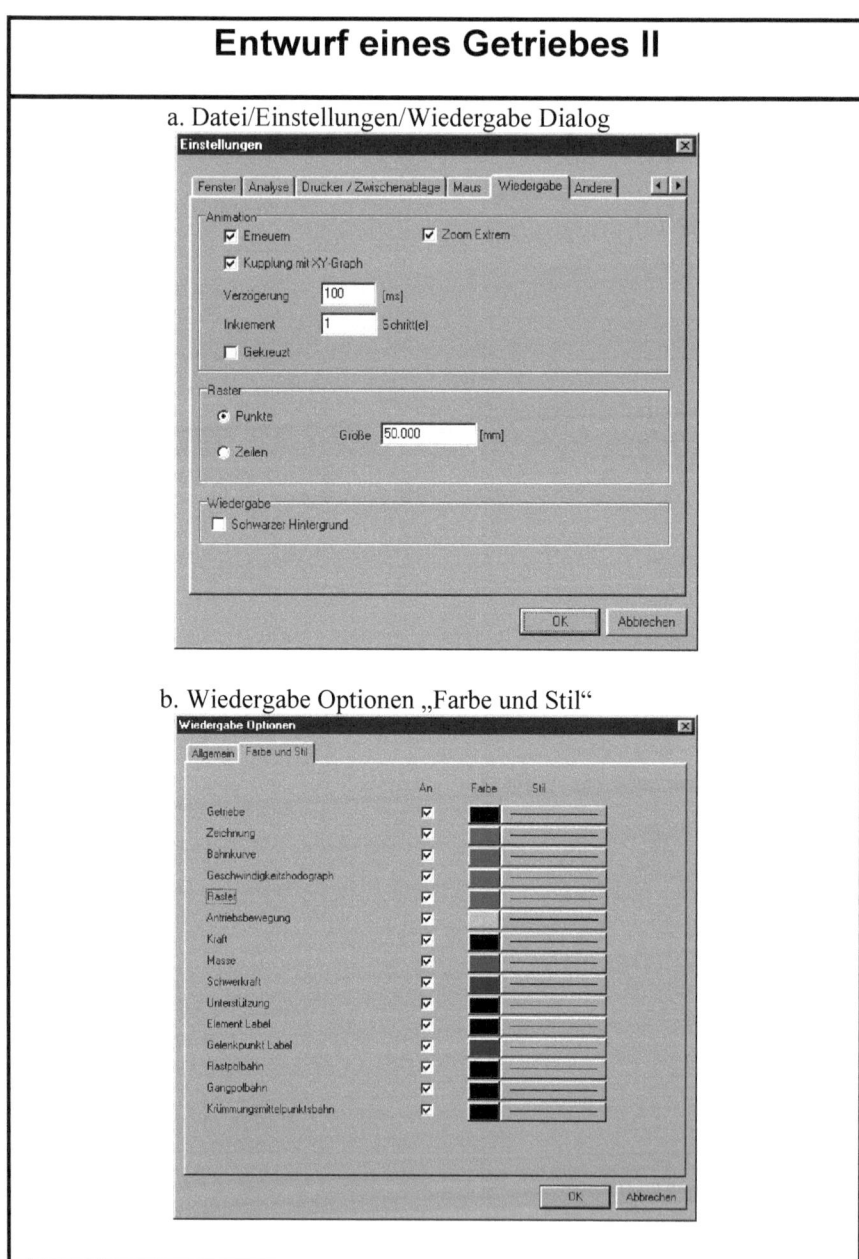

9.3 Entwurf eines Getriebes (ohne Design Wizard)

Stellen Sie das Wiedergabe-Raster ein.

Bei Datei/Einstellungen/Wiedergabe können Sie die Rasterdarstellung konform Beispiel einstellen (Tafel 9.9.a).

Aktivieren Sie die Rasterdarstellung im Tab "Farbe und Stil" im Menu Wiedergabe/Optionen (Tafel 9.9.b).

Klicken Sie auf OK

Nun wird das Display-Raster aktiviert und ihr Bildschirm wird wie Tafel 9.10.a aussehen.

Wählen Sie "Glied" aus dem Getriebemenü oder klicken Sie auf

Sie können nun beginnen, ein Glied zu zeichnen.

Bewegen Sie die Maus zum Startpunkt des Gliedes und drücken Sie die linke Maustaste, um das erste Gelenk zu setzen.

Während Sie die Maus bewegen, können Sie die jeweiligen Koordinaten am unteren Rand des Fensters ablesen. Bewegen Sie die Maus zum Endpunkt des Gliedes und drücken Sie die linke Maustaste, um das Glied fest zu legen. Während Sie die Maus bewegen, werden die momentanen Umrisse des Gliedes gezeigt. Wenn Sie die Erstellung des Gliedes abbrechen wollen (das erste Gelenk wird immer ausgewählt, aber das zweite Gelenk nicht), drücken Sie die rechte Maustaste. Wenn ein Glied bereits erstellt wurde, und Sie möchten es wieder löschen, können Sie das mit "Element löschen" im Menü "Getriebe" tun.

Ihr Bildschirm sollte nun so wie in Tafel 9.10.b aussehen.

Erstellen Sie ein zweites Glied. Bewegen Sie die Maus zum Gelenk 2 des ersten Gliedes und klicken Sie einmal, dann bewegen Sie die Maus in eine neue Position und klicken erneut.

Das zweite Glied wird nach derselben Vorgehensweise wie das erste erstellt, mit der Ausnahme, dass eines der Gelenke des neuen Gliedes mit einem Gelenk des ersten Gliedes zusammenfallen muss, um eine Verbindung herzustellen. Wenn die Maus in die Nähe eines bereits existierenden Gelenkes kommt, zeigt die Form des Cursors, dass das neue Gelenk mit Hilfe des Fangmodus auf dieses bereits existierende Gelenk fallen wird. Wenn mit der Maus auf das existierende Gelenk geklickt wird, wird kein neues Gelenk erstellt, sondern dieses bereits vorhandene verwendet (Tafel 9.11.a).

248 9 Einstieg in das Getriebeentwurfsprogramm SAM

Tafel 9.10

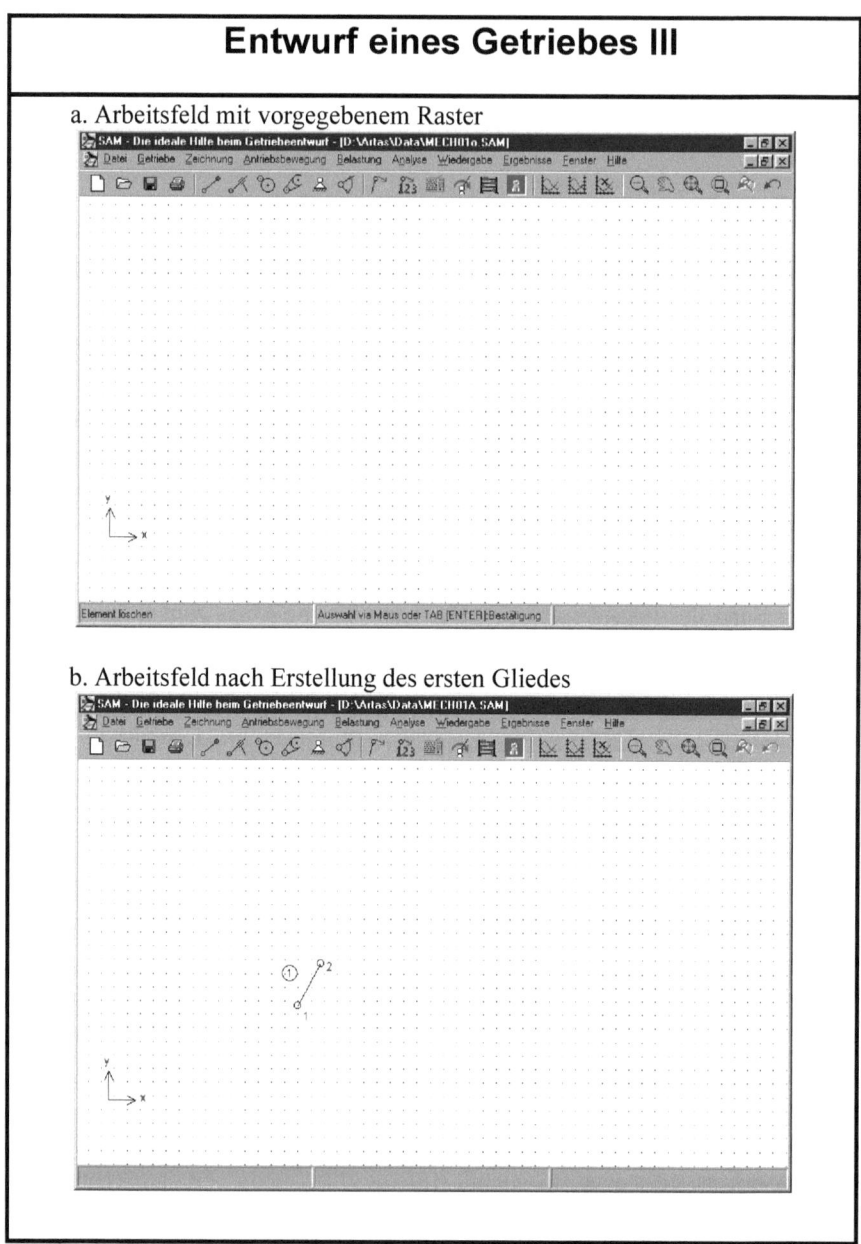

Tafel 9.11

Entwurf eines Getriebes IV

a. Arbeitsfeld nach der Erstellung eines zweiten Gliedes

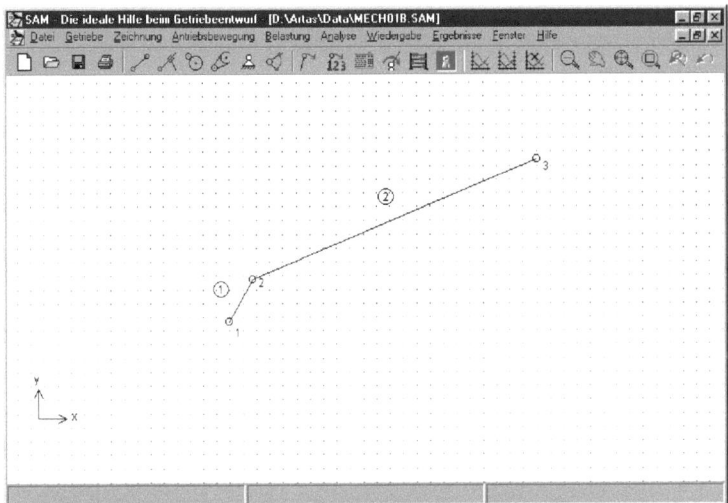

b. Alle Glieder des Viergelenkgetriebes wurden erstellt

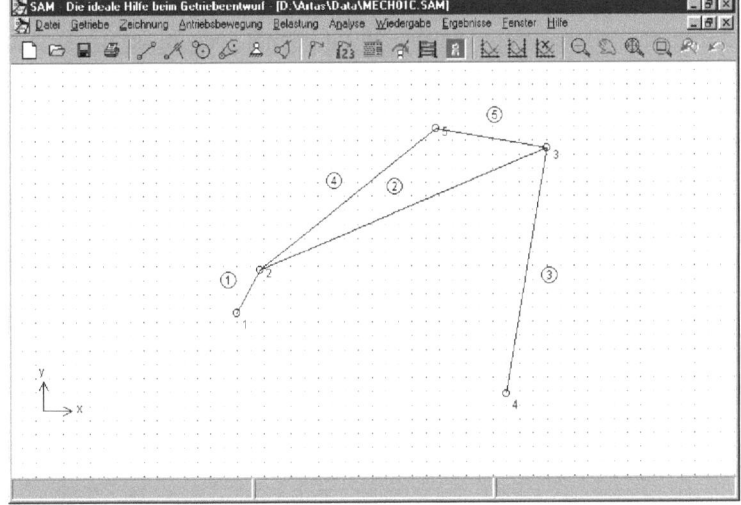

Erstellen Sie alle anderen Glieder für dieses 4-Gelenk-Getriebe (mit einem Koppelpunkt) auf die gleiche Art und Weise (Tafel 9.11.b).

Wählen Sie "Fixieren Gelenkpunkt (x und/oder y)" aus dem Getriebemenü oder drücken sie auf ![icon] in der Symbolleiste. Danach klicken Sie auf Gelenk 1 und bewegen die Maus um den Gelenkpunkt, ohne die Maustaste loszulassen, bis die xy-Einspannung angezeigt wird. Lassen Sie die Maustaste nun los.

Wie Sie sehen, hängen die Einspannbedingungen (gestellfeste Punkte) von der Cursorstellung ab. Das ist eine sehr praktische Art, die Einspannbedingungen zu definieren.

Legen Sie die gleichen Einspannbedingungen auf Gelenk 4.

Ihr Arbeitsfeld wird dann wie Tafel 9.12.a aussehen.

Wählen Sie "Winkel (Drehbewegung)" aus dem Menü "Antriebsbewegung" oder klicken Sie auf ![icon] und danach auf das Gelenk 1.

Die Dialogbox "Definition Antriebsbewegung" erscheint. In der Eingabebox befindet sich eine Liste, die verschiedene Grundbewegungen beinhaltet, die miteinander kombiniert werden können. Die Graphik im Bild stellt die ausgewählte Antriebsfunktion dar. Zu Beginn ist die Liste leer.

Klicken Sie auf "Hinzufügen".

Nun wird die gerade definierte Bewegung zu der bereits eingestellten Bewegung hinzugefügt (Bewegung, Dauer und Zahl der Bewegungsschritte). Auch der Graph wird aktualisiert. Wenn Sie diesen Prozess oft genug wiederholen, können Sie durch die Kombinationsmöglichkeiten alle Arten der Antriebsbewegung eingeben. Wenn Sie eine Bewegung aus der Liste löschen möchten, aktivieren Sie die Zeile, indem Sie darauf klicken und drücken Sie dann die Taste "Löschen" (Tafel 9.12.b).

Tafel 9.12

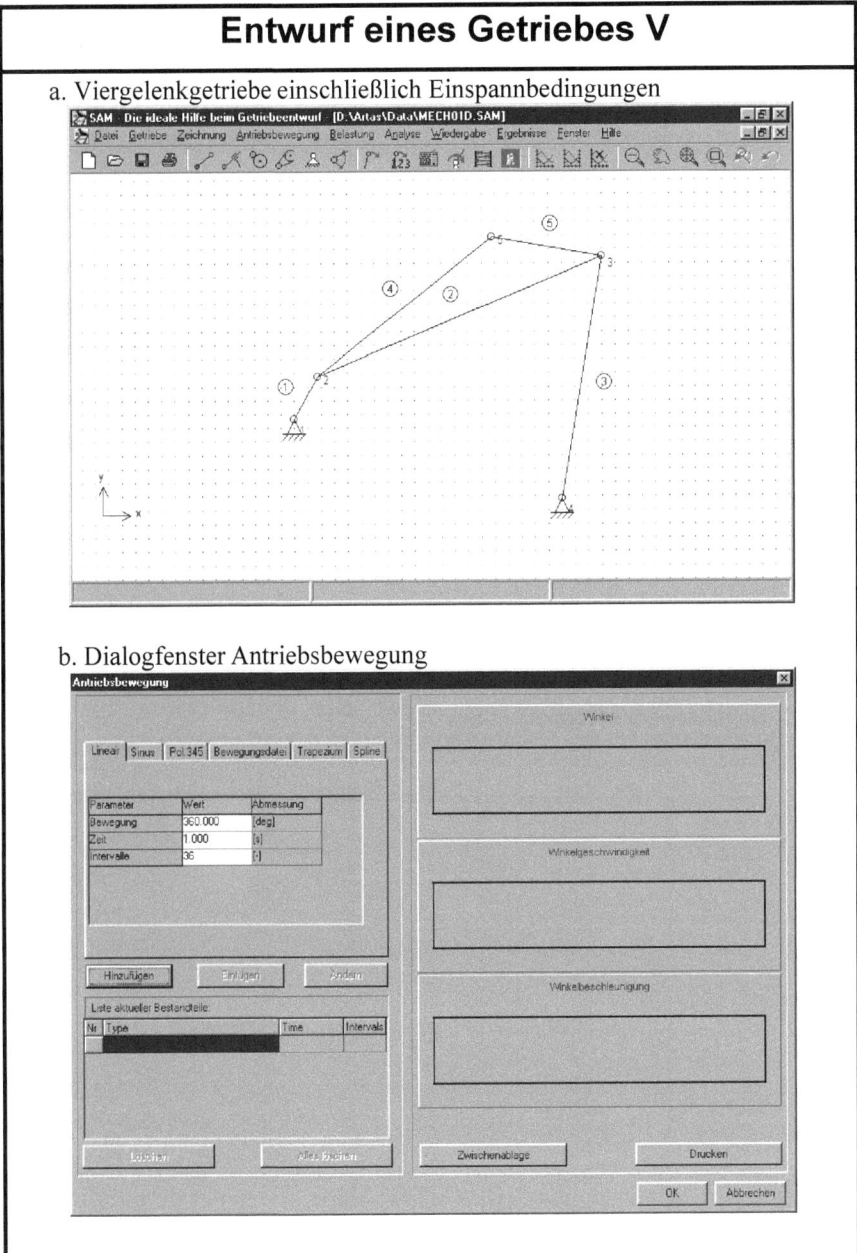

Tafel 9.13

Entwurf eines Getriebes VI

a. Dialogfenster Antriebsbewegung, nachdem eine Standardbewegung in die Bewegungstabelle eingegeben wurde

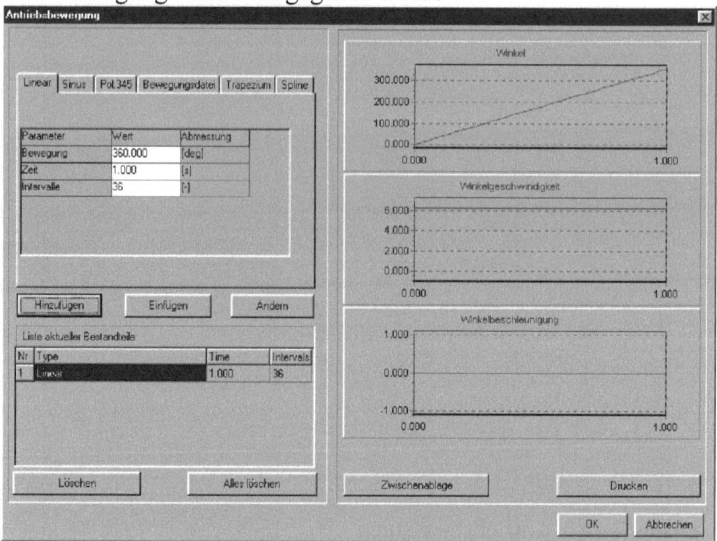

b. Bahnkurve des Koppelpunktes

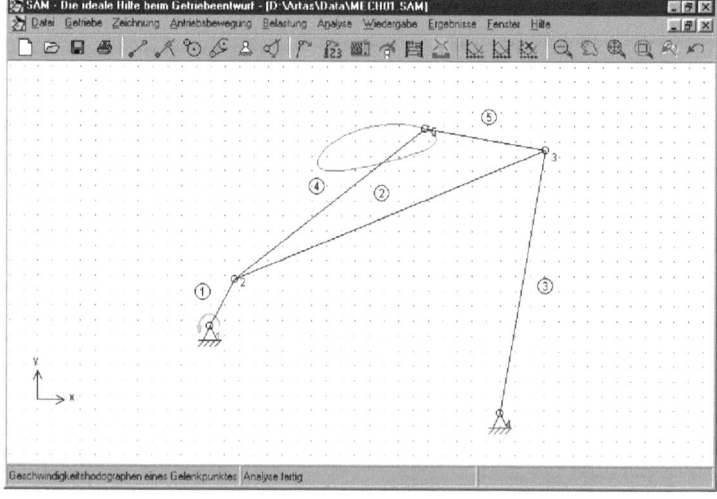

Klicken Sie auf OK um die heutige Antriebsbewegungsdefinition zu akzeptieren (Tafel 9.13.a).

Davon ausgehend, dass Sie AUTO-RUN aktiviert haben (siehe Datei/Einstellungen/Analyse), wird nun im Hintergrund eine Standart Bewegungsanalyse durchgeführt.

Wählen Sie "Animation" aus dem Menü "Anzeige" oder klicken Sie auf

Sie werden nun eine Animation des Getriebes sehen.

Wählen Sie "Bahnkurve" aus dem Menü "Anzeige" selektieren Sie den Koppelpunkt (Gelenk 4).

Sie werden nun die Bahnkurve dieses Punktes sehen (Tafel 9.13.b).

Wählen Sie "Hodograph" aus dem Menü "Anzeige" und klicken Sie erneut den Koppelpunkt (Gelenk 4).

Neben der Bahnkurve dieses Gelenkpunktes werden Sie auch den Geschwindigkeits-Hodographen sehen (Tafel 9.14).

Tafel 9.14

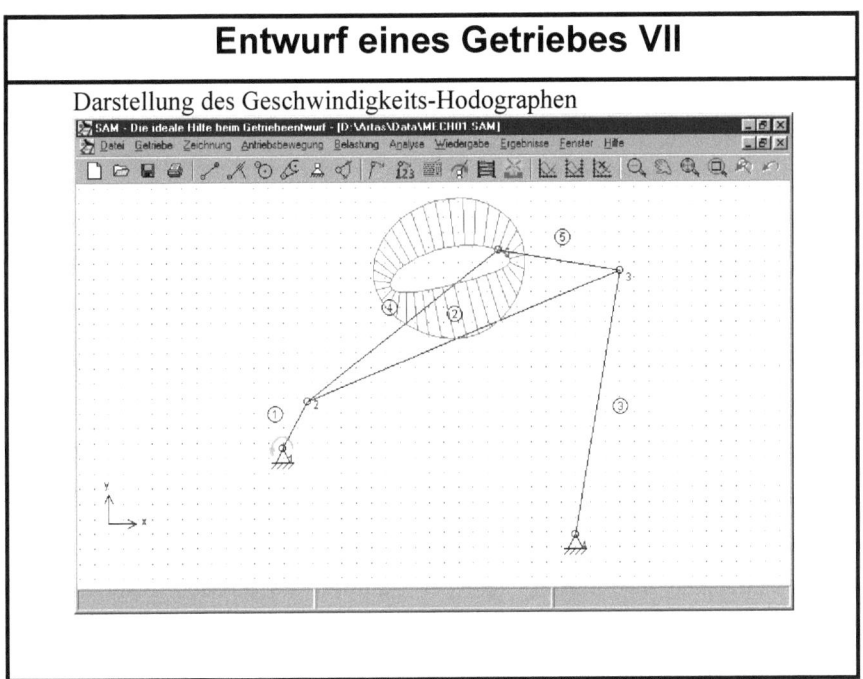

9.4 Optimierung (nur in der **Professional** Version von SAM !)

Das Optimierungsmodul ist in der Light-Version nicht enthalten, soll aber trotzdem hier kurz vorgestellt werden um die Möglichkeiten der Optimierung zu verdeutlichen. Der Optimierungsmodul bietet Einzelfunktions-Multiparameter-Optimierung basierend auf einer Mischung von evolutionären Algorithmen und Simplextechniken an.

Die Qualität eines Getriebes kann durch Änderung der Geometrie oder Elementdaten (Masse, Federkonstante, ...) in vordefinierten Bereichen verbessert werden. Durch Hinzufügen einer kompensierenden Masse können zum Beispiel Extremwerte im Antriebsmoment eines massenbehafteten Gelenkgetriebes reduziert werden, wobei durch SAM der optimale Wert für Masse und seine Lage im Getriebe bestimmt wird. Im Falle einer Bahnoptimierung kann durch Eingabe einer Referenzfunktion die Differenz zwischen dem vorhandenen Bahnverlauf und dem Referenzbahnverlauf reduziert werden.

Das Ziel einer Optimierung ist das Minimalisieren oder Maximalisieren einer Eigenschaft (z.B. Maximum, RMS, Mittelwert, ...) des Unterschiedes zwischen dem aktuellen Verhalten und dem Zielverhalten des Getriebes:
- Bahn eines Punktes (mit oder ohne Zeitzuordnung)
- Funktionsverlauf einer Bewegungs- oder Kraftgröße

SAM sucht das Optimum indem die folgenden Parameter innerhalb vordefinierter Grenzen variiert werden:
- Geometrie des Getriebes
- Elementeigenschaften wie z.B. Masse, Federkonstante, ...

Die Optimierung basiert auf einem Zwei-Schritt Verfahren bestehend aus:
- Exploration des gesamten Parameter Raumes
- Optimierung einer spezifischen Lösung

Zuerst wird der gesamte Parameterraum global exploriert mittels einer Kombination von reiner Monte-Carlo Technik und eines sogenannten Evolutionären Algorithmusses (dies ist eine Optimierungstechnik ist, die von der Genetischen Optimierung abstammt). Die besten Lösungen werden in sortierter Reihenfolge in einer Liste dargestellt.

Der Nutzer kann die verschiedenen Lösungen selektieren und auf dem Bildschirm betrachten. Die Lösung, die per Bauform am meisten anspricht kann schließlich mittels einer lokalen Optimierung weiter verbessert werden, wobei der Nutzer noch zwischen einem Simplex Algorithmus oder einem Evolutionären Algorithmus mit gezieltem Suchgebiet wählen kann.

Neben dem beschriebenen Modus, wobei der Benutzer *"in-the-loop"* ist, gibt es auch einen vollständig automatischen Modus, wobei automatisch das beste Ergebnis der globalen Exploration mittels einer lokalen Optimierung noch weiter verbessert wird

Beispiel 1: Antriebsmomentoptimierung

Im Beispiel ist die Reduzierung des Antriebsmoments eines 4 Gelenkgetriebe mit Masse in der Koppelstange durch hinzufügen einer weiteren Masse demonstriert. Der Mechanismus wird von einer konstanten Rotationsgeschwindigkeit an der Kurbel angetrieben. Schwerkraftwirkungen sind in diesem Beispiel nicht berücksichtigt. Der Optimierungsalgorithmus von SAM sucht nach der optimalen Größe und Lage der zu kompensierenden Masse.

Das Beispiel basiert auf dem Viergelenkgetriebe. Zusätzlich zu dem wird eine Masse von 10 kg im Koppelpunkt hinzugefügt. Die Antriebsbewegung besteht aus einer konstanten Geschwindigkeit, die einer Bewegung von 360 Grad in 1 s entspricht. Die Analyse ist in 36 Intervalle unterteilt.

Ausgangsmechanismus
In der Ausgangssituation sieht das Antriebsmoment als Funktion der Zeit wie in Tafel 9.15 dargestellt aus. Das absolute Maximum des Antriebsmoments beträgt 26,6 Nm.

Optimierungsziel

Die Einstellungen der Optimierung werden Tafel 9.16.a gezeigt. Das Drehmoment T1 von Element 1 als Funktion der Zeit ist zu Zielfunktion gewählt, und der Maximalabsolutwert dieser Kurve soll reduziert werden.

Optimierungsparameterbereich

Der Maximalabsolutwert des Antriebsmoments soll reduziert werden durch Hinzufügung einer einzelnen Masse in der Koppelfläche. Die Suchregion für die Masse wurde bei 0-20 kg gesetzt, während die Suchregion für den Standort bei (-1.0,-1.0) bis zu (1.0,1.0) gesetzt wurde

Optimierungsoptionen

Wegen der Einfachheit wurde der automatische Modus gewählt.

Tafel 9.15

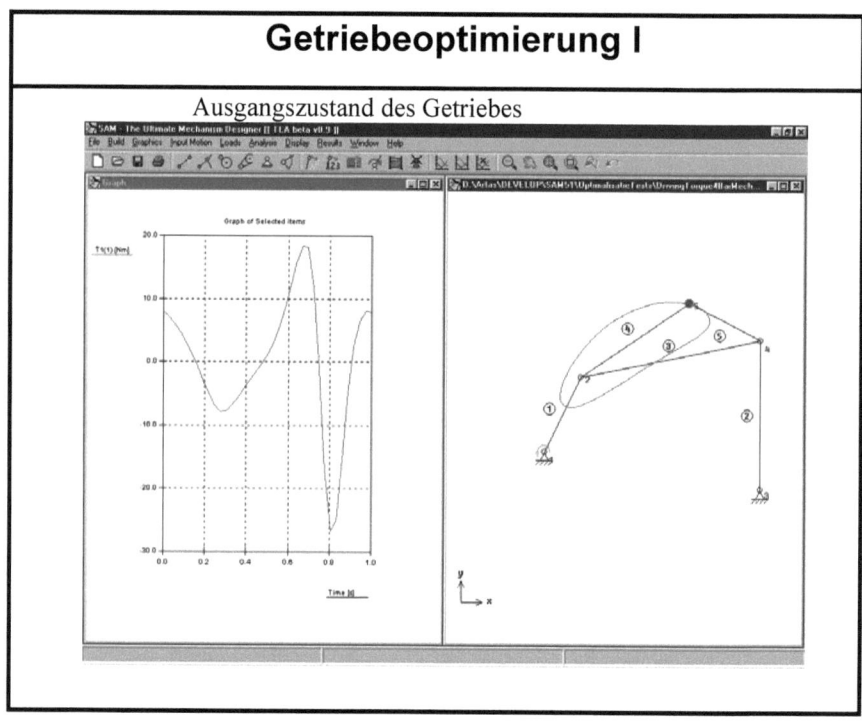

Optimierter Mechanismus

Der Wert (m = 18.24 kg) und Standort (x=0.2576 m und y = 0.5497 m) wird vom Optimierungsmodul abgeleitet. Der entsprechende Maximalabsolutwert der treibenden Kraft in der optimierten Situation gleicht 4,6 Nm (Tafel 9.17.b).

Eine bedeutsame Reduzierung des Antriebsmoments von 26,6 Nm auf 4,6 Nm wurde dadurch erreicht, indem dem Koppglied eine kompensierende Masse hinzugefügte wurde. Der Wert der kompensierenden Masse und sein Standort wurden automatisch von einem Optimierverfahren basierend auf einem evolutionären Algorithmus bestimmt.

Beispiel 2: Bahnoptimierung

SAM ist auch in der Lage die Parameter eines Getriebes so zu optimieren, dass ein Koppelpunkt eine Zielbahn so gut wie möglich durchläuft. Der erste Screenshot (Tafel 9.18.a) zeigt das Resultat eines manuellen Trial&Error Versuches um ein 4-Gelenkgetriebe zu finden, dessen Koppelpunktbahn möglichst genau übereinstimmt mit der Bezugskurve durch die 8 Stützpunkte.

Dieses Getriebe wird als Startpunkt für eine Optimierungsaufgabe benutzt bei der der RMS-Wert der Differenzfunktion zwischen aktueller Bahn und Zielbahn zu minimieren ist und wobei die Koordinaten aller Gelenkpunkte als Optimierungsparameter gewählt sind. Alle Gestellpunkte können variiert werden innerhalb der angedeuteten Grenzen, während alle anderen Gelenkpunkte unbegrenzt variiert werden dürfen.

Das Ergebnis der Optimierung ist im zweiten Screenshot (Tafel 9.18.b) dargestellt und man sieht deutlich die verbesserte Übereinstimmung.

Tafel 9.16

Getriebeoptimierung II

a. Einstellung des Optimierungsziels

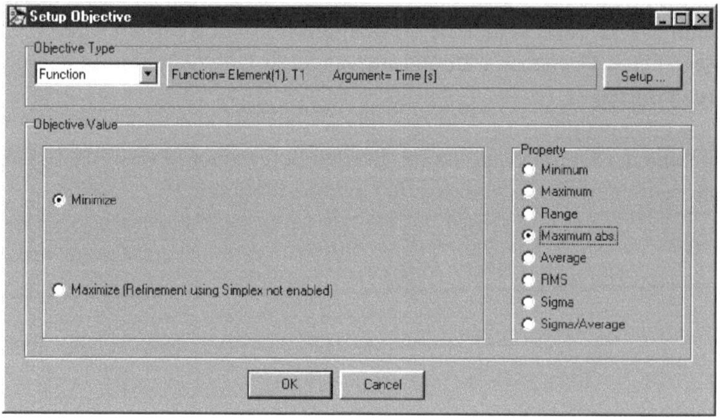

b. Einstellung des Optimierungsbereiches

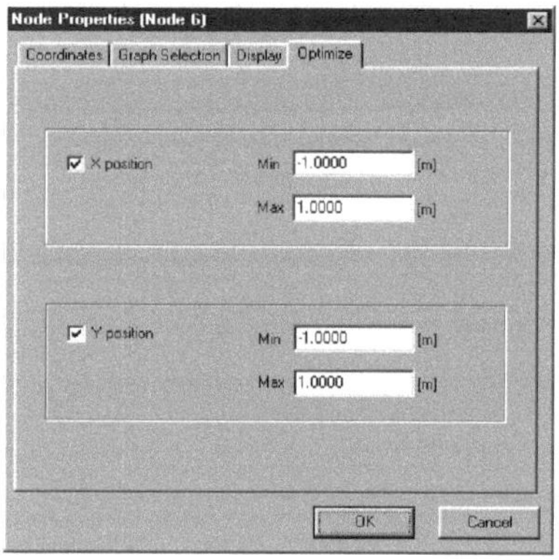

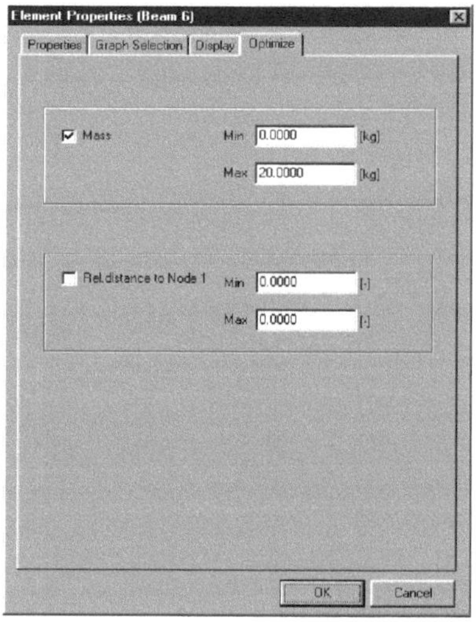

Tafel 9.17

Getriebeoptimierung III

a. Einstellung des Optimierungsoptionen

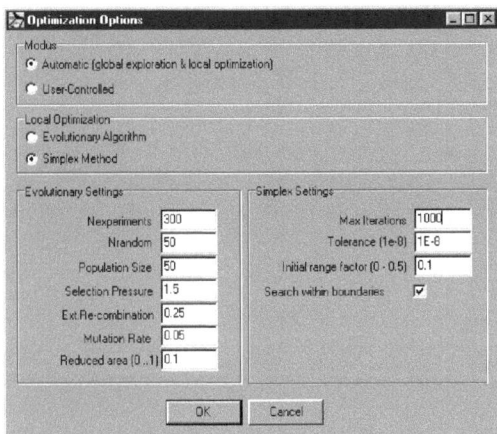

b. Ergebnis des Optimierungsverfahrens aus Beispiel 1

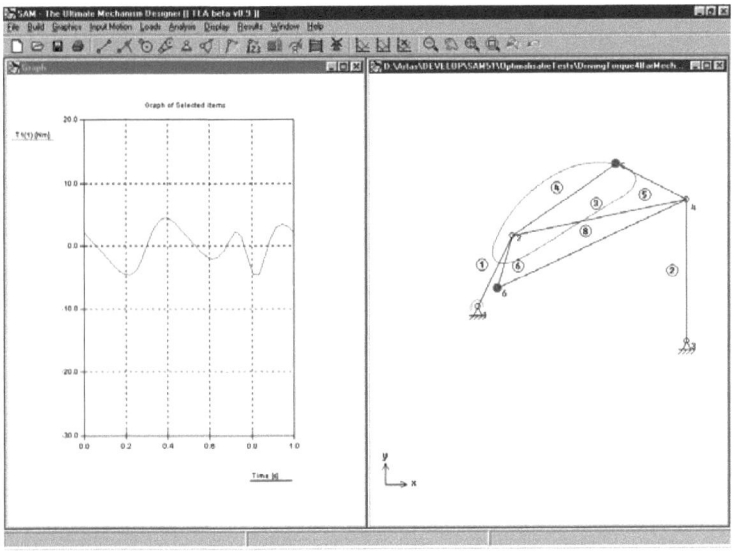

Tafel 9.18

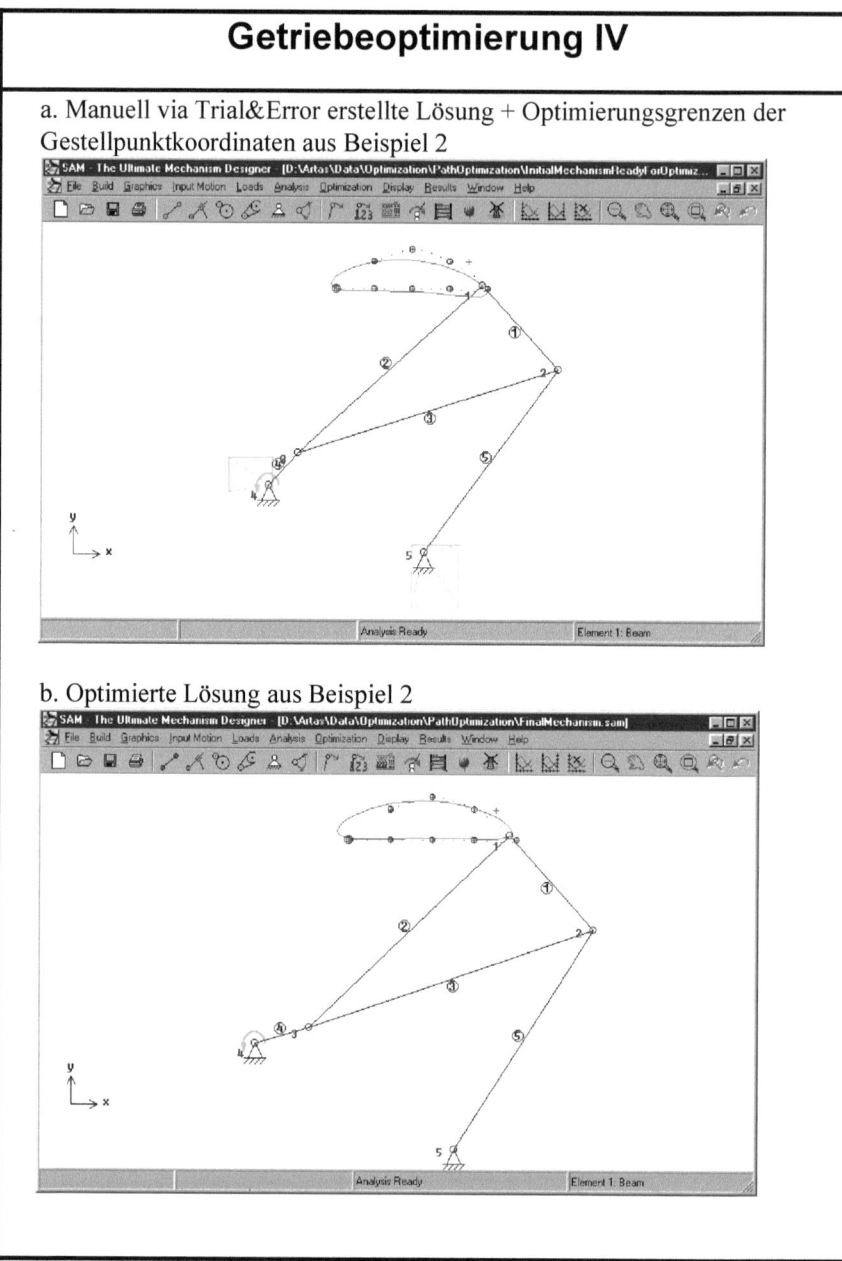

Literaturverzeichnis

1. Franke, R. (1958) Vom Aufbau der Getriebe - Entwicklungslehre der Getriebe. VDI-Verlag Düsseldorf
2. Reuleaux, F. (1875) Theoretische Kinematik. Braunschweig
3. Niemann, G., Winter, H. (1986) Maschinenelemente I,II,III. Springer Berlin Heidelberg New York
4. Grübler, M. (1917/21) Getriebelehre - Eine Theorie des Zwanglaufes der ebenen Mechanismen. Springer Berlin Heidelberg New York
5. Rauh, K., Hagedorn, L. (1984) Praktische Getriebelehre Bd.1. Springer Berlin Heidelberg New York
6. Schalitz (1964) Maßstäbe bei zeichnerischen Verfahren der Kinematik. Antriebstechnik Heft 10, Krauskopfverlag
7. Lenk Der Übertragungswirkungsgrad. VDI-Bericht Bd. 29. VDI-Verlag Düsseldorf
8. Bock, A. Gedanken zum Übertragungswinkel und Vorschläge zu dessen Auswertung. VDI-Bericht Bd. 29. VDI-Verlag Düsseldorf
9. Rauh, K (1951) Aufbaulehre der Verarbeitungsmaschinen. Verlag Girardet Essen
10. Jansen (1961) Dynamik-Maschinendynamik. Seite 7l ff; Schroedel-Verlag
11. Bobillier (1870) Cours de ge´ome´trie Paris
12. Rauh, K. (1938) Kardanbewegung und Koppelbewegung. VDI-Verlag Düsseldorf
13. Alt, H. (1944) Die Kardanlagen von Getriebegliedern und die Krümmung der Polkurven. Ing.-Archiv
14. Meyer zur Capellen, W. (1949) Die Bahn des Momentanpoles und die Kardanlagen. Ing.-Archiv
15. Freudestein (1955) On the maximum and minimum velocities and theaccelerations in four-link mechanisms. New York
16. Hagedorn, L. (1957) Abtriebswinkelgeschwindigkeit umlaufender Doppelkurbelgetriebe. VDI-Forschungsheft 461. VDI Verlag Düsseldorf
17. Rauh, K. (1950) Aufbaulehre der Verarbeitungsmaschinen. Verlag Girardet, Essen
18. Hagedorn, L. (1957) Die natürlichen Relativlagen des Gelenkvierecks als Ausgangsstellung bei der Untersuchung umlaufender Doppelkurbelgetriebe Konstruktion, Springer Berlin Heidelberg New York.
19. Bresse (1853) Journal de l'e´cole polytechnique. Paris

20 VDI-Richtlinie (1976) Bewegungsgesetze für Kurvengetriebe. Beuth-Verlag Köln
21 Volmer, J. (Hrsg) (1992) Getriebetechnik. Verlag Technik GmbH Berlin München
22 Hain, K. (1961) Angewandte Getriebelehre. VDI Verlag Düsseldorf
23 VDI-AWF-Blatt 665/666 VDI Verlag Düsseldorf
24 Finkelnburg (1935) Der Ruck. Reuleaux-Mitteilungen Heft 9, VDI-Verlag Düsseldorf
25 Rauh, K. (1954) Praktische Getriebelehre. Band II, Springer Berlin Heidelberg New York
26 VDI-Richtlinie (1976) Bewegungsgesetze für Kurvengetriebe. Beuth-Verlag Köln
27 VDI-AWF Blatt 634/636. VDI Verlag Düsseldorf
28 VDI-AWF Blatt 641/643. VDI Verlag Düsseldorf
29 Hagedorn, L. (1989) Zwangläufiges Fräsen von Kurvenscheiben für formschlüssige Kurvengetriebe. Industrieanzeiger Nr. 26, Verlag W. Girardet, Essen
30 Dizioglu, B. (1958) Kriterien der Bewegungs- und Kräfteübertragung in Gelenkgetrieben. VDI-Bericht Bd. 29, VDI Verlag Düsseldorf
31 Rößner, W. (1958) Güte der Kraft- und Bewegungsübertragung. VDI-Bericht Bd. 29, VDI Verlag Düsseldorf
32 Bock, A. (1958) Gedanken zum Übertragungswinkel und Vorschläge zu dessen Auswertung. VDI-Bericht Bd. 29, VDI Verlag Düsseldorf
33 Alt, H. (1932) Der Übertragungswinkel und seine Bedeutung für das Konstruieren periodischer Getriebe. Werkstattechnik
34 Lenk (1958) Der Übertragungswirkungsgrad. VDI-Bericht Bd. 29, VDI Verlag Düsseldorf
35 Flocke, K.A. (1962) Zur Konstruktion von Kurvenscheiben bei Verarbeitungsmaschinen. Forschungsheft 345, VDI-Verlag Düsseldorf
36 Rankers, H. (1958) Übertragungswinkel und Grundkreishalbmesser bei Kurvenscheiben mit zentrisch geradegeführtem Stößel. VDI- Bericht Bd. 29, VDI Verlag Düsseldorf
37 Sieker (1966) Einfache Getriebe. C. F. Winter'sche Verlagshandlung, Füssen
38 VDI-Richtlinie 2143 (1987) Bewegungsgesetze für Kurvengetriebe Teil I und II, VDI-Verlag Düsseldorf
39 VDI-Richtlinie 2727 (Entwurf) (1991-2006) Lösung von Bewegungsaufgaben mit Getrieben. VDI-Verlag Düsseldorf
40 Burmester, L. (1888) Lehrbuch der Kinematik. Felix Verlag Leipzig
41 Lohse (1975) Getriebesynthese. Springer Berlin Heidelberg New York.
42 Lichtenheldt, W., Luck, K. (1979) Konstruktionslehre der Getriebe. Akademie-Verlag Berlin
43 Sandor, G.N., Freudenstein, F.(1958) Kinematic Synthesis of Path Generating Mechanisms by Means fo the IBM 650 Computer. Columbia University

44 Rankers, H. (1958) Angenäherte Getriebesynthese durch harmonische Analyse der vorgegebenen periodischen Bewegungsverhältnisse. Dissertation Universität Aachen
45 Rankers, H. (1977) Ziel-Übertragungsfunktion und Getriebetyp - Rechnerunterstützte Typen- und Maßsynthese einfacher und zusammengesetzter Getriebe. VDI-Bericht 281, VDI-Verlag Düsseldorf
46 Klein Breteler, A.J., (1987) Kinematic Optimization of Mechanismus-A Finite Element Approach. Dissertation Universität Delft
47 VDI Richtlinie 2729 (Entwurf) (1990) Modulare kinematische Analyse ebener Getriebe mit Dreh und Schubgelenken. VDI-Verlag Düsseldorf
48 Lütgert, A., Braune, R. (1989) KAMOS - ein interaktives Entwicklungswerkzeug zur Analyse komplexer Koppelgetriebe. VDI Bericht 736, VDI-Verlag Düsseldorf
49 Shigley, J.E., Uicker, J.J. jr. (1980) Theory of Machines and Mechanisms. Mc Graw-Hill
50 Erdmann, A.G., Sandor, G.N. (1984) Mechanism Design I. Prentice-Hall
51 VDI-Richtlinie 2723 (1982) Vektorielle Methode zur Berechnung der Kinematik räumlicher Getriebe. VDI Verlag Düsseldorf
52 Autorenkollektiv (1987) Getriebetechnik-Lehrbuch, VEB Verlag Technik Berlin
53 Werff, K. van der, (1976) Dynamic analysis of planar linkages by digital computation, Proceedings of the symposium. Computer Aided Design in Mechanical Engineering Milan
54 Werff, K. van der, (1977) Kinematic and dynamic analysis of mechanisms, a finite element approach. Thesis, Delft University of Technology, Dpt. of Mechanical Engineering
55 Klein-Breteler, A.J., (1987) Kinematic optimization of mechanisms, a finite element approach. Thesis, Delft University of Technology, Dep. of Mechanical Engineering
56 Klein-Breteler, A.J, (1992) Kinematische Getriebeanalyse, eine iterative Methode mit Hilfe Finiter Elemente. VDI Forschungsbericht Nr. 211, VDI-Verlag Düsseldorf
57 ARTAS-Technical Application Software (1996) Benutzerhandbuch SAM 6.0
58 Klein-Breteler, A.J., (1983) The disc cam regarded as a special finite element in kinematics. Sixth IFTOMM World congress, New Delhi
59 Nerge, G. (1967) Dynamische Untersuchungen zum Verschleißverhalten von Kurvenmechanismen. Maschinenbautechnik Nr. 2
60 Hugh, H. (1965) Dynamische Probleme beim Kurvenrollen-Eingriff. Maschinenbautechnik Nr. 7
61 Hagedorn, L. (1960) Doppelkurbelvorgelege zur Veränderung periodischer Bewegungsvorgänge. Technische Mitteilungen des Hauses der Technik Essen Heft 7
62 Hagedorn, L. (1957) Einfluß der Lenkerabmessungen auf die Arbeitsweise schwingend aufgehängter Siebroste. Landtechnische Forschungen Heft 1

63 Lichtenheldt, W. (1968) Konstruktionstafel für Wippkrane. VDI-Bericht Bd. 29. VDI Verlag Düsseldorf
64 Dijksman, E. A. (1964) Synthese van stangenvierzijden met V-vormige, symmetrische koppelkrommen. Diss. TH Eindhoven
65 Hagedorn, L. (1960) Konstruktion von Schrittgetrieben. VDI Bericht Nr. 140, VDI-Verlag, Düsseldorf
66 Meyer zur Capellen und Rischen (1962) Symmetrische Koppelkurven und ihre Anwendungen. Westdeutscher Verlag Köln und Opladen
67 Meyer zur Capellen und Janssen (1963) Spezielle Koppelkurvenrast- und Schaltgetriebe. Westdeutscher Verlag Köln und Opladen
68 Hagedorn, L. (1970) Bewegungssteuerung mit symmetrischen Koppelkurven. Maschinenmarkt Würzburg Heft 21
69 Rankers, H. (1969) Die Entwicklung von Spannvorrichtungen mit mehreren Spannstellen aus kinematischen Ketten. Industrieblatt Stuttgart Heft 11
70 Schreyer (1949) Werkstückspanner. Springer Berlin Heidelberg New York.
71 Hain, K. (1959) Die Entwicklung von Spannvorrichtungen mit mehreren Spannstellen aus kinematischen Ketten. Das Industrieblatt, Stuttgart Heft 11
72 Hain, K. (1961) Beispiele zur Systematik von Spannvorrichtungen aus sechsgliedrigen kinematischen Ketten mit dem Freiheitsgrad F = 1. Das Industrieblatt Stuttgart Heft 12
73 Hain, K. (1962) Spannvorrichtungen drei radial mit Differentialwirkung zu spannende Werkstücke. Klepzig-Fachberichte, Düsseldorf Heft 9
74 Hain, K. (1963) Spannvorrichtungen zum Parallelspannen beliebig vieler Werkstücke. Das Industrieblatt Stuttgart Heft 12
75 Hain, K. (1964) Spannvorrichtungen mit selbsttätiger Mitteneinstellung. Werkstatt und Betrieb Heft 6
76 Hain, K. (1967) Werkstück-Spannvorrichtungen ohne Gleitführungen. Industrieanzeiger Heft 14

Sachverzeichnis

Ablenkwinkel 42, 144, 146, 149, 200, 205, 217,
Absolutbewegung 90
Absolutgeschwindigkeit 50, 63
Abtriebslenker 16, 18, 47, 89, 146
Achsabstand 113, 217
Antiparallelkurbel 73, 85
Antriebslenker 16, 18, 47
Asymptote 73, 76
Augenblicksdrehpunkt 69
Analyse 181

Bahnkrümmung 44, 53, 90, 98, 100, 111, 228
Bahnverlauf 29
Baugröße 113
Beschleunigung 3, 7, 22, 26, 35, 42, 60, 98, 116, 121, 129
Beschleunigungsbeiwert 131
Beschleunigungspol 59, 98, 105,
Beschleunigungssprung 123
Beschleunigungsverlauf 28, 119, 121, 125, 212
Beschleunigungszustand 53, 58, 100
Bewegungsabschnitt 116
Bewegungsart 29
Bewegungsgesetz 21, 116, 119, 135, 142
Bewegungsplan 116, 197
Bewegungsüberlagerung 92
Bewegungsübertragung 8, 14, 15, 73, 129, 141, 144
Bewegungsverlauf 21, 37, 43, 118, 137

Bewegungszustand 3, 22, 44, 47, 53, 70, 98
Bezugseinheit 213, 227
Bezugsgröße 113, 114
Bogenhöhe 137, 139, 142
Bressesche Kreise 100
Burmester Theorie 156
Burmester-Punkte 173

Coriolisbeschleunigung 63, 65

Differenzieren 31, 50, 87
Doppelkurbel 16, 18, 69, 82, 92, 111, 149, 151, 202
Doppelschieber 17
Doppelschleife 17
Doppelschwinge 16, 39, 69, 73, 87, 92, 96, 111
Drehbewegung 2, 4, 7, 16, 28, 56, 62, 80, 177
Drehkörperpaar 12
Drehmoment 2, 9, 77, 144, 147
Drehpol 70
Drehrichtung 142, 168
Drehschubstrecke 80, 123, 147
Drehwinkel 42, 92, 116, 119, 129, 132, 162
Drei Lagen Synthese 165

Eingriffskreis 222
Einheit 4, 29, 107, 113
Elementenpaar 10, 14, 118,
Ellipsenräder 74, 83

Entwurf Viergelenkgetriebe 175
Ersatzgetriebe 118, 121
Euler-Formel 123
Euler-Savary-Formel 105, 107, 111

Exzenter 21
Exzenterpresse 21
Exzentrizität 39, 40, 139

Fahrstrahlwinkel 59
Federweg 143
Finite Elemente Methode 188, 192
Flächendruck 10
Flächenpaar 12
Flankenwechsel 141
Formschluß 141
Freiheitsgrad 12, 15, 157
Freudensteingleichung 177
Freudensteinparameter 176
Führungsgeschwindigkeit 50, 65
Fünf Lagen Synthese 173
Fourie Entwicklung 180

Gangpolbahn 69, 76, 96, 98
Gegenkurve 142
Gelenkgetriebe 1, 8, 15, 18, 118, 151
Gelenkviereck 14, 37, 69, 90
Geradführung 18, 123, 137
Gestell 14, 69, 80, 87, 90, 96
Getriebeanalyse 78, 114
Getriebesynthese 78
Getriebeoptimierung 196
Geschwindigkeit 2, 9, 22, 35, 40, 44, 49, 59, 78, 80, 90, 98, 116, 131
Geschwindigkeitsbeiwert 131
Geschwindigkeitsplan 59
Geschwindigkeitspol 59, 63, 98, 114
Geschwindigkeitszustand 47, 59,

Gliederlängen 37
Grashofscher Satz 114
Graphische Methoden 162
Grundkreishalbmesser 152

Harmonische Analyse
Hertzsche Theorie 10
Hubgesetz 131, 142, 151
Hubgliedform 135
Hubkurve 118, 123, 125, 139, 151
Hubmitte 28, 42, 129, 139, 142, 152
Homologe Punkte 166

Indikator 215

Kantenpressung 146
Kardankreispaar 76
Kardanlagen 76
Kartoffelerntemaschine
Kennwert 132
Kette
-, kinematische 14
Kinematik 7, 14
Kniehebel 228
Kolben 4, 9, 21, 37
Kolbenkraft 146
Kollineationsachse 70, 111
Koppel 16, 18, 22, 29, 42, 47, 62, 69, 73, 84, 90, 113, 146,
Koppelkraft 77, 144, 146
Koppelkreis 114, 116
Koppelkurven 44, 90, 94, 107, 112, 114
Koppelpunkt 90, 96, 100, 103
192, Koppelverhältnis 113
Kraft 2, 10, 77, 142, 151
Krafteck 60
Kraftfluss 144

Kraft-Formschluss 142
Kraftschluss 141, 143
Kreuzkopf 4, 21
Kreuzschubkurbel 18, 43
Krümmung 14, 18, 22, 42, 53, 63, 70, 73, 96, 100, 107, 119, 125, 151
Krümmungshalbmesser 23, 26, 55, 76, 103, 107, 111, 119, 125, 135
Krümmungsmittelpunkt 55, 65, 103, 111, 119
Kugelpaar 12
Kulisse 65
Kurbel 18, 37, 42, 47, 51, 62, 65, 69, 73, 76, 90, 101, 107, 111, 113, 116, 149
Kurbelgetriebe 9, 21
Kurbelpresse 214
Kurbelschleife
-, schwingende 119, 149, 208
-, umlaufende 7, 66
Kurbelschwinge 18, 21, 37, 50, 56, 59, 62, 73, 77, 78, 80, 92, 109, 111, 139, 144, 149, 151
Kurvenflanke 14, 118, 135
Kurvengetriebe 8, 117, 123, 151,
Kurvenrolle 12, 118, 135, 141
Kurvenscheibe 21, 116, 118, 119, 121, 129, 139, 142, 151, 216
Kurvensteigung 127, 151
Kurvenverlauf 118

Lagenänderung 22, 44, 47
Lagensynthese 178
Lagenzuordnung 161
Lenkung 9, 10
Leistung 2, 147
Linienberührung 10

Maltesergetriebe 222

Maschengleichung 186
Massenkräfte 2, 14, 116, 125, 141
Maßstab 53, 89
Maßsynthese
Mechanismus 14
Mittelpunktsbahn 119, 135
Mittelpunktskurve 137
Modulare Getriebeanalyse 183
Momentanpol 47, 59, 66, 69, 109
Momentanwert 121

Nocken 119, 137
Nockengetriebe 9
Nockensteuerung 205
Normalbeschleunigung 3, 23, 28, 53, 55, 60, 65, 66, 98, 100
Normalkraft 144, 146
Numerische Methoden 174
Nutkurve 141

Optimierung 155, 194

Parallelkurbel 44
Parallelverschiebung 44, 92
Pol 47, 49, 59, 69, 87, 94, 96, 111,
Polabstand 31, 50, 89, 105, 111
Polarkoordinaten 129
Polbahn 69, 85, 87, 98, 101
Polbahntangente 70, 73, 76, 77, 84, 100, 114
Poldreieck 164
Polstrahl 49, 62, 73, 100, 112
Polstrahlwinkel 101, 105, 107, 114,
Polwechselgeschwindigkeit 101, 103
Polynom 133
Potenzgesetz 133, 135
Präzisionspunkte 158
Punktberührung 10

Randbedingung 131
Rast-in-Rast-Bewegung 131
Rast-in-Umkehr-Bewegung 131
Rastpolbahn 69, 76, 96, 98
Reibungskraft 144, 147
Reibungskreis 147
Relativbewegung 37, 47, 51, 63, 90, 92, 96
Relativgeschwindigkeit 50, 65
Relativlagen 87, 92, 94, 96
Relativpol 73, 78, 80, 96, 123, 147, 108
Reuleaux Sinuide 14
Richtlinien Nomogramme 160
RMS 256
Rollenhalbmesser 21, 135, 137
Rollenhebel 119, 123, 139, 142
Rollenmittelpunkt 21, 119, 121, 129, 151
Rollenstößel 123
Rotation 44, 50
Ruck 132, 135, 137
Rundlingspaar 12

SAM Beschreibung 198
Schaltpause 222
Schaltrolle 223
Scheitelkrümmung 237
Schnelleinstieg 232
Schränkung 42, 137, 139, 151
Schraubenpaar 12
Schraubengetriebe 1
Schrittbewegung
Schrittgetriebe 1
Schubkurbel 18, 22, 33, 39, 40, 42, 44, 47, 76, 80, 98, 137, 146, 147, 149, 151
Schubkurve 50, 151
Schubschwinge 17
Schubstangenverhältnis 42
Schwinghebel 21, 151
Sinuslinie 127, 129, 131, 151
Spannexzenter 232

Stabelement 190
Steglage 73, 85, 113, 149
Steigungswinkel 127, 151
Stephenson Steuerung 19
Stößel 21, 123, 137, 151
Symmetrieachse 76, 114
Synthese 155

Tangentialbeschleunigung 3, 23, 28, 33, 50, 58, 89, 98, 100
Tangentialkraft 144, 146
Tangentialkreis 100, 105, 114
Tangentialpol 100
Teilungswinkel
Totlagen 4, 28, 39, 42, 92
Translation 44, 50
Trommelkurve 151
Typen – und Maßsynthese 178

Übergangsfunktion 131
Überkreuzlage 40, 43, 44, 73, 78, 82, 84, 111
Übersetzungsverhältnis 7, 69, 77, 78, 80, 82, 84, 85, 87, 96, 118, 123
Übertragungsgüte 146
Übertragungswinkel 146, 152
Umkehrung 87, 109

Vektor 59, 62, 66, 100, 123
Vektoranalyse 186
Verzweigungslage 37
Viereckslage 40, 43, 44, 73, 78, 82, 84
Viergelenkgetriebe 15, 47, 50, 92, 96, 109, 152
Viergelenkkette 16, 37, 70, 80, 111, 113
Vier Lagen Synthese 173

Voreilung 82, 139, 142
Vorzeichenregel 49, 84, 107

Webladenantrieb 21
Weg 2, 22, 26, 28, 29, 31, 32, 40, 50, 66, 69, 85, 87, 94, 116, 121, 133
Weg-Zeit-Schaubild 4, 7, 26, 28, 33, 87, 118
Wendegerade 111
Wendekreis 98, 100
Wendepol 98
Wendetangente 98, 125
Winkelbeschleunigung 3, 7, 23, 59, 85
Winkelgeschwindigkeit 3, 7, 23, 49, 60, 66, 77, 78, 82, 87
Winkelzuordnung 159, 174
Wippkran 16
Wirkrichtung 7, 49, 51, 55, 60, 100, 121
Wirkungsgrad 147

Zapfenerweiterung 21
Zeitmitte 42, 131
Zentrifugalkraft 2, 3
Zwanglauf 15, 141
Zwei Lagen Synthese 163
Zweistandsgetriebe 19
Zwillingsdoppelkurbel 206
Zwischenrast 228

If you have any concerns about our products,
you can contact us on
ProductSafety@springernature.com

In case Publisher is established outside the EU,
the EU authorized representative is:
**Springer Nature Customer Service Center GmbH
Europaplatz 3, 69115 Heidelberg, Germany**

Printed by Libri Plureos GmbH
in Hamburg, Germany